AF360878

GÉOLOGIE ET MINÉRALOGIE.

Impr. et Fonderie de Félix Locquin et Comp°.
rue N.-Dame des Victoires, 16.

LA

GÉOLOGIE ET LA MINÉRALOGIE

DANS LEURS RAPPORTS

AVEC LA THÉOLOGIE NATURELLE,

PAR

LE RÉVÉREND DOCTEUR WILLIAM BUCKLAND,

CHANOINE DE L'ÉGLISE DU CHRIST, ET PROFESSEUR DE GÉOLOGIE ET DE MINÉRALOGIE
A L'UNIVERSITÉ D'OXFORD,

traduit de l'anglais

PAR M. L. DOYÈRE,

PROFESSEUR SUPPLÉANT D'HISTOIRE NATURELLE AU COLLÈGE ROYAL DE HENRI-QUATRE.

Initio tu, Domine, terram fundasti.
Ps. CII, 25.

Tome premier.

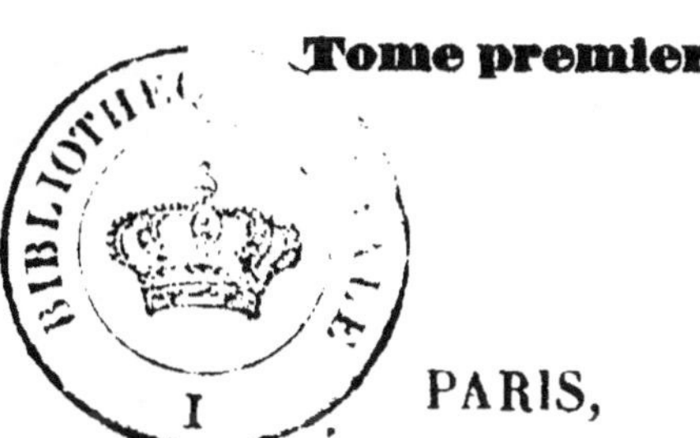

PARIS,

CROCHARD ET COMP., LIBRAIRES,

PLACE DE L'ÉCOLE-DE-MÉDECINE, 13.

—

1838.

PRÉFACE DE L'AUTEUR.

Nous avons réuni dans ce traité trois sujets de recherches d'une haute imporjance pour la Théologie naturelle.

Le premier embrasse les élémens inorganiques du règne minéral, et la disposition naturelle des matériaux de notre globe ; car, bien que produits ou modifiés par l'action de forces violentes et perturbatrices, ces matériaux nous offrent fréquemment d'abondantes preuves de Sagesse et de Providence, dans l'harmonie étroite où ils sont avec les besoins des deux règnes animal et végétal, et aussi avec la condition de l'espèce humaine.

Au second se rapportent les théories qui ont été hasardées sur l'origine du monde, et notamment celle qui fait dériver les systèmes actuels d'organisation, d'une série éternelle d'individus des mêmes espèces qui les ont précédés en existence, ou d'une transmutation graduelle des espèces les unes dans les autres. Je me suis efforcé de prouver que toutes ces théories sont en opposition formelle avec les phénomènes géologiques.

Le troisième étend aux restes organiques d'un monde qui a précédé le nôtre, le mode d'investigation que Paley a mis en œuvre avec tant de succès, lorsqu'il a voulu démontrer l'Intelligence qui se manifeste dans les mécanismes de l'organisation physique, soit chez l'homme, soit chez les animaux inférieurs qui habitent avec lui la surface du globe.

Les milliers de débris pétrifiés que rencontrent les géologues tendent à démontrer que notre planète a été occupée, à des époques antérieures à la création de l'espèce humaine, par des espèces maintenant éteintes d'animaux et de végétaux, offrant, de même que les corps organisés de la création actuelle, des ensembles d'arrangemens qui sont les manifestations d'une Intelligence et d'un Pouvoir merveilleux. En outre l'étude de ces débris nous montre, entre toutes ces formes organiques perdues, et les diverses classes, ordres, familles des deux règnes animal et végétal actuels, une liaison si étroite fondée sur l'Unité dans les principes qui ont présidé à leur construction, que non seulement ils nous sont un argument de la plus grande force contre les doctrines de l'Athéisme et du

Polythéisme; mais qu'ils nous démontrent encore, par une série de preuves non interrompue, l'Eternité et un grand nombre des attributs les plus élevés du Dieu Unique, Vivant et Vrai.

NOTE DU TRADUCTEUR.

Cet ouvrage fait partie de la série connue en Angleterre sous le nom de *Traités de Bridgewater*. Voici à quelle circonstance ces Traités doivent leur origine.

Le Révérend François-Henri, comte de Bridgewater, mort en février 1829, mit, par son testament, à la disposition du président de la Société royale de Londres une somme de 1,000 livres sterling (200,000 francs), à titre d'encouragement pour un ou plusieurs auteurs auxquels l'honorable président confierait l'exécution d'ouvrages ayant pour but de démontrer *la Puissance, la Sagesse et la bonté de Dieu, manifestées dans les œuvres de la création*. La propriété de l'ouvrage n'en devait pas moins demeurer à l'auteur.

Aidé des conseils de l'archevêque de Cantorbery et de l'évêque de Londres, l'honorable M. Davies Gilbert, alors président de la Société royale, désigna huit savans parmi ceux dont l'Angleterre s'honore, MM. Chalmers, Kidd, Whewell, Charles Bell, Roget, Buckland, Kirby et Prout; c'est à eux que fut confiée la tâche de doter leur pays de huit traités conçus dans le but moral de rallier à la religion les sciences physiques et mathématiques, avec tout leur ensemble de travaux et de découvertes modernes. Cette liste de noms en dit plus que nous ne pourrions le faire sur l'élévation d'idées et l'étendue de connaissances qui distinguent ces remarquables ouvrages, que l'on ne doit comparer en rien à la plupart de ceux qui jusqu'ici ont été conçus dans le même but, et dans lesquels trop souvent les raisonnemens ne reposent que sur l'ignorance des faits la plus complète.

Le traité de M. W. Buckland sur la Géologie et la Minéralogie a obtenu en Angleterre un succès prodigieux; deux éditions se sont succédé presque sans intervalle, l'une à 5,000, l'autre à 6,000 exemplaires. Ce résultat, la valeur réelle de l'ouvrage, et les éloges dont il a été l'objet en France de la part d'un grand nombre de journaux, nous font espérer que cette traduction sera accueillie avec bienveillance. Rien n'a été négligé pour en assurer la fidélité. Abandonné à nos propres forces, nous n'eussions jamais osé l'entreprendre; activement aidé, et sûr d'être soumis à une censure sévère de la part d'hommes qui illustrent la science, et qu'animait le désir de voir passer dans notre langue cet important ouvrage d'un homme auquel ils sont unis par les liens de la science et par ceux de l'amitié, nous n'avons pas cru refuser cette tâche qu'ils nous avaient offerte.

M. Milne Edwards nous a partout aidé de ses conseils, et a revu avec nous notre manuscrit, en le comparant scrupuleusement au texte, dans son entier, et en portant une attention spéciale sur la partie zoologique de l'ouvrage.

M. Alexandre Brongniart a donné ses soins à tout ce qui concerne la Géologie et la Minéralogie.

M. Adolphe Brongniart nous a aidé pour tout ce qui a trait à la Botanique fossile.

Enfin M. Buckland lui-même, à Oxford, a revu successivement la totalité de notre travail.

Telles sont nos garanties.

L. D.

TABLE DES MATIÈRES

CONTENUES DANS LE PREMIER VOLUME.

INTRODUCTION.

CHAPITRE I.

Jusqu'où s'étend le domaine de la Géologie.

Qu'un étranger débarqué sur la côte sud-ouest de l'Angleterre traverse le Cornouailles tout entier, et le nord du Devonshire ; puis que, passant par Saint-David, il aille visiter toute la partie septentrionale du pays de Galles ; si de là, traversant le Cumberland, puis l'île de Man, il se rend à la côte sud-ouest de l'Ecosse, soit qu'il veuille parcourir ensuite toute la région montagneuse qui sépare les deux royaumes, ou atteindre l'océan germanique en longeant la chaîne des monts Grampians, il conclura de cette excursion de plusieurs centaines de milles que la Grande-Bretagne est une contrée stérile, et dont la rare population se compose presque entièrement de mineurs et de montagnards.

Qu'un autre descende sur la côte du Devonshire, et traverse les comtés du centre, en partant de l'embouchure de l'Exe pour s'arrêter à celle de la Tyne, il ne rencontrera que collines et vallées également fertiles, des villes en grand nombre, et maintes parties couvertes d'une nombreuse population manufacturière, dont l'industrie s'alimente par le charbon de terre que les couches géologiques de ces contrées lui fournissent en abondance *.

Un troisième pourrait aller de la côte du Dorset à celle du Yorkshire sans que son pied posât ailleurs que sur le calcaire oolithique ou la craie. Partout de hautes plaines sans montagnes, sans mines de houille ou autres ; partout une population presque exclusivement agricole et ne possédant pas un seul établissement industriel de quelque importance.

Si nous supposons maintenant que ces trois étrangers viennent à se rencontrer au terme de leur voyage, et à se faire part de leurs observations respectives, quelle différence dans les jugemens qu'ils porteront sur l'état actuel de la Grande-Bretagne ! — C'est un pays de montagnes incultes ; l'espèce humaine y est rare. — Ce sont partout de gras paturages, des populations florissantes et de riches manufactures. — C'est un vaste champ de blé, une fourmilière de laboureurs.

Mais toute cette divergence s'explique dès que l'on sait dans quelles conditions géologiques différentes se trouvent placées ces trois grandes divisions de l'île que nous habitons. Le premier de nos voyageurs n'aurait eu sous les yeux que les districts assis sur des roches primitives ou de transition ; le second aurait suivi ces couches fertiles de nouveau grès rouge,

---

* En jetant les yeux sur quelque carte géologique de l'Angleterre un peu exacte, on verra que les importantes et populeuses cités dont les noms suivent reposent sur des couches appartenant uniquement à la formation du nouveau grès rouge : Exeter, Bristol, Worcester, Warwick, Birmingham, Lichfield, Coventry, Leicester, Nottingham, Derby, Stafford, Shrewsbury, Chester, Liverpool, Warrington, Manchester, Preston, York et Carlisle. La population de ces dix-neuf villes, d'après le recensement de 1830, excède un million d'habitans.

Si l'on veut recourir à une carte de petite dimension, pour vérifier ce fait ou tous ceux que j'aurai occasion d'avancer dans le cours du présent *Essai*, il n'en est point de plus satisfaisante que la réduction en une seule feuille faite par M. Gardner de la grande carte d'Angleterre de Greenough, qui avait été publiée par la Société géologique de Londres.

qui doivent leur origine au détritus de roches plus anciennes, et au-dessous ou à côté desquelles gît la houille, trésor inappréciable. Quant au troisième, il aurait partout foulé un sol assis sur des plateaux et des monticules dont la pierre à chaux ou la craie forment la base, et qui conviennent merveilleusement au paturage des bêtes à laine et à la production des céréales *.

Ainsi donc, en Angleterre, le développement numérique des populations et les bases fondamentales de leurs industries

* La route de Bath à Buckingham, par Cirencester et Oxford, et de Buckingham à Lincoln, en traversant Kettering et Stamford, offre un exemple frappant de l'uniformité complète qui se fait remarquer dans l'aspect général et la culture du sol, ainsi que dans les industries de la population, sur le trajet des terrains oolithiques à travers l'Angleterre, depuis Weymouth jusqu'à Scarborough.

La route de Dorchester à Andover et à Basingstoke, en passant par Blandford et Salisbury, et celle de Dunstable à Royston, Cambridge et Newmarket, répète le même fait d'uniformité que l'on observe encore tout le long de la ligne de craie qui va de Bridport (côte du Dorset) à Flamborough-head (côte du Yorkshire).

Dans cette même direction, suivant laquelle les différentes grandes couches traversent l'Angleterre, depuis Lyme-Regis jusqu'à Whitby, la formation du lias règne presque sans interruption, et l'on pourrait voyager depuis Weymouth jusqu'à l'Humber sans quitter un instant l'argile d'Oxford. En effet, presque toutes les routes qui traversent l'Angleterre dans la direction nord-est-sud-ouest, reposent dans la plus grande partie de leur longueur, sur une même formation, tandis qu'une ligne qui les traverserait à angle droit, et dont par conséquent la direction serait sud-est-nord-ouest, ne reposerait nulle part sur une même couche dans un espace de plus de quelques milles. C'est même cette dernière ligne qui donnerait l'idée la plus juste de l'ordre de superposition et des conditions différentes qu'offrent les couches nombreuses qui traversent notre île sous forme d'une suite de zônes étroites dont la direction générale est à peu près nord-est-sud-ouest; et elle a fourni à M. Conybeare la coupe instructive de l'intervalle compris entre Newhaven (près de Brighton) et Whitehaven, qu'il a publiée dans sa géologie de l'Angleterre et du pays de Galles. On y remarque près de soixante dix changemens dans le caractère des couches.

et de leurs richesses sont grandement subordonnées à la nature géologique des couches sur lesquelles elles sont assises. Nous en devons dire autant de leur développement physique, développement dont la mesure la plus sûre nous est fournie par la durée moyenne de la vie et l'état sanitaire en général: or on sait combien ces deux élémens dépendent de la nature plus ou moins salubre des industries, lesquelles, ainsi que nous venons de le voir, sont dominées par les circonstances géologiques. Et, quant au développement moral, en tant que subordonné à ces mêmes industries, il est visible que les mêmes causes géologiques ne peuvent manquer d'y manifester leur action par de semblables effets.

Ces faits, choisis dans la contrée même que nous habitons, nous font voir que toute superficie de terrain d'une grande étendue ne peut être considérée comme le développement en tout sens d'un ensemble unique de matériaux. Dans tel district, nous suivons le trajet de roches granitiques et cristallines ; dans tel autre ce sont des montagnes d'ardoise ; un troisième nous offre alternativement des bancs de grès, de schistes et de pierre à chaux ; un quatrième, des lits de conglomérats ; un cinquième, des bancs de marne et d'argile ; un sixième, du gravier, du sable et de la vase. Quant aux productions minérales de ces diverses formations, elles ne varient pas moins : dans les plus anciennes se rencontrent des veines d'or et d'argent, de l'étain, du cuivre, du plomb et du zinc ; dans une autre série, des lits de houille ; ailleurs du sel et du gypse : beaucoup sont composées d'un grès dont l'architecte s'empare ; d'autres, d'un calcaire propre aux constructions ou à la fabrication des cimens ; d'autres encore, de cette argile dont se font les briques et les poteries ; enfin presque partout la nature a prodigué le fer, de tous les minéraux le plus important.

Si maintenant nous jetons un coup d'œil sur les grands phénomènes de la géographie physique, sur la distribution générale des solides et des fluides à la surface du globe, sur la disposition des continens et des îles, sur la profondeur et l'étendue des mers, des lacs et des rivières, l'élévation des montagnes et des collines, le développement des plaines; sur les vallées, leurs dépressions et leurs déchiremens, nous voyons que tout cet ordre de faits nous conduit encore à des causes dont l'investigation appartient essentiellement à la géologie.

Un examen plus approfondi nous fait suivre le passage des diverses substances minérales qui constituent le globe terrestre à travers les changemens et les révolutions dont les différentes couches de sa surface ont été le théâtre; nous découvrons, dans la superposition de ces dernières, un ordre régulier qui se répète dans les localités les plus éloignées et correspond à l'ordre d'après lequel se succèdent les nombreuses espèces animales et végétales, maintenant éteintes, qui s'étaient successivement développées durant le cours de ces diverses formations minérales. De tels arrangemens ne peuvent devoir leur origine au hasard; car partout un ordre et des lois s'y révèlent avec évidence dans l'arrangement des élémens inorganiques; et cette évidence est portée à son plus haut point par l'étude des restes organiques que nous rencontrons disséminés dans toutes ces couches.

Comment donc s'est-il fait qu'une science aussi importante et qui ne comprend pas moins que l'histoire physique tout entière de notre planète; qu'une science qui va puiser ses documens sur tous les points de la surface du globe, ait si peu attiré l'attention des diverses époques qui ont précédé la nôtre que, jusqu'au commencement de ce siècle, elle avait à peine obtenu de porter un nom ?

Déjà plus d'un essai avait été fait à diverses époques, soit par des hommes voués à l'observation positive, soit par d'ingé-

nieux créateurs de systèmes , dans le but d'arriver à une théorie
de la formation du globe. Si leurs efforts sont demeurés sans
résultat , nous devons en accuser surtout l'imperfection où
étaient alors les diverses sciences qui devaient leur prêter secours ; et c'est au développement qu'ont pris ces dernières depuis un demi-siècle que la géologie doit de pouvoir quitter les
régions nuageuses de l'imagination pour le domaine plus réel
des faits obs‛rvés , et d'arriver à des conclusions assises sur la
base inébranlable de l'induction philosophique. Il nous est
donné maintenant , si nous voulons aborder l'histoire naturelle
de notre globe, de nous appuyer , non seulement sur les branches les plus transc ndantes des sciences physiques , mais aussi
sur les découvertes récentes , d'une bien plus haute importance
pour nous , qui viennent d'être faites en minéralogie , en chimie , en botanique , en zoologie , en anatomie comparée. Aidés
de ces secours , si nous venons à creuser le sein de la terre,
nous y trouverons écrites, en caractères accessibles à notre intelligence , les annales de la formation du globe , là où ceux
qui nous précédèrent ne rencontrèrent qu'un livre fermé d'un
sceau que tous leurs efforts ne purent briser. Ainsi débarrassée
du bandeau qui obscurcissait sa vue , et maîtresse de parcourir
en tous sens l'horizon immense qui s'étend autour d'elle , la
géologie embrasse plus en surface et en profondeur qu'aucune
autre science physique, l'astronomie seule exceptée. Car outre
qu'elle comprend l'étude entière du règne minéral, c'est à elle
qu'appartient l'histoire des innombrables races éteintes tant du
règne animal que du règne végétal. Elle fait voir que chacune,
objet d'un plan et d'une prévoyance à part, a été mise en harmonie parfaite avec les conditions diverses de la vie terrestre
ou aquatique pour laquelle elle avait été faite. Enfin , elle démontre que les arrangemens primordiaux des élémens inorganiques ont été faits en vue de leur emploi dans la composi-

tion des corps organisés, animaux et végétaux actuellement existans, et surtout en vue de leur utilité pour l'espèce humaine.

C'est à l'aide de ces divers témoignages que se reconstruit l'histoire des travaux du tout puissant auteur de l'univers, histoire aussi grande par l'élévation des sujets qu'elle embrasse que par la haute antiquité à laquelle elle remonte, et que Dieu lui-même a tracée de son doigt dans les fondemens des montagnes éternelles.

CHAPITRE II.

Les découvertes géologiques sont d'accord avec les livres sacrés.

On peut s'étonner à juste titre que quelques hommes pleins de savoir et sincèrement religieux ne voient que d'un œil soupçonneux et jaloux les progrès que fait chaque jour l'étude des phénomènes de la nature, lorsqu'on sait quelles preuves nombreuses cette étude nous fournit des attributs les plus élevés de la divinité, et que les conclusions qui leur sont offertes par les géologues, comme le résultat de leurs laborieuses et patientes investigations, ne soient reçues qu'avec les sentimens d'une méfiance injurieuse ou d'une incrédulité absolue. Ces doutes et cette répulsion sont les conséquences des révélations que nous a faites la géologie touchant les longues périodes qui ont précédé l'établissement de l'homme sur cette terre. Et l'on conçoit qu'un esprit qui, de longue date, s'était fait une habitude d'assigner, aussi bien à l'univers qu'à l'espèce humaine, six mille ans d'existence ou environ, ne reçoive pas sans résistance des informations nouvelles dont chacune, si elle est vraie, exige un remaniement de la cosmogonie à laquelle il s'était arrêté. Sous ce point de vue, la géologie partage le sort qu'ont éprouvé toutes les sciences à leur naissance, d'être repoussée pendant un temps comme hostile à la religion révélée ; comme elles aussi, bien comprise, elle lui deviendra un auxiliaire puissant, en exaltant nos convictions sur la grandeur, la sagesse et la bonté du créateur [*].

Il n'est pas un homme doué de sa raison qui ne rapporte à Dieu, comme à leur origine première, l'ensemble tout entier des phénomènes naturels; et, si l'on croit en la Bible comme à la parole même de ce Dieu, craindre de voir se contredire un jour ce que nous pouvons arriver à connaître de ses œuvres, et ce qu'il lui a plu de nous en révéler, n'est-ce pas commettre une inconséquence manifeste? Mais les premiers pas d'une science sont toujours timides et embarrassés ; l'esprit humain s'en effraie et s'arme de circonspection et de doute toutes les fois qu'une conclusion nouvelle demande à prendre place dans le domaine de ses connaissances. S'il y eut des hommes à préjugés qui persécutèrent Galilée, c'est qu'ils crurent la religion

---

[*] Hæc et hujus modi cœlorum phænomena, ad epocham sex millenem, salvis naturæ legibus, ægrè revocari possunt. Quin fatendum erit potius non eandem fuisse originem, neque coævam, Telluris nostræ et totius Universi : sive intellectualis sive corporei. Neque mirum videri debet hæc non distinxisse Mosem, aut Universi originem non tractâsse seorsim ab illâ mundi nostri sublunaris : hæc enim non distinguit populus, aut separatim æstimat. — Rectè igitur legislator sapientissimus philosophis reliquit id negotii, ut ubi maturuerit ingenium humanum per ætatem, usum, et observationes, opera Dei alio ordine digererent, perfectionibus divinis atque rerum naturæ adaptato. *Burnet's, Archæologiæ philosophicæ.* C. viij, p. 506, in-4°, 1692.

menacée par les progrès d'une science sur laquelle s'appuyèrent plus tard les Képler et les Newton pour démontrer les plus glorieux et les plus sublimes attributs du Créateur *. Herschell a déclaré que « la géologie, par la grandeur et la sublimité des objets dont elle s'occupe, prend son rang dans l'échelle des sciences à côté de l'astronomie ; » et l'histoire de la structure de notre planète, dès qu'elle sera bien comprise, conduira l'humanité aux mêmes grands résultats moraux qu'elle a déjà obtenus de l'étude des mécanismes célestes. La géologie a déjà établi sur des preuves physiques que la surface du globe n'a pas existé de toute éternité dans les conditions qu'elle présente de nos

* Képler termine un de ses ouvrages sur l'astronomie par la prière suivante, que nous reproduisons d'après la traduction qu'en donne le *Christian observer*; août 1834, page 495.

. « Avant que de quitter cette table sur laquelle j'ai fait toutes mes recherches, il ne me reste plus qu'à élever mes yeux et mes mains vers le ciel, et à adresser avec dévotion mon humble prière à l'auteur de toute lumière : O toi qui, par les lumières sublimes que tu as répandues sur toute la nature, élèves nos désirs jusqu'à la divine lumière de ta grace, afin que nous soyons un jour transportés dans la lumière éternelle de ta gloire, je te rends grâces, Seigneur et créateur, de toutes les joies que j'ai éprouvées dans les extases où m'a jeté la contemplation de l'œuvre de tes mains. Voilà que j'ai terminé ce livre qui contient le fruit de mes travaux, et j'ai mis à le composer toute la somme d'intelligence que tu m'as donnée. J'ai proclamé devant les hommes toute la grandeur de tes œuvres, je leur en ai expliqué les témoignages autant que mon esprit fini m'a permis d'en embrasser l'étendue infinie. J'ai fait tous mes efforts pour m'élever jusqu'à la vérité par les voies de la philosophie; et, s'il m'était arrivé de dire quelque chose d'indigne de toi, à moi méprisable vermisseau conçu et nourri dans le péché, fais-le-moi connaître, afin que je puisse l'effacer. Ne me suis-je point laissé aller aux séductions de la présomption, en présence de la beauté admirable de tes ouvrages ? Ne me suis-je pas proposé ma propre renommée parmi les hommes, en élevant ce monument qui devait être tout entier consacré à ta gloire? Oh ! s'il en était ainsi, reçois-moi dans ta clémence et dans ta miséricorde, et accorde-moi cette grace que l'œuvre que je viens d'achever soit à jamais impuissante à produire le mal ; mais qu'elle contribue à ta gloire et au salut des ames. »

jours, mais qu'elle y est arrivée par une série de créations distinctes qui se sont succédé durant des périodes consécutives
d'une étendue considérable, mais parfaitement limitées entre
elles; que toutes les combinaisons actuelles de la matière avaient
été précédées d'autres combinaisons, et que ses derniers atomes,
dans toutes les transformations qu'ils ont subies, ont été régis
par des lois tout aussi invariables et tout aussi régulières que
celles qui tracent aux planètes leur route dans l'espace. Et
combien tous ces résultats sont en harmonie avec nos sentimens les plus élevés, avec la conviction où nous sommes de la
grandeur et de la bonté du créateur de cet univers! Si donc des
sources de certitude aussi importantes pour la théologie naturelle n'ont été admises qu'avec répugnance par des hommes animés d'un zèle sincère pour les intérêts de la religion, c'est que
faute d'avoir pénétré assez avant dans les sciences physiques,
et de les avoir sainement appréciées, ils avaient craint des
contradictions entre les phénomènes naturels et l'histoire de
la création telle que la Genèse nous la raconte.

En outre, de ce que les géologues n'ont pu jusqu'à présent
s'entendre assez pour établir une théorie de la terre complète et
incontestable ; et de ce que de vieilles opinions qui ne s'ap-
puyaient que sur des matériaux sans valeur ont disparu devant
des découvertes plus étendues, on a conclu qu'il n'y a rien de
certain dans tout ce que l'on dit à ce sujet, et que toutes les déductions sur lesquelles cette science est fondée n'ont rien que
d'indigeste et de purement conjectural : c'est s'armer contre la
géologie d'un raisonnement faux et injuste. Tout homme
de bonne foi conviendra que le temps n'est pas encore venu
où une théorie de la terre parfaite puisse être établie d'une
manière complète et définitive, parce que nous n'avons pas
encore par devers nous tout l'ensemble de faits sur lequel elle
doit un jour être basée : mais en attendant, nous possédons déjà

beaucoup de ces faits bien démontrés ; à leur suite, nous pouvons dès maintenant atteindre à des conclusions d'une importance et d'une certitude incontestables, et la somme de ces conclusions, à mesure qu'elle s'accroît, fournit à cette théorie qui un jour sera l'une des richesses de l'esprit humain un point d'appui de plus en plus ferme. Chaque jour nous la perfectionnons davantage ; déjà il nous est donné de construire le premier, le second, le troisième étage de notre édifice avec toute la solidité désirable, quoique un temps bien long doive encore s'écouler avant que le couronnement puisse y être posé. Ainsi donc, tout en admettant qu'il nous reste beaucoup à apprendre, nous affirmons avoir déjà beaucoup et de solides connaissances, et nous protestons contre ceux qui demanderaient la destruction de ce qu'il y a déjà de construit, sous le prétexte qu'il y a encore beaucoup à construire.

Durant la période d'enfance de la géologie, alors qu'aucune des sciences qui seules peuvent lui fournir une base assurée n'était arrivée à maturité, la prudence voulait que l'on remît à une autre époque le parallèle entre le récit de Moïse et la structure actuelle du globe, structure alors presque entièrement inconnue ; mais notre position a tout-à-fait changé depuis cinquante ans ; un mouvement immense s'est opéré dans nos connaissances, et leurs limites ont été portées si loin que, à cette heure, le sujet dont il s'agit réclame impérieusement sa place dans notre discussion.

Or, un premier fait important, c'est que tous les observateurs, quelles que soient d'ailleurs leurs opinions sur les causes secondaires qui ont agi dans la production des phénomènes géologiques, s'accordent en ce point qu'ils n'ont pu s'accomplir que dans une durée composée d'une suite de périodes immenses en étendue. Ce n'est donc pas sortir de notre sujet que d'examiner dès maintenant jusqu'à quel degré l'histoire de la création, telle qu'elle est contenue dans le narré concis que nous en a fait Moïse, se trouve d'accord avec l'ensemble des phénomènes naturels dont nous ferons quelques pages plus loin l'objet de notre étude. Car il importe qu'il ne nous reste plus aucun doute à cet égard, lorsque nous entrerons dans ces recherches ayant pour but la reconstruction d'une série d'évènemens dont la majeure partie a précédé la création de l'espèce humaine. Or, je crois pouvoir démontrer non seulement qu'il n'y a pas incompatibilité entre les déductions auxquelles nous serons conduits et le récit de Moïse, mais que les études géologiques auront pour résultat de jeter d'importantes lumières sur plus d'un point de ce récit demeuré jusqu'alors obscur. Comme nous serons conduits peut-être à proposer quelques idées peu d'accord avec les interprétations les plus généralement reçues jusqu'ici et les plus popularisées, je déclare qu'on peut les admettre sans craindre que nous allions jamais jusqu'à porter atteinte à l'authenticité du texte lui-même, ou au respect que nous devons à l'autorité d'hommes qui, par cela même qu'ils nous ont précédés, n'ont point compris comme nous les passages en question, privés qu'ils étaient du secours de ces mêmes faits, qui sont venus les éclairer à nos yeux d'une lumière toute nouvelle ; et si à quelques égards la géologie semble demander que l'on sacrifie quelque chose de l'interprétation littérale du texte aux exigences des déductions scientifiques, elle nous en dédommagera largement par les nouveaux appuis qu'elle fournira à la religion naturelle sur divers points que la révélation n'avait pas eu pour but de nous enseigner.

L'erreur de ceux qui veulent trouver dans la Bible une histoire complète et détaillée des phénomènes géologiques, c'est d'exiger trop ; les opérations créatrices dont ils lui demandent gratuitement compte s'élèvent à des époques et à des localités n'offrant plus aucun rapport direct avec l'espèce humaine. Il ne serait pas plus déraisonnable d'accuser le récit mosaïque d'imperfection, parce qu'il n'y est point fait mention des satellites de Jupiter ou de l'anneau de Saturne, que de s'en prendre à lui du désappointement auquel on s'expose lorsqu'on y va chercher un ensemble de connaissances géologiques qui peuvent entrer dans une encyclopédie des sciences, et nullement dans un volume, dont l'unique but est de fixer nos convictions religieuses, et de nous donner des règles de conduite. La révélation devait-elle être une communication de l'omniscience tout entière ? et, si elle devait s'arrêter quelque part, à quel point des sciences physiques plutôt qu'à tout autre, pour qu'elle fût à l'abri des mêmes reproches d'imperfection et d'oubli dont on s'obstine à poursuivre les récits de Moïse ? Une révélation qui eût dit de l'astronomie tout ce qu'en savait Copernic fût restée au-dessous des découvertes de Newton, et Laplace l'eût trouvée fort défectueuse s'il n'y eût rencontré de science que ce qu'en possédait Newton lui-même. Une révélation de toutes les connaissances chimiques du dix-huitième siècle eût été bien pauvre en présence de celles d'aujourd'hui, et ces dernières sans nul doute éprouveront le même sort lorsqu'on les comparera à celles de l'âge qui doit succéder au nôtre ; et, dans toute la sphère des connaissances humaines, il n'en est pas une à laquelle ce raisonnement ne puisse s'appliquer, jusqu'à ce que l'homme ait obtenu la révélation complète de tout ce qu'il y a de mystérieux dans les mécanismes des mondes matériels et dans les forces qui les mettent en mouvement. Une telle mise en possession de l'intelligence de Dieu lui-même dans ses œuvres et dans toutes ses voies conviendrait peut-être à des êtres d'un ordre supérieur ; peut-être aussi entre-t-elle comme élément dans le bonheur auquel nous sommes réservés par-delà cette vie. Mais elle dépasse les forces de la race humaine placée dans les conditions physiques et morales où nous la voyons; elle serait en contradiction manifeste avec les vues que la divinité s'est proposées toutes les fois qu'elle s'est communiquée par des révélations. Ces sortes de manifestations ont eu pour but de donner à l'homme des lumières morales, et non des connaissances scientifiques.

Diverses hypothèses ont été proposées dans le but de faire concorder les phénomènes géologiques avec la narration concise que Moïse nous a faite de la création. C'est ainsi que plusieurs ont voulu expliquer par le déluge de la Genèse la formation des couches stratifiées, opinion incompatible avec l'épaisseur énorme et les subdivisions en nombre immense que présentent ces couches, avec la variété infinie et la constante régularité suivant laquelle s'y succèdent les restes d'animaux et de végétaux, dont les différences avec les espèces actuelles sont en raison directe de leur antiquité et des profondeurs où elles se trouvent. Ce fait que la plus grande partie de ces restes appartiennent à des genres éteints, et presque tous à des espèces perdues, lesquels ont vécu, se sont reproduits et ont péri sur le lieu même où on les trouve, ou à une distance très-rapprochée, prouve que toutes ces couches ont été successivement et lentement déposées, durant des périodes d'une longue durée et à de grands intervalles. De ces végétaux et de ces animaux il est impossible qu'aucun ait fait partie de la création à laquelle nous appartenons immédiatement.

Suivant d'autres, ces couches auraient été formées au fond des eaux dans l'intervalle qui s'est écoulé entre la création de l'homme et le déluge des livres sacrés; et, à cette dernière époque, les portions primitivement élevées au-dessus du niveau des mers, et qui formaient les continens antédiluviens, se seraient engouffrées sous les eaux, tandis que l'ancien lit des océans se serait soulevé pour former à son tour des montagnes et des continens. Mais cette hypothèse tombe irrésistiblement devant les faits que nous devons exposer dans la suite de cet ouvrage.

Une troisième opinion a été émise en même temps par de savans théologiens et par des hommes versés dans les études géologiques, et sans qu'ils y aient été conduits par les mêmes considérations : elle consiste à dire que les jours dont il est question dans le récit genésiaque ne sont point des intervalles égaux à ceux que le globe emploie pour opérer une rotation sur lui-même, mais bien des périodes se succédant entre elles, et chacune d'une grande étendue ; et l'on a été jusqu'à affirmer que l'ordre suivant lequel se succèdent les débris qui nous sont restés d'un monde antérieur au nôtre était en tout d'accord avec l'ordre de création raconté dans la Genèse. Cette asser-tion, malgré son exactitude apparente, ne s'accorde pas encore dans son entier avec les faits géologiques. Car il est prouvé que les plus anciens animaux marins se rencontrent dans ces mêmes divisions des couches de transition les plus infé-rieures où l'on rencontre les premiers restes végétaux, d'où cette conclusion irrésistible que ces animaux et ces végétaux sont d'origine contemporaine ; et si quelque part la création des végétaux a précédé celle des animaux, c'est un fait dont jusqu'ici les recherches géologiques n'ont pu rencontrer aucune trace. Cependant il n'y a encore là, dans mon opinion, aucune objection solide que la théologie ou la critique puissent faire contre l'emploi du mot *jour* dans le sens d'une longue période ; mais l'on demeurera convaincu de l'inutilité d'une telle exten-sion dans le but de réconcilier la Genèse avec les faits naturels, si je parviens à démontrer que toute la durée dans laquelle se sont manifestés les phénomènes géologiques (*) est en entier

* Un traité très-intéressant sur l'accord de la géologie avec l'histoire

comprise dans l'intervalle indéfini dont l'existence nous est annoncée par le premier verset.

Dans ma leçon inaugurale publiée à Oxford en 1820, page 31-32, j'ai formulé mon opinion en faveur de cette hypothèse que — « le mot *commencement* a été appliqué par Moïse dans le premier verset de la Genèse à un espace de temps d'une durée indéfinie et antérieure à la dernière grande révolution qui a changé la face de notre globè, ainsi qu'à la création des espèces animales et végétales qui en sont maintenant les habitans. Durant ce temps, de longues séries de révolutions diverses ont pu s'exécuter, lesquelles ont été passées sous silence par l'historien sacré, comme entièrement étrangères à l'histoire de la race humaine. Il ne s'en est autrement inquiété que pour constater ce fait que les matériaux constituans de l'univers ne sont pas éternels, ne tirent pas d'eux-mêmes leur propre existence, mais ont été créés dans l'origine des siècles par la volonté du Tout-Puissant. » — Et j'ai éprouvé une véritable satisfaction lorsque j'ai vu que cette manière d'envisager notre sujet, qui avait déjà depuis long-temps pris place dans mon esprit, était tout à fait d'accord avec l'opinion imposante du docteur Chalmers. Il l'expose en ces termes dans son *Evidence of the christian revelation*, chap. 7. « Est-ce que Moïse a jamais dit que Dieu, en créant le ciel et la terre, ait fait autre chose qu'une transformation de maté-

sacrée a été donné tout récemment (1833) par le professeur Silliman, dans un supplément à l'édition publiée cette même année à Newhaven, de la géologie de Bakewell. L'auteur soutient que la période indiquée dans le premier verset de la Genèse par ces mots « Au commencement » ne fait pas nécessairement partie du premier jour ; qu'on peut la regarder comme ayant une existence à part, et susceptible d'admettre toute l'étendue que paraissent exiger les faits dont l'accomplissement remonte à cette époque. Plus loin, il est disposé à regarder les six jours de la création comme des périodes d'une étendue indéfinie, et non limitées à vingt-quatre heures, bien que le mot *jours* lui-même ait été employé.

riaux déjà existans? ou avance-t-il quelque part qu'une longue suite de siècles ne sépare pas le premier acte de la création, dont il est parlé dans le premier verset de la Genèse, et qu'il dit s'être passé « *au commencement* », et toutes ces autres opérations dont le récit plus détaillé commence au second verset, et qu'il nous décrit comme s'étant accomplies dans un nombre déterminé de jours? ou enfin nous donne-t-il à entendre que ses généalogies vont plus loin qu'à fixer l'antiquité de l'espèce humaine, abandonnant à la discussion philosophique l'antiquité du globe lui-même. »

Les théologiens les plus savans ont long-temps discuté la question de savoir si le premier verset de la Genèse devait être considéré comme désignant les choses qui vont suivre, et offrant un préambule sommaire de la création nouvelle dont les détails constituent l'histoire des six jours qui remplit les versets suivans, ou comme établissant simplement ce fait que le ciel et la terre ont été créés par Dieu, sans limiter la durée dans laquelle s'est exercée son action créatrice. La dernière de ces opinions est parfaitement en harmonie avec les découvertes de la géologie.

Le récit de Moïse commence par déclarer que — « dans le commencement Dieu créa le ciel et la terre. » — Ce peu de mots peuvent être reconnus par les géologues comme l'énoncé concis de la création des élémens matériels dans une durée qui précéda distinctement les opérations du premier jour. Nous ne trouvons affirmé nulle part que Dieu créa le ciel et la terre dans — « le premier jour, » — mais bien dans — « le commencement, » — et ce *commencement* peut avoir eu lieu à une époque reculée au-delà de toute mesure, et qu'ont suivie des périodes d'une étendue indéfinie durant lesquelles se sont accomplies toutes les révolutions physiques dont la géologie a retrouvé les traces.

Le premier verset de la Genèse nous paraît donc renfermer

explicitement la création de l'univers tout entier ; du —« ciel »,
— ce mot s'appliquant à tout l'ensemble des systèmes sidé-
raux * ; et de — « la terre, » — notre planète étant ainsi
l'objet d'une désignation spéciale, parce qu'elle est la scène où
vont se passer tous les événemens de l'histoire des six jours.
Quant aux événemens sans rapport avec l'histoire de l'espèce
humaine, et qui ont eu lieu sur la surface du globe depuis l'é-
poque indiquée par le premier verset, où furent créés les élémens qui entrent dans sa composition, jusqu'à celle dont l'histoire est résumée dans le second verset, il n'en est fait aucune
mention ; aucune limite n'est imposée à la durée de ces événemens intermédiaires, et des millions de millions d'années peuvent s'être pressés dans l'intervalle compris entre ce *commencement* où Dieu créa le ciel et la terre, et le soir où commence
le premier jour du récit mosaïque **.

* Le pluriel hébreu *shamaim*, Gen. I, 1, que l'on traduit par *ciel*,
désigne, par sa signification étymologique, les régions au dessus de
nous, tout ce qui est au dessus de la terre, comme nous disons de Dieu
qu'il est au dessus, qu'il est en haut, qu'il est au ciel, lorsque nous voulons indiquer la présence de sa divinité dans des espaces distincts de
cette terre. — E. B. Pusey.

** Je suis heureux de pouvoir joindre ici la note suivante de mon ami
le professeur royal d'hébreu à Oxford ; elle vient apporter la sanction
importante de la critique hébraïque aux considérations à l'aide desquelles je me suis efforcé de faire disparaître les difficultés spécieuses
soulevées à l'occasion des phénomènes géologiques contre l'interprétation littérale du premier chapitre de la Genèse.

« Deux erreurs ont été commises par les critiques au sujet de la signification du mot *bara*, créer ; l'une par ceux qui prétendent que le
mot hébreu doit *nécessairement* être entendu dans le sens de « créer de
rien. » L'autre par ceux qui essaient de démontrer à l'aide de l'étymo-
logie que ce mot entraîne la signification de «formation au moyen d'une
matière existante déjà.» Ce n'est pas plus ici le cas de l'une que de
l'autre signification. Je ne connais aucune langue dans laquelle il y ait
mot qui signifie nécessairement « créer de rien. » Et, d'un autre côté,

Le second verset décrirait donc l'état du globe au soir du

quel que soit le mot que l'on emploie, il est évident que s'il s'agit de l'action créatrice de Dieu, ce mot ne peut impliquer d'une manière nécessaire la préexistence de la matière. Ainsi notre mot *créer* qui rend le mot hébreu *bara* exprime que la chose créée reçoit son existence de Dieu sans indiquer par lui-même si Dieu, en l'appelant à exister, la fit sortir ou non du néant; et la nécessité où nous sommes de le faire suivre des mots *de rien* suffit à prouver que le mot créer n'a pas en lui-même cette étendue de signification; et, en effet, quand nous parlons de nous comme créatures de Dieu, nous n'entendons pas du tout par ces paroles que nous ayons été matériellement *créés de rien*. Ainsi c'est à l'ensemble du texte, aux diverses circonstances, aux révélations que Dieu a faites ailleurs, et non à la force du mot en lui-même qu'il faut s'en rapporter sur la question de savoir si *bara* exprime que la chose a été *créée de rien* (autant que nous pouvons arriver à comprendre cette expression) ou que Dieu a donné à de la matière déjà existante une forme d'existence tout-à-fait nouvelle. Or cette dernière signification est parfaitement indiquée dans la Genèse, I, 27, où il est parlé de la *création* de l'homme, lorsque nous savons d'après le chapitre II, vers. 7 , qu'il a été tiré d'une matière déjà existante,—« la poussière de la terre; »—et le mot *bara* n'est réellement tant au dessus du mot *asah*, faire, que par la raison que le premier s'applique uniquement à l'action divine, tandis que le second se dit également de l'action humaine; et la différence entre ces mots est exactement la même qu'offrent dans notre langue les mots *créer* et *faire* par lesquels on les traduit : mais toute cette dispute me semble tenir plutôt à notre manière d'envisager le sujet qu'au sujet lui-même; car *faire*, quand on l'applique à Dieu , est l'équivalent du mot *créer*.

Ainsi les mots *bara*, créer, — *asah* , faire, — *yatsar*, former,— sont-ils fréquemment employés par Isaïe , et une fois par Amos comme tout-à-fait équivalens. *Bara* et *asah* expriment également la formation de quelque chose de nouveau (*de novo*), d'une chose dont l'existence, sous cette nouvelle forme, commence , et dépend entièrement de la volonté de celui qui la *crée* ou qui la *fait*. C'est ainsi que Dieu *se* désigne lui-même comme le créateur,—« *borée*, »—du peuple juif (Isaïe, XLIII, I, 15), et un événement nouveau est désigné sous ce même terme de *création* dans le livre des Nombres , chap. 16 , vers. 30 : « Si le Seigneur (texte anglais) fait quelque chose de nouveau , » et, dans l'hébreu , « crée une créature. » — Le psalmiste l'emploie aussi , ps. 104, vers. 30 , quand il parle du renouvellement de la face du globe, par la succession des créatures douées de vie : — « Tu enverras ton souffle et elles seront créées, et tu renouvelleras la face de la terre. » Cette question a été traitée, mais d'une manière superficielle, par Beausobre , dans son histoire du

premier jour (car Moïse ayant divisé le temps d'après la mé—
thode judaïque , chaque jour se compte du commencement de
la soirée au commencement de la soirée suivante) , et ce pre-

manichéisme , t. 2 , liv. 5 , chap. 4; et mieux, par Petavius, Dogm.
théol. tom. 5, *De opificio sex dierum*, lib. 4, chap. 4, § 8. .
» Après avoir relu et étudié ce récit, le seul résultat auquel je puisse
arriver, c'est que les mots *créer* et *faire* sont synonymes, quoique le premier
exprime cette idée avec plus de force; et ils sont en effet continuellement
pris l'un pour l'autre. — «Dieu *créa* les grandes baleines (Gen. I, vers.
21) ; — Dieu *fit* la bête de la terre (vers. 25). — *Faisons* l'homme
(vers. 26); ainsi Dieu *créa* l'homme (vers. 27). » — Mais il est en même
temps probable que le mot « *bara*,» *créer*, fut choisi à cause de sa signification plus élevée pour désigner la formation primitive du ciel et de la terre.
» Cependant le seul point *réellement* important qu'il y ait à débattre
dans l'interprétation du premier chapitre de la Genèse, c'est de déterminer d'une manière définitive si les deux premiers versets sont un simple
résumé de ce qui va être raconté plus en détail dans le reste du chapitre,
et conséquemment une sorte d'introduction à ce dernier , ou s'ils renferment l'indication d'un fait de création distinct. Or, cette dernière interprétation me paraît être la vraie , d'abord parce que la création du globe
lui-même n'y est mentionnée nulle part ailleurs, puis parce que le second verset nous expose l'état de la terre après qu'elle eut été ainsi
créée, et nous prépare de cette manière au récit de l'œuvre des six jours;
et s'il y est question d'une création, il me semble que cette création, qui
a eu lieu « au commencement, » a dû précéder les six jours; car on obser-
vera que l'histoire de chacun de ces jours est précédée de la déclaration,
« Dieu dit », ou « Dieu voulut que telle chose fût » — (« *et Dieu dit* »)—;
et par conséquent la forme même du récit semble nous indiquer
que la création du premier jour commença quand ces mots furent prononcés pour la première fois , c'est-à-dire lorsque la lumière fut créée ,
au verset 3. Quant à l'époque de la création dont il est question
au verset 1 , elle ne me paraît pas déterminée ; ce que nous y apprenons
seulement , c'est ce qui seul nous importe , savoir que toutes choses
ont été créées par Dieu. Et ce n'est pas ici une opinion nouvelle. Plusieurs Pères de l'Église, cités par Petavius (*loc. cit.* chap. XI, § 4—8),
pensent que les deux premiers versets de la Genèse renferment le récit
d'un acte de création distinct et antérieur. Quelques-uns , comme
saint Augustin , Théodoret et autres, rapportent à cette époque la création de la matière ; d'autres, celle des élémens; d'autres encore (et ce
sont les plus nombreux) pensent que ce ne sont pas les cieux visibles
dont il est question dans ce passage, mais ce qu'ils regardent comme dé-

mier soir peut être considéré comme la fin de cet espace de temps indéfini qui suivit la création première annoncée par

signé ailleurs sous les noms de—« le plus haut des cieux, »—« cieux des cieux, » — la création de notre ciel visible étant manifestement rapportée au second jour. Petavius lui-même regarde la création de la lumière comme le seul fait du premier jour (ch. 7, « *De opere primæ diei, id est luce* »), considérant les deux premiers versets comme un sommaire fait par Moïse de la création dont il allait entreprendre le récit, et comme une déclaration générale ayant pour but de rapporter à Dieu la création de toutes choses.

Episcopius et plusieurs autres auteurs pensèrent que la création et la chute des anges devaient être rapportées à la période dont il est ici question, et toutes déplacées que soient de telles hypothèses, elles nous font voir combien il est naturel de supposer un intervalle considérable entre la création mentionnée dans le premier verset de la Genèse et celle dont le récit nous est présenté par le verset troisième et les suivans; aussi, dans quelques vieilles éditions de la Bible anglaise, où la division en versets n'existe pas encore, trouve-t-on la fin de ce qui est maintenant le second verset séparée du reste par un intervalle ; et dans la Bible de Luther (Wittemberg, 1557) on voit le chiffre 1 répété au commencement du troisième verset pour indiquer que là commence en réalité le récit du premier jour de la création.

Ainsi donc nous trouvons dans tout ce qui précède la confirmation dont nous avions précisément besoin ; car bien que nous repoussions loin de nous l'idée impie de donner à la parole de Dieu une interprétation différente de sa signification la plus claire, il nous fût resté la crainte de nous être laissé influencer à notre insu par les opinions flottantes de notre siècle ; c'est pour cela que nous avons dirigé nos recherches avec le plus de soin vers les hommes qui ont expliqué les divines écritures à des époques où ces théories n'existaient pas. Qu'il nous soit permis d'ajouter que nous ne porterons pas plus loin ces investigations. Nous ne savons rien de ce que c'est qu'une création, rien des causes premières, rien de l'espace, si ce n'est de la portion limitée par les corps actuellement existans; rien du temps, excepté ce qui en est déterminé par les mouvemens de ces mêmes corps. Je regretterais amèrement de paraître dogmatiser à propos de ces choses sur lesquelles un instant de réflexion et d'humilité nous conduira à confesser notre ignorance profonde. « C'est à peine si nous devinons les choses de ce monde, et tous nos travaux ne peuvent nous faire apercevoir ce qui se passe sous nos yeux; qui donc oserait scruter les secrets des cieux. »—Sagesse, IX, 16.

E. B. PUSEY.

le premier verset, et comme le commencement des six jours qui allaient être employés à peupler la surface de la terre, et à la placer dans des conditions convenables pour qu'elle pût recevoir l'espèce humaine. Ce même second verset mentionne distinctement la terre et les eaux comme existant déjà, et comme enveloppées dans les ténèbres. Cette condition d'alors nous est décrite comme un état de confusion et de vide, *tohu*, *bohu*, que l'on a coutume de traduire par *chaos*, mot grec d'une signification vague et sans précision, et que les géologues peuvent considérer comme indiquant le naufrage et la ruine d'un monde antérieur. Ce fut à ce moment que se terminèrent les périodes indéfinies qui font l'objet de la géologie; une nouvelle série d'évènemens commença, et l'œuvre de la première matinée de cette nouvelle création fut de faire sortir la lumière des ténèbres temporaires qui avaient enveloppé les ruines de l'ancien monde *.

Plus loin, dans le neuvième verset, nous retrouvons une mention de cette ancienne terre et de cette ancienne mer. Il y est dit que *les eaux* reçurent l'ordre de *se rassembler en un seul point*, et le sec, *d'apparaître*. Or le *sec* dont il est parlé ici est cette même terre, dont la création matérielle est annoncée dans le premier verset, et dont le second verset décrit la submersion et les ténèbres temporaires; et ces deux faits de l'apparition du sec et du rassemblement des eaux sont les seuls sur lesquels

---

* D'après l'opinion que m'a émise le professeur Pusey, ces mots « que la lumière soit », Yehi or, Gen. I. 3, n'impliquent pas davantage que les mots par lesquels on les a traduits que la lumière n'ait *jamais* existé antérieurement; on peut les interpréter simplement dans le sens d'une substitution de la lumière aux ténèbres sur la surface de notre planète. Quant à la question de savoir si la lumière avait déjà existé quelque part dans les œuvres de Dieu, ou si elle avait précédé sur cette terre les ténèbres décrites au verset 2, elle est absolument étrangère au but du narrateur.

le neuvième verset se prononce : nulle part il n'y est dit que le sec ou les eaux aient été créés le troisième jour.

On peut interpréter de la même manière le quatorzième verset et les quatre suivans. Ce que l'on y dit des luminaires célestes paraît avoir trait seulement à leurs rapports avec notre planète, et plus spécialement encore avec l'espèce humaine qui allait y prendre place. Nulle part il n'est dit que la substance même du soleil et de la lune ait été appelée à exister pour la première fois le quatrième jour * ; le texte peut également signifier que ces corps célestes furent à cette époque spécialement adaptés à certaines fonctions d'une grande importance pour l'espèce humaine : — « A verser la lumière sur le globe ; à régner sur le jour et sur la nuit. » — « A fixer les mois et les saisons , les années et les jours. » — Quant au fait même de leur création , il avait été annoncé d'avance dès le premier verset. La Genèse mentionne aussi les astres (Ch. I. 16), mais en trois mots seulement et pour ainsi dire sous forme de parenthèse, comme si elle ne se fût proposé d'autre but que de nous rappeler que tous ils avaient été créés par la même puissance qui avait fait exister déjà le soleil et la lune , ces autres luminaires d'une importance bien plus grande pour nous **. Cette mention si brève accordée en passant à toute la phalange innombrable de ces corps célestes , dont chacun , selon toute probabilité, est un soleil à part, et le centre d'un système planétaire, tandis que la lune , notre petit satellite , est cité comme approchant du soleil par son importance , nous démontre clairement qu'il n'est accordé d'autre intérêt aux phénomènes astronomiques que celui qui résulte de leurs rapports

* Voyez les notes, pages 18 et 22.

** Les mots *vreth haccocabim* se traduisent littéralement par : « Et les étoiles. »

E. B. PUSEY.

avec le globe, et surtout avec l'espèce humaine, et nullement de leur importance réelle dans l'immensité de l'univers. Et n'est-il pas impossible que nous mettions les étoiles fixes au nombre des corps que la Genèse (1, 17) nous dit avoir été placés à la voûte des cieux pour répandre la lumière sur la surface de notre globe, alors que, sans le secours du télescope, le plus grand nombre de ces corps célestes demeure invisible? Le même principe paraît dominer la description de la création, quant à ce qui concerne notre planète ; la formation des matériaux qui la composent une fois annoncée dans le premier verset, les phénomènes de la géologie comme ceux de l'astronomie ont été passés sous silence, et la narration arrive sans intermédiaire aux détails de la création actuelle dont les rapports avec l'homme sont plus immédiats *.

---

* Les observations suivantes de l'évêque Gleig, bien qu'à l'époque où il les écrivait il ne fût pas entièrement convaincu de la réalité des faits annoncés par les découvertes géologiques, nous font voir qu'il partageait dès lors cette opinion que le récit de Moïse pouvait sans inconvénient s'interpréter en admettant que l'existence de l'espèce humaine a été précédée d'un laps de temps indéfini.

« Je suis très-disposé à croire que la *matière* dont se compose l'univers a été créée d'un seul jet, quoique plusieurs portions aient reçu leur dernière *forme* à des époques très-diverses. A quelle époque précise l'univers fut-il créé, ou combien de temps le système solaire demeura-t-il dans le chaos? ce sont là autant de vaines questions auxquelles on ne peut faire aucune réponse. Moïse nous raconte l'histoire de la terre, seulement dans son état actuel : il nous annonce qu'elle fut créée, et qu'elle était vide et informe alors que l'esprit de Dieu flottait à la surface des eaux. Mais il ne nous dit pas combien long-temps dura cet état de chaos, ni si c'étaient ou n'étaient pas les débris de quelque système plus ancien qu'auraient habité des créatures vivantes de races différentes de celles qui existent maintenant à sa surface. Du reste, ceci n'a point pour but de répondre au reproche souvent fait à la cosmogonie de Moïse de n'accorder aux œuvres de la création qu'une antiquité de six ou sept mille années tout au plus ; car nulle part dans les livres sacrés Moïse n'a donné cette détermination. Quelque éloignée d'ailleurs que soit l'époque où Dieu créa le ciel et la terre, et selon toute probabilité elle l'est

L'interprétation que je viens de proposer semble en outre résoudre la difficulté qui, sans ce secours, paraît résulter de ce qu'il est dit que la lumière existait dès le premier jour, tandis que c'est au quatrième seulement qu'apparaissent le soleil, la

beaucoup, il fut un temps où elle n'était distante que d'une année, que d'un jour, que d'une heure. Ceux donc qui soutiennent que la manifestation de la gloire du Tout-Puissant par ses œuvres n'a pu être limitée à une courte période de six ou sept mille ans ne sentent pas que la même objection s'adresse à la période la plus immense que puisse concevoir l'esprit humain. Il n'est pas de durée déterminable qui puisse entrer en proportion avec l'éternité, et que nous assignions à l'univers matériel six millions ou six cents millions d'années, un sophiste pourrait dire avec une égale raison que la gloire du Tout-Puissant manifestée dans ses œuvres ne peut être ainsi limitée. Ce n'est donc pas dans le but de faire taire de semblables objections que j'ai admis l'existence d'une terre et d'un ciel plus anciens que ceux que nous avons sous les yeux, comme compatible avec le récit de Moïse ou tout autre passage des livres sacrés, mais dans le but seulement de raffermir la foi des lecteurs pieux qui pourraient se laisser ébranler par les découvertes réelles ou prétendues des géologues modernes. Si ces philosophes ont réellement découvert des os fossiles ayant appartenu à des espèces ou à des genres d'animaux qui maintenant n'existent plus sur la terre ni dans l'océan, et si la destruction de ces espèces et de ces genres ne peut nous être expliquée par le déluge général ou toute autre catastrophe dont l'histoire nous dit que notre globe a été le théâtre ; s'il est de fait que la surface de la terre est formée de couches qui ne peuvent y avoir été disposées dans l'état où elles sont que par la mer, ou par toute autre masse d'eaux demeurées à l'état tranquille sur les points où ces couches se rencontrent pendant des périodes beaucoup plus étendues que n'a été la durée du déluge de Noé ; si, dis-je, tous ces faits prennent le caractère d'une certitude complète, ce dont je ne suis nullement convaincu, nous ne trouvons rien dans les livres sacrés qui nous empêche de penser que ce sont les ruines d'une terre antérieure, formée au sein du chaos d'où Moïse nous apprend que Dieu tira les élémens du système actuel. Son histoire, aussi loin qu'elle remonte, est celle de la terre telle qu'elle existe maintenant, de ses habitans actuels et de leurs ancêtres des premiers âges ; et un des géologues les plus ingénieux et les plus profonds, Cuvier (*Essai sur la théorie de la terre*), a démontré que la race humaine ne peut pas être beaucoup plus ancienne que ne nous l'annoncent les écrits du législateur hébreu. » — *Stackhouse's Bible*, par l'évêque Gleig, p. 6-7, 1816.

lune et les étoiles. Si nous supposons que la terre et les corps célestes aient été créés à cette époque dont la distance reste indéterminée et que l'écriture désigne par le mot *commencement*, et que les ténèbres, qui couvraient le soir du premier jour, n'étaient que des ténèbres temporaires produites par l'accumulation de vapeurs denses — « sur la face de l'abîme, »— on peut concevoir comment un commencement de dispersion de ces vapeurs rendit la lumière à la surface de la terre le premier jour, sans que pour cela les causes qui produisaient cette lumière cessassent d'être obscurcies, et comment la purification complète de l'atmosphère au quatrième jour fut cause que le soleil, la lune et les astres apparurent dans la voûte des cieux et se trouvèrent dans de nouvelles relations avec la terre, nouvellement modifiée, et avec l'espèce humaine [*].

La lumière existait durant toutes ces périodes longues et distantes entre elles où se succédèrent toutes les formes animales qui se sont manifestées sur la surface primitive du globe, et que nous retrouvons maintenant à l'état fossile. Nous en avons la preuve dans l'existence d'yeux chez les animaux pétrifiés, appartenant à des formations géologiques de divers âges. Dans un des chapitres suivans, je ferai voir que les yeux des Trilobites, fossiles propres aux terrains de transition [**], sont, par leur organisation, tout-à-fait analogues à ceux des crustacés actuellement existans, et que les yeux des Ichthyosaures, du lias [***], renferment un appareil tellement semblable à celui qu'on trouve dans les yeux de plusieurs oiseaux qu'il nous est impossible de douter que ces yeux fossiles ne fussent des appareils optiques calculés pour recevoir de la même manière les impressions de la même lumière

[*] Voyez la note page 22.
[**] Pl. 45, fig. 9, 10, 11.
[***] Pl. 10, fig. 1, 2.

qui transmet encore la perception de la vue aux animaux existans aujourd'hui. Cette conclusion est entièrement confirmée par ce fait général que toutes les têtes fossiles de poissons ou de reptiles, quelle que soit la formation géologique où on les rencontre, offrent des cavités orbitaires pour que des yeux aient pu y être logés, avec des trous pour le passage de nerfs optiques, bien qu'il soit rare de rencontrer dans ces cavités quelques restes de l'œil lui-même. De plus, la présence de la lumière est tellement indispensable à l'accroissement des végétaux actuels que nous avons le droit de la regarder comme une condition non moins essentielle du développement de ces nombreuses espèces végétales fossiles qui accompagnent les débris des animaux dans toutes les couches de toutes les formations.

D'après une opinion à laquelle des découvertes récentes [*] sont venues ajouter un grand poids, la lumière n'est point une substance matérielle, mais seulement un effet des ondulations de l'éther, substance infiniment subtile et élastique qui remplit l'espace tout entier et même l'intérieur de tous les corps. Tant que l'éther demeure en repos, il y a obscurité complète; si, au contraire, il est placé dans un certain état de vibration, la sensation de la lumière existe; de plus, ces vibrations peuvent être produites par diverses causes, telles que le soleil, les astres, l'électricité, la combustion, etc. Si donc la lumière n'est pas une substance particulière, mais une série de vibrations de l'éther, c'est-à-dire un effet produit sur un fluide subtil par l'action d'une ou plusieurs causes extérieures,

---

[*] Pour l'exposé général de la théorie des ondulations lumineuses, consultez sir J. Herschel, art. *Lumière*, 3ᵉ partie, section 2 de l'*Encycl. métropol.* Voyez encore le *Mathematical Tracts* du professeur Airy, 2ᵉ édit., 1831, p. 249; et Madame Somerville, dans son ouvrage intitulé : *Connexion of the physical sciences*, 1834, p. 185.

il ne serait pas exact de dire , et la Genèse ne dit pas , dans le verset 3 du chapitre 1 , que la lumière fut *créée* *, bien qu'on puisse dire littéralement qu'elle fut mise en action.

Enfin, lorsque le quatrième commandement (Exode **XX**, 11) rappelle les six jours de la création, on y retrouve le mot *asah* — « faire, » — le même qui se trouve aux versets 7 et 16 du 1er chapitre de la Genèse , et que nous avons déjà prouvé être d'une signification moins forte et moins étendue que le mot *bara* — « créer, » — et comme il n'entraîne pas nécessairement la *création de rien* , il peut être ici employé à désigner un nouvel arrangement de matériaux qui existaient déjà **.

Mais nous rappellerons en terminant que ce n'est nullement le récit de Moïse en lui-même dont nous mettons en question l'exactitude , mais seulement la manière dont il doit être interprété; et nous devons avoir surtout présent à l'esprit que l'objet de ce récit n'est aucunement d'établir *de quelle manière*, mais bien *par qui* le monde fut créé. Comme il y avait une tendance de l'esprit humain, dans ces premiers âges du monde, à adorer les objets les plus glorieux de la nature, et nommément le soleil, la lune et les étoiles, nous devons croire que Moïse, en racontant la création , eut pour but principal de préserver les Israélites du polythéisme et de l'idolâtrie des nations qui les entouraient, en proclamant que tous ces corps célestes, si pleins de magnificence , n'étaient pas eux-mêmes des Dieux, mais seulement l'ouvrage d'un créateur unique et tout puissant auquel seul devait s'adresser l'adoration des hommes ***.

* Voyez la note page 18.

** Voyez la note page 26.

*** Après m'être ainsi hasardé à entrer dans une série d'explications qui, je pense, prouvent entièrement l'accord qui existe entre le texte littéral même de la Genèse et les phénomènes géologiques, je m'abstiendrai d'en dire plus long sur ce sujet important, et je suis heureux de

Chapitre III.

Quels sont les sujets spéciaux des recherches géologiques.

L'histoire du globe fournit un sujet de recherches vaste et compliqué que l'on peut diviser dès le principe en deux bran—

pouvoir renvoyer mes lecteurs à quelques admirables articles du *Christian observer.* (Mai, juin, juillet, août 1834.) Ils y trouveront un résumé très-net et très-complet de cette question, dans lequel sont présentées les difficultés dont elle est entourée, en même temps que l'on y propose plusieurs idées modérées et judicieuses sur l'esprit dans lequel doivent se faire de semblables investigations. Je renverrai aussi aux divers ouvrages dont les noms suivent : *Sermons de l'évêque Horsley*, in-8°, 1816 ; 5° vol., série 39 ;— *Records of Creation*, par l'évêque Bird-Sumner, 2° vol., p. 356 ; — Douglas, *Errors regarding religion*, 1830. p. 261-264 ; — Higgins, *On the Mosaical and Mineral Geologies*, 1832 ; — et plus spécialement à l'éloquent et admirable discours du professeur Sedgwik *sur les Etudes de l'Université de Cambridge*, 1853 dans lequel il a fait voir avec beaucoup d'habileté tous les rapports qui unissent la Géologie et la religion naturelle, et où il résume en ces termes sa précieuse opinion sur le genre d'instruction que nous devons rechercher dans la Bible : « La Bible nous apprend que l'homme et les autres êtres vivans n'ont été placés sur cette terre qu'il y a peu d'années, et tous les monumens physiques viennent à l'appui de cette vérité. Si l'astronomie nous fait voir des myriades de mondes dont il n'est pas question dans les livres sacrés, la géologie nous prouve de son côté (et non point à l'aide d'argumens tirés de l'analogie, mais bien en employant l'évidence incontestable des faits physiques) que notre planète fut placée primitivement dans des conditions physiqu.. très-diverses, séparées les unes des autres par de longs intervalles de temps et pendant la durée desquelles l'homme et les autres créatures de même date n'avaient pas encore été appelés à l'existence. Des périodes telles que celles-là n'appartiennent donc pas à l'histoire

ches distinctes. La première comprend l'histoire des élémens minéraux inorganisés et des divers changemens par lesquels ils paraissent avoir passé depuis leur création pour arriver aux conditions dans lesquelles nous les voyons aujourd'hui placés : la seconde embrasse l'histoire passée du règne animal et du règne végétal , et des diverses modifications successives que ces deux grandes divisions de la nature ont subies durant les opérations chimiques et mécaniques qui se sont accomplies à la surface de notre planète. Comme l'étude de l'une et de l'autre de ces deux branches fait également partie de la science géologique, nos investigations ne doivent pas avoir pour but de rechercher moins la nature et l'action des forces physiques qui ont affecté les corps inorganiques que les lois de la vie elle-même et les diverses conditions d'organisation qui ont successivement prévalu dans le temps que la croûte du globe était en progrès de formation.

C'est pourquoi, avant que d'entrer dans l'histoire des fossiles animaux et végétaux , nous devons passer brièvement en revue les états successifs des formations minérales , et voir jusqu'à quel point nous pourrons découvrir dans la constitution chimique et dans l'arrangement mécanique des matériaux du globe les preuves d'un plan général et providentiel en vertu duquel tout se préparait dès lors pour les exigences futures des organismes végétaux et animaux. \

Pour tout ce qui concerne notre planète , le premier acte de

---

morale de notre race, et ne sont comprises ni dans la lettre ni dans l'esprit de la révélation. Qui oserait dire quelle distance sépare le jour où fut créée la terre et celui où il plut à Dieu de placer l'homme à sa surface? Sur ces questions, l'Écriture se tait, mais son silence ne détruit pas la signification de tous ces monumens physiques que Dieu a placés sous nos yeux pour nous attester sa puissance , en même temps qu'il nous a donné toutes les facultés qui peuvent nous conduire à les interpréter et à en comprendre les enseignemens.

la création paraît avoir été de faire exister les élémens du monde matériel. Ces élémens inorganiques ne semblent pas avoir depuis augmenté en nombre, et rien ne prouve que leur nature ou leurs qualités aient subi quelque altération ; ils paraissent au contraire avoir été soumis , dès le moment de leur création , aux mêmes lois qui les régissent dans leur condition actuelle , et les avoir subies dans toutes les périodes où se sont succédé les changemens géologiques. De même , les élémens qui entrent dans la composition des végétaux et des animaux actuels paraissent avoir rempli les mêmes fonctions dans l'économie organique à toutes les époques. \

En traçant cette histoire des phénomènes naturels , nous considérerons tout d'abord la dynamique géologique , science qui embrasse la nature et le mode d'action des agens physiques de toute espèce qui ont . à quelque époque et de quelque manière que ce soit , affecté la surface ou l'intérieur du globe. Au premier rang , se placent le feu et l'eau , ces deux agens universels et antagonistes qui ont si prodigieusement influé sur la condition du globe, et qui, devenus entre les mains de l'homme les instrumens les plus puissans de sa volonté, le servent en auxiliaires soumis dans les plus hautes opérations de la mécanique et de la chimie, comme dans les détails les plus vulgaires de l'intérieur de son ménage.

Les élémens qui entrent dans la composition des roches cristallines ont obéi surtout, dans l'arrangement qu'ils ont pris, à deux puissans principes d'action , les forces chimiques et les forces électromagnétiques ; au contraire les matériaux qui constituent les dépôts stratifiés sédimentaires ont été principalement influencés par l'action mécanique des eaux en mouvement, et modifiés dans certaines occasions par le mélange de restes végétaux et animaux en quantité considérable.

Comme l'action de ces forces sera rendue plus intelligible par des exemples de leurs effets, je renvoie mes lecteurs, qui voudraient en prendre une idée d'ensemble, à la coupe figurée dans la première de mes planches*. L'objet de cette coupe est d'abord de représenter l'ordre dans lequel les séries successives de formations stratifiées ont été entassées les unes sur les autres comme des assises successives de maçonnerie, puis de montrer les changemens qui sont survenus dans leurs conditions minérales et mécaniques ; en troisième lieu, de faire voir comment les roches stratifiées ont été bouleversées à diverses époques par l'introduction violente de roches cristallines non stratifiées , et par les divers soulèvemens , les dépressions , les fractures et les dislocations qu'elles ont éprouvées ; et enfin de donner des exemples des diverses altérations que la vie a subies dans ses formes chez les animaux et chez les végétaux, en traversant les divers changemens qui se sont opérés dans les conditions minérales du globe.

La coupe figurative que nous venons de citer fera reconnaître qu'il existe huit variétés distinctes de roches cristallines non stratifiées, et vingt-huit divisions bien définies de formations stratifiées. En prenant pour moyenne maximum de chacune de ces divisions une épaisseur d'environ mille pieds ** , nous obtiendrons une épaisseur totale de plus de deux lieues ; mais comme les terrains de transition, de même que les couches stratifiées primitives, excèdent de beaucoup cette moyenne , l'ensemble des terrains stratifiés en Europe peut être regardé comme s'étendant à une profondeur d'au moins quatre lieues.

---

* Toute cette coupe se trouve décrite avec détails, dans l'explication générale des planches , tome 2.

** Un grand nombre de formations dépassent de beaucoup ce terme moyen ; d'autres au contraire ne l'atteignent pas.

Chapitre IV.

Rapports des roches non stratifiées avec les roches stratifiées.

Je n'entrerai pas dans plus de détails sur chacune des diverses roches stratifiées qui font partie d'un même groupe, que je n'en ai représenté à l'aide de lignes ou de couleurs dans la coupe déjà citée *. Quant à leur arrangement, j'ai conservé les anciennes divisions en terrains primitifs, de transition, secondaires et tertiaires, plutôt à cause de la commodité de cette division, reçue depuis long-temps, que pour l'existence réelle de limites bien définies entre les diverses couches de chacune de ces séries.

Comme les matériaux des roches stratifiées tirent en grande partie leur origine des roches non stratifiées, soit directement

---

* Pour des détails plus circonstanciés sur les caractères des minéraux et sur les restes organiques qui appartiennent aux diverses couches de chaque série, je renverrai aux nombreuses publications qui ont été spécialement consacrées à ces sujets. On en trouvera un résumé très-commode dans le Manuel de géologie de De la Bèche, dans la Palœologie de von Meyer (Francfort, 1832). Des détails très-étendus sur les couches stratifiées de l'Angleterre ont été consignés dans la Géologie de l'Angleterre et du pays de Galles, de Conybeare et Phillips. Consultez encore l'Introduction à la géologie par Bakewel (1833); l'article Géologie du professeur Phillips dans l'*Encyclopedia metropolitana*, le *Guide to Geology* du même, in 8°, 1834; De la Bèche, *Researches in theoritical Geology*, in 8°, 1834. L'histoire des restes fossiles de la période tertiaire a été exposée avec une grande clarté par Lyell, dans ses *Principles of Geology*. '

soit indirectement (*), ce serait agir prématurément que de nous occuper des couches dérivées, jusqu'à ce que nous ayons étudié brièvement l'histoire des formations primitives. Nos recherches commenceront donc par cette époque très-ancienne où tout s'accorde à nous présenter les matériaux constitutifs du globe comme dans un état fluide, et la chaleur comme la cause qui les y maintenait. La forme actuelle de la terre est en effet celle d'un sphéroïde aplati, comprimé aux pôles et dilaté à l'équateur; celle en un mot que prendrait une masse liquide en rotation autour d'un axe. En outre, ce fait, que le plus petit diamètre coïncide avec l'axe actuel de rotation, prouve que cet axe n'a pas changé depuis que la croûte du globe a pris la forme solide qu'elle a conservée jusqu'à ce jour.

En supposant que tous les matériaux du globe ont été primitivement maintenus dans un état fluide ou même nébulaire** par l'action d'une chaleur intense, la première consolidation qui ait eu lieu a pu être amenée par le rayonnement du calorique de la surface à travers l'espace. Cette diminution graduelle de la chaleur aurait permis aux particules matérielles de se rapprocher et de cristalliser, et cette cristallisation

---

* En désignant les roches cristallines dont l'origine est supposée ignée comme n'étant pas stratifiées, nous adoptons uue division qui, sans être rigoureusement exacte, a été pendant long-temps d'un usage général parmi les géologues. Les masses rejetées de granite, de basalte et de lave présentent fréquemment, dans le sens horizontal, des solutions de continuité qui les partagent en lits d'étendue et d'épaisseur très-variables. C'est ce que l'on observe à un degré fort remarquable dans la formation désignée par les Wernériens sous le nom de flœtz-trap (pl. 1re, n° 6 de la coupe); mais on n'y voit jamais ces successions de lits peu épais et de lames encore plus minces dans lesquelles sont subdivisées les couches sédimentaires qui se sont déposées par l'action des eaux.

** L'hypothèse qui nous présente les matériaux du globe comme ayant existé primitivement sous la forme d'une nébuleuse offre la théorie la plus simple, et par conséquent la plus probable de la condition première des élémens matériels qui composent notre système solaire. M. Whewell

aurait eu pour premier résultat la formation d'une sorte d'écorce ou de croûte composée de métaux oxidés et des métalloïdes qui constituent les diverses roches de la série granitique, et entourant un noyau de matière en fusion plus dense que le granite et analogue à celle qui constitue la substance spécifiquement plus pesante du basalte et de la lave compacte.

Il est inutile que nous nous occupions ici des opinions contradictoires qui ont divisé les esprits pendant les cinquante dernières années qui viennent de s'écouler, relativement à l'origine de cette vaste et importante série de roches non stratifiées et cristallines que la plupart des géologues et des chimistes modernes s'accordent à rapporter à l'action du feu. Les effets de la chaleur centrale et le contact de l'eau avec les bases métalloïdes des terres et des alcalis sont deux causes qui, séparées ou réunies, nous semblent rendre pleinement compte de la production et de l'état définitif des minéraux qui composent ces roches aussi bien que de beaucoup de ces grands mouvemens mécaniques qui ont produit les révolutions de la surface du globe.

Les variétés, en nombre infini, de granite, de syénite, de porphyre, de diorite (*greenstone*) et de basalte, se rattachent par d'innombrables gradations aux porphyres trachytiques et aux laves qui sont de nos jours rejetés par les volcans. Quoiqu'il reste encore sur ce sujet quelques difficultés à aplanir, il n'en est pas moins très-probable que l'état fluide dans lequel furent originairement les roches cristallines non stratifiées était dû au pouvoir liquéfiant de la chaleur, pouvoir dont nous sommes à même d'apprécier l'action dissolvante, relativement aux matériaux les plus réfractaires qui constituent le globe, par celle qu'il exerce sur

a fait voir jusqu'à quel point cette théorie supposée vraie tend à augmenter nos convictions sur l'existence d'une intelligence primitive et présidant à tout. — *Bridgewater treatises*, N° III, chap. 7.

es métaux les plus résistans et sur les substances siliceuses qui entrent dans la composition du verre*.

La série tout entière des roches stratifiées que nous apercevons à la surface du globe ** repose probablement sur une fondation immense de roches cristallines non stratifiées à surface irrégulière. Ce sont les détritus de cette surface qui ont fourni en grande partie les matériaux des roches stratifiées *** dont l'épaisseur, ainsi que nous l'avons dit plus haut, s'élève jusqu'à plusieurs milles. Et ce n'est encore là qu'une très-faible épaisseur comparée avec le diamètre du globe ; mais elle ne nous en fournit pas moins le témoignage certain d'une longue série de changemens et de révolutions, qui non seulement ont affecté la condition minérale de l'écorce primitive du globe, mais ont entraîné en même temps d'importantes altérations dans les deux règnes animal et végétal.

Les détritus des premiers terrains qui se soient élevés au dessus du niveau des eaux ayant été entraînés dans la mer, et là répandus en de vastes lits de vase mêlée de sable et de gravier, seraient à jamais demeurés couverts, si par la suite des temps l'action de certaines autres forces n'eût eu pour résultat de les faire apparaître à leur tour au-dessus du même niveau. Quant

* Les expériences de M. Gregory Watt sur le refroidissement lent des corps en fusion, celles de sir James Hall sur la reproduction artificielle des roches cristallines en portant à une température très-élevée sous une forte pression les élémens pulvérisés de ces mêmes roches, enfin celles plus récentes de M. Berthier et de M. Mitscherlich sur la production de cristaux artificiels par la fusion de leurs élémens constitutifs pris en proportions définies, ont écarté beaucoup des objections que l'on avait coutume de faire contre l'origine ignée des roches cristallisées.

** Pl. 1re, coupe figurative.

*** Soit directement, par une simple accumulation des élémens des roches granitiques désagrégées ; soit indirectement, par la destruction successive de divers groupes de roches stratifiées, dont les matériaux, par suite d'opérations antérieures, avaient été pris dans des formations non stratifiées.

à ces forces, ce sont sans doute les mêmes pouvoirs expansifs de la chaleur et de l'eau vaporisée qui déjà avaient agi sur les premières portions soulevées des roches cristallines fondamentales, et dont l'action, après s'être continuée durant les diverses périodes géologiques qui ont suivi, produisent encore de nos jours les phénomènes qui appartiennent aux volcans en ignition, phénomènes qui sont incomparablement les plus violens de tous ceux qui se manifestent maintenant à la surface de notre planète *.

La preuve d'un plan bien arrêté dans l'emploi des forces qui ont amené ce résultat puissant et général, je veux parler de la formation de la terre ferme par le soulèvement des roches stratifiées au-dessus du niveau des eaux qui les avaient déposées, est tout à fait indépendante de la vérité ou de l'erreur des théories qui divisent l'opinion des savans relativement à l'ori-

---

* « Le fait de changemens considérables et fréquemment répétés dans le niveau relatif de la terre et des mers est maintenant si bien établi, que les seules questions qui restent à résoudre ont trait au mode suivant lequel ces changemens se sont effectués. Est-ce par le soulèvement de la surface solide elle-même, ou par un abaissement de la surface liquide ? Et, dans l'un ou dans l'autre cas, de quelle nature a été la force agissante ? Les exemples de grands et fréquens mouvemens de la surface solide , soit qu'ils aient eu pour résultat définitif de l'élever au-dessus ou de l'abaisser au-dessous du niveau précédent, et les connexions qui existent entre ces mouvemens et les phénomènes volcaniques, sont des faits maintenant si multipliés et si bien établis , ils se sont reproduits sur un si grand nombre de points , et les recherches de la science leur ont donné une telle extension, qu'il demeure à peu près démontré que c'est à des phénomènes de cette nature qu'il faut attribuer toutes les grandes révolutions du globe ; et que , bien que les forces internes qui soulèvent ainsi l'écorce terrestre aient considérablement varié dans les divers points et aux diverses époques, elles sont encore et ont toujours été à l'œuvre ; et le résultat de ce travail incessant a été d'amener toutes les altérations que nous avons sous les yeux , et d'en préparer d'autres pour la suite des siècles. » — *Geological sketch of the Vicinity of Hastings, by Dr. Fitton*, p. 85-86.

gine des roches stratifiées les plus anciennes, dans lesquelles on ne rencontre jamais de restes organiques *. Ce serait sortir de la question dont nous nous occupons présentement que de rechercher si, comme le prétendait Hutton, ces roches ont été formées des détritus de roches granitiques plus anciennes, étendus par les eaux en lits d'argile et de sable, puis modifiés consécutivement par la chaleur; ou si, conformément à la théorie Wernérienne, elles résultent de la précipitation chimique d'un liquide doué d'un pouvoir dissolvant autre que celui que possèdent les eaux de l'Océan dans l'état actuel des choses : et il importe tout aussi peu au but que nous nous proposons que l'absence complète d'animaux et de végétaux dans toutes ces couches les plus anciennes doive être expliquée par l'excessive température des eaux au sein desquelles ces couches furent déposées mécaniquement, ou à la composition du fluide ambiant primitif et non habitable qui tenait en dissolution tous leurs matériaux. Tous les observateurs s'accordent à admettre que les couches stratifiées ont été formées au fond des eaux, puis converties par la suite en terres fermes ; et, quels que soient les agens qui ont déterminé les mouvemens des matériaux inorganiques grossiers qui entrent dans la constitution du globe, nous trouvons des preuves évidentes d'une sagesse providentielle et d'un plan bien arrêté dans les bienfaits qui, pour les créatures postérieures et surtout pour l'homme, ont été la conséquence de ces révolutions si reculées, et dont l'histoire demeure si obscure **.

---

* Voyez pl. 1, nᵒˢ 1, 2, 3, 4, 5, 6, 7 de la coupe.

** Dans la description des phénomènes géologiques, il est impossible d'éviter l'emploi de quelques termes théoriques et de ne pas se laisser aller à quelque théorie provisoire relativement à la manière dont ces phénomènes se sont produits. Parmi les théories diverses et souvent contraires qui ont été proposées pour résoudre les problèmes les plus difficiles et les plus compliqués de la géologie, je choisis celles qui me paraissent

Dans les roches cristallines non stratifiées, où l'on ne rencontre aucun débris animal ou végétal, ce serait en vain que nous chercherions quelqu'un de ces témoignages si évidens d'un plan qui ne commence à se révéler qu'au moment où se montrent les premières traces d'organisation et de vie, c'est-à-dire dans les couches de la période de transition. Les premiers agens qui aient imprimé sur ces roches des traces de leur passage sont le feu et l'eau ; et déjà là nous trouvons des preuves d'un système et d'une intention arrêtée dans l'ordre si parfait d'après lequel ces agens ont amoncelé au fond des eaux, suivant les conditions les plus favorables à la fertilité, les matériaux de ces mêmes formations stratifiées, qui plus tard devaient, en s'élevant, se convertir en terres fermes. Mais ce plan et cet arrangement dans un but prévu se montrent bien davantage encore dans la structure et la composition de ces élémens minéraux cristallins. Dans chaque molécule matérielle qui a été soumise à la cristallisation, nous reconnaissons l'action des lois immuables qui régissent les forces polaires et les affinités chimiques, et qui ont imposé à tous les corps cristallisés une série fixe de formes et de compositions définies. Ces lois, ces systèmes, cet

offrir le plus haut degré de probabilité ; mais comme les résultats demeurent les mêmes quelle que soit leur origine, les conclusions auxquelles nous conduisent ces résultats ne perdent rien de leur force par les changemens qui peuvent survenir dans nos opinions relativement aux causes physiques qui les ont amenés. De même que lorsqu'il s'agit de juger les plus beaux produits de l'art, nous pouvons apprécier l'habileté et le talent de l'artiste sans connaître à fond la nature intime du mécanisme au moyen duquel son œuvre a été accomplie, de même aussi notre esprit peut être puissamment impressionné par la vue de toute cette magnificence que l'intelligence créatrice s'est plu à répandre dans tous les phénomènes de la nature, bien qu'il ne puisse comprendre qu'imparfaitement tous les mécanismes qui les produisent, bien que l'action de tous les instrumens matériels qui concourent à leur accomplissement n'ait pu encore être saisie par la curiosité active de l'esprit humain, et doive peut-être lui demeurer à jamais ignorée.

ordre si constant dans leur existence et dans leur application, nous attestent, à n'en pouvoir douter, la présence active d'une intelligence souveraine présidant à tout, dirigeant tout.

Enfin il est un dernier argument sur lequel nous insisterons davantage plus tard, en nous occupant des filons métalliques. Il repose sur ce fait que les roches primitives et les roches de transition sont surtout celles auxquelles ont été confiés les dépôts de la plupart des métaux précieux, qui sont pour l'homme d'une haute importance ou même d'une immédiate nécessité.

CHAPITRE V.

Roches volcaniques , Basalte et Trap.

· Dans l'état d'équilibre où notre planète est arrivée sur les points de sa surface que nous habitons , nous sommes portés à regarder les fondemens de la terre comme un type de durée et de stabilité ; mais tout autres sont les idées des hommes appelés à vivre dans le voisinage des foyers d'éruptions volcaniques. Le sol leur refuse un point d'appui; et, dans toute la durée des crises volcaniques, il oscille et vibre sous leurs pieds, renversant les cités, se déchirant en d'affreux abîmes, transformant le fond des mers en terres fermes, et les terres fermes en mers *.

Les habitans de ces régions nous comprendraient donc s'ils nous entendaient parler de la croûte du globe comme d'une pellicule qui flotte à la surface d'un noyau composé d'élémens en

* Voyez la géologie de Lyell, vol. 1, *passim.*

fusion ; ils ont vu ces mêmes élémens fluidifiés s'élancer au dehors en des torrens de lave liquide ; ils ont senti le sol sous leurs pieds ballotté pour ainsi dire, et roulant sur les lames d'une mer souterraine; ils ont vu les montagnes s'élever, et les vallées se creuser, dans la durée d'un instant, et ils peuvent mieux apprécier par le témoignage même de leurs sens la valeur des expressions dont se servent les géologues, lorsqu'ils veulent décrire les tremblemens et les convulsions qui ébranlèrent notre planète dans le temps que les couches de son écorce passèrent du fond des mers où elles ont pris leur origine à l'état de plaines ou de montagnes où nous les voyons maintenant assises.

Les courans de matières terreuses qui sont rejetées à l'état de fusion par les volcans en activité s'étendent tout autour de leurs cratères en couches de laves de diverses natures. Or plusieurs de ces couches ressemblent tellement aux lits de basalte et à certaines roches trapéennes qui se rencontrent à de grandes distances de toute bouche volcanique actuelle, qu'il devient très-probable que ces dernières aussi ont été rejetées du sein de la terre. En outre, les roches adjacentes aux cratères volcaniques se montrent traversées par des déchirures et des fissures qu'à des époques plus récentes ont remplies des injections de laves qui y forment ces murs transversaux connus sous le nom de dykes. Ce n'est pas seulement dans les districts occupés par le basalte et les roches trapéennes que de semblables dykes se rencontrent, ce n'est pas seulement dans le voisinage de quelque volcan moderne ; mais aussi dans des couches appartenant à toutes les formations, depuis les formations primitives les plus anciennes jusqu'aux couches tertiaires les plus récentes *. Et comme les caractères minéraux de ces dykes pré-

* Voyez pl. 1, coupe f 1 — f 8, h 1 — h 2, i 1 — i 5.

sentent d'insensibles gradations, depuis l'état de lave compacte, en passant par toutes les variétés en nombre infini de diorite (*greenstone*), de serpentine et de porphyre jusqu'au granite lui-même, nous les rapporterons tous à une commune origine ignée.

Le point de départ des matériaux de ces roches projetées au dehors est à de grandes profondeurs au-dessous du granite ; mais on ne sait pas encore d'une manière certaine si la cause immédiate de ces éruptions se trouve dans l'accès de l'eau sur des masses isolées de bases métalloïdes terreuses ou alcalines, ou si la lave tire directement son origine de cette grande masse d'élémens incandescens qui existe probablement à la profondeur d'une centaine de milles environ au-dessous de la surface terrestre *.

Notre coupe fait voir combien les effets des forces volcaniques maintenant en action sont dans des rapports étroits avec les phénomènes des formations basaltiques, et avec les plus anciennes éruptions de diorite, de porphyre, de syenite et de granite. L'introduction de matériaux cristallins non stratifiés dans le sein des roches de tout âge et de toute formation sous forme de dykes, ou de lits irréguliers, introduction qui s'est toujours faite de bas en haut, et en partant de profondeurs qui nous sont inconnues, et l'accumulation fréquente de ces mêmes matériaux en de vastes masses qui recouvrent la surface des roches stratifiées, sont des phénomènes qui se montrent sur toute la surface du globe.

Ici encore, et malgré la violence et le désordre qui semblent au premier coup d'œil caractériser toutes ces opérations, nous n'en voyons pas moins se révéler à nous l'intelligence qui a présidé à leur accomplissement et la sagesse du plan qu'elle a suivi ; et ces preuves sont dans l'uniformité même de

* Voyez Arago, Cordier et Fourrier, sur la chaleur interne du globe.

lois qui régissent la matière et le mouvement, et qui ont réglé les forces chimiques et mécaniques dont l'action a produit à toutes les époques tous ces puissans effets. Pour peu que nous envisagions leurs résultats en masse dans ce phénomène du soulèvement de la terre ferme au dessus des océans, nous conclurons que les forces volcaniques tiennent une place de la plus haute importance parmi les causes secondaires qui ont modifié l'état passé et présent du globe. Il n'est pas de mouvement isolé qui n'ait contribué pour sa part au but final, en amenant, par une suite de changemens et de convulsions, les matériaux incandescens d'une planète, primitivement inhabitable, à l'état d'équilibre et de repos le plus en harmonie avec les besoins et les jouissances de l'homme dont elle devait être l'habitation, et de toute cette multitude de créatures vivantes qui se partagent avec lui sa surface actuelle *.

Chapitre VI.

Roches stratifiées primitives.

Dans le résumé que nous avons donné des phénomènes principaux que présentent les roches non stratifiées et les roches volcaniques, nous avons été irrésistiblement conduits à entrer dans des théories purement spéculatives, et nous avons vu que l'explication la plus probable de ces phénomènes nous est donnée par l'hypothèse d'une liquéfaction primitive de tous les maté-

* Voyez, pour les effets des forces volcaniques, les détails plus étendus que nous donnons dans l'explication de la planche I.

riaux du globe, liquéfaction due à l'action d'une chaleur intense. C'est aux dépens de cette masse liquide de métaux et de bases métalloïdes terreuses ou alcalines, et à la suite de l'oxidation de ces mêmes bases que la première écorce granitique paraît s'être formée; puis dans la suite elle a dû se briser en fragmens qui ont pris des niveaux différens au dessus ou au dessous de la surface des premières mers.

Partout où la matière solidifiée s'élevait au dessus des eaux, elle trouvait dans les agens atmosphériques plus d'une cause de destruction. Les pluies, les torrens et les inondations qui agissaient probablement alors avec une grande violence en détachaient les matériaux des premières roches stratifiées, et les étendaient au fond des mers sous forme de vase, de sable ou de gravier; puis ces mêmes matériaux exposés dans la suite aux diverses températures produites par la chaleur centrale se convertirent en lits de gneiss, de micaschiste (*micaslate*), d'amphibolite schistoïde (*hornblende slate*), et de schiste argileux (*clay slate*). Dans les détritus ainsi balayés des premières terres dans les mers les plus anciennes, nous voyons le commencement de cette série énorme de couches dérivées, qui, par la répétition des mêmes procédés, se sont accumulées jusqu'à une épaisseur de plusieurs milles *.

* M. Conybeare (dans son admirable Rapport sur la Géologie fait à la Société britannique pour l'avancement de la science, 1832, p. 367) fait voir que plusieurs des principes les plus importans de la théorie ignée, lesquels ont trouvé dans les découvertes modernes une démonstration à peu près complète, avaient été déjà prévus par l'universel Leibnitz. — « Dans la première section de son *Protogœa*, Leibnitz a esquissé habilement ses vues générales, et il serait difficile, même aujourd'hui, d'exposer plus clairement les principes fondamentaux nécessairement communs à toute théorie dans laquelle on attribue les phénomènes géologiques en grande partie à l'action d'un feu central. Selon lui, les roches primitives et fondamentales sont dues au refroidissement de l'enveloppe d'un noyau volcanique, opinion tout-à-fait d'accord avec celle

L'absence complète de restes organiques dans toutes les

aujourd'hui universellement admise sur l'origine ignée du granite fondamental, et avec la structure des schistes primitifs ; car la gradation insensible suivant laquelle se succèdent ces diverses formations paraît démontrer que la même cause dont le maximum d'action a produit le granite, venant à agir avec moins d'intensité, a donné naissance au gneiss, puis au micaschiste, sous un degré d'action encore moins élevé.

» Les dislocations et les divers dérangemens qui se manifestent dans la disposition des couches, il les attribue à l'écrasement des vastes voûtes qui se sont formées par suite de la structure vésiculaire et caverneuse qu'ont nécessairement prise les masses qui constituent la croûte du globe, dans le temps que celle-ci a mis à passer de l'état de fusion à l'état de refroidissement et de consolidation complète ; et comme causes de ces ruptures, il indique le concours du poids énorme des matériaux avec des éruptions de vapeurs élastiques ; à quoi nous devons peut-être ajouter que les oscillations de la surface de ce noyau encore liquide ont pu, sans qu'il soit nécessaire de supposer aucune cavité, réduire en fragmens la portion refroidie de l'écorce du globe, surtout si l'on fait attention qu'à cette période primordiale elle devait être nécessairement très-mince, et ressembler beaucoup aux scories qui flottent à la surface de la lave lorsqu'elle commence à se refroidir. Il ajoute avec justesse que toutes ces dislocations de l'écorce doivent, par suite des ébranlemens communiqués aux grandes masses aquatiques qui reposaient au-dessus, avoir nécessairement coïncidé avec des actions diluviennes d'une vaste étendue. Puis quand ces masses aqueuses, dans la suite et durant les intervalles de repos qui ont séparé ces grandes convulsions, ont laissé précipiter les matériaux dont elles étaient chargées par suite de leur action destructive sur les roches primitives, les sédimens qui se sont formés ainsi ont constitué des terrains et des couches de nature diverse. Leibnitz arrive donc à assigner une double origine aux différentes roches ; d'abord le refroidissement d'une masse à l'état de fusion ignée, et nous avons vu qu'il assigne surtout cette origine aux roches primitives et fondamentales ; puis la précipitation de dépôts aqueux ; et il y a là nettement posée la grande base de toute classification scientifique des roches et des formations. La répétition des mêmes causes (je veux parler des dislocations de l'écorce et des inondations qui en ont été la conséquence) a produit de fréquens changemens dans les couches nouvelles, jusqu'à ce que ces causes aient été amenées à un état d'équilibre et de repos qui a eu pour résultat un état de choses plus permanent. Ne trouvons-nous pas dans cet exposé les données précises sur lesquelles devra toujours reposer ce que l'on pourrait appeler l'investigation chronologique de la série des phénomènes géologiques ?

portions inférieures de ces couches que l'on a désignées sous le nom de primitives est un fait en accord avec l'hypothèse qui entre dans la théorie du refroidissement graduel, à savoir que les eaux des océans primitifs étaient trop échauffées pour qu'elles aient pu être habitées par aucune espèce d'êtres organisés *.

Les conditions les plus anciennes de la terre et des eaux constituent, la géologie nous le fait voir, un ordre de choses incompatible avec toute existence animale ou végétale; et nous trouvons ainsi dans les phénomènes naturels des témoignages qui établissent ce fait important qu'il existe une limite à partir de laquelle ont commencé toutes les formes que revêt l'existence soit chez les animaux, soit chez les végétaux.

De même que dans les couches suivantes la présence de restes organiques nous fait voir l'intelligence créatrice dans tout son pouvoir, dans toute sa sagesse et dans toute sa bonté, coordonnant les progrès de la vie dans les diverses phases qu'elle a subies à la surface du globe; de même leur absence dans les couches primitives nous fournit un argument puissant pour établir qu'il y a dans l'histoire de notre planète une époque que nulle recherche ne peut atteindre, si ce ne sont celles de la géologie, et qui précéda toute manifestation de la vie. Cette conclusion est d'autant plus importante qu'elle enlève leur dernier refuge à une foule de philosophes spéculatifs, soit que, dans leurs théories, ils expliquent l'origine des organisations actuellement existantes par une succession éternelle des mêmes espèces, ou qu'ils imaginent des évolutions d'espèces se succédant les unes aux autres, sans interposition d'au-

---

* Aussi long-temps que la température du globe conserva une certaine intensité, l'eau ne put exister que sous forme de gaz ou de vapeurs flottant dans l'atmosphère, tout autour de la surface incandescente du globe.

cun acte de création directe et répétée ; niant dans l'un comme dans l'autre cas l'existence d'une première époque, d'un point de départ dans la série infinie que leur hypothèse implique. Ces théories étaient demeurées sans réponse décisive jusqu'au jour où les découvertes modernes de la géologie ont établi deux conclusions de la plus grande puissance dans cette question si long-temps débattue : la première, que les espèces actuellement existantes ont eu un commencement, et que ce commencement date d'une époque comparativement récente dans l'histoire physique de notre globe ; la seconde, que ces mêmes espèces avaient été précédées d'autres systèmes organiques animaux ou végétaux : et, pour chacun de ceux-ci comme pour les premiers, on peut démontrer qu'il fut une époque où ils n'existaient pas encore, et que par conséquent, pour ces systèmes plus anciens comme pour ceux qui existent maintenant, la doctrine d'une succession éternelle et indéfinie, tout à la fois dans le passé et dans l'avenir, est également insoutenable *.

* M. Lyell, dans les quatre premiers chapitres du second volume de ses *Principes de Géologie*, après avoir discuté avec beaucoup d'habileté et de bonne foi les argumens qui ont été mis en avant pour soutenir la doctrine de la transmutation des espèces, arrive à cette conclusion : « Les espèces ont une existence réelle dans la nature, et chacune d'elles, au moment où elle fut créée, fut douée des attributs organiques qui les distinguent encore aujourd'hui. »

M. de la Beche s'exprime ainsi (*Geological Researches*, 1834, p. 239, 1re édit., in-8°) : « Il est hors de doute que plusieurs plantes peuvent éprouver des modifications en rapport avec certains changemens dans leurs conditions d'existence, et que plusieurs animaux varient suivant les climats dans lesquels ils se trouvent ; mais si l'on considère le sujet sous un point de vue général, et tout en accordant aux nombreuses exceptions l'importance qu'elles méritent, on peut poser en fait que les plantes et les animaux ont été faits en vue des situations dans lesquelles ils se trouvent placés, et qui elles-mêmes ont été disposées d'avance pour les recevoir. Ces êtres paraissent avoir été créés à mesure que la

Après avoir ainsi acquis en même temps la preuve que plusieurs systèmes d'organisation ont eu leur commencement et leur fin, et avoir trouvé dans chacun la démonstration immédiate de l'action d'une puissance créatrice agissant avec sagesse et suivant un plan arrêté, nous sommes conduits maintenant à jeter nos regards vers une période antérieure au plus ancien de ces systèmes, celle qui correspond à ces couches primitives dans lesquelles nous ne rencontrons plus aucune trace de restes organiques, et que nous regardons, d'après cette circonstance même, comme ayant été déposés à des époques qui ont précédé l'apparition de la vie. Ceux qui veulent que la vie se fût déjà manifestée dans la période où se sont formées les roches stratifiées primitives, et que les débris animaux aient été détruits par l'action de la chaleur sur les couches les plus rapprochées du granite, ne font que reculer d'un degré le premier terme de la série, toujours finie, des manifestations organiques : au-delà de ce point il y a toujours une époque où tout l'ensemble des matériaux qui constituent le granite fondamental fut dans un état de liquéfaction complète, et où la substance du globe tout entier ne consistait qu'en une seule masse d'élémens incandescens et absolument incompatibles avec toute manifestation organique dont on ait pu retrouver quelques traces *.

terre présentait des conditions favorables à leur existence, ces conditions elles-mêmes n'étant pas de nature à modifier assez profondément des formes précédemment mises en possession de la vie, pour les convertir en de nouvelles espèces.

* Si l'on adopte cette supposition que les premières roches stratifiées auraient été modifiées et endurcies par la chaleur sous-jacente, il faut observer toutefois que bien que la chaleur, dans le cas dont il s'agit ici, puisse entrer comme cause active dans la solidification des couches, il existe en outre d'autres causes qui ont contribué puissamment à la consolidation des couches secondaires et tertiaires, lesquelles se trouvent pla

On nous objectera peut-être que nous n'avons aucunement le droit d'affirmer que toute vie et toute organisation fussent impossibles à la surface de notre planète ou dans son intérieur à l'époque où elle était dans un état de liquéfaction ignée. — « Qui indiquera, ainsi que l'observe un homme aux ingénieuses spéculations de l'esprit [*], dans quelles limites l'intelligence infinie peut varier ses manifestations ; qui démontrera l'impossibilité d'organisations entièrement différentes de celles que nous avons sous les

ées à une grande hauteur au-dessus des roches d'origine ignée. Bien que plusieurs espèces de calcaires aient pu être converties, dans certains cas, en marbres cristallins, par l'action du feu sous une pression énorme, on peut, sans recourir à cette action, expliquer la consolidation des couches ordinaires de carbonate de chaux. On rencontre fréquemment, dans certains lits de grès appartenant aux formations secondaires et tertiaires, un ciment calcaire qui peut avoir été précipité de la même manière que la substance des stalactites ou du calcaire ordinaire. Si ce ciment est siliceux, il peut encore avoir été déposé par quelque voie humide, analogue à celle par laquelle la matière de la chalcédoine ou du quarz se présente dans la nature tenue en suspension ou en dissolution ; il y a là un procédé dont nous ne pouvons nier l'existence, bien que jusqu'à présent la chimie ait en vain cherché à le reproduire. Les lits d'argile qui alternent avec le calcaire, le sable et le grès, dans les formations secondaires et tertiaires, ne nous présentent aucun indice de l'action du feu ; nulle part il ne s'y est effectué une consolidation assez considérable pour qu'on ne puisse pas l'expliquer par la pression ou par l'admission de certaines proportions de carbonate de chaux sur les points où les lits d'argile se transforment en lits de marne et de marne pierreuse (*marl and marlstone*). Des lits d'argile molle et non consolidée ou d'un sable sans consistance ne se rencontrent que très-rarement, si même il arrive qu'on les rencontre quelquefois, dans les couches primitives ou dans les portions les plus basses des terrains de transition. Les premiers dépôts de sable paraissent avoir été convertis par l'action de la chaleur en roches d'un quarz compacte, et les lits d'argile en schistes argileux ou en toute autre forme de schiste primitif. Les roches que quelques auteurs désignent sous le nom de grawacke primitif paraissent être des dépôts mécaniques d'un grès grossier, dans lequel la forme des fragmens n'a pas été aussi complètement altérée par la chaleur que dans les roches de quarz compacte.

[*] Tucker, *Light of nature*, liv. III, chap. 10.

yeux? Qui sait quelles cavités sont contenues dans le sein de la terre, et quelles créatures vivantes peuvent les habiter, douées de sens à nous inconnus, recevant des courans magnétiques les services que nous rend la lumière, et de l'électricité des sensations aussi vives que celles qui nous sont transmises par les sons et les odeurs? Sur quel fondement oserions-nous affirmer qu'il ne peut exister des corps vivans dont l'organisation résiste à l'incandescence solaire, ayant le feu pour élément, des os et des muscles formés de terres fixes, pour sang et pour humeurs des métaux en fusion; ou que d'autres n'aient pas été créés pour les régions froides de Saturne, dans les veines desquels circuleraient des fluides plus subtils que les esprits les plus rectifiés que produise l'art des chimistes? »

Il n'est pas de notre sujet d'entrer en discussion, sur des questions de cette nature, par des raisonnemens hasardés sur la possibilité ou la non possibilité des existences, ni de déterminer par des déductions théoriques dans quelles limites il a plu au Créateur de renfermer son action. Mais ce que nous pouvons démontrer, c'est que les lois qui régissent les mouvemens et les propriétés des matériaux élémentaires n'ayant pas varié sur notre planète depuis l'époque même où la matière fut créée, aucune forme organique analogue à celles qui existent maintenant, ou dont la géologie nous révèle l'existence à quelques unes des époques de la formation graduelle de la terre, n'eût pu supporter un seul instant la température intense dont il est ici question.

Nous poserons donc cette conclusion que, bien que des êtres de nature et de propriétés tout-à-fait différentes puissent être placés par la pensée au nombre des existences possibles, il n'est aucun animal, aucun végétal, soit de ceux qui existent maintenant, soit de ceux dont on retrouve les restes à l'état fossile, qui puisse avoir supporté la température d'une

planète en fusion. Donc, toutes ces espèces ont eu nécessairement un commencement, et ce commencement a eu lieu postérieurement à cette liquéfaction générale dont l'existence a été
retrouvée par la science qui nous occupe.

Je ne crois pas pouvoir mieux conclure cet argument que
par le passage suivant de ma leçon inaugurale [*].—« L'étude des
témoignages fournis par les phénomènes géologiques nous met
à même de poser avec plus de sécurité les fondemens véritables
de la théologie naturelle, puisqu'elle nous démontre clairement
une époque qui a précédé celle où le globe devint habitable, et
dès lors nécessairement antérieure à l'existence des êtres qui s'y
sont succédé. Quand notre esprit s'est ainsi familiarisé avec l'idée d'un commencement et d'une première création des êtres
dont nous sommes entourés, les preuves de sagesse et de prévoyance qui nous sont révélées par l'étude plus intime de ces organisations entraînent avec elles une conviction plus invincible de
l'existence d'une intelligence créatrice ; et l'hypothèse d'une série
de causes, se succédant indéfiniment les unes aux autres, tombe
d'elle-même. Notre raisonnement est celui-ci : la géologie nous
démontre qu'il y eut une époque où les êtres organisés n'existaient pas encore ; ces êtres ont donc eu un commencement
postérieur à cette époque, et ce commencement ne peut être
attribué qu'à la volonté, au *fiat* d'une puissance créatrice infiniment sage et infiniment intelligente.»

Cuvier a été conduit à la même conclusion par ses observations sur les phénomènes géologiques : « Mais ce qui étonne
davantage encore, et ce qui n'est pas moins certain, c'est que
la vie n'a pas toujours existé sur le globe, et qu'il est facile à
l'observateur de reconnaître le point où elle a commencé à
déposer ses produits [**]. » ,

[*] Oxford, 1819, p. 20.
[**] Cuvier, *Ossemens fossiles*, disc. prél. 1821, t. 1, p. 9.

CHAPITRE VII.

Couches de la série de transition.

Jusqu'ici nous nous sommes occupés de roches qui nous ont présenté des traces de l'action presque exclusive des forces chimiques et mécaniques ; mais dès que nous entrons dans l'examen des couches de transition, l'histoire de la vie organique vient s'associer à celle des phénomènes minéraux [*].

Les terrains de transition ont pour caractère minéral l'alternance de l'ardoise et des schistes avec le grès schistoïde, le calcaire et les roches conglomérées : ces dernières offrent des preuves de l'action des eaux violemment agitées ; les premières au contraire, par leur composition et leur structure, et par les restes organiques qu'elles présentent fréquemment, laissent voir qu'elles ont été en grande partie déposées au fond des mers sous forme de vase ou de sable.

Nous allons donc entrer dans un champ de recherches toutes nouvelles et qui ne nous intéressent pas moins par l'appât

---

[*] Il est plus commode de comprendre parmi les terrains de transition toutes les espèces de roches stratifiées, depuis les schistes les plus anciens, les premiers qui nous présentent quelques traces de débris animaux et végétaux, jusqu'à la limite supérieure de la grande formation houillère. Les débris animaux que l'on rencontre dans les couches les plus profondes de cette série, c'est-à-dire dans le groupe de la grawacke, se rapprochent beaucoup génériquement, mais diffèrent généralement, quant aux espèces, de ceux que l'on rencontre dans les plus récentes, celles du groupe carbonifère.

qu'elles offrent à notre curiosité que par leur importance réelle ; et nous commencerons notre étude des débris que nous a laissés le monde qui a précédé le nôtre, en recherchant jusqu'à quel point nous pouvons rapporter à des genres ou à des espèces actuelles de l'un ou de l'autre règne * ces diverses parties détachées d'un vaste système unique de création, qui toutes portent le cachet du grand Auteur de toutes choses.

Règne animal.

Un des premiers résultats auxquels nous conduise l'étude des débris animaux, c'est que les quatre grands embranchemens actuellement existans des vertébrés, des mollusques, des articulés et des rayonnés ont commencé à la même époque, et que cette époque coïncide exactement avec celle où apparaît la vie organique sur le globe **.

* Dans la planche i , j'ai essayé de donner une idée des restes organiques conservés dans les diverses séries de formations, en réunissant au-dessus de chaque série les figures rétablies de quelques uns des végétaux et des animaux les plus caractéristiques, parmi ceux qui habitaient les eaux ou la surface des terrains émergés aux époques où ces formations se déposèrent.

** L'étude que l'on a faite des plantes et des animaux fossiles n'a point encore jusqu'ici conduit à la nécessité d'établir quelque classe nouvelle. Tous ces êtres se placent sans effort dans les mêmes grandes divisions qui ont été créées pour les formes actuellement existantes. Nous sommes donc autorisés à conclure que les créations organiques les plus anciennes comme les plus modernes se sont accomplies d'après un même plan général; et par conséquent loin de pouvoir être décrits comme constituant des systèmes distincts et isolés dans la nature, ils ne doivent être considérés que comme des systèmes qui se correspondent, et ne diffèrent que dans quelques uns de leurs détails. Ces différences très-souvent ne peuvent constituer que de minutieuses distinctions spécifiques ; mais quelquefois, et surtout relativement aux plantes terrestres, à certains crustacés et reptiles, elles vont beaucoup plus loin , et il n'est plus possible de rapporter les groupes fossiles à aucun genre contemporain , souvent même à aucune famille connue. Ainsi nous voyons donc le problème

Les formations de transition ne présentent aucun vertébré plus élevé dans la série animale que les poissons dont nous renvoyons l'histoire à l'un des chapitres suivans.

L'embranchement des mollusques * offre dans ces mêmes formations plusieurs familles et des genres assez nombreux qui paraissent avoir été, à cette époque, répandus d'une manière générale sur tous les points du globe. Quelques uns, tels que les orthocératites, les spirifères, les productus, se sont éteints dès l'une des époques les plus anciennes de l'histoire des formations stratifiées, tandis que d'autres, parmi lesquels nous pouvons citer les nautiles et les térébratules, ont traversé toutes les périodes géologiques et se sont perpétués jusqu'à nos jours.

Les premières traces d'animaux articulés appartiennent à la famille éteinte des trilobites ** ; nous en ferons l'objet d'une étude particulière dans le chapitre consacré spécialement aux restes organiques. Quoique l'on rencontre plus de cinquante espèces de ces trilobites dans les couches de transition, cette famille paraît s'être complétement éteinte dès le commencement de la série secondaire.

Les animaux rayonnés sont de ceux dont les restes organiques sont les plus nombreux dans les terrains qui nous occupent. On trouve dans cette division des êtres remarquables à la fois par la beauté et la variété de leurs formes, ceux, par exemple, qui constituent la famille des crinoïdes, voisine des astéries.

---

des rapports entre les organisations récentes et celles dont il nous est parvenu des restes fossiles résolu par une analogie générale dans l'ensemble de l'organisation, par de nombreuses similitudes dans les points essentiels et par une divergence presque universelle dans les détails. — Phillips, *Guide to Geology*, p. 61-63. 1834.

* Cuvier place dans cette grande division les animaux à corps mou, dépourvus de moelle épinière et de squelette articulé, tels que la seiche et les êtres qui habitent les coquilles univalves ou bivalves.

** Pl. 45 et 46.

Nous leur consacrerons une mention spéciale dans l'un des chapitres suivans *. Les polypiers fossiles abondent aussi parmi les radiaires de cette période, et tout prouve que cette famille est entrée des premières dans ses importantes fonctions géologiques, en augmentant par l'addition de ses enveloppes calcaires la masse des matériaux solides qui composent les couches de l'écorce du globe. Nous reviendrons plus tard sur leur histoire.

Règne végétal.

On peut prendre une idée de la végétation qui florissait à l'époque où se déposaient les couches supérieures de la série de transition en jetant les yeux sur notre première planche **. Dans les régions inférieures de cette série, les végétaux sont peu nombreux, et ce sont surtout des plantes marines ***. Au contraire, dans la région supérieure, les débris de plantes terrestres se présentent accumulées en quantités prodigieuses, et dans un état de conservation qui leur donne un double degré d'importance, d'abord par les lumières qu'elles jettent sur l'histoire de la végétation la plus ancienne qui ait orné la surface de notre globe, sur l'état du climat d'alors et sur les changemens géologiques qui y sont survenus durant cette période ****; puis par la haute influence qu'elles ont exercée sur la condition actuelle de l'espèce humaine.

Les couches dans lesquelles ces débris végétaux ont été re-

---

* Pl. 47, fig. 5, 6, 7.

** Fig. 1-13.

*** M. Ad. Brongniart cite quatre espèces de *fucoïdes* dans les couches de transition de la Suède et de Québec, et le docteur Harlan en a décrit une autre trouvée dans les monts Alleghany.

**** La nature de ces végétaux et leurs rapports avec les espèces actuelles feront l'objet d'un prochain chapitre.

cueillis en si grande abondance sont désignées à juste titre sous le nom de *groupe carbonifère* ou *grande formation houillère* *. C'est dans cette formation surtout que les restes des végétaux anciens se sont conservés et convertis en lits de charbon minéral après avoir été accumulés dans le fond des mers, des golfes et des lacs de ces époques, puis recouverts par des lits de sable et de vase qui depuis se sont eux-mêmes convertis en grès et en schistes **. (Pl. 1, n° 14.)

* Voyez Conybeare et Phillips, *Geology of England and Wales,* liv. 5.

** Le type le plus caractéristique qui se rencontre en Angleterre des couches constitutives de la grande formation carbonifère, soit qu'on les considère dans leurs conditions générales ou dans leurs détails circonstanciés, se trouve dans les comtés du nord. Il parait, d'après la coupe qu'a présentée M. Forster des couches qui s'étendent depuis Newcastle-Upon-Tyne, jusqu'à Cross-Feld, dans le Cumberland, que leur épaisseur réunie excède, le long de cette ligne, quatre mille pieds. Cette masse énorme se compose de lits alternatifs de schiste, ou d'argile endurcie, de grès, de calcaire et de houille. Cette dernière est plus abondante dans la partie supérieure de la série, près de Newcastle et de Durham, tandis que le calcaire prédomine dans la partie inférieure. Forster énumère individuellement trente-deux lits de charbon, soixante-deux de grès, dix-sept de calcaire, un banc de trap qui les traverse, et cent vingt-huit couches de schistes et d'argile. Les débris animaux trouvés jusqu'ici dans les couches calcaires sont presque exclusivement marins, d'où nous concluons que ces couches ont été déposées au fond de la mer. Les coquilles d'eau douce que l'on rencontre de temps en temps dans la région supérieure de cette grande série prouvent que ces couches, les plus récentes de la formation carbonifère, ont été déposées dans des eaux saumâtres ou tout-à-fait douces. On a constaté dernièrement que des dépôts d'eau douce se présentent parfois dans la région inférieure de la série carbonifère. (*V.* le docteur Hibbert, *Account of the limestone of Burdie House near Edimburgh; Transactions of the royal society of Edimburgh,* tome 13; et le professeur Phillips, *Notice of fresh water shells of the Genus Unio in the lower part of the coal series of Yorkshire: London, Phil. Mag.,* Nov. p. 1832, 549.) Les causes qui ont rassemblé ces végétaux en lits ainsi superposés et qui les ont séparés par des couches de sable et d'argile d'une épaisseur énorme sont mises en évidence par la manière dont les troncs entraînés des forêts de l'Amérique s'accumulent dans les golfes ou dans les grandes rivières du con-

Outre la houille, on rencontre dans un grand nombre de couches du groupe carbonifère des lits subordonnés d'un riche minerai de fer carbonaté argileux dont la réduction est facilitée par le voisinage du charbon de terre, et aussi par la proximité du calcaire que l'art emploie comme flux pour séparer le métal du minerai, et qui abonde ordinairement dans les couches les plus inférieures de la formation houillère.

Une formation qui renferme en même temps deux productions minérales aussi importantes que le charbon de terre et le fer tient une des premières places parmi les sources de bien-être pour l'espèce humaine; et ce bien-être est le résultat direct des changemens physiques qui ont affecté le globe à ces époques éloignées où les premières formes de la vie végétale se sont manifestées sur sa surface.

Les usages importans et étendus du charbon et du fer dans la satisfaction journalière de nos besoins rattachent chacun de nous, et pour ainsi dire à chaque instant de notre vie, par un intérêt personnel et dont presque aucun n'a la conscience, aux évènemens géologiques de cette période reculée; nous sommes placés en rapport immédiat avec la végétation qui couvrait la surface de l'ancien monde, avant que la moitié de la surface actuelle eût été formée. Les arbres des forêts primitives ne se sont pas décomposés comme cela arrive aux arbres de nos jours, qui rendent au sol et à l'atmosphère les élémens qu'ils y avaient puisés; mais, renfermés dans des magasins souterrains, ils s'y sont transformés en des lits d'une houille indestructible, et qui sont devenus pour l'homme des sources de chaleur, de lumière et de richesses de toute sorte. Mon feu qui brûle en ré—

tinent, et en particulier dans l'embouchure du Mississipi et dans la rivière Mackensie. (*V.* Lyell, *Principles of Geology*, 3ᵉ édit., t. 5, livre 3, chap. 15; et l'article *Geology* du professeur Phillips dans l'*Encyclopedia metropolitana*, 37ᵉ partie, p. 596.)

pandant une chaleur bienfaisante , et ma lampe où resplendit la lumière du gaz, sont également alimentés par la houille, qui est demeurée ensevelie pendant des siècles sans nombre dans les sombres profondeurs de la terre. Nous préparons nos repas, nous alimentons nos forges, nos fourneaux, nos machines à vapeur avec les dépouilles de ces végétaux de formes primitives et d'espèces éteintes qui ont été balayés de la surface du globe avant la fin de cette période où se formaient les couches de transition. Nos instrumens de coutellerie, les outils de nos mécaniciens et les machines sans nombre que nous construisons à l'aide du fer, et en en variant à l'infini les applications, nous les devons à ces minerais qui, dans l'ordre de superposition, accompagnent ou même précèdent les matériaux combustibles à l'aide desquels nous les réduisons à l'état métallique, pour les appliquer ensuite aux innombrables usages de l'économie humaine. C'est ainsi que les ruines des forêts qui se balancèrent sur les terrains des premiers âges, et la boue ferrugineuse qui, à ces époques, se déposait au fond des eaux, nous fournissent aujourd'hui des mines abondantes de houille et de fer, ces deux élémens fondamentaux de tout art, de toute industrie, qui contribuent plus qu'aucune production minérale que ce soit à multiplier les richesses, à augmenter le bien-être, et à améliorer la condition générale de l'espèce humaine.

CHAPITRE VIII.

Couches de la période secondaire.

Nous pouvons considérer l'histoire des couches de la période secondaire, de même que de la période tertiaire, sous un double point de vue: d'abord relativement à leur état actuel, comme terre ferme destinée à devenir l'habitation de l'homme; en second lieu, quant à leur condition primitive, à l'époque où elles se formaient progressivement au fond des eaux et où elles étaient occupées par une foule d'organisations diverses, alors en possession de l'existence *.

Leurs rapports avec l'état actuel et les besoins de l'espèce humaine peuvent être énoncés d'une manière générale, en disant que les réunions d'hommes les plus populeuses et les plus civilisées sont établies pour la plupart sur des portions de

---

* Les couches secondaires sont composées de lits étendus de sable et de grès auxquels se mêlent parfois des cailloux, et qui alternent avec des dépôts d'argile, de marne et de calcaire. Les matériaux de la plupart de ces couches paraissent tirer leur origine des roches primitives et des roches de transition; et les fragmens les plus gros, qui se présentent sous la forme de cailloux arrondis, font reconnaître souvent la source d'où ils proviennent.

Le transport de ces matériaux du point où ils se sont antérieurement formés à la place qu'ils occupent dans le groupe secondaire, et leur disposition en couches largement étendues sur le fond des premières mers, paraissent avoir été produits par l'action de forces qui ont agi sur des terres fermes plus anciennes, avec une puissance de destruction que n'ont plus les eaux de nos mers actuelles dans leurs convulsions même les plus violentes.

la surface du globe occupées par des formations secondaires et tertiaires. Et si nous venons à étudier plus spécialement leurs relations avec l'état de l'agriculture, là où la société humaine s'est établie à demeure pour y appliquer son industrie à la culture du sol, ce sont ces mêmes formations amoncelées suivant un ordre de succession que l'on serait tenté de prendre pour l'ouvrage du hasard qui semblent présenter les conditions les plus avantageuses au travail du laboureur. Les mouvemens des masses liquides qui ont transporté les matériaux des différentes couches à la place qu'ils occupent maintenant les ont mélangés suivant un ordre et dans des proportions qui, à des degrés divers, favorisent le développement des productions végétales dont l'homme a besoin pour sa propre existence et pour celle des animaux domestiques qu'il a réunis autour de lui.

La conversion de la substance des roches même les plus solides en un sol propre à l'entretien de la végétation est un phénomène dont on peut se rendre suffisamment compte par une exposition prolongée à l'action des agens atmosphériques. La désagrégation produite par les vicissitudes du chaud et du froid, de la sécheresse et de l'humidité, suffit à réduire la portion superficielle de la plupart des couches en une terre végétale pulvérisée, en un terreau dont la fertilité est ordinairement en rapport avec la nature intime des élémens qui entrent dans leur composition.

Les trois matériaux qui dominent dans toutes ces couches sont des terres siliceuses, argileuses ou calcaires. Chacune de ces terres, prise séparément et dans son état de pureté, est comparativement stérile : l'addition d'une petite proportion d'argile donne au sable plus de ténacité et de fertilité; si à ce premier mélange il s'ajoute une certaine quantité de calcaire, le sol est aussi favorable que possible à l'agriculture; et lorsque ces substances ne se trouvent point associées dans les proportions les plus productives, le voisinage de grandes masses de calcaire, de marne ou de gypse qui permette d'ajouter artificiellement au sol celui de ces élémens qui lui manque ajoute beaucoup à la facilité avec laquelle il se prête à l'importante fonction de fournir à l'homme ses alimens. C'est ce qui fait que les plus vastes terrains à blé, de même que les sociétés les plus populeuses du globe, sont placés au-dessus des couches de formation secondaire ou tertiaire, ou sur les détritus de ces couches, auxquels doivent leur origine les dépôts diluviens et d'alluvion, dépôts encore plus composés et par conséquent plus fertiles [*].

Cette disposition des roches stratifiées présente un autre avantage par ce fait que le calcaire, le sable et le grès, couches qui se laissent facilement traverser par l'eau, alternent avec des its d'argile ou de marne qui présentent au passage de ce liquide important un obstacle imperméable. Toutes les couches perméables reçoivent à leur surface les eaux pluviales ; celles-ci les traversent jusqu'à ce qu'un lit d'argile vienne les arrêter, et elles s'accumulent dans toutes les parties les plus inférieures de chacune des couches poreuses, sous forme de vastes réservoirs qui, en se déversant sur le penchant des vallées, alimentent les sources et les rivières. Ces réservoirs ne consistent pas seu-

---

[*] Ce n'est pas une des moindres preuves du plan qui a dirigé l'arrangement des matériaux dont se compose la surface de notre planète que de voir les roches primitives et granitiques, qui, de leur nature, sont les moins propres à se convertir en un sol fertile, reléguées pour la plupart à constituer les districts montagneux du globe, lesquels, à cause de leur élévation et de leur irrégularité, ne se prêtent que difficilement à être habités par l'homme, tandis que les régions plus basses et plus tempérées sont ordinairement composées de couches secondaires et dérivées, que la nature complexe même des ingrédiens qui les constituent rendent grandement utiles à l'espèce humaine, par la facilité avec laquelle elles fournissent à tout le luxe d'une végétation florissante. — Buckland, *Leçon inaugurale*. Oxford, 1820, p. 17.

lement dans des cavernes ou des crevasses accidentelles , mais dans tout l'espace que fournissent les petits interstices des parties basses de chaque couche perméable dont le niveau ne dépasse pas celui des sources les plus voisines. Il résulte de cette disposition que si l'on creuse un puits jusqu'au niveau de l'eau contenue dans une couche quelconque, c'est une communication que l'on établit avec quelque nappe souterraine permanente, qui fournit abondamment aux besoins de districts situés au-dessus et trop élevés pour recevoir ce bienfait des sources naturelles.

L'abondance avec laquelle le chlorure de sodium, ou sel marin , se trouve répandu dans certaines parties des couches secondaires, et en particulier dans la formation du nouveau grès rouge, est encore pour l'homme une nouvelle source de bienfaits. Si la providence bienveillance du créateur n'avait pas déposé ces magasins de sel dans les entrailles de la terre, la grande distance où sont des bords de la mer les pays situés au centre des continens eût privé une grande partie de l'espèce humaine de cette substance de première nécessité; tandis qu'au contraire, grace à la sage répartition qu'elle en a faite, la présence de ce minéral précieux au sein de couches dispersées généralement dans tout l'intérieur de nos continens et de nos grandes îles est une source de santé et de jouissances journalières pour les habitans de presque toutes les contrées du globe *. Le sel-

* Quoique le sel gemme et les sources salées se rencontrent plus fréquemment dans les couches de la formation du nouveau grès rouge que partout ailleurs, et que cette circonstance ait même paru à certains géologues justifier le nom de système salifère sous lequel ils ont désigné cette formation , ce n'est pas là néanmoins une règle exclusive. Les mines de sel de Wielizka et de la Sicile se trouvent dans des formations tertiaires; celles de Cardona dans des formations crétacées ; plusieurs de celles du Tyrol dans le calcaire oolitique, et on rencontre près de Durham des sources salifères dans la formation houillère.

marin, est aussi l'une des combinaisons salines qui se forment le plus fréquemment par sublimation dans le cratère des volcans.

Quant à l'état de la vie animale durant le dépôt des couches secondaires, bien que des restes pétrifiés de zoophytes, de testacés, de crustacés et de poissons, nous démontrent que les mers où ces couches se sont déposées fourmillaient, comme celles où se sont déposés les terrains de transition, d'êtres appartenant aux quatre grands embranchemens du règne animal, tout paraît néanmoins démontrer que le globe ne se trouvait pas encore dans un état de repos assez avancé pour permettre aux mammifères terrestres à sang chaud une occupation générale de sa surface. Les seuls que l'on ait découverts dans quelques couches secondaires sont de petits marsupiaux voisins des didelphes qui se rencontrent dans la formation oolitique de Stonesfield, près Oxford. Nous avons fait représenter les mâchoires de deux espèces de ce genre dans la planche 2, A. B. Les doubles racines des molaires indiquent assez la classe des mammifères, et la forme de la couronne place ces animaux dans l'ordre des marsupiaux. Deux autres petites espèces ont été trouvées par Cuvier dans le gypse de Montmartre appartenant aux formations tertiaires du bassin de Paris.

Les nombreux genres de marsupiaux herbivores ou carnivores qui existent maintenant appartiennent exclusivement aux deux Amériques, à la Nouvelle-Hollande et aux îles adjacentes. Le kanguroo et la sarigue en sont les types les plus connus. Leur nom de marsupiaux leur a été donné à cause de l'existence d'une vaste poche externe (*marsupium*) placée sous l'abdomen, et dans laquelle sont déposés les petits après une gestation utérine fort courte, pour y rester suspendus par la bouche aux mamelles, jusqu'à ce qu'ils aient pris un accroissement suffisant pour pouvoir sortir à l'air extérieur. La découverte d'animaux de cet ordre dans des formations secondaires et tertiaires prouve que, loin de s'être introduits les derniers dans le monde, les marsupiaux nous présentent au contraire la première et la plus ancienne forme sous laquelle la classe des mammifères se soit manifestée à la surface du globe ; car c'est, à notre connaissance, la seule que l'on rencontre dans la période secondaire. Dans les parties les plus récentes de la période tertiaire on la retrouve contemporaine de plusieurs autres ordres. De nos jours elle est exclusivement limitée aux contrées que nous avons citées plus haut *.

* Dans un très important mémoire de physiologie inséré dans les *Transactions philosophiques* (Londres, 1834, deuxième partie, p. 549), M. Owen a insisté sur les preuves irréfragables d'une sagesse créatrice que nous fournit l'organisation des marsupiaux actuellement existans, dans les modifications spéciales des deux systèmes maternel et fœtal et dans leurs rapports mutuels. Quant à la cause finale elle-même de ces particularités d'organisation, il les rapporte à l'infériorité relative de l'état du cerveau et du système nerveux dans les marsupiaux, et regarde la durée plus prolongée de la gestation vivipare chez les ordres supérieurs comme en connexion intime avec le développement plus grand des organes sensoriaux, la forme simple et le développement inférieur du cerveau chez les marsupiaux coïncidant avec une intelligence peu développée et avec une grande imperfection des organes vocaux.

Comme cette infériorité des marsupiaux actuellement existans assigne à leur ordre une place intermédiaire entre les animaux ovipares et vivipares et en fait pour ainsi dire un anneau qui unit la classe des mammifères à celle des reptiles ; comme d'ailleurs chez les autres classes d'animaux ce sont les formes les plus simples qui se montrent dans les dépôts géologiques les plus anciens, l'analogie nous eût menés à conclure *à priori* que, parmi les mammifères, ce devaient être les marsupiaux qui se montreraient les premiers.

Dans une lettre qu'il m'a écrite dernièrement, M. Owen ajoute les détails intéressans qui suivent sur cet ordre remarquable. — « De récentes dissections que j'ai faites du *Dasyure* et du *Phalanger* m'ont confirmé de nouveau la loi générale que j'ai établie relativement à la simplicité et à l'absence de circonvolutions dans le cerveau des marsupiaux. A voir le développement imparfait des organes qui entraînent, selon moi, la docilité du cheval et la sagacité du chien, on est conduit à supposer que la série marsupiale, parmi les quadrupèdes à sang chaud, ne

Ce qui caractérise partout la création animale de ce groupe secondaire, c'est la prédominance numérique du type des reptiles sauriens et les proportions gigantesques sous lesquelles il se manifeste. Plusieurs étaient exclusivement marins; d'autres étaient amphibies; d'autres enfin se tenaient à terre et rampaient dans les savannes et les marécages que couvrait une végétation intertropicale, et ils s'étendaient au soleil, sur les bords des golfes, des lacs et des rivières. L'air lui-même était parcouru par des lézards volans, les ptérodactyles, qui réalisaient les formes fabuleuses des dragons. La terre à cette époque était probablement encore trop inondée, et les portions découvertes de sa surface étaient trop fréquemment bouleversées par les tremblemens de terre, les inondations et les mouvemens de l'atmosphère, pour qu'elle pût être habitée sur une grande étendue par quelque

suffisait pas à la réalisation des grands projets du créateur sur notre globe lorsqu'il se proposait d'en faire la demeure de l'homme. Ces animaux fournissent, il est vrai, aux sauvages errans de l'Australie quelques moyens d'améliorer leur alimentation; mais il est douteux qu'aucune de leurs espèces ait été préservée de la destruction dans une vue d'utilité pour l'homme civilisé. Des ruminans plus dociles et d'une valeur bien supérieure envahissent chaque jour les plaines où naguère encore le kanguroo représentait seul la série des mammifères graminivores.

C'est néanmoins un fait digne d'intérêt que les marsupiaux, si on y ajoute les monotrêmes, forment une série tout à fait complète et qui s'assimile la matière organique sous toutes ses formes.

En outre, il est hors de doute qu'il suffisait de la prudence de l'instinct telle qu'on l'observe dans ces animaux pour les préserver de l'extermination, alors que les ennemis qui les entouraient n'étaient pas d'une intelligence supérieure à celle des reptiles. Ainsi l'opinion qui veut qu'on les sépare des autres mammifères proprement dits pour les constituer en une sous-classe de mammifères ovovivipares trouverait un secours puissant dans ce fait, s'il venait à être démontré qu'ils représentent seuls, dans les formations secondaires, ainsi qu'il est permis de le croire jusqu'ici, cette classe, la plus élevée des vertébrés.

R. OWEN.

groupe de quadrupèdes plus élevé que les reptiles dans la série animale.

Comme l'histoire de ces reptiles, de même que celle des restes végétaux appartenant à la formation secondaire *, doit nous fournir un sujet spécial de recherches, nous nous contenterons de dire en passant que les mêmes vues, le même arrangement providentiel qui nous apparaissent dans la structure des êtres actuellement vivans de l'un ou de l'autre règne se manifestent ici encore dans les rapports qui existent entre les formes éteintes sous lesquelles la vie s'est manifestée et les circonstances et conditions diverses à travers lesquelles le globe a marché progressivement vers l'état dans lequel nous le voyons aujourd'hui. Dans l'un comme dans l'autre cas nous conclurons que l'existence d'un plan suivant lequel des résultats utiles et prévus se sont produits démontre l'existence antérieure et l'action d'une intelligence créatrice.

* Les débris végétaux des couches secondaires diffèrent de ceux que l'on rencontre dans la période de transition et sont très rarement accumulés en lits d'un charbon de terre estimé. La houille imparfaite qui se tire des marais de Cleveland, près de Whitby, sur la côte du Yorkshire, et celle de Brora (comté de Sutherland), gisent dans les couches inférieures de la formation oolitique. Celle de Bückeberg, (duché de Nassau) se trouve dans les couches les plus élevées de la même formation, et elle est d'une qualité supérieure.

CHAPITRE IX.

Formations tertiaires.

Avec la série tertiaire commence un système de phénomènes nouveaux ; elle comprend des formations dans lesquelles les débris animaux et végétaux se rapprochent de plus en plus des espèces de notre époque, et dont le caractère le plus frappant consiste en une succession alternative de dépôts marins et de dépôts d'eau douce. * MM. Cuvier et Brongniart ont donné les premiers une histoire détaillée de la nature et des relations d'une portion très importante des couches tertiaires dans leur admirable ouvrage sur les dépôts supérieurs à la craie du bassin de Paris. Pendant un certain temps on avait supposé que c'étaient là des dépôts appartenant en propre à cette localité; mais des recherches plus récentes ont prouvé qu'ils font partie d'un grand système général de formations recouvrant le globe tout entier, et présentant au moins quatre périodes distinctes dans leur ordre de succession, lesquelles se reconnaissent aux changemens dans la nature des restes organiques qui y sont enfouis **.

* Pl. 1, numéros 25, 26, 27, 28.

** M. Webster a signalé le premier la présence des couches tertiaires dans l'île de Wight et dans la partie S. E de l'Angleterre (*Géol. Trans.* t. 2).

On doit à M. Lyell (*Princ. de géol.* t. 2) une carte fort intéressante où sont figurées les portions de la surface de l'Europe qui ont été recouvertes par les eaux depuis l'époque où commencèrent les couches tertiaires.

M. Boué a figuré de la même manière comment, à une certaine épo-

Pendant la durée de ces périodes, des accroissemens continuels se sont opérés qui reconnaissent pour cause la présence de la vie animale devenue dès lors sur le globe un fait accompli, et nous trouvons des preuves irrécusables du grand nombre des êtres qui étaient appelés à partager le bienfait de l'existence, en même temps que nous reconnaissons leurs caractéres dans cette multitude de coquilles et d'os que conservent les couches qui se sont déposées durant le cours de chacune des périodes que nous avons déjà indiquées.

M. Deshayes et M. Lyell ont récemment proposé le partage des formations marines de la série tertiaire en quatre divisions fondées sur la proportion numérique de leurs coquilles fossiles avec les espèces actuellement existantes. Ces quatre divisions sont désignées par M. Lyell sous les noms de *Éocène, Miocène, Ancien Pliocène, Nouveau Pliocène*, et cet auteur en a très habilement développé l'histoire dans le troisième volume de ses Principes de Géologie.

Le mot Eocène indique le commencement ou l'*aurore* de la création des existences animales ; les couches de cette série contiennent une proportion très-faible de coquilles que l'on puisse rapporter à des espèces vivantes. Le calcaire grossier de Paris et l'argile de Londres sont les exemples les plus connus de cette première formation tertiaire.

que, l'Europe centrale fût divisée en bassins distincts, dont chacun pendant long-temps fut un lac d'eau douce. Tous ceux de ces bassins qui demeuraient exposés à des irruptions accidentelles de la mer purent, pendant un certain temps, admettre des dépôts de restes marins; puis l'exclusion subséquente de la mer les replaça dans les conditions de lacs d'eau douce, et leur fond dut recevoir seulement les dépouilles d'animaux habitant les eaux douces. — *Synoptiche Darstellung der Erdrinde* ; Hanau, 1827. — La même carte, sur une plus grande échelle, se trouve dans la seconde série des Transactions de la société linnéenne de Normandie.

M. Conybeare a publié une semblable carte géologique en même temps qu'un admirable mémoire sur ce sujet (*Ann. of Phil. 1823.*)

Le mot Miocène indique que les coquilles fossiles de cette période qui appartiennent à des espèces récentes sont en minorité. On doit rapporter à cette époque les coquilles que l'on trouve à Bordeaux, à Turin et à Vienne.

L'ensemble des formations du Nouveau et de l'Ancien Pliocène fournit des coquilles dont la plus grande partie appartient à des espèces contemporaines, ces dernières d'ailleurs étant beaucoup plus abondantes dans la plus récente de ces deux divisions. C'est à l'Ancien Pliocène qu'il faut rapporter les formations marines subapennines et le crag de l'Angleterre; au Nouveau, les dépôts marins plus récens de la Sicile, de l'île d'Ischia et de la Toscane *.

Avec ces quatre grandes formations marines supérieures à la craie, nous voyons alterner une série quadruple d'autres couches renfermant des coquilles dont la présence démontre que ces derniers terrains se sont formés dans l'eau douce, et en outre des ossemens de plusieurs quadrupèdes aquatiques et terrestres.

Si nous examinons maintenant ces coquilles tant des formations marines que des formations d'eau douce de la période tertiaire, sous le rapport des genres auxquels elles appartiennent, nous reconnaîtrons que, pour la plupart, ces genres se rapprochent tellement des genres établis aux dépens des

---

* Le nombre des coquilles fossiles connues dans la période tertiaire s'élève à 5056, dont 1258 appartiennent à l'Eocène, 1021 au Miocène, 777 à l'Ancien et au Nouveau Pliocène.

Quant à la proportion numérique entre les espèces nouvelles et les espèces éteintes, elle est

Dans le Nouveau Pliocène, de 90 à 95,
Dans l'Ancien Pliocène, de   54 à 50,
Dans le Miocène,   18,
Dans l'Eocène,   5 1/2

espèces anciennes pour cent espèces nouvelles. — (Lyell *Geology*, quatrième édition, troisième volume, p. 308.)

coquilles actuelles, que nous pouvons en tirer cette conclusion que les animaux dont ils se composent avaient été destinés aux mêmes fonctions dans l'économie générale de la nature, et avaient par conséquent reçu les mêmes facultés que les mollusques analogues parmi les espèces vivantes. Comme l'examen de ces coquilles nous montrerait le même arrangement et la même prévoyance qui a présidé à la création des espèces actuelles, il sera plus important d'étudier ces genres éteints des classes supérieures d'animaux, qui ne paraissent avoir reçu l'existence que dans le but d'occuper provisoirement le globe pendant le temps que devait durer la formation des couches tertiaires. Notre planète n'avait plus pour hôtes ces reptiles gigantesques qui y avaient prolongé leur existence dans toute la durée de la période secondaire; d'un autre côté, elle n'était pas encore en état de recevoir les nombreuses tribus de mammifères terrestres qui l'habitent maintenant. Une grande partie des terres qui s'étaient élevées dès lors au-dessus du niveau des mers étant encore couverte par les eaux douces, se trouvait beaucoup plus propre à la demeure des quadrupèdes fluviatiles ou habitant le bord des lacs.

Ce que nous savons de ces quadrupèdes repose uniquement sur leurs restes fossiles; et comme ces restes ont été trouvés surtout, bien que non exclusivement, dans les formations d'eau douce de la série tertiaire, c'est sur eux que pour le moment présent nous allons principalement diriger notre attention[*].

---

[*] On rencontre, bien que très rarement, dans le calcaire grossier de Paris des débris de palæotherium; les os de quelques autres mammifères terrestres se présentent de temps en temps dans des formations marines miocène et pliocène, comme celles de la Touraine, par exemple, et comme les formations subapennines. Ces débris sont dus à des ca-

Mammifères de la Période Éocène.

Cuvier a découvert dans la première grande formation d'eau douce de la période Éocène près de cinquante espèces éteintes de mammifères, dont le plus grand nombre appartient à l'ordre des pachydermes *, et aux genres éteints des Palæotherium, des Anoplotherium, des Lophiodons, des Anthracotherium, des Cheropotamus, des Adapis**.

davres qui, durant ces diverses périodes, purent être entraînés dans les golfes et dans les mers.

Jusqu'ici l'on n'a encore trouvé aucun reste de mammifère dans la formation d'argile plastique immédiatement supérieure à la craie. Le mélange, dans ce banc, de coquilles marines avec des coquilles d'eau douce, semble indiquer qu'il s'est déposé dans une grande embouchure de fleuve. Des lits de coquille d'eau douce s'interposent parfois entre les couches du calcaire grossier marin qui vient immédiatement après l'argile plastique.

* L'ordre des pachydermes, ou animaux à peau épaisse, de Cuvier, comprend trois subdivisions d'herbivores, dont l'éléphant, le rhinocéros et le cheval sont les types respectifs.

** Voyez les planches 3 et 4.

Palæotherium. Ce genre est intermédiaire entre le rhinocéros, le cheval et le tapir. On en a déjà découvert onze ou douze espèces, dont quelques unes ont la taille du rhinocéros; les autres varient depuis la taille du cheval à celle du cochon. La conformation des os du nez démontre que, comme le tapir, ces animaux avaient une petite trompe charnue. Il est probable qu'ils vécurent et périrent sur les bords des lacs et des rivières qui existaient à cette époque, et au fond desquels leurs carcasses purent être entraînées à l'époque des inondations. Quelques uns même se retiraient peut-être dans les eaux pour y périr.

Anoplotherium. Cinq espèces ont été découvertes dans le gypse des environs de Paris. La plus grande (*A. commune*) est de la taille d'un petit âne; sa queue égale son corps en longueur et ressemble à celle d'une loutre. Il est probable qu'elle aidait l'animal à nager. Une autre (*A. medium*), par sa taille et l'élégance de ses formes, rappelait davantage les proportions légères et gracieuses de la gazelle. Une troisième était à peu près de la taille d'un lièvre.

Les dents molaires postérieures, dans le genre anoplotherium, res-

Parmi les animaux vivans, ceux qui se rapprochent le plus de ces formes éteintes de quadrupèdes aquatiques, ce sont le genre africain des damans, et celui des tapirs qui habitent l'Amérique du sud, la presqu'île de Malaca et Sumatra.

Il serait difficile de rendre hommage à la constance et à la régularité des arrangemens systématiques suivant lesquels nous apparaissent les débris animaux du monde fossile avec plus de chaleur et d'éloquence que ne l'a fait Cuvier dans son introduction à l'histoire des ossemens découverts dans les carrières de gypse des environs de Paris. C'est là que les personnes peu familiarisées avec les méthodes modernes d'après lesquelles nous nous dirigeons dans nos recherches physiques peu-

semblent à celles du rhinocéros; leurs pieds se terminent par deux grands doigts comme chez les animaux ruminans, en même temps que la composition de leur tarse rappelle entièrement ce qui a lieu dans le chameau. Ainsi ce genre prend place, sous certains rapports, entre le rhinocéros et le cheval; sous d'autres, entre l'hippopotame, le cochon et le chameau.

Lophiodons. Les lophiodons forment un autre genre perdu. Les animaux dont ce genre se rapproche le plus sont les tapirs et les rhinocéros, et sous quelques rapports les hippopotames ; et il se rattache intimement aux palæotherium et aux anoplotherium. On en a reconnu quinze espèces.

Anthracotherium. Ce genre a été ainsi nommé parce qu'on l'a découvert dans la houille tertiaire ou lignite de Cadibona, en Ligurie. Il renferme sept espèces, dont quelques unes se rapprochent du cochon par leur taille et leurs caractères. D'autres sont presque aussi grandes que l'hippopotame.

Cheropotamus. Le chéropotame était un animal plus voisin du cochon que de tout autre genre; quelques traits de son organisation le rapprochaient du babiroussa, et il formait un anneau entre l'anoplotherium et le pecari.

Adapis. C'est le dernier des genres éteints de pachydermes que l'on trouve dans les carrières de gypse de Montmartre. Cet animal, par sa forme, rappelait surtout le hérisson; mais il en avait trois fois la taille. On peut le regarder comme un lien unissant les pachydermes et les carnassiers insectivores.

vent voir de quelle nature sont les preuves dont nous appuyons nos conclusions relativement à la forme, aux caractères et aux habitudes de ces êtres éteints qui ne nous sont connus que par leurs débris fossiles. Après avoir dit comment les cabinets de Paris s'étaient peu à peu remplis d'innombrables fragmens d'animaux inconnus trouvés dans les carrières de gypse de Montmartre, Cuvier décrit la manière dont il procède à la reconstruction de leurs squelettes. Lorsqu'il se fut assuré par degrés que ces restes appartenaient à de nombreuses espèces faisant partie elles-mêmes de genres nombreux : — « Je me trouvai, dit-il, dans le cas d'un homme à qui l'on aurait donné pêle mêle les débris mutilés et incomplets de quelques centaines de squelettes appartenant à vingt sortes d'animaux: il fallait que chaque os allât retrouver celui auquel il devait tenir ; c'était presque une résurrection en petit, et je n'avais pas à ma disposition la trompette toute puissante. Mais les lois immuables prescrites aux êtres vivans y suppléèrent ; et, à la voix de l'anatomie comparée, chaque os, chaque portion d'os reprit sa place. Je n'ai point d'expressions pour peindre le plaisir que j'éprouvais en voyant, à mesure que je découvrais un caractère, toutes les conséquences plus ou moins prévues de ce caractère se développer successivement : les pieds se trouver conformes à ce qu'avaient annoncé les dents ; les dents à ce qu'annonçaient les pieds ; les os des jambes, des cuisses, tous ceux qui devaient réunir ces deux parties extrêmes, se trouver conformés comme on pouvait le juger d'avance ; en un mot, chacune de ces espèces renaître, pour ainsi dire, d'un seul de ses élémens *. »

En plaçant ainsi sous les yeux de ses lecteurs la marche de ses découvertes, et la restauration progressive des espèces

---

* Ossemens fossiles, 1812, t. 5; introduct. p. 3 et 4.

et des genres inconnus sans autre ordre que celui où ces divers objets se sont offerts à son étude, il tire de ce désordre même la démonstration la plus puissante de l'exactitude des principes qui l'ont guidé dans toutes ses recherches. On voit les fragmens venus les derniers confirmer les conclusions auxquelles il était parvenu à l'aide de ceux qui avaient été les premiers rendus à la lumière ; et combien est peu de chose le nombre des pas rétrogrades auxquels il est contraint, comparé à celles de ses prédictions que l'on voit s'accomplir à la lettre. Des découvertes ainsi coordonnées démontrent la fixité des lois de coexistence qui ont de tout temps réglé la nature animée, et qui établissent une connexion intime entre ces genres éteints et les divers groupes de mammifères actuellement en possession de l'existence.

Nous pouvons apprécier quel nombre immense d'animaux repose dans le gypse de Montmartre d'après ce fait avancé par Cuvier qu'à peine un bloc sort-il de ces carrières qui ne renferme quelque fragment d'un squelette fossile. Des millions d'ossemens, dit-il, ont été détruits avant que l'attention se soit portée sur cet objet *.

Outre le grand nombre d'espèces et de genres de mammifères perdus qui se trouvent indiqués dans la note ci-dessus, la présence de neuf ou dix espèces d'oiseaux fossiles appartenant à la période Éocène du groupe tertiaire est un phénomène digne d'attention et presque nouveau dans l'histoire des débris

* La liste suivante de vertébrés fossiles trouvés dans les carrières de plâtre des environs de Paris jette d'importantes lumières sur la nature de la population de cette première portion lacustre de la période tertiaire. (*Voyez* pl. 1, fig. 75-96.)

Pachydermes.	Palæotherium. . . .	Espèces éteintes appartenant à des genres pareillement éteints.
	Anoplotherium . . .	
	Cheropotamus. . . .	
	Adapis	

organiques *. Ce petit nombre d'espèces nous fournit sept genres, et nous y trouvons des représentans de quatre des six grands ordres dans lesquels se divise la classe actuelle des oiseaux, savoir : des rapaces, des gallinacés, des échassiers

Carnassiers.
- Chauves-souris.
- Chiens { loup de grande taille. différent de toutes les espèces actuelles. renard.
- Coatis (Nasua, Storr), une grande espèce. Ce genre est maintenant propre aux regions chaudes de l'Amérique.
- Raton (Procyon, Storr), de l'Amérique du nord.
- Genette (Genetta, Cuv., Viverra, Genetta Linn.), s'étend maintenant depuis l'Europe méridionale au cap de Bonne-Espérance.

Marsupiaux.
- Opossum (Didelphis, Linn.), petite espèce, ayant des rapports avec l'Opossum des deux Amériques.

Rongeurs.
- Marmottes (Myoxus, Gmel.), deux petites espèces.
- Ecureuil (Sciurus).

Oiseaux.
- Neuf ou dix espèces que l'on peut rapporter aux genres Buzard, Hibou, Caille, Bécasse, Alouette de mer (Tringa), Courlis, Pélican.

Reptiles.
- Tortues d'eau douce, Trionyx, Emyde, Crocodile.

Espèces éteintes appartenant à des genres encore existans.

Poissons. Sept espèces appartenant à des genres éteints (*Agassiz*).

* Les seuls débris d'oiseaux dont on ait jusqu'ici constaté l'existence dans les couches de la série secondaire consistent dans les os d'une espèce d'échassier plus grande que le héron commun, qui ont été trouvés par M. Mantell dans la formation d'eau douce de Tilgate Forest. Les os de Stonesfield, que l'on avait supposés provenus d'oiseaux, ont été rapportés depuis peu à des ptérodactyles. En Amérique, le professeur Hitchcock a trouvé tout récemment dans le nouveau grès rouge de la vallée de Connecticut des empreintes de pieds d'oiseaux qu'il regarde comme appartenant à sept espèces au moins, toutes faisant probablement partie de l'ordre des échassiers, douées de jambes allongées, et variant depuis la taille d'une bécasse jusqu'au double de celle de l'autruche. (*Voyez* pl. 26ᵃ, 26ᵇ.)

et des palmipèdes. On a rencontré même des œufs d'oiseaux aquatiques conservés dans les formations lacustres de Cournon en Auvergne *.

Il paraît donc que le règne animal était, dès cette époque reculée, établi d'après les mêmes principes généraux dont nous pouvons de nos jours encore constater la prédominance. Non seulement les quatre classes de vertébrés existaient, et, parmi les mammifères, les ordres des pachydermes, des carnassiers, des rongeurs et des marsupiaux; mais aussi beaucoup des genres dans lesquels se répartissent les familles actuelles étaient embrassés dans le même système d'association et de rapports qui les unit encore dans la création dont nous faisons partie. Les pachydermes et les rongeurs étaient tenus en échec par les carnassiers, de même que les gallinacés par les oiseaux de proie.

« Le règne animal à ces époques reculées était composé d'après les mêmes lois; il comprenait les mêmes classes, les mêmes familles que de nos jours; et, en effet, parmi les divers systèmes sur l'origine des êtres organisés, il n'en est pas de moins vraisemblable que celui qui en fait naître successivement les différens genres par des développemens ou des métamorphoses graduelles.» (Cuvier, ossemens fossiles, t. 3, p. 297.)

La prédominance numérique des pachydermes parmi les plus

---

* Dans la même formation éocène où se trouvent ces œufs, on rencontre des restes de deux espèces d'anoplotherium, d'un lophiodon, d'un anthracotherium, d'un hippopotame, d'un genre de ruminant, d'un chien, d'une marte, d'un lagomys, d'un rat, d'une ou de deux espèces de tortues, d'un crocodile, d'une espèce de serpent ou de lézard, et de trois ou quatre espèces d'oiseaux. Ces restes sont dispersés un à un, de la même manière que si les animaux auxquels ils ont appartenu se fussent décomposés lentement et à des intervalles distincts, de façon à ce que les fragmens de leurs corps eussent été distribués irrégulièrement sur divers points du fond d'un lac ancien. Ces ossemens sont quelquefois brisés, mais jamais roulés.

anciens mammifères fossiles, dans une proportion de beaucoup supérieure à celle où nous les observons dans la même classe telle qu'elle est maintenant constituée, est un fait remarquable, et sur lequel Cuvier a beaucoup insisté, vu que l'on trouve parmi ces restes d'un monde plus ancien un grand nombre de formes intermédiaires qui ne se rencontrent plus dans la distribution présente de cet ordre important. Comme les genres actuels de pachydermes sont séparés les uns des autres par des intervalles beaucoup plus étendus que ceux d'aucun autre ordre de mammifères, c'est un fait important que ces vides comblés par des genres fossiles qui après avoir fait partie d'un état primitif du globe viennent rétablir les anneaux qui semblaient manquer dans la grande chaîne continue qui réunit toutes les formes passées et présentes de la vie organique, comme des parties d'un grand système unique de création.

Les ossemens de ces animaux qui se rencontrent dans le groupe le plus ancien des dépôts tertiaires y sont accompagnés de débris de reptiles semblables à ceux qui habitent maintenant les eaux douces des contrées chaudes, tels que les crocodiles, les emydes, les trionyx (pl. 1, fig. 80, 81, 82); et, mêlés parmi ces débris, l'on retrouve des troncs et des feuilles de palmiers renversés (pl. 1, fig. 66, 67, 68, et pl. 56). De là nous sommes autorisés à conclure que la température de la France était beaucoup plus élevée qu'elle ne l'est maintenant durant les périodes où elle avait pour habitans ces plantes et ces reptiles, et en outre des mammifères dont les plus proches parens en organisation habitent maintenant les latitudes les plus chaudes du globe, comme le tapir, le rhinocéros et l'hippopotame.

Un autre fait digne de remarque dans l'histoire des couches tertiaires de la période Éocène, c'est l'introduction multipliée qui s'y observe sur plusieurs points de l'Europe de roches projetées par l'action des volcans ; et les changemens de niveau qui ont été produits par le travail de ces mêmes agens volcaniques peuvent en partie expliquer ce fait que les diverses localités d'un même district ont été recouvertes alternativement par l'eau douce et par l'eau salée.

Les dépôts calcaires d'eau douce de cette période sont encore d'une grande importance par rapport à l'histoire générale du calcaire, en ce qu'elles témoignent puissamment des sources où le carbonate de chaux a pris son origine *.

* Nous voyons les sources chaudes des districts volcaniques sortir de terre tellement chargées de carbonate de chaux qu'elles couvrent de larges étendues de pays d'un tuf calcaire ou *travertin*. Les eaux qui coulent du Lago di Tartaro, près de Rome, et les sources chaudes de San-Filippo, sur les frontières de la Toscane, offrent des exemples bien connus de ce phénomène. Ces actions qui s'accomplissent sous nos yeux nous expliquent d'une manière très plausible comment ont pu se former les vastes lits de calcaire au fond des lacs d'eau douce de la période tertiaire où nous savons qu'ils se sont déposés durant des âges d'une activité volcanique intense. Nous retrouvons encore des traces d'une action probable des eaux thermales dans ces dépôts calcaires encore plus vastes qui se sont formés au fond des mers durant les périodes précédentes du groupe secondaire et du groupe de transition.

C'est un problème difficile que d'indiquer la source première de ces masses énormes de carbonate de chaux qui forment presque un huitième de la croûte superficielle du globe ; quelques auteurs ont avancé qu'elles avaient été sécrétées en entier par des animaux marins, et c'est évidemment en effet à une telle origine qu'il faut rapporter certaines portions des couches calcaires qui sont entièrement composées de coquilles et de polypiers pulvérisés; mais jusqu'à ce qu'il nous soit démontré que ces animaux ont le pouvoir de former la chaux aux dépens d'autres élémens, nous devons supposer qu'ils trouvaient cette substance toute formée et tenue en dissolution dans les eaux de la mer, soit qu'ils l'y prissent directement ou par l'intermédiaire des plantes marines. Dans l'un comme dans l'autre cas, il reste à chercher la source qui avait versé dans la mer non seulement cette portion de carbonate calcaire qu'y puisèrent les animaux qui l'habitaient , mais aussi ces masses beaucoup plus puissantes de la même substance qui se précipitèrent au fond sous forme de couches calcaires.

Nous ne pouvons supposer qu'elles soient dues, comme le sable et

Mammifères de la période miocène.

Le second système des dépôts tertiaires ou système miocène contient à la fois des genres éteints de mammifères lacustres de la première série, ou série éocène, et les formes génériques les plus anciennes qui se soient perpétuées jusqu'à nos jours. C'est M. Desnoyers qui le premier a signalé ce mélange dans les formations marines des faluns de la Touraine *, et l'on en a rencontré depuis de nouveaux

l'argile, aux détritus mécaniques des roches de la série granitique ; car les quantités de chaux que ces roches contiennent ne sont aucunement en proportion avec celles qui constituent les roches dérivées. La seule hypothèse qui paraisse pouvoir être hasardée à ce sujet, c'est que la chaux fut amenée lentement dans les lacs et dans les mers par des courans d'eau qui s'étaient chargés de cette substance en traversant les roches où elle était antérieurement disséminée.

Bien que le carbonate de chaux ne se présente point en masses distinctes dans les roches d'origine ignée, il entre néanmoins dans la composition de la lave, du basalte et de plusieurs espèces de roches trapéennes. La chaux ainsi dispersée dans la substance même de ces roches volcaniques a pu être enlevée par des eaux tenant en dissolution l'acide carbonique, ce qui expliquerait la formation du carbonate, et par suite celle des couches actuelles elles-mêmes, cette dernière substance ayant été entraînée avec le cours des âges en quantité considérable, puis déposée au fond des lacs et des mers par une suite de précipitations. Suivant M. de la Bèche, la chaux entre pour 0,57 dans un granite composé de deux cinquièmes de quarz, de deux cinquièmes de felspath et d'un cinquième de mica ; pour 7,29 dans une diorite (*green-stone*) composée de parties égales de felspath et d'amphibole (*Geological researches* p. 579). — La lave compacte de la Calabre contient 10 pour 100 de carbonate de chaux, et le basalte de la Saxe 9,5.

Nous pouvons de même rapporter l'origine de ces masses considérables de silice qui constituent les lits de silex corné (*chert*) et de silex pyromaque des formations stratifiées aux eaux de sources chaudes tenant en dissolution de la terre siliceuse et la déposant à mesure qu'elles se trouvaient soumises à des degrés moins élevés de température et de pression, de la même manière que nous voyons la silice déposée par les eaux thermales qui sortent des geysers d'Islande.

* Les restes de palæotherium, d'anthracotherium et de lophiodons,

exemples en Bavière * et aux environs de Darmstadt **. Plusieurs de ces animaux offrent des caractères d'où il résulte qu'ils ont dû avoir aussi pour demeure le bord des lacs ou quelques contrées marécageuses; l'un d'eux, le *Dinotherium gigan-*

genres qui prédominent dans la période éocène, se trouvent mêlés à des ossemens de tapirs, de mastodontes, de rhinocéros, d'hippopotames et de cheval. Ces os sont brisés et roulés, et quelquefois couverts de flustres, et ils doivent avoir appartenu à des cadavres qui ont été entraînés dans l'embouchure d'un fleuve ou même dans la mer. (*Annales des sciences naturelles*, février 1828.)

* Le comte de Munster et M. Murchison ont découvert à Georgensgemünd, en Bavière, des os de palæotherium, d'anoplotherium et d'anthracotherium mêlés avec des os de mastodonte, de rhinocéros, d'hippopotame, de cheval, de bœuf, d'ours, de renard, etc., et avec plusieurs espèces de coquilles terrestres.

Une description fort détaillée des restes trouvés sur ce point a été publiée par Hermann de Meyer, Francfort 1834, in-4°, avec 44 planches.

** Nous lisons, dans une excellente publication du professeur Kaup descript. d'oss. foss. Darmstadt, 1832, qu'à Epplesheim, près d'Altzey, douze lieues environ au sud de Mayence, les restes des animaux suivans ont été trouvés dans des couches de sable que l'on peut rapporter à la seconde période des formations tertiaires, ou période miocène : on les conserve au musée de Darmstadt.

	Nombre des espèces.	
Dinotherium.......	2	Herbivores gigantesques de 15 à 18 pieds de long.
Tapir.............	2	Plus grands que les espèces vivantes.
Chalicotherium.....	2	Voisin des tapirs.
Rhinocéros........	2	
Thétracaulodon....	1	Voisin du mastodonte.
Hippotherium......	1	Voisin du cheval.
Sus..............	3	Genre cochon.
Felis.............	4	Grands chats dont quelques-uns égalent le lion pour la taille.
Machairodus..........	1	Voisin des ours. Ursus cultridens.
Gulo..............	1	Genre glouton.
Agnotherium..........	1	Voisin du chien, grand comme le lion.

leum (tapir gigantesque de Cuvier), paraît, d'après tous les calculs, avoir eu dix-huit pieds de longueur, et avoir de beaucoup surpassé par sa taille tous les animaux terrestres que l'on a découverts jusqu'ici, sans en excepter même les plus grands éléphans fossiles. Nous reviendrons bientôt sur cet animal pour en faire le sujet d'une étude spéciale.

Mammifères des deux périodes pliocènes.

La troisième et la quatrième division des dépôts tertiaires d'eau douce ou divisions pliocènes ne contiennent aucune trace des genres lacustres perdus de la famille des palæotherium, mais elles abondent en espèces éteintes appartenant à des genres de pachydermes qui se sont perpétués jusqu'à nos jours, tels que les genres éléphant, rhinocéros, hippopotame, cheval, en compagnie du genre perdu des mastodontes. C'est là aussi que l'on commence à rencontrer d'abondantes traces de ruminans, tels que des débris de bœufs et de cerfs. Le nombre des rongeurs s'est également beaucoup accru, et les carnivores ont acquis une importance numérique proportionnée au nombre croissant des herbivores terrestres.

Les mers aussi, dans les périodes miocène et pliocène, furent habitées par des mammifères marins des genres baleine, dauphin, phoque, morse et lamantin, genres dont les espèces actuelles sont surtout établies sur les côtes et à l'embouchure des rivières de la zone torride *. La présence du lamantin est un argument ajouté à tous ceux que fournissaient déjà les caractères d'animaux intertropicaux que l'on a reconnu appartenir à des débris trouvés même dans les couches tertiaires les plus récentes, en faveur de cette opinion que le

* Pl. 4, fig. 97-101.

climat de l'Europe conservait encore une température élevée bien que décroissant graduellement sans doute, même aux époques les plus modernes des formations tertiaires.

Nous avons de nombreuses sources de renseignemens dont nous pourrons nous éclairer pour reconstruire l'histoire de la période pliocène. Ce sont d'abord les restes d'animaux terrestres qui ont été entraînés dans les embouchures de fleuves et dans les mers, et qui s'y sont conservés en même temps que les coquilles marines. C'est ainsi que les formations marines subapennines contiennent des restes d'éléphans, de rhinocéros et d'autres encore; il en est de même du crag de Norfolk *.

Un second ordre de témoigages nous est fourni par de semblables restes de quadrupèdes terrestres qui se trouvent mélangés à des coquilles d'eau douce, dans les couches formées durant ces mêmes époques au fond des lacs et des étangs d'eau douce. C'est ce que l'on observe au Val-d'Arno, et dans le petit dépôt lacustre de North-Cliff près de Market-Weighton, dans le Yorkshire **.

En troisième lieu, les restes des mêmes animaux se rencontrent encore dans les cavernes et dans les fentes des roches qui faisaient partie des terres émergées, aux époques les plus récentes de la même période : tels sont les ossemens rassemblés par les hyènes dans les cavernes de Kirkdale, de Kent's-Hole, de Lunel, etc., et ceux d'ours trouvés dans les ca-

---

* J'ai vu dans le musée de Milan une portion considérable d'un squelette de rhinocéros provenant de la formation subapennine; des huitres se sont fixées sur plusieurs des os qui le composent, de telle sorte qu'il demeure prouvé que ce squelette a dû séjourner au fond de la mer pendant un temps considérable sans y éprouver aucun dérangement. Cuvier dit aussi qu'il existe à Turin une tête d'éléphant, sur laquelle des coquilles semblables se sont fixées en se moulant sur les ossemens eux-mêmes.

** Voyez *Phil. Mag.* 1829, vol. 6, page 225

vernes des roches calcaires de l'Allemagne centrale et dans la grotte d'Osselles près de Besançon ; tels sont encore les ossemens des brèches osseuses qui se voient dans certaines roches calcaires des côtes septentrionales de la Méditerranée, et dans les fentes semblables du calcaire de Plymouth ainsi que dans les Mendip-Hills du comté de Sommerset. Ces débris proviennent surtout d'herbivores qui sont tombés dans les fentes, avant qu'elles eussent été en partie remplies par des détritus, à la suite de quelque violente inondation.

Enfin ces mêmes restes sont encore contenus dans certains dépôts de détritus diluviens qui sont dispersés à la surface de formations de toutes les époques.

Comme déjà, dans mes *Reliquiæ diluvianæ* *, j'ai discuté les

---

* Les faits que j'ai rassemblés dans mes *Reliquiæ diluvianæ* (1823) démontrent que l'un des derniers grands évènemens physiques qui ont affecté la surface de notre globe a été une inondation violente qui a dévasté une grande partie de l'hémisphère septentrional, et qui a été suivie de la disparition subite d'un grand nombre des espèces de quadrupèdes terrestres qui habitaient ces régions durant la période immédiatement précédente. Je me suis aussi hasardé à désigner sous le nom de *diluvium* les lits superficiels de gravier, d'argile et de sable qui paraissent avoir été produits par cette grande irruption des eaux.

La description des faits qui ont été réunis dans ce volume, pour concourir à la démonstration dont il s'agit, a d'ailleurs été tenue tout à fait à part de cette autre question de savoir si l'inondation dont ces faits nous attestent l'existence doit être confondue avec le déluge de l'histoire. Des découvertes qui ont eu lieu depuis font voir que plusieurs des animaux que j'y ai décrits n'avaient pas traversé seulement la période géologique immédiatement contiguë à la catastrophe qui les a engloutis, mais encore une ou plusieurs de celles qui l'avaient précédée, et semblent par conséquent démontrer que le grand bouleversement dont il vient d'être question n'est autre chose que la dernière des nombreuses révolutions géologiques qui ont eu pour cause l'irruption violente des eaux, et qu'on ne doit pas le confondre avec l'inondation comparativement peu importante qui a été décrite par l'historien sacré.

On a objecté avec justesse, contre l'opinion qui identifie ces deux grands phénomènes historique et naturel, que l'élévation et l'abaisse-

témoignages qui nous font connaître l'état de la vie animale durant l'époque immédiatement antérieure au déluge qui produisit ces détritus, je renvoie à cet ouvrage pour tout ce qui concerne la nature et les habitudes des animaux qui alors habitaient le globe. On y verra qu'à cette époque toute la surface de l'Europe était couverte par une population pressée de mammifères appartenant à divers ordres ; que le développement numérique des herbivores était maintenu dans de justes limites par l'action régulatrice des carnassiers, et que les individus de chaque espèce étaient organisés de façon à jouir de l'existence de la manière la plus étendue, et se trouvaient placés, à l'égard des autres êtres appartenant soit au règne animal, soit au règne végétal, dans les relations réciproques de jouissances ou de besoins les plus immédiatement appropriées à leur nature.

Tout homme qui s'occupe de l'anatomie comparée sait par quelle prévoyance et au moyen de quelles compensations a pu être amené ce résultat de distribuer les espèces actuelles herbivores et carnivores chacune à sa place, chacune dans ses conditions propres d'existence. Or ce n'est point pour les espèces nos contemporaines qu'a commencé cette prévoyance : les géologues démontrent qu'elle exista long-temps auparavant et qu'elle modela les formes de ces divers genres éteints dont

ment des eaux durant le déluge mosaïque, s'étant opérés, d'après la narration qui nous en a été faite, graduellement et dans un temps fort court, n'auraient pu produire qu'un changement peu considérable sur la contrée submergée. La prédominance numérique des espèces éteintes parmi les animaux que l'on rencontre dans les cavités et dans les dépôts superficiels du diluvium, et ce fait que l'on n'a nulle part encore trouvé d'ossemens humains, sont des motifs puissans pour rapporter ces espèces à une période antérieure à la création de l'homme. Toutefois ce point important ne pourra être considéré comme jugé sans appel qu'après que des recherches plus étendues seront venues nous éclairer sur les terrains les plus récens des périodes pliocènes, ainsi que des formations diluviales et alluviales.

ils découvrent les restes ensevelis dans l'écorce du globe; et ils réclament, pour le créateur de ces types fossiles sous lesquels se manifestèrent les premiers mécanismes vitaux, les mêmes hauts attributs de sagesse et de bonté dont la démonstration devenue l'œuvre de la science rehausse et sanctifie ses travaux et ses recherches sur l'organisation du monde des êtres vivans.

CHAPITRE X.

Rapports de la terre et des êtres qui l'habitent avec l'espèce humaine.

Il résulte de ce que nous avons établi dans les chapitres qui précèdent que les conditions dans lesquelles se trouve maintenant placée la surface de notre globe sont le résultat de l'action de cinq grandes causes principales, qui sont:

1° Le passage des roches cristallines non stratifiées de l'état fluide à l'état solide;

2° Le dépôt des roches stratifiées au fond des anciennes mers;

3° L'exhaussement des unes et des autres au dessus du niveau des eaux à des intervalles successifs, exhaussement auquel est due la formation des continens et des îles;

4° Des inondations violentes et l'action désintégrante des agens atmosphériques. Cette double cause, en attaquant les terres déjà sorties des eaux, les détruisit en partie, et de leurs détritus se formèrent d'immenses couches de gravier, de sable et d'argile;

5° Enfin les éruptions volcaniques.

Une des conséquences de l'antagonisme puissant de toutes ces différentes forces, c'est que les matériaux dont se compose le globe ont pris entre eux les dispositions les plus diverses et les plus compliquées, mais par cela même les plus utiles à l'homme; et c'est ce que nous apprécierons de la manière la plus complète pour peu que nous examinions de quel détriment eût été pour lui tout autre arrangement plus simple. Supposons que la terre n'offre qu'une surface homogène de granite ou de lave, ou bien que son noyau soit complètement enfermé dans des enveloppes concentriques de roches stratifiées, une seule de ces enveloppes sera accessible aux êtres qui l'habiteront, et il n'y aura plus de ces mélanges de calcaire, d'argile et de grès qui, dans la disposition présente, contribuent si puissamment à faire du globe terrestre un séjour à la fois beau, fertile et habitable.

En outre, le sel gemme et la houille, et tous les minerais qui ne se rencontrent habituellement que dans les formations les plus anciennes, trésors pour l'espèce humaine d'un prix inestimable, auraient été, dans cette disposition plus simple, relégués à une distance inaccessible et nous nous serions trouvés dépourvus de ces élémens essentiels de toute industrie et de toute civilisation. Au contraire, dans l'état actuel des choses, toutes les combinaisons variées suivant lesquelles se sont coordonnées les diverses couches, en même temps que toutes les substances utiles qui s'y trouvent contenues, soit qu'elles aient été produites par l'action du feu interne, soit que des forces mécaniques ou chimiques les aient primitivement déposées au fond des eaux, se sont ultérieurement exhaussées au dessus du niveau des océans, pour constituer les montagnes et les plaines qui composent maintenant la surface du globe; et ce qui, plus que tout le reste, a contribué à nous les mettre en quelque sorte sous la main, c'est que chacune de ces couches se trouve à nu sur le penchant des collines.

Si nous prenons pour règle de jugement les besoins de l'espèce humaine, nous pourrons poser en principe que le globe devait remplir deux conditions essentielles pour que l'homme civilisé y pût prendre place. Il fallait d'abord qu'un sol s'y fût produit, propre à l'agriculture; il fallait de plus que les métaux fussent répartis d'une manière générale sur toute sa surface, et particulièrement le fer, de tous les métaux le plus important.

Toutefois, ici non plus que dans aucune autre circonstance, je n'exagérerai pas cette théorie des rapports de l'espèce humaine avec le globe qu'elle habite, jusqu'à prétendre que nous ayons été le but *unique* et *exclusif* de tous les grands phénomènes géologiques qui s'y sont succédé. Nous devons bien plutôt considérer tous les bienfaits qui en dérivent pour nous comme des conséquences accidentelles et secondaires, lesquelles, pour n'avoir point formé l'objet exclusif de la création, n'en sont pas moins entrées dans les prévisions et dans les plans du souverain architecte lorsqu'il créa cet univers sur lequel il voulait, après un temps déterminé, fixer la résidence de l'espèce humaine[*].

---

[*] Il est de fait qu'en nous appliquant à l'étude de la nature nous trouvons chaque jour quelque utilité nouvelle à des choses qui jusque là nous paraissaient en être absolument dépourvues. Mais il en est qui de leur nature sont telles qu'on ne peut admettre qu'elles aient été créées pour le bien de l'homme; et d'autres sont d'un ordre tellement élevé qu'il y aurait présomption à prétendre qu'elles aient été faites uniquement pour notre usage. L'homme n'a aucune relation avec la portion du globe située à quelques mètres seulement plus bas que la superficie; car qui voudrait soutenir que toute cette énorme sphère massive n'aurait été créée que comme un support inébranlable pour la mince pellicule sur laquelle nous nous agitons? Est-ce que les courans magnétiques ne traversent sans cesse la terre et les mers que pour diriger de ce côté

Quant à ce qui concerne le règne animal, il y a dans les classes supérieures, nous le reconnaissons avec un profond sentiment de gratitude, un certain nombre d'espèces actuellement existantes qui fournissent à l'homme des élémens indispensables d'alimentation et d'habillement ; d'autres dont l'homme civilisé ne pourrait se passer dans ses divers travaux : et, en outre, chacune de ces utiles espèces a été douée de facultés et d'instincts qui les rendent éminemment propres à la domesticité * ; mais elles sont dans une proportion excessivement faible par rapport à la totalité ; et quant aux classes inférieures, parmi

ou d'un autre l'aiguille d'une boussole ? Et les étoiles fixes, ces immenses corps célestes, n'ont-elles donc été lancées dans l'espace que pour réjouir nos yeux de leur éclat pendant la nuit et fournir à quelques astronomes un sujet d'observations ? Ce serait assurément se faire de l'homme et de son importance une idée bien exorbitante, que de rapporter à lui comme cause finale unique tout cet univers dont l'immensité nous accable. Néanmoins nous pouvons, jusqu'à un certain point, reconnaître que toutes choses ont été faites pour l'homme, en ce sens que ses besoins ont été pris en considération en même temps que ceux de tous les autres êtres, et que tout ce qui arrive à sa connaissance l'intéresse soit comme propre à l'entretien de son corps, soit comme offrant à son esprit un sujet d'instruction ou même de simple amusement. Certains satellites qui tournent autour de Jupiter y tiennent lieu du soleil lorsqu'il fait nuit ; l'homme tire parti de ce phénomène pour calculer les longitudes et mesurer la vitesse de la lumière. Le soleil, qui, fort comme un géant, maintient les planètes et les comètes dans leurs orbites, éclaire en même temps l'homme de sa splendeur et l'échauffe de ses rayons bienfaisans. Les astres les plus éloignés, dont l'attraction guide sans nul doute d'autres astres dans leurs mouvemens, lui servent à diriger sa course au dessus des océans sans bornes et à travers les déserts inhospitaliers. — Tucker, *Light of nature,* liv. 3, chap. 9, p. 9.

On trouve aussi dans le discours inaugural prononcé par le révérend D. Conybeare au collége de Bristol, en 1831, une excellente note sur les dispositions providentielles qui ont mis à la portée de l'homme les matériaux sur lesquels s'exerce son industrie, et qui ont préparé à l'avance toutes les découvertes futures de la science humaine.

* Voyez les *Principles of geology* de M. Lyell, 3e édition, 2e volume, liv. 3, ch. 5.

la multitude sans nombre d'animaux qu'elles contiennent, il n'y en a que très peu qui paient tribut de quelque manière aux besoins ou aux jouissances de l'espèce humaine; et quand même on pourrait démontrer que toutes les espèces maintenant existantes rendent à l'homme des services, la même conclusion ne pourrait en aucune façon s'étendre à ces nombreuses espèces éteintes qui, d'après ce que nous apprend la géologie, avaient cessé d'exister long-temps avant que la nôtre apparût sur le globe. Il est assurément plus conforme aux principes d'une saine philosophie, et à tout ce qu'il nous a été donné de savoir des attributs de la divinité, de regarder chaque animal comme renfermant en lui-même les premiers motifs de sa création, destiné qu'il était à prendre sa part des bienfaits qu'il a plu au créateur universel de répartir sur tout être appelé à l'existence; et, en second lieu, comme devant contribuer pour sa part au système d'équilibre général en vertu duquel tous les groupes d'êtres vivans travaillent mutuellement au bien-être et aux jouissances de l'ensemble: et c'est à cette dernière considération que se rapportent les diverses relations des êtres avec l'homme, relations qui ne tiennent qu'une place étroite, bien que ce soit la plus élevée et la plus noble, dans ce vaste système de vie universelle par lequel il a plu au créateur d'animer la surface du globe.

« Plus des trois cinquièmes de la surface terrestre, dit M. Bakewell, sont couverts par l'Océan, et si nous déduisons du reste tout l'espace occupé par les glaces polaires et les neiges éternelles, par les déserts de sable, les montagnes stériles, les marais, les rivières et les lacs, la portion habitable du globe n'excédera guère un cinquième de sa superficie totale; et nous n'avons pas lieu de penser qu'à aucune époque le domaine de l'homme ait été plus étendu qu'il ne l'est de nos jours. Les quatre autres cinquièmes, bien qu'entièrement soustraits à sa

domination, fourmillent d'êtres animés qui, loin de tout contrôle venant de lui, jouissent de toute la plénitude de leur existence, sans être passibles d'aucune redevance envers ses besoins ou ses caprices. Telle est actuellement et telle a été depuis
des milliers d'années la condition de notre planète; et cette
considération n'est pas étrangère à notre sujet, puisqu'elle peut
nous conduire à admettre avec moins de répugnance la durée
séculaire de ces époques ou jours de la création durant lesquels des tribus nombreuses, appartenant aux classes inférieures des animaux aquatiques, ont accompli leur existence
et laissé leurs débris mêlés aux couches qui constituent la
croûte externe de notre globe. (Bakewell, *Introduction to
Geology*, 4ᵉ édition, p. 6.)

CHAPITRE XI.

Prétendus fossiles humains.

Avant que d'aborder l'étude des débris fossiles appartenant
à d'autres espèces, il convient que nous examinions si les
couches dont se compose l'écorce du globe renferment des
traces qu'y ait laissées l'espèce humaine.

Or tous les témoignages que l'on a pu recueillir sur ce point
sont négatifs, et de toutes les conclusions auxquelles la science
s'est élevée il n'en est pas de mieux établie que ce fait important que, dans la série tout entière des formations géologiques,
il y a absence totale de vestiges appartenant à l'espèce hu-

maine *. S'il en était autrement, il eût été difficile de concilier les périodes si éloignées et si vastes qui ont fourni à l'existence des diverses races animales éteintes avec la chronologie telle que nous l'admettons ; mais au contraire ce fait qu'aucun reste humain ne s'est montré conjointement avec les débris d'espèces perdues peut être cité comme une confirmation de l'hypotèse que ces diverses espèces ont vécu à la surface du globe et en ont disparu avant que l'homme eût été créé.

Cependant il est arrivé que l'on ait rencontré des ossemens humains et des ouvrages d'art à quelques pieds plus bas que la surface de certaines couches ; mais il n'y a rien là qui prouve d'une manière irrécusable que de tels restes aient égalé en antiquité le terrain même où ils reposaient. La pratique universelle d'enterrer les morts, et l'habitude assez répandue de placer autour d'eux des instrumens et des ustensiles divers, suffit à rendre compte de la présence de débris provenant de l'homme sur certains points qui ont pu servir de lieu de sépulture.

Le cas le plus remarquable, et le seul bien authentique d'un squelette humain renfermé dans une roche calcaire solide, c'est celui que l'on a trouvé sur la côte de la Guadeloupe **.

* Voyez M. Lyell, *Principles of geology*, vol. 1, p. 153 et 159, première édition, 1830.

** Un de ces squelettes est conservé dans le Musée britannique, et a été décrit par M. Kœnig, dans les Transactions philosophiques de 1814, vol. 104, p. 101. Suivant le général Ernouf (Transactions linnéennes, 1818, vol. 12, p. 53), la roche dans laquelle on rencontre à la Guadeloupe des ossemens humains est composée de sable consolidé, et renferme en même temps des coquilles d'espèces qui habitent encore aujourd'hui les mers et les terres environnantes, des fragmens de poterie, des flèches et des haches de pierre. Ces ossemens sont le plus souvent dispersés. Un squelette, que l'on a trouvé entier, était dans la position où l'on place d'ordinaire ceux que l'on enterre, et un autre, enfermé dans un grès plus mou, paraissait avoir été enseveli dans la position assise, ainsi que cela se pratiquait parmi les Caraïbes ; et ces deux corps ainsi inhumés suivant des rites divers paraissent avoir appartenu à des tribus différentes. Le général

Néanmoins rien n'autorise à considérer ces ossemens comme remontant à une époque fort reculée. La roche dont il s'agit est d'une formation très récente, et se compose de fragmens agglutinés de coquilles et de polypiers des eaux d'alentour. On voit de semblables roches se former, en quelques années, de matériaux analogues dans les bancs de sable qui bordent les mers intertropicales.

Souvent aussi l'on a rencontré des ossemens humains et des ouvrages d'art grossiers dans des cavernes naturelles, quelquefois enfermés dans des stalactites, d'autres fois dans des couches terreuses où ils se trouvaient dispersés parmi les ossemens d'espèces éteintes de quadrupèdes. Ces cas peuvent s'expliquer par l'habitude qu'ont eue les hommes à toutes les époques de choisir de semblables lieux pour leur sépulture ; et cette circonstance accidentelle que dans plusieurs cavernes les restes d'espèces éteintes se montrent dans le même sol où, à des époques subséquentes, des cadavres appartenant à l'espèce humaine ont pu être ensevelis, ne nous apprend rien sur l'époque où a eu lieu le dépôt de ces derniers.

Un grand nombre de ces cavernes ont été habitées par des tribus sauvages ; et celles-ci, pour s'y arranger une demeure commode, ont fréquemment remué les points du sol qui recouvraient les restes de ceux qui les avaient précédés. Ces mouvemens expliquent comment des fragmens de squelettes humains

Ernouf explique la rencontre des ossemens dispersés par une tradition qui rapporte que, vers l'an 1710, une tribu de Gallibis fut vaincue et massacrée sur ce point là même par les Caraïbes : leurs restes disséminés auront probablement été recouverts par les eaux d'une couche de sable qui bientôt se sera convertie en une roche solide.

Sur la côte ouest de l'Irlande, près de Killery-Harbour, on voit un banc de sable que la mer entoure dans les marées hautes, et où les habitans ont en ce moment même la coutume d'aller enterrer leurs morts.

sont parfois mêlés, en même temps que des restes de quadrupèdes modernes, avec des ossemens d'espèces éteintes, bien
que celles-ci y aient été déposées à des époques de beaucoup
antérieures, et par des causes naturelles.

Quelques notices ont été publiées dans ces dernières années sur des restes humains découverts dans des cavernes, en
France et dans la province de Liège, et on leur attribue la
même antiquité qu'aux ossemens d'hyènes et d'autres quadrupèdes éteints dont ils sont entourés. Mais, suivant toute probabilité, ils doivent pour la plupart leur origine à quelqu'une des
causes que nous venons d'énumérer. Et, quant aux cavernes qui
servent de lit à quelque rivière souterraine, ou qui sont exposées à être remplies par des inondations accidentelles, si l'on
y rencontre des ossemens humains confondus avec des restes
d'animaux d'une époque plus reculée, on s'en rend aisément
compte par les mouvemens qu'occasionnent dans le sol les eaux
courantes.

CHAPITRE XII.

Histoire générale des débris organisés fossiles.

L'objet spécial de ce traité, d'après la volonté de celui qui
l'a fondé, est de prouver la puissance, la sagesse et la bonté du
créateur, par l'infinie variété de ses œuvres et leur admirable
arrangement dans les trois règnes de la nature. Aussi insiste-
rons-nous sur les preuves de cette sorte que nous offrent les
restes organisés fossiles, beaucoup plus que nous ne l'eussions

fait si le point de départ de nos raisonnemens n'eût pas été fixé à l'avance d'une façon aussi positive. Et nous ne croyons pas pouvoir mieux remplir notre tâche qu'en nous efforçant de faire voir que les espèces animales et végétales qui ont disparu, après avoir, à des époques si éloignées, occupé notre globe, nous ont laissé dans leurs débris pétrifiés les mêmes preuves d'une sagesse et d'une prévoyance infinie, qui, comme **Ray, Derham** et **Paley** l'ont fait voir ailleurs, ressortent avec tant d'éclat de la structure des êtres actuellement existans.

L'état parfait de conservation dans lequel nous trouvons les débris animaux et végétaux de chacune des diverses formations géologiques, et le mécanisme admirable dont beaucoup de fragmens fossiles nous offrent les traces, sont des preuves en nombre infini que les créatures auxquelles ils appartiennent ont été créées dans un but d'harmonie avec la succession de conditions diverses qui s'est faite à la surface de notre globe, et avec son aptitude croissante à recevoir des formes organiques de plus en plus compliquées, et qui s'avançaient vers la perfection en passant par des conditions d'existence de plus en plus élevées *.

* Lorsque nous parlons des formes diverses de la vie chez les animaux comme élevées à des degrés différens de perfection, il n'entre pas dans notre esprit d'attacher à aucune créature l'idée d'imperfection dans le sens absolu de ce mot. Nous voulons dire seulement que celles qui présentent une structure plus simple remplissent des fonctions moins élevées dans la série graduellement ascendante des êtres animés. C'est d'après le but pour lequel ont été faites les diverses formes d'organisation que nous devons estimer leur perfection plus ou moins grande ; et il n'en est aucune que nous puissions regarder comme imparfaite si elle arrive à la fin pour laquelle elle a été creée. C'est ainsi que le polype et l'huître sont en harmonie parfaite avec les fonctions qu'ils doivent remplir au fond des mers, de même que les ailes de l'aigle sont des instrumens parfaits pour un vol rapide, ou les pieds du cerf pour raser en courant la surface du sol.

Tout ce qui s'écarte de la structure commune est traité par nous de mon-

Un des faits les plus remarquables dans l'histoire du progrès des découvertes humaines, c'est qu'il ait été réservé presque exclusivement aux recherches de la génération présente d'arriver à quelques notions certaines sur l'existence des races nombreuses d'animaux éteints qui ont occupé la surface de notre planète dans les âges antérieurs à la création de l'homme. Les progrès rapides des sciences physiques depuis un demisiècle nous mettent à même d'aborder l'histoire des fossiles comme on n'eût pu le faire il y a quelques annnées ; car c'est seulement dans celles qui viennent de s'écouler que l'anatomie des quadrupèdes éteints a fait l'objet de recherches étendues, et que leur organisation s'est dévoilée sous les longs et puissans efforts du plus grand génie qu'ait possédé l'anatomie comparée. De semblables recherches ont été exécutées depuis le commencement de ce siècle, et sur des points différens du globe, par une foule d'hommes laborieux et éclairés, et il en est résulté que l'ostéologie d'un grand nombre de genres et d'espèces éteintes s'appuie presque maintenant sur les mêmes bases, et est arrivée à peu près au même degré de certitude que la connaissance des détails anatomiques des créatures diverses dont le corps maintenant vivant est soumis à notre investigation.

siruosité, tant que nous n'avons pas étudié l'usage spécial pour lequel il a été créé ; mais du moment où nous arrivons à saisir la nature des services que tel organe est appelé à rendre, il nous apparaît comme partie d'un ensemble parfait. Le bec-croisé n'est qu'un être disgracié si nous le plaçons dans les mêmes conditions que les autres passereaux ; mais si nous venons à étudier son bec dans ses rapports avec la fonction de saisir les graines des pins sous les écailles solides qui les recouvrent, nous y reconnaîtrons un instrument admirablement adapté à l'emploi qu'il doit remplir.

Une organisation est d'ordinaire regardée comme d'autant plus *parfaite qu'elle* offre des parties plus variées et d'une nature plus complexe, tandis que l'*imperfection* se conclut habituellement du degré de simplicité.

Nous pourrions difficilement concevoir une démonstration plus puissante de l'unité de plan et de l'harmonie d'organisation qui dominent l'ensemble de la nature animée que celle que nous fournit ce fait, établi par Cuvier, que les caractères offerts par une extrémité seulement, ou même par une dent ou un os isolé, permettent de conclure la forme et les proportions des autres os, et jusqu'aux conditions d'existence de l'animal tout entier. Cette loi ne s'étend pas moins sur les divers groupes qui font actuellement partie de la nature animée que sur les races perdues dont l'existence a précédé la leur; et il s'ensuit que l'on peut arriver à reconnaître avec un haut degré de probabilité, non seulement l'ensemble de la charpente osseuse d'un animal éteint, mais aussi les divers caractères des muscles qui mettaient chaque os en mouvement, la forme extérieure et la configuration du corps, le régime, les habitudes, l'habitation et la manière de vivre de ces diverses créatures qui avaient cessé d'exister avant que l'espèce humaine eût été créée.

En même temps que nos connaissances prenaient ainsi un accroissement rapide relativement à l'anatomie comparée des anciens habitans du globe, l'attention s'est portée sur la conchyliologie fossile, sujet d'une vaste importance pour l'étude des documens à l'aide desquels devait se reconstruire l'histoire des révolutions qui ont bouleversé notre planète.

Plus récemment encore, les botanistes ont abordé l'étude des végétaux fossiles; et bien que par suite du peu de temps qui s'est écoulé depuis que ce sujet est soumis à leurs recherches la science des plantes fossiles soit demeurée de beaucoup en arrière de l'anatomie et de la conchyliologie, nous possédons pourtant déjà une masse importante de témoignages qui nous montrent dans la vie végétale une succession de changemens parallèles, par leur étendue, et par l'époque où ils ont eu lieu, à ceux qui se sont accomplis dans les classes les plus élevées comme dans les degrés inférieurs de la série animale.

L'étude des restes organiques forme donc le caractère particulier et fondamental de la géologie moderne, et c'est à elle surtout que nous sommes redevables des progrès que cette science a faits depuis le commencement du siècle. Il y a certaines familles de restes organiques qui se représentent, dans les couches de toutes les époques, avec les mêmes formes génériques qu'elles nous offrent encore dans l'ensemble des organisations actuellement existantes[*]. D'autres familles, au contraire, tant parmi les animaux que parmi les végétaux, sont exclusivement renfermées dans certaines formations, et il y a des points où des groupes tout entiers cessent complètement d'exister pour être remplacés par d'autres offrant des caractères tout différens. Les changemens de genres et d'espèces sont plus fréquens encore; et c'est pourquoi l'on a observé avec raison qu'il serait tout aussi absurde de vouloir arriver à connaître la structure et les révolutions du globe, sans avoir étudié avec une attention soutenue les divers témoignages qui nous sont offerts par les restes organiques, que d'entreprendre l'histoire de quelque peuple ancien sans consulter ses médailles et leurs inscriptions, les monumens qu'il a laissés, les ruines de ses cités et de ses temples. L'étude de la zoologie et de la botanique n'est donc pas moins indispensable aux progrès de la géologie que ne le sont les connaissances minéralogiques. Et en effet les caractères minéraux des matériaux inorganiques dont se composent les couches terrestres offrent une succession tellement constante de lits de grès, d'argile et de calcaire, qui se reproduisent irrégulièrement non seulement dans des formations différentes, mais aussi dans les formations les

---

[*] Tels sont les genres nautile, oursin, térébratule, plusieurs genres de polypiers ; et, parmi les végétaux, les fougères, les lycopodiacées et les palmiers.

plus identiques, que la similitude de composition minérale n'indiquerait que d'une manière incertaine une origine contemporaine, tandis que l'identité d'âge est démontrée de la manière la plus irréfragable par la similitude des restes organisés. Et sans cet ordre important de témoignages, le fait de cette succession de périodes si longues que la géologie nous démontre avoir été remplies par la formation des couches qui composent l'écorce du globe n'eût été appuyé que de preuves comparativement en petit nombre et dépourvues d'autorité.

Ceux des secrets de la nature qui nous ont été révélés par l'investigation des débris organisés fossiles constituent peut-être les résultats les plus brillans dont la science géologique ait enrichi l'esprit humain. Quiconque n'a pas observé avec attention les phénomènes naturels doit trouver incroyable que l'examen microscopique d'une masse calcaire brute et inanimée puisse souvent nous conduire à cette conclusion pleine d'intérêt qu'une portion considérable de sa substance fit autrefois partie d'êtres vivans; et l'on est frappé de surprise quand on songe que les murs de nos maisons ne sont souvent pas formés d'autre chose que de coquilles brisées, qui jadis, au fond des mers et des lacs primitifs, servaient d'habitation à d'autres animaux.

Il est digne d'étonnement que le genre humain soit demeuré pendant tant de siècles dans l'ignorance de ce fait maintenant si complètement démontré, qu'une portion considérable de la surface actuelle du globe a été formée par les débris des animaux qui peuplaient les anciennes mers. Il existe de vastes plaines et d'énormes montagnes qui ne sont pour ainsi dire que les charniers immenses des précédentes générations, où les débris pétrifiés des animaux et des végétaux éteints se sont amoncelés pour former de merveilleux monumens qui nous attestent le travail de la vie et de la mort durant des périodes d'une énorme

étendue. « A la vue d'un spectacle si imposant, si terrible même,
que celui de ces débris de la vie formant presque tout le sol sur
lequel portent nos pas, il est bien difficile de retenir son imagination sur les causes qui ont pu amener de si grands effets *. »

Plus sont grandes les profondeurs auxquelles nous descendons dans les couches du globe, plus aussi nous nous trouvons
partis à une antiquité reculée dans l'histoire archéologique des
temps passés de la création. Les étages successifs s'annoncent
par des formes différentes de la vie animale et végétale, et ces
formes s'éloignent d'autant plus des espèces actuelles que
nous descendons plus bas dans l'intérieur de ces vastes dépôts
où gisent entassés les débris des créations antérieures.

Si nous venons à reconnaître un assemblage constant et régulier de restes organiques, lequel, commençant avec une certaine série de couches, finit lorsqu'une autre commence où se
montre un assemblage tout différent du précédent, nous possédons dès lors les bases les plus certaines sur lesquelles nous
puissions établir ces divisions que l'on désigne sous le nom de
formations géologiques. Or, en étudiant avec soin les dépôts
minéraux de la surface du globe, on voit que les divisions de
cette sorte s'y succèdent en grand nombre. L'étude de ces restes
fait reconnaître au zoologiste une quantité considérable d'espèces et de genres éteints, lesquels tiennent aux végétaux et
aux animaux actuels par des rapports importans, et fournissent
fréquemment des anneaux qui jusqu'alors semblaient manquer
dans la grande chaîne qui unit les êtres animés suivant la série
graduelle de leurs affinités.

Cette découverte, parmi les débris des créations passées, d'anneaux qui semblaient manquer dans le système actuel de la

* Cuvier, *Rapport sur les progrès des sciences naturelles*, in-8°, 1810,
p. 196.

nature organique, fournit à la théologie naturelle un argument important, en démontrant l'unité de la grande cause commune primitive et l'universalité de son action, puisque chaque individu de cette série si uniforme et si étroitement enchaînée nous apparaît dès lors comme une partie qui a sa place nécessaire dans un grand plan originel.

Si ces anneaux, qui rattachent les êtres divers en une chaîne continue, fussent demeurés inconnus, il n'y aurait là qu'un argument négatif et sans force contre l'origine commune d'organisations ainsi isolées les unes des autres. Car savons-nous si de semblables intervalles n'auraient pas pu entrer dans les plans du créateur ? Et d'ailleurs ne pourrait-il pas se faire que ces hiatus apparens n'eussent pas d'autres fondemens que l'imperfection de nos connaissances ? Mais ces mêmes anneaux, en reliant ainsi les modifications passées et présentes de la vie, signalent une unité de plan qui démontre l'unité de l'intelligence à laquelle elles doivent leur origine.

Il est vrai de dire que les végétaux et les animaux des classes inférieures sont ceux qui ont le plus abondé à l'époque où a commencé la vie organique. Mais leur présence n'y a pas été exclusive. Il est des roches de transition où nous ne rencontrons pas seulement des restes en abondance d'animaux rayonnés, articulés ou mollusques, tels que des polypiers, des trilobites et des nautiles; mais où nous voyons aussi les vertébrés représentés par la classe des poissons. On a trouvé des reptiles dans quelques unes des plus anciennes couches des formations secondaires * ; et il est probable que nous devons regarder les empreintes de pieds du nouveau grès rouge comme les premiers indices de l'exi-

---

* Nous citerons pour exemple le conglomérat magnésien de Durham-Down, près de Bristol, et la marne ardoisée bitumineuse (Kupfer-schiefer) de Mansfeld, dans le Hartz.

stence des oiseaux et des marsupiaux *. On trouve les os de quelques oiseaux dans la formation Wealdienne de la forêt de Tilgate, et d'autres appartenant à des marsupiaux dans l'oolite de Stonesfield **. C'est dans la région moyenne des terrains secondaires que se montrent les plus anciens vestiges de cétacés ***. Dans les formations tertiaires on trouve en même temps des oiseaux, des cétacés, et des mammifères terrestres, dont plusieurs appartiennent à des genres et tous à des ordres actuellement existans ****.

On voit donc que les formes animales plus perfectionnées deviennent graduellement de plus en plus abondantes à mesure que nous avançons des séries de dépôts les plus anciennes vers les plus récentes, tandis que les ordres les plus simples, bien que souvent leurs genres et leurs espèces se modifient, bien que souvent même leurs familles s'anéantissent complètement et soient remplacées par de nouvelles familles, n'en persistent pas moins dans la série entière de toutes les formations fossilifères.

La source la plus abondante en restes organiques se trouve dans les amas qu'ont formés les enveloppes solides des animaux qui occupèrent le fond des mers durant cette longue série de générations consécutives. Une portion considérable de la substance tout entière d'un grand nombre de couches est formée de myriades de coquilles usées par les mouvemens des eaux auxquels elles sont demeurées long-temps exposées. Dans

* Pl. 26* et 26'.
** Pl. 2, fig. A. et B.
*** Il y a dans le muséum d'Oxfort un cubitus venu de la grande formation oolitique d'Enstone près de Wodstock, dans le comté d'Oxon. Cuvier, après l'avoir examiné, a déclaré qu'il avait appartenu à quelque — On y voit aussi une portion d'une côte très volumineuse, provenant probablement d'une baleine, trouvée dans la même localité.
**** Pl. 1, fig. 7 — 101.

d'autres couches au contraire , la présence d'une multitude innombrable de polypiers intacts, de coquilles fragiles avec leurs crêtes et leurs épines les plus délicates, prouve que les animaux qui les ont formés ont vécu et péri sur les lieux mêmes où on les trouve, ou à une faible distance.

Des couches ainsi remplies par les dépouilles d'innombrables générations d'êtres organisés prouvent avec bien de l'évidence combien il a fallu de longues périodes pour que les animaux dont elles proviennent aient vécu, se soient reproduits, et soient morts au fond des océans qui occupaient jadis la place où s'élèvent maintenant des continens et des îles. Et non seulement les changemens multipliés que l'on observe dans les espèces animales et végétales des parties successives des diverses formations, appuient de témoignages nouveaux le fait même de cette durée énorme , mais ils démontrent aussi quels importans changemens ont dû, pendant ce temps, s'opérer dans les conditions physiques et climatériques du monde ancien.

Outre ces restes de testacés et d'animaux plus grands encore, et qui sont visibles à tous les yeux, un examen minutieux fait découvrir parfois des amas prodigieux de coquilles microscopiques, qui n'excitent pas moins la surprise par leur abondance extrême que par leur excessive petitesse. On peut estimer en quelle prodigieuse quantité elles sont parfois entassées, par ce fait que Soldani a recueilli dans moins d'une once et demie d'une pierre provenant des montagnes de Casciana , en Toscane, dix mille quatre cent cinquante-quatre de ces coquilles cloisonnées microscopiques. Le reste de la pierre se composait de fragmens de coquilles , d'épines d'oursins très petites , et d'une substance calcaire spathique. Quatre ou cinq cents de ces coquilles ne pèseraient qu'un grain, et, parmi ces espèces, il en est une dont mille individus, d'après les calculs de Soldani, atteindraient à peine ce poids *. Il dit plus loin que l'on peut

* Saggio orittografico, 1780, p. 103, pl. 3, fig. 22, H. I.

se faire une idée de leur petitesse excessive d'après ce fait qu'il en
peut passer des quantités énormes à travers les trous d'un papier percé avec l'aiguille la plus fine. Notre intelligence aussi
bien que nos yeux nous font promptement défaut dans nos efforts pour atteindre les infiniment petits auxquels nous sommes
conduits, lorsque nous nous rapprochons ainsi des extrêmes
les plus exigus de la création.

De pareils amas de coquilles microscopiques ont également été observés dans divers dépôts des formations d'eau
douce. Nous en pouvons citer un exemple frappant dans l'a-
bondance avec laquelle sont répandus les restes d'un crustacé
microscopique du genre cypris. Cet animal est renfermé entre
deux valves aplaties comme celles des coquilles bivalves, et on
le trouve à l'époque actuelle dans l'eau des lacs et des marais.
Or certains lits d'argile de la formation Wealdienne, inférieure
à la craie, sont si abondamment remplis des valves microscopiques du *cypris faba*, que la surface des lames nombreuses
dans lesquelles l'argile se laisse facilement diviser en est souvent tout à fait couverte comme de petites graines. Les mêmes
valves se rencontrent aussi dans le sable et dans le grès de
Hastings, dans le marbre de Sussex, et dans le calcaire de Purbeck, qui se sont déposés à la même époque géologique dans
un ancien lac ou golfe où les couches de cette formation se sont
amoncelées jusqu'à une épaisseur de près de mille pieds [*].

Une nouvelle preuve de cette longue durée des périodes
géologiques se rencontre dans une autre série de formations
lacustres plus récentes que la craie ; nous voulons parler de
ces grands dépôts d'eau douce de la France centrale. lesquelles
appartiennent à la période tertiaire. La province d'Auvergne
offre une surface de quatre-vingts milles sur vingt où les couches

[*] Dr. Fitton's geol. Sketch of Hastings, 1833, p. 68.

de gravier, de sable, d'argile et de calcaire se sont entassées à une profondeur de sept cents pieds au moins. M. Lyell dit [*] que le caractère foliacé de plusieurs lits de marne de cette formation est du à la présence de myriades sans nombre de semblables dépouilles de cypris qui donnent à cette marne la propriété de se diviser en feuillets aussi minces que du papier. Puis, rapprochant ce fait de l'habitude où sont ces animaux de se dépouiller chaque année de leur peau et de leur coquille, il observe avec justesse qu'on ne peut guère désirer une preuve plus convaincante du calme des eaux, et de l'opération lente et graduelle qui a comblé ces lacs de la boue la plus fine.

Une autre preuve du temps énorme qu'a dû exiger le dépôt de ces formations d'eau douce du terrain tertiaire de l'Auvergne, c'est la présence, près de Clermont, de lits calcaires de plusieurs pieds d'épaisseur, formés presque en entier par des fourreaux qui rappellent les étuis où s'enferme la larve de notre Frigane commune. Suivant M. Lyell on voit souvent une centaine au moins des coquilles microscopiques d'un petit univalve turbiné du genre Paludine, fixées à l'extérieur de ces fourreaux ou étuis tubulaires qui ont également appartenu à quelques larves du genre Frigane [**]. On conçoit difficilement que quelque autre procédé qu'une accumulation graduelle, ouvrage d'une longue série d'années, eût pu entasser en quantités si immenses ces dépouilles d'animaux aquatiques dans des couches qui, comme celle-ci, recouvrent de grandes étendues de pays en même temps qu'elles sont superposées les unes aux autres et séparées par des lits de marne et d'argile.

Lorsque nous rencontrons des dépôts formés à l'embou-

---

[*] Principles of geology, 3e édit., 4e vol., p. 98.
[**] Lyell, Principles of geol., 3e édit., t. 4, p. 100.

chure de quelque grand fleuve, le mélange et l'alternance de débris de coquilles fluviatiles et lacustres avec des restes d'animaux marins nous y font reconnaître des conditions analogues à celles qui s'observent dans les deltas du Nil * et d'autres grandes rivières, où des animaux marins et fluviatiles vivent réunis dans des eaux saumâtres. C'est ainsi que dans les formations de Purbeck, s'offre une couche de coquilles d'huîtres qui nous dénote la présence de l'eau salée ou saumâtre, interposée entre deux couches calcaires remplies de coquilles d'eau douce. De même, dans les sables et les argiles de la formation Wealdienne de la forêt de Tilgate, nous trouvons des coquilles fluviatiles et lacustres mêlées à des restes de grands reptiles terrestres, tels que des mégalosaures, des iguanodons et des hylœosaures, en même temps que nous y rencontrons les os du reptile marin le plésiosaure ; d'où il nous est permis de conclure que les premiers de ces reptiles furent entraînés de la terre ferme dans une embouchure où la mer de son côté apportait le plésiosaure et où venaient s'entasser en même temps les dépouilles animales et minérales enlevées à quelque continent peu éloigné **.

Un autre arrangement de restes organiques est celui dont l'ardoise oolitique de Stonesfield, près Oxford, fournit un exemple bien connu. Dans cette localité, un seul lit de schiste calcaire et sablonneux de moins de six pieds d'épaisseur offre mélangés des plantes et des animaux terrestres avec des coquilles certainement marines. Les os de didelphes, de mégalosaures et de ptérodactiles sont tellement mêlés à des ammonites, à des nautiles, à des bélemnites et à beaucoup d'autres espèces

* Voy. les voyages de Madden en Egypte, t. 2, p 171 - 175.

** Si l'on veut une histoire détaillée des débris organiques appartenant à la formation Wealdienne, on pourra consulter l'ouvrage savant et consciencieux de M. Mantell, sur la géologie du comté de Sussex.

de coquilles marines, qu'on ne peut aucunement douter que cette formation ne se soit déposée au fond d'une mer très peu distante de quelque rivage ancien. Quant aux animaux terrestres, on peut facilement se rendre compte de leur présence sur ce point, en supposant que leurs cadavres, après avoir quitté la terre, ont flotté jusqu'aux environs du lieu sous-marin où nous les trouvons maintenant ensevelis. On peut expliquer de la même façon le mélange d'os de grands mammifères terrestres avec des coquillages marins qui se rencontrent dans les formations tertiaires miocènes de la Touraine et dans le crag de Norfolk.

Animaux détruits subitement.

Les divers cas que nous avons examinés jusqu'ici nous ont fait voir comment, par des accumulations lentes et graduelles, se sont conservés les restes d'animaux marins, lacustres et terrestres, qui durant de longues périodes avaient péri de mort naturelle. Il nous reste à établir qu'il est d'autres causes qui, en dehors du cours ordinaire des choses et à de longs intervalles, paraissent avoir concouru à produire la formation rapide de certaines couches, en même temps qu'elles entraînèrent la destruction soudaine, non seulement des animaux testacés, mais aussi de ceux de classes plus élevées qui habitaient les mers de cette époque. De nos jours encore de semblables cas de destruction subite s'observent sur des localités restreintes : nous voyons les poissons périr, soit lorsque les eaux de la mer ont été chargées de vase outre mesure dans des tempêtes extraordinaires, soit par un accroissement de chaleur subit, ou par le mélange de gaz nuisibles lorsque les eaux se trouvent en contact immédiat avec des volcans sous-marins. Une irruption soudaine des eaux salées à l'intérieur des lacs ou dans les embouchures de grands fleuves occupés jusque là par de l'eau douce, ou, au contraire, la brusque invasion d'une portion de la mer par un immense volume d'eau douce provenant de quelque lac dont les digues se seraient rompues, ou d'une inondation extraordinaire, sont fréquemment des cas de destruction tout à la fois pour les animaux qui habitent les eaux envahissantes et les eaux envahies *.

Le plus grand nombre des poissons fossiles ne paraît pas avoir été victime d'aucune violence mécanique. Tout annonce au contraire qu'ils ont été tués par quelques propriétés nuisibles des eaux dans lesquelles ils se mouvaient, soit une variation brusque de température *, soit le mélange de l'acide carbonique ou du gaz hydrogène sulfuré, ou de quelque matière terreuse ou bitumineuse sous la forme d'une boue.

Les circonstances dans lesquelles on a trouvé les poissons fossiles de Monte Bolca paraissent indiquer qu'ils ont péri soudainement à leur arrivée sur certains points des mers qui existaient alors, rendus délétères par l'action volcanique dont nous retrouvons encore aujourd'hui tant de preuves dans les roches basaltiques adjacentes. Les squelettes de ces poissons sont couchés parallèlement aux lames des couches du schiste calcaire. Ils sont toujours entiers, et si pressés les uns contre les autres que souvent on en trouve plusieurs dans un seul bloc, et que les milliers d'échantillons qui sont dispersés dans les divers cabinets de l'Europe tout entière ont été presque tous extraits d'une seule carrière. Tous ces poissons doivent avoir péri subitement sur ce point fatal, et y avoir été

* On trouve dans l'*Edimburgh philosophical journal*, n° 25, page 372, l'histoire des effets d'une irruption de la mer dans le lac d'eau douce de Lowestoffe, sur la côte du comté de Suffolk.

** M. Agassiz a observé qu'une diminution subite de 15 degrés dans la température de la rivière Glat, dont les eaux vont se jeter dans le lac de Zurich, y a causé la mort de plusieurs milliers de barbeaux.

couverts en peu de temps par le sédiment calcaire alors en train de se déposer. Et cet autre fait que quelques individus ont conservé jusqu'à des traces de la couleur de leurs tégumens nous donne la certitude qu'ils ont été complètement ensevelis avant même que la décomposition eût attaqué leurs parties molles *.

Les poissons de Torre-d'Orlando, dans la baie de Naples, près de Castellamare, paraissent aussi avoir été enveloppés dans une destruction soudaine. M. Agassiz pense que les individus innombrables que l'on y trouve dans le calcaire jurassique appartiennent tous à une espèce unique du genre Tétragonolepis. Tout un banc de ces poissons paraît avoir été détruit instantanément, et sur un seul point, où les eaux avaient été soit imprégnées de quelque émanation nuisible, soit élevées à une température inaccoutumée **.

Nous pouvons également supposer que ce furent des dépôts provenant d'eaux bourbeuses, et tenant peut-être en dissolution des gaz délétères, qui formèrent en s'accumulant cette succession de lits épais de marne et d'argile que l'on observe dans

---

* Un poisson célèbre, extrait de cette carrière, un *Blochius longirostris*, a été décrit comme ayant été pétrifié dans l'acte même d'en avaler un autre (*Ithyolithologia Veronese*, tab. xii) ; mais M. Agassiz s'est assuré que cette apparence était uniquement due à la juxtaposition accidentelle des deux poissons. La tête du plus petit, de celui que l'on suppose avoir été avalé, a un volume tel qu'elle n'eût pu tenir dans l'estomac fort peu considérable de l'autre ; et en outre, le premier, dans la position qu'il occupe, ne pénètre réellement pas entre les bords des mâchoires du second.

** Le peu de distance qu'il y a entre cette roche et la chaîne volcanique du Vésuve suffit à expliquer comment l'une et l'autre de ces causes de destruction a pu envahir les eaux dans un espace limité de la baie de Naples, durant la période qui précéda toutes ces puissantes éruptions volcaniques si violentes dont ce point du globe fut le théâtre tout le temps que dura le dépôt des couches tertiaires, et qui s'y continuent encore de nos jours.

la formation du lias, et entraînèrent en même temps, sur tous les points qu'ils envahirent, la destruction non seulement des testacés et des animaux d'ordres inférieurs qui occupaient le fond des mers, mais aussi des ordres les plus élevés parmi les animaux marins : quant au fait que des quantités énormes de poissons et de sauriens périrent soudainement et furent immédiatement recouverts, il nous est encore démontré par l'état de conservation parfaite dans lequel on a rencontré maintes fois, en explorant le lias, les restes de plusieurs centaines de ces animaux. On en voit parfois dans lesquels à peine un os ou une écaille ont été dérangés de la position précise qu'ils occupaient durant la vie. Une conservation aussi complète ne pourrait aucunement se concevoir dans l'hypothèse où leurs cadavres fussent restés découverts et exposés, au fond de la mer, ne fûtce que quelques heures, soit à la putréfaction, soit aux attaques des poissons ou d'autres animaux plus petits *.

Un autre dépôt célèbre de poissons fossiles est celui de l'ardoise cuivreuse des environs du Hartz. Beaucoup de ceux que l'on a trouvés dans ce même schiste, à Mansfeld, à Eiseleben et autres lieux, offrent des attitudes contorsionnées que l'on regarde comme dues aux convulsions de l'agonie. La véritable cause de ce phénomène est la contraction inégale des fibres musculaires, laquelle raidit les poissons et les autres animaux durant l'intervalle de temps très court entre la mort et la flaccidité qui précède la décomposition. Ces poissons fossiles ayant conservé cette raideur qui suit immédiatement la mort, il est donc évident qu'ils ont dû être ensevelis avant que la putré-

---

* Si d'un côté la conservation parfaite de ces divers animaux démontre que certaines parties du lias se sont déposées rapidement, il existe aussi des faits qui prouvent que d'autres parties de cette même formation ont exigé, pour se déposer, un laps de temps fort long. — Voyez plus loin les notes du chapitre sur les coprolites et les seiches fossiles.

faction ait commencé, et, selon toute apparence, dans la même boue bitumineuse dont l'action les a fait périr. Le cuivre et le bitume que l'on rencontre disséminés dans les mêmes schistes du Hartz où tant de poissons se montrent à cet état parfait de conservation sont d'ailleurs deux principes de mort dont l'action réunie ou isolée a également pu causer cette destruction soudaine*.

On voit, par ce qui vient d'être dit sur l'histoire générale des débris organiques fossiles, que ce ne sont pas seulement les restes des animaux et des plantes aquatiques qui se rencontrent dans des couches formées par l'action des eaux ; mais que c'est là aussi, presque exclusivement, que l'on découvre des restes provenant d'espèces essentiellement terrestres. Cette circonstance nous est expliquée par la considération que tout débris organique, laissé à découvert à la surface de la terre, y serait détruit complètement avant peu d'années soit par l'attaque des animaux, soit par l'action décomposante de l'atmosphère. Si donc on en excepte le petit nombre d'ossemens qui ont pu se trouver cachés dans certaines cavernes, ceux qui auraient été recouverts par quelque éboulement de terre (*land slips*), ensevelis sous les produits de quelque éruption volcanique ou sous le sable charié par les vents**, on voit que c'est seulement dans des

---

* Au milieu des bouleversemens qu'éprouva notre planète durant les progrès de la stratification, la puissance des agens volcaniques, à cette époque nombreux et violens, concourut probablement, avec les convulsions de l'atmosphère dont l'action se faisait sentir en même temps dans l'air et sur les eaux, pour produire, parmi les diverses tribus de poissons alors existans, la même mortalité que nous observons de nos jours à la suite de quelque changement violent dans les conditions électriques de l'atmosphère. M. Agassiz a observé qu'un changement brusque dans la pression de l'atmosphère à la surface des eaux agit sur l'air de la vessie natatoire des poissons, au point qu'elle peut se distendre jusqu'à causer la mort, ou même jusqu'à crever. Souvent on voit, flottant à la surface des lacs de la Suisse, et rejetés sur les bords, des quantités considérables de poissons qui ont péri de cette manière durant de violentes tempêtes.

** Le capitaine Lyon nous apprend que, dans les déserts de l'Afrique,

couches déposées par les eaux qu'ont pu se conserver les restes d'animaux terrestres.

Nous voyons fréquemment des cadavres entraînés par les rivières à l'époque de leurs débordemens et chariés dans les lacs, les golfes, et les mers ; et, bien qu'au premier abord on pût être porté à s'étonner de trouver des restes appartenant essentiellement à la terre enfouis dans des couches formées au fond des eaux, cet étonnement cesse dès que l'on vient à se rappeler que les matériaux des roches stratifiées proviennent en grande partie de détritus enlevés à des terres déjà précédemment formées. De même que c'est l'action des pluies, des torrens et des inondations qui a entraîné ces détritus, il est probable

les cadavres des chameaux sont souvent desséchés par une atmosphère sèche et brûlante, et deviennent le noyau d'un monticule de sable que les vents y amoncèlent, et sous lesquels ils restent ensevelis comme les troncs de palmiers et les édifices de l'ancienne Egypte.

Dans un écrit récent sur la géologie des Bermudes (*Proceedings of geological society*, Londres, avril 1834), le lieutenant Nelson décrit ces îles comme formées par un sable et des roches calcaires composés de coquilles et de polypiers pulvérisés, et, selon lui, la plus grande partie de ces matériaux, maintenant stratifiés, y aurait été transportée du rivage par l'action des vents. La surface du pays, sur plusieurs points, est entièrement formée par du sable désagrégé, offrant toutes les formes irrégulières que prend la neige balayée par les vents, et couverts d'ondulations comme celles que produisent les rides de la surface de la mer sur le sable de ses rivages. On y voit des coquilles récentes aussi bien dans le calcaire solidifié que dans le sable encore libre, ainsi que des racines du palmier nain, qui croît encore maintenant dans l'île. La côte nord-ouest du comté de Cornouailles offre des exemples analogues de plusieurs milliers d'arpens de terrains qui ont été envahis par des déluges de sable, entraînés de la mer sur les villages de Bude et de Perran-Zabulo. Ce dernier a même été deux fois détruit à des époques distantes entre elles, et complétement enseveli sous le sable que le vent chariait vers l'intérieur du pays durant des tempêtes extraordinaires. — Voyez *Transact. of geol. soc.* of Cornwall, t. 2, p. 140, et t. 5, page 12. — De la Beche, *Geological Manual*, troisième édit. p. 84. — Et la traduction anglaise de la *Théorie de la Terre*, de Cuvier, par Jameson, cinquième édit., note G.

aussi que les cadavres d'animaux terrestres et amphibies ont dû être de même entraînés à de grandes distances par les mêmes courans qui ont balayé de la terre de si prodigieuses quantités de matériaux, et c'est ainsi que des couches de formation sous-aquatique ont été un commun réceptacle où sont venus s'ensevelir les débris des animaux et des végétaux essentiellement terrestres, comme de ceux qui ont été organisés pour vivre au sein des eaux.

L'étude de ces débris sera pour nous le sujet de recherches le plus intéressant et le plus fertile en instruction; car c'est là que nous devons trouver le fil qui nous guidera le plus sûrement à travers tous les dédales de l'histoire du globe; c'est là que sont les archives des révolutions et des catastrophes qui ont bouleversé notre planète long-temps avant la création de l'espèce humaine. Ce sont de précieuses pages du grand livre de la nature, et la science y trouve à grossir ses annales de tous les documens qui nous sont restés de nombreuses et successives générations animales et végétales, dont la création et la destruction nous fussent également restées à jamais ignorées, si elles n'eussent été remises en lumière par les découvertes récentes de la Géologie.

CHAPITRE XIII.

La somme du bien-être s'est accrue pour les animaux, et en même temps celle des souffrances a diminué par la création des races carnivores.

Avant que nous procédions à l'étude des preuves d'une intelligence créatrice, tirées de la structure des races carnivores qui se sont éteintes après avoir habité notre globe aux temps reculés de son histoire, il est bon que nous examinions brièvement ce plan universel d'après lequel, à toutes les époques, un système de destruction générale, contrebalancé par un renouvellement continuel, a contribué à accroître pour les animaux la somme du bien-être sur la surface tout entière du globe.

Parmi les prévisions les plus importantes dont nous trouvons la preuve dans l'anatomie de ces animaux anciens, plusieurs sont propres aux organes qui leur ont été donnés pour saisir leur proie et la mettre à mort. Et comme des desseins dont la révélation nous est fournie par des instrumens évidemment façonnés dans un but de mort et de destruction, peuvent au premier abord sembler mal en harmonie avec le plan d'une création toute fondée sur la bienveillance, et tendant à produire la plus grande somme de bien-être pour le plus grand nombre d'individus, il est bon que nous disions quelques mots sur l'histoire de cette quantité énorme d'animaux du monde ancien qui ne furent créés que pour détruire.

La mort une fois établie par le créateur comme une irrévocable condition de la vie, il a dû entrer dans ses desseins de bienveillance de rendre aussi doux que possible pour chacune de ses créatures ce triste terme de toute existence. Or, la mort la plus douce, un proverbe le dit, est celle qu'on attend le moins; et, bien que pour des raisons morales et propres à notre espèce, nous demandions au ciel de détourner de nous cette fin subite, il n'en est pas moins vrai que pour les animaux c'est là ce qu'il y a de plus désirable. Les douleurs de la maladie, la décrépitude de la vieillesse, sont les précurseurs ordinaires de la mort, lorsqu'elle est amenée par un affaiblissement graduel. C'est dans l'espèce humaine seulement que tous ces maux sont susceptibles d'allégemens, car nous possédons en nous des sources nombreuses d'espérance et de consolation, et c'est au sein des douleurs que l'humanité trouve à développer les sentimens de charité les plus élevés et les sympathies les plus tendres. Mais rien de semblable à ces facultés n'existe dans les animaux inférieurs. Là, point de tendresse, point d'égards pour ceux qui sont faibles ou cassés par les années : aucun soin n'y vient alléger les douleurs de la maladie; et la vie, prolongée jusqu'aux époques reculées du déclin et de la vieillesse, ne serait pour chaque être qu'une série de longues misères. Avec un pareil système, la nature offrirait le spectacle quotidien d'une somme de souffrances énorme, si on venait à la comparer avec la somme de jouissances qui a été accordée aux animaux. Dans ce système, au contraire, où les êtres sont soudainement détruits et promptement remplacés, tout ce qui est faible ou cassé est bientôt délivré de ses maux, et le monde n'est habité que par des myriades d'êtres doués de toutes leurs facultés et jouissant de tous les bienfaits de l'existence ; et si, pour un grand nombre, la part de vie qui leur est accordée n'a que bien peu d'étendue, du moins peut-elle être considérée comme un bienfait non interrompu, et la douleur momentanée d'une mort soudaine et inattendue n'est plus qu'un mal bien léger, si on le compare aux jouissances dont elle vient arrêter le cours.

Ainsi donc, des deux grandes divisions dans lesquelles se sont toujours partagés les habitans du globe, herbivores et carnivores, ces derniers, dont l'existence semble au premier abord avoir pour but d'accroître la somme des maux pour tous les êtres animés qui les entourent, nous apparaissent sous un point de vue tout opposé, dès que nous venons à les considérer dans l'ensemble de leus rapports.

A tout homme qui dans l'économie de la nature ne s'arrête pas aux résultats généraux, le globe peut paraître le théâtre d'une guerre incessante et d'un carnage sans règle.

Mais toutes les fois qu'un esprit plus large étudie les individus dans leurs rapports avec le bien général de leur propre espèce, et aussi des autres espèces qui lui sont associées dans la grande famille de la nature, il ramène bientôt tous les cas isolés, où le mal paraît se montrer, à servir d'exemple qui prouve combien tout est subordonné à un système de bien-être universel.

Dans cette manière d'envisager les choses, non seulement la somme totale des jouissances auxquelles sont appelés les animaux s'est agrandie par la création des races carnivores, mais ces dernières sont une source de bienfaits même pour les races herbivores soumises à leur terrible domination.

Outre le bienfait si désirable d'une mort qui vient les saisir au moment où va commencer la maladie ou la caducité, il en est un autre encore dont sont redevables à l'existence des carnivores les espèces mêmes qui deviennent leur proie; c'est la sorte de contrôle que ces derniers exercent sur leur accroissement excessif, en détruisant un grand nombre d'individus pleins de jeunesse et de vigueur. Sans ce frein salutaire, chaque espèce s'accroîtrait à un tel point que, bientôt arrivée à une exubérance funeste, elle ne trouverait plus à se nourrir, et que le groupe tout entier des herbivores désolé par le fléau de la famine ne se composerait plus que d'êtres dont chaque jour des milliers seraient enlevés par la mort lente et cruelle de la faim. Tous ces maux ont été prévenus par l'établissement du pouvoir destructeur des carnivores. Leur action contient chaque espèce dans des limites convenables. Les malades, ceux qui sont estropiés, ou affaiblis par l'âge, ceux qui dépassent le nombre fixé dans les prévisions providentielles, sont immédiatement dévoués à la mort; et en même temps qu'ils sont ainsi délivrés des maux qui les affligeaient, leurs cadavres servent de pâture aux carnivores leurs bienfaiteurs, et la place qu'ils laissent accroît d'autant le bien-être des animaux de leur espèce qui leur survivent pleins de santé.

Cette même *police de la nature* qui est pour les animaux terrestres un bienfait si grand, s'étend de même sur les habitans des mers et n'est pas pour eux un moindre bienfait. Parmi ces derniers en effet, il y a, de même que parmi les premiers, toute une grande division qui ne se nourrit que de végétaux, et qui fournit la pâture à toute l'autre division, laquelle ne peut se nourrir que de chair. Or, ici comme dans le premier cas, il est facile de voir que, si l'on suppose l'absence des carnivores, les herbivores, dont rien ne limitera la multiplication, s'accroîtront indéfiniment, sans autre terme que celui que viendra leur imposer la famine, et que, par une inévitable conséquence, la mer ne sera plus peuplée que de créatures chétives traînant misérablement leur existence à travers toutes les horreurs de la faim à laquelle ils devront infailliblement succomber tôt ou tard.

La mort ainsi donnée par la dent des carnivores, si on la considère comme le terme ordinaire de la vie chez les animaux, nous apparaît sous le point de vue de ses résultats comme un bienfait. Elle sauve un grand nombre d'entre eux de toute cette somme de douleurs, compagne inséparable de la mort naturelle chez tous les êtres animés; elle abrège, elle supprime même pour tous les êtres créés inférieurs à l'homme les misères de la maladie, les accidens et les langueurs de la décrépitude; elle réprime si salutairement leur multiplication excessive que le nombre de ceux qui restent est exactement celui qui peut trouver à satisfaire tous ses besoins. Aussi la surface de la terre et les profondeurs des mers sont-elles habitées par des milliards de créatures animées dont le bien-être dure autant que la vie, et qui, pendant le petit nombre de jours qui leur sont accordés, s'acquittent avec joie des fonc-

tions pour lesquelles elles ont été faites. La vie, pour chacun
de ces êtres, n'est qu'un festin continuel au sein de l'abondance. Une mort prématurée vient-elle en arrêter le cours;
c'est un intérêt qu'il paie, intérêt bien faible pour la dette
qu'il a contractée envers le fonds commun destiné à l'alimentation de l'ensemble des animaux, et auquel il a puisé tous les
matériaux qui entrent dans la composition de son corps. C'est
par ce moyen que le grand drame de la vie universelle se continue sans relâche; et quoique les acteurs, si on les considère
comme individus, changent à chaque instant, chaque rôle n'en
demeure pas moins rempli sans interruption, les générations
succédant aux générations. Ainsi la face de la terre et le sein
des mers se renouvellent sans cesse, et la vie se transmet
avec le bien-être par un héritage qui ne s'épuise jamais.

CHAPITRE XIV.

*Preuves de l'existence d'un plan primitif, tirées de la structure
des animaux vertébrés fossiles.*

SECTION I.

MAMMIFÈRES FOSSILES — DINOTHÉRIUM.

Je crois en avoir dit assez dans les chapitres qui précèdent
pour que l'on comprenne combien il est important que l'étude
des restes organiques vienne éclairer cette branche de la

théologie physique dont nous nous occupons maintenant.

L'organisation du plus grand nombre des mammifères fossiles, même les plus anciens, diffère en si peu de points importans de celle de leurs représentans actuels dans les divers ordres que je me dispenserai d'entrer dans des détails d'où ressortiraient certainement des preuves d'une intelligence créatrice, mais des preuves dont il est bien peu qui ne ressortent également de l'anatomie des espèces vivantes.

Je bornerai donc mes observations à deux genres éteints, les plus remarquables peut-être des mammifères fossiles, soit pour leur taille, soit pour les particularités sans exemple de leur construction anatomique. Le premier est le dinothérium, le plus grand des mammifères terrestres qu'il y ait jamais eu ; le second, le mégathérium, celui qui s'écarte le plus des formes animales ordinaires, soit parmi les fossiles, soit parmi les espèces récentes.

Nous avons déjà dit, en parlant des mammifères de la période miocène de la série tertiaire, que les restes les plus abondans du dinothérium ont été rencontrés à Eppelsheim dans la province de Hesse-Darmstadt, et qu'on les trouve décrits dans un ouvrage du professeur Kaup qui se publie maintenant. Cuvier en cite aussi quelques exemples, comme ayant été rencontrés sur certains points de la France, de la Bavière ou de l'Autriche.

Les molaires du dinothérium * ressemblent assez à celles des tapirs pour que Cuvier ait cru primitivement devoir les rapporter à une espèce gigantesque de ce dernier genre. Depuis, le professeur Kaup a établi pour cet animal le genre dinothérium, intermédiaire entre les tapirs et les mastodontes, et qui remplit une lacune importante dans le grand ordre des pachydermes. La plus grande espèce, le dinothérium gigan-

* Pl. 2, C., fig. 5.

teum, a dû atteindre , d'après **M**. Cuvier et **M**. Kaup , la taille extraordinaire de dix-huit pieds en longueur. L'os le plus remarquable qu'on en ait encore trouvé est une omoplate qui par sa forme rappelle plus celle de la taupe que d'aucun autre animal, et semble indiquer ainsi une conformation particulière du membre antérieur destinée à creuser la terre , indication que vient confirmer la structure particulière de la mâchoire inférieure.

Ce dernier os offre, dans la disposition des défenses chez les deux espèces connues*, des particularités que l'on n'a encore rencontrées jusqu'ici dans aucune autre espèce vivante ou fossile.

Ainsi que nous l'avons déjà dit , le dinothérium **, par ses molaires, se rapproche des tapirs plus que d'aucun autre genre ; mais un caractère qui l'en éloigne, ainsi que de tout autre quadrupède connu, c'est l'existence de deux énormes défenses portées à l'extrémité antérieure du maxillaire inférieur, et recourbées en bas comme celles qui existent à la mâchoire supérieure du morse ***.

Bornons-nous, pour le moment, à citer cette particularité dans la position des défenses, et voyons ce que nous en pourrons conclure relativement aux habitudes des animaux auxquels elles appartiennent. D'abord les lois de la mécanique nous prouvent que des maxillaires longs de près de quatre pieds , et chargés à leur extrémité de défenses aussi lourdes, n'eussent été pour un quadrupède habitant la terre ferme qu'un incommode fardeau. Il n'en eût pas été de même d'un grand mammifère destiné à vivre dans les eaux ; et les habitudes

* Pl. 2, C. fig. 1, 2.
** Pl. 2, C. fig. 3.
*** Pl. 2, C. fig. 1, 2.

aquatiques de la famille des tapirs , si voisins du dinothérium , ajoutent un nouveau poids à l'opinion que ce dernier habitait, comme eux, l'eau des grands lacs et des rivières. Dans cette hypothèse , le poids de défenses semblables
étant soutenu par les eaux n'aurait eu rien de gênant pour
l'animal qui les portait , et si nous les supposons employées
à fouiller et à déraciner les végétaux du fond de ces amas
d'eau , c'eussent été des instrumens réunissant à la fois le
pouvoir mécanique de la pioche à celui de la herse à cheval
dont se sert l'agriculture moderne. L'énorme tête qui les
surmontait, en pesant de tout son poids sur les défenses , eût
encore ajouté à leur action dans cette hypothèse, de la même
manière que l'action de la herse s'accroît par les poids dont on
la charge.

Les défenses du dinothérium ont encore pu lui être d'un
grand avantage pour fixer sa tête au rivage en tenant ses narines hors de l'eau, de façon à pouvoir respirer en sûreté pendant le sommeil, en même temps que le corps flottait avec
aisance au dessous de la surface liquide. L'animal pouvait
reposer ainsi amarré au rivage du lac ou de la rivière qu'il
avait pour habitation sans le moindre déploiement de force
musculaire , le poids de la tête et du corps tendant à fixer et à
enfoncer les défenses de la même manière que le poids du
corps d'un oiseau endormi a pour action d'étreindre davantage
les serres autour de la branche sur laquelle il est perché ; peut-
être aussi les employait-il à se traîner hors des eaux, comme
le morse en a l'habitude ; enfin ce devaient être de formidables instrumens de défense.

La structure de l'omoplate, dont il a déjà été question, semble
prouver que les pieds antérieurs étaient organisés de façon à
concourir avec les défenses et les dents pour arracher les grands
végétaux du fond des eaux. La longueur énorme que l'on

assigne au corps eût été sans inconvénient pour un animal vivant dans l'eau , elle eût au contraire grandement embarrassé un quadrupède habitant la terre ferme.

Ainsi tous ces caractères d'un quadrupède gigantesque herbivore et habitant des eaux constituent un ensemble de dispositions en harmonie avec l'état du globe couvert de lacs, durant cette portion de la période tertiaire à laquelle paraît avoir été limitée l'existence de ces créatures en apparence si anormales.

SECTION II.

MÉGATHÉRIUM.

Comme il nous serait tout à fait impossible, dans un traité de la nature de celui-ci, de décrire d'une manière détaillée la structure ne fût-ce que d'un petit nombre des mammifères fossiles que le génie de Cuvier a pour ainsi dire restitués à la vie, nous allons essayer de rendre sensible, en prenant pour exemple une seule espèce, la méthode d'investigation analytique qui a guidé ce grand philosophe dans l'anatomie des animaux récens ou perdus.

Le résultat de ses recherches , ainsi qu'il l'expose dans son ouvrage sur les ossemens fossiles , a été de démontrer que tous les quadrupèdes fossiles, quelles que soient leurs différences génériques ou spécifiques, ont été créés d'après le même plan général et la même base systématique d'organisation que les espèces maintenant vivantes ; et dans les applications différentes d'un type commun à des fonctions diverses subordonnées aux diverses conditions du globe, il fait voir une conformité de desseins si universelle, que nous ne pouvons achever la lecture de ces volumes admirables sans en emporter la conviction profonde qu'une vaste et puissante intelligence a présidé à tous les systèmes de création passés et présens.

Rien ne peut surpasser en exactitude et en logique sévère les raisonnemens à l'aide desquels, dans tout le cours de son ouvrage, l'illustre auteur nous démontre l'action d'une sagesse providentielle, soit dans les rapports constans qui unissent les diverses parties des animaux les unes aux autres, soit dans les fonctions générales de l'ensemble de l'organisation. Rien de plus parfait que ses déductions, quand il passe en revue l'art admirable qui se déploie sous des formes variées presque à l'infini pour mettre chaque créature vivante en rapport avec ses diverses conditions d'existence. Ce qu'il dit de ces conditions d'existence si pleines d'intérêt et des combinaisons organiques qui y correspondent dans les éléphans vivans peut s'appliquer également bien aux espèces fossiles du même genre; et l'on peut, à l'aide d'inductions semblables, passer des espèces vivantes aux espèces fossiles pour les divers genres qui, comme les rhinocéros, les hippopotames, les chevaux, les bœufs, les cerfs, les tigres, les hyènes et les loups, se rencontrent habituellement associés à l'éléphant fossile.

Pour atteindre le but que je me suis proposé, je prendrai comme exemple le mégathérium *, fossile des plus extraordinaires. Sur plusieurs points de son organisation il se rapproche du paresseux. Comme lui il offre certaines monstruosités apparentes de formes extérieures, en même temps que certaines particularités étranges de structure interne que jusqu'ici l'on n'a pas encore bien comprises.

Les paresseux fournissent une exception remarquable aux conséquences que les naturalistes ont ordinairement tirées de l'é-

* Pl. 5.

tude de la structure et du mécanisme des organes chez les autres animaux. Que chaque partie du corps de l'éléphant ait été
créée pour produire une force extraordinaire, de même que
chacun des membres du cerf ou de l'antilope pour la vitesse et
la légèreté; c'est ce qui a frappé les yeux de tout observateur
scientifique. Mais ç'a été un usage commun à tous les naturalistes, que d'imiter Buffon dans la description qu'il a donnée des
paresseux, et de les représenter comme étant, de tous les animaux, ceux qui ont reçu l'organisation la plus imparfaite,
comme des êtres pour lesquels aucune jouissance n'a été faite
et qui n'ont été créés que pour la misère.

Ce qui est vrai, c'est que les paresseux sont, de tous les
quadrupèdes vivans, ceux qui s'éloignent le plus de la structure ordinaire; mais c'est une erreur que d'avoir regardé ces
déviations comme des imperfections que ne contrebalance aucun
avantage. Je me suis efforcé de montrer déjà, dans une autre circonstance *, que toutes ces diverses conditions anormales, loin
d'être des défauts ou des sources d'inconvéniens pour les paresseux, sont au contraire des exemples frappans des prévisions variées à l'aide desquelles chaque créature a été organisée pour les conditions diverses dans lesquelles elle était appelée à vivre. Les mêmes particularités, qui rendent les mouvemens du paresseux si lourds, si pénibles à la surface du
sol, conviennent au contraire merveilleusement à la vie pour
laquelle il a été créé et qui doit se passer entièrement sur
les arbres dont les feuilles forment sa nourriture. De même
encore si nous considérons le mégathérium comme un animal
créé pour creuser la terre et s'y nourrir de racines, nous verrons s'expliquer sa structure insolite et ses proportions en apparence anormales; nous trouverons pour chaque organe des

* *Transactions linnéennes*, t. XVII, première partie.

convenances relatives et des rapports étroits avec le but que cet organe devait remplir *.

Je me propose maintenant d'entrer dans des détails minutieux sur quelques unes des parties les plus remarquables de cet animal, en l'étudiant dans ses rapports constans avec son mode particulier d'existence, et en me proposant pour but d'arriver à reconnaître tout un système de combinaisons admirablement coordonnées dans le mécanisme de cette créature en apparence la plus monstrueuse de toute la série animale, et la plus dépourvue de toute harmonie des proportions.

Ainsi donc nous avons devant nous un quadrupède gigantesque qui, au premier abord, ne paraît pas seulement disproportionné dans son ensemble, mais dont chacun des membres en particulier semble disposé d'une façon grossière et gauche, si nous les supposons placés dans les conditions des mêmes organes chez les mammifères ordinaires. Emparons-nous de ce fil qui

---

* Les restes du mégathérium se trouvent surtout dans les régions méridionales de l'Amérique du sud, et plus abondamment au Paraguay que partout ailleurs. Cet animal paraît aussi s'être éloigné de l'équateur vers le nord, à peu près jusqu'aux États-Unis. Nous le connaissons depuis quelque temps par les descriptions détaillées qu'en a données Cuvier, tome 5, de ses *Ossemens fossiles*, et par une série de grandes gravures qu'ont publiées Pander et Dalton, d'après un squelette à peu près complet, envoyé en 1789, de Buenos-Ayres à Madrid. Le docteur Mitchel et M. Cowper ont décrit dans les annales du Lycée d'histoire naturelle de New-Yorck, mai 1824, quelques dents et quelques os trouvés dans les marais de l'île de Skiddaway, sur la côte de la Géorgie, et qui ressemblent à ceux du squelette de Madrid. (Cuvier, *Ossem. foss.*, t. v, deuxième partie, p. 519.) — En 1832, plusieurs parties d'un autre squelette furent apportées en Angleterre par M. Woodbine-Parish. Ils avaient été extraits du lit de la rivière Salado, près de Buenos-Ayres, et on les voit dans le Muséum du collège royal des chirurgiens de Londres. Ils ont été décrits dans les Transactions de la Société géologique de Londres, tome III, N. S., troisième partie, par mon ami M. Clift, dont les connaissances étendues en anatomie m'ont été du plus grand secours dans l'étude que j'ai faite de cet animal.

est notre meilleur guide, notre guide essentiel toutes les fois que
nous avons à étudier le mécanisme de l'organisation animale.
Essayons-nous d'abord à conclure de l'ensemble et des propriétés de la machine la nature générale du travail auquel elle
est destinée; et, à l'aide des caractères tirés des parties les
plus importantes, nous voulons dire des pieds et des dents,
nous nous enquerrons du genre de nourriture que ces organes étaient destinés à saisir et à broyer. Ensuite nous verrons que chacun des autres organes s'acquitte de toutes ses
fonctions dans une subordination harmonieuse envers ce but
principal de toute économie animale.

Toutes les fois qu'il s'agit d'animaux ordinaires, le passage
des diverses formes d'organisation les unes dans les autres se
fait par des degrés si insensibles, et les diverses fonctions dans
chaque espèce sont expliquées d'une manière si complète et si
immédiate par les mêmes fonctions dans les espèces circonvoisines, que nous éprouvons rarement quelque difficulté à saisir la cause finale d'un arrangement quelconque à mesure qu'il
s'offre à nos investigations anatomiques. Ceci est vrai surtout
du squelette, lequel est la charpente de tous les autres mécanismes de l'organisation; et cette partie est de la plus haute
importance pour l'histoire des animaux fossiles dont il nous
reste rarement autre chose que des os, des dents et des tégumens écailleux ou osseux. Mais je choisis de préférence le mégathérium, parce que ce sera pour nous un exemple des écarts
les plus extraordinaires, et d'une apparence monstrueuse
des plus tranchées, que cet animal gigantesque qui surpasse
en volume les plus grands rhinocéros, et qui n'a pas, dans toute
la nature vivante, de plus proches voisins en organisation que
les genres non moins anormaux des paresseux, des tatous
et des chlamiphores, dont le premier est organisé pour le but
spécial de vivre sur les arbres, et les deux derniers pour s'en-

terrer dans le sable où ils cherchent tout à la fois la nourriture et l'abri, et qui tous trois, quant à leur distribution géographique, sont resserrés à peu près dans les mêmes contrées américaines où vécut jadis le mégathérium.

Je n'aborderai pas ici les questions encore douteuses de l'âge précis des dépôts où se trouve le mégathérium et des causes qui l'ont fait disparaître; mon but est de faire voir que les anomalies apparentes de ses diverses parties tiennent en réalité à un système d'arrangemens sages et parfaitement coordonnés pour le mode de vie spécial auquel il avait été destiné. Nous allons donc étudier, en nous conformant à l'ordre suivant lequel ils ont été décrits par Cuvier, ses organes les plus importans, en commençant par la tête, pour arriver ensuite au tronc et aux extrémités.

Tête.

La tête osseuse * ressemble beaucoup à celle du paresseux; l'os long et large (*b*) qui descend de l'arcade zygomatique le long de la joue le rapproche beaucoup plus de l'aï que de tout autre mammifère; cette pièce remarquable dut être un auxiliaire important pour les muscles moteurs de la mâchoire, dont la puissance excédait les limites ordinaires.

La partie antérieure du museau est tellement développée et massive, et en même temps tellement criblée de trous pour le passage de nerfs et de vaisseaux, que nous sommes autorisés à affirmer que là devait exister un organe d'un volume considérable. Une trompe alongée eût été complètement inutile à un animal dont le cou était aussi long; ce devait être un nez analogue à celui du tapir, et assez alongé pour saisir

* Pl. 5, fig. 1, A.

des racines à la surface du sol. La cloison des narines, également solide et osseuse, est une nouvelle preuve de la présence en ce point d'un organe puissant, d'un appareil destiné peut-être à compenser l'absence des dents incisives et des défenses.

Dépourvu d'incisives, le mégathérium n'a pu se nourrir d'herbes; et la structure des molaires * prouve que ce n'était pas davantage un animal carnivore. Chacune, en effet, par sa composition, ressemble à l'une des nombreuses *denticules* que l'on voit réunies en une seule molaire composée chez l'éléphant; et nous y trouvons un admirable exemple de la manière dont la nature a uni, pour former les dents des animaux graminivores, trois substances d'inégale densité, l'*ivoire*, l'*émail* et la *matière corticale* **. Les dents ont environ sept pouces de long *** : toutes sont de forme à peu près prismatique ****, et ont leurs surfaces triturantes disposées d'une façon remarquable dans le but de maintenir les deux bords tranchans cunéiformes en état de remplir leurs fonctions jusqu'à ce que la dent toute entière soit usée. Cet arrangement, comme je l'ai déjà dit, n'est qu'une modification de celui qu'on observe dans les molaires de l'éléphant et des autres herbivores : et le même principe a été mis en œuvre par les fabricans d'outils, pour que les haches, les faux, et autres instrumens, conservent toujours leur tranchant aigu. Une hache n'est pas uniquement faite d'acier, mais bien d'une lame mince d'acier saisie entre deux lames de fer plus doux, de manière que la première dépasse les deux autres précisément là où doit saillir l'arête tranchante. Il résulte de cet arrangement un double avantage : en premier lieu, l'outil est moins facile à briser que

* Pl. 5, fig. 6-11, et pl. 6 n° 1.
** *Crusta petrosa*, *cœmentum*.
*** Mesure anglaise.
**** Pl. 5, fig. 7, 8.

s'il était entièrement fabriqué avec la matière la plus fragile , celle de l'acier ; en second lieu, on éprouve beaucoup moins de peine à user sur la meule les lames extérieures de fer doux pour rendre au tranchant toute sa finesse que si la masse tout entière était d'un acier fortement trempé. C'est à l'aide d'une disposition pareille qu'il se produit constamment deux bords tranchans sur la couronne des molaires du mégathérium*. (Pl. 6 , w, x, y, z ; et pl. 5 , fig. 6–10.)

On voit , pl. 6 , w , x , comment chacune des dents inférieures s'oppose à la dent supérieure qui lui correspond , de manière à ce que l'émail le plus dur de l'une soit en rapport

---

* Pl. 5, fig. 9, a, b, c, et pl. 6, Z, a, b, c.

L'extérieur de la dent est formé , comme celui d'une hache, par une couche de la substance comparativement la plus tendre, la matière corticale (a, a). Elle enveloppe une lame mince d'émail (b, b), qui est la partie la plus dure , l'acier de la dent; cet émail passe deux fois à travers la surface triturante (z) et forme les bords tranchans de deux coins parallèles (v, b, b), dont on voit une section longitudinale, pl. 6, v, w, x, y. Au dedans de l'émail est une masse centrale d'ivoire (c) qui, de même que la croûte externe (a), est plus tendre que l'émail. Une dent construite ainsi avec des matériaux d'une inégale densité aurait ses parties les moins résistantes (a , c) beaucoup plus facilement usées que les lames plus dures de l'émail.

Une autre disposition mécanique d'une remarquable délicatesse est celle qui produit et maintient deux coins transversaux sur la surface de chaque dent, et qui résulte de l'arrangement et de l'épaisseur relative des portions latérales et transverses de la lame d'émail interposée entre la croûte corticale externe (a) et la masse centrale d'ivoire (c). Si l'émail eût été d'une épaisseur uniforme tout autour de cette masse centrale, la dent se serait usée également sur tous les points, de façon à acquérir une surface plate. On voit au contraire dans la couronne dentaire figurée pl. 6 Z que l'émail est mince sur les bords latéraux, tandis que les portions transversales de cette même lame (b, b) sont comparativement épaisses et solides. Il résulte de là que les lames latérales plus faibles et plus minces s'usent plus rapidement que les lames transverses (b, b) et par suite ne peuvent s'opposer à ce que la surface de l'ivoire (c) se creuse d'une sorte de rigole.

avec les parties les moins dures de l'autre ; les tranchans d'émail (*b*) agissant par frottement contre l'ivoire (*c*), et l'émail (*b'*) contre la croûte corticale (*a*) dans les dents réciproquement opposées. Ainsi l'acte de la mastication lui-même crée et maintient cette série de coins qui s'engrènent les uns dans les autres, de la même manière que les crêtes saillantes des cylindres opposés dans les moulins à écraser.

C'était donc, comme on le voit, une machine d'une prodigieuse puissance que cette bouche du mégathérium, où seize dents offraient une surface triturante garnie de trente-deux coins semblables , chacune de ces dents elles-mêmes ayant de sept à neuf pouces de long, et s'enchâssant solidement dans une alvéole profonde par la plus grande partie de sa longueur.

Cependant ces dents se seraient promptement usées ; mais une disposition qui n'est pas ordinaire aux dents molaires, et que l'on observe encore parmi les animaux de l'époque actuelle, dans les incisives du castor et des autres rongeurs *, suppléait à la destruction incessante qu'éprouvait la couronne par l'addition continue de matériaux nouveaux à la racine qui, dans ce but, demeurait creuse et rem-

---

* Les incisives du castor et autres rongeurs, ainsi que les défenses du sanglier et de l'hippopotame, qui n'exigent qu'un bord externe tranchant et nullement une surface destinée à broyer , sont construites d'après le même principe que le bord tranchant d'un ciseau ou d'une doloire : dans ce cas il n'existe de lame d'émail très dure qu'à la face antérieure de l'ivoire dont se composent ces dents, de la même manière que dans les instrumens ci-dessus la face seule qui supporte l'arête tranchante est formée par une lame d'acier unie intimement à une lame de fer doux. Une dent ainsi construite conserve son bord d'émail toujours tranchant, par le frottement même qu'elle exerce contre la dent qui lui correspond et qui est constituée d'après le même principe.

plie par une pulpe molle pendant toute la durée de la vie de l'animal *.

Ainsi d'une part il n'est guère possible d'imaginer une combinaison d'appareils dentaires d'où résulte une machine d'un effet plus puissant pour le broiement des racines ; et, en outre, ce mécanisme déjà si admirable a encore la faculté qui met le comble à la perfection de tout mécanisme, celle de trouver en lui-même et dans l'exercice même de la fonction pour laquelle il a été créé le principe de son entretien et de sa parfaite conservation.

Mâchoire inférieure.

La mâchoire inférieure ** est très grande et très lourde par rapport au reste de la tête : la raison de ces proportions si vastes se trouve dans la nécessité d'alvéoles profondes pour supporter les puissantes molaires dont il a déjà été question, et contenir les organes qui contribuent à leur accroissement non interrompu. C'est sans doute pour aider à supporter ce fardeau insolite de la mâchoire inférieure, conséquence de la forme des molaires, qu'a été faite cette apophyse extraordinaire et puissante qui, dans le mégathérium comme dans les paresseux, descend de l'arcade zygomatique.

Os du tronc.

Les vertèbres du cou, bien que puissantes, ont cependant peu de volume en comparaison de celles de l'extrémité opposée du corps ; mais elles sont dans un rapport exact avec le volume de

---

* La pl. 5, fig. 11, représente une section de la cavité où cette pulpe se trouve renfermée.
** Pl. 5, 1, d.

la tête, comparativement légère, et dépourvue de défenses. La région dorsale de la colonne n'offre rien que d'ordinaire dans son volume ; mais les vertèbres lombaires se font remarquer par un accroissement qui correspond à l'agrandissement énorme du bassin et des membres inférieurs (e) ; et l'extrémité des apophyses épineuses est aplatie comme si, de même que chez les tatous, elle avait été soumise à la pression d'une cuirasse.

Le sacrum (pl. 5, fig. 2, a) est uni au bassin d'une façon particulière à cet animal, et calculée dans le but de lui donner une force extraordinaire : ses apophyses indiquent la présence de muscles très puissans pour les mouvemens de la queue. Celle-ci est formée de vertèbres énormes *, dont les plus grandes ont un corps de sept pouces en diamètre, et vingt pouces d'une extrémité à l'autre de leurs apophyses transverses. Qu'on ajoute à cela l'épaisseur des muscles et des tendons, en même temps que des tégumens écailleux qui les recouvraient, et on n'hésitera pas à prononcer que la queue, en ce point où son volume était le plus considérable, n'avait pas moins de deux pieds en diamètre et de six en circonférence, pourvu qu'on la suppose à peu près cylindrique, ainsi que cela s'observe chez le tatou. Au reste, des dimensions aussi vastes ne sont pas plus hors de proportion avec les parties voisines du corps que ne sont celles du même organe chez les tatous ; et il est probable aussi que, comme ces derniers animaux, le mégathérium se servait de sa queue pour supporter le poids énorme de son corps et de l'armure dont il était recouvert **.

* Pl. 6, fig. 2.

** La queue de l'éléphant est remarquablement faible et grêle, et porte à son extrémité une touffe de poils destinée à servir de chasse-mouches.

Celle de l'hippopotame n'a que quelques pouces de long, et elle est aplatie dans le sens vertical, comme pour remplir dans l'acte de la natation les fonctions d'un petit gouvernail.

Au dessous de ces mêmes vertèbres caudales étaient fixées aussi de fortes épines, ou os supplémentaires en chevron, qui durent ajouter beaucoup à la solidité de la queue, et la rendre d'autant plus propre à remplir cet office. Il est probable aussi qu'elle jouait un rôle formidable comme instrument de défense, ainsi que cela a lieu chez les pangolins et les crocodiles. En 1822, Sellow vit des portions d'une armure écailleuse qui avaient été trouvées près de Monte-Video, appartenant à cette partie du corps.

Les côtes sont plus compactes, plus épaisses et plus courtes que celles de l'éléphant ou du rhinocéros, et la surface supérieure convexe de quelques unes est rugueuse et aplatie là où devait surtout porter immédiatement le poids de la cuirasse osseuse.

Extrémités antérieures.

L'omoplate * offre une disposition que l'on ne rencontre que dans la seule famille des tardigrades; et l'acromion présente également, dans son articulation avec la clavicule (*h*), des conditions de force qui ne s'observent chez aucun autre animal. On y trouve en outre des arrangemens insolites destinés à donner attache à des muscles des plus puissans qui avaient pour fonctions de mouvoir le bras.

La clavicule (*h*) est forte, et courbée à peu près comme dans un squelette humain; et la présence de cet organe dans le mégathérium, alors qu'elle manque dans l'éléphant, dans le rhinocéros et dans tous les grands ruminans, indique déjà que le membre antérieur remplissait quelque autre fonction que la locomotion. Cet os offre un support fixe et solide à la cavité glénoïde de l'épaule; et il permet en outre aux membres an—

* Pl. 5, fig. 1, f.

térieurs un mouvement de rotation analogue à celui des bras dans l'espèce humaine.

Il y a dans les diverses circonstances qui précèdent trois faits remarquablement en harmonie avec la forme et les habitudes du mégathérium : d'abord le mouvement rotatoire du bras, qui favorisait son emploi comme instrument constamment employé à fouiller le sol pour en arracher la nourriture ; en second lieu, le peu de facultés de locomotion que possédait l'animal, ce qui s'explique par le peu de déplacement qu'exige la recherche d'alimens aussi inertes que le sont des racines ; enfin la compensation de cette faiblesse comparative des supports antérieurs du corps par la grandeur colossale et disproportionnée des hanches et des extrémités postérieures. Dans l'éléphant, le poids énorme de la tête et des défenses exige que le cou soit court, et les membres antérieurs développés outre mesure en volume et en force ; aussi dans cet animal est-ce l'avant du corps qui prédomine pour la masse et pour la puissance ; dans le mégathérium au contraire toutes les proportions son inverses ; la tête est proportionnellement petite, le cou long, et la partie antérieure du corps peu chargée en comparaison des régions postérieures. Les os de l'épaule sont disposés pour donner de la force et de la mobilité aux membres antérieurs ; mais cette mobilité n'a aucun rapport avec la progression de l'animal, et cette force n'a pas exclusivement pour but de supporter le poids du corps. L'humérus (k) s'articule avec l'épaule par une tête arrondie qui lui permet de se mouvoir librement dans des sens divers. Ses parties supérieures et moyennes sont faibles ; mais sa partie inférieure acquiert une largeur extraordinaire par la saillie énorme des crêtes qui naissent des condyles pour l'insertion des muscles moteurs des pieds et des doigts antérieurs *.

* On trouve des saillies pareilles à la partie inférieure de l'humérus

Le cubitus est très large et très solide à son extrémité supérieure, où se trouve un espace étendu pour l'insertion de muscles qui déterminent certains mouvemens des pieds. Le radius (*m*) tourne librement autour du cubitus, de même que dans les paresseux et les fourmiliers, lesquels font également, bien que d'une manière différente, un grand usage de leurs extrémités antérieures. Cet os offre à sa partie supérieure une cavité qui tourne autour d'une éminence arrondie de l'humérus, et une apophyse étendue (*n*) qui part de sa crête longitudinale et indique combien étaient développés les muscles producteurs du mouvement rotatoire.

Les pattes antérieures doivent avoir eu environ trois pieds de long sur plus de douze pouces de large, et elles formaient un instrument d'une action puissante pour fouiller la terre jusqu'à la profondeur où les racines succulentes sont d'ordinaire le plus abondantes. Les pieds antérieurs posaient sur le sol dans toute leur étendue, et cette extrême longueur n'offrait que des désavantages pour les mouvemens de progression; mais elle permettait que l'un des membres antérieurs agît simultanément avec les deux postérieurs et la queue pour supporter tout le poids du corps, tandis que l'autre, devenu libre, s'employait exclusivement à creuser la terre pour en retirer les alimens [*].

chez le fourmilier qui se sert de ses pieds antérieurs pour ravager les habitations solidement construites des termites ou fourmis blanches.

[*] La figure 1 de la planche 5 représente le pied antérieur d'un tatou (Dasypus peba) et celui du chlamyphore qui, comme chez le mégathérium, constituent des instrumens spécialement organisés pour fouiller la terre, et dans lesquels les phalanges extrêmes des doigts sont agrandies et alongées d'une façon insolite, dans le but de supporter des ongles longs et massifs. Les figures 18 et 19 de la même planche représentent la région antérieure de ces mêmes animaux, et l'on y voit combien ces ongles sont grands comparativement aux autres parties du corps.

Les doigts des pieds antérieurs se terminent par des ongles gros et puissans et d'une grande longueur. Les os qui les supportent offrent deux parties distinctes : un axe ou noyau conique (o) qui remplit la cavité interne de l'enveloppe cornée, et un repli osseux constituant une sorte d'étui solide destiné à recevoir et à soutenir sa base. Ces ongles prennent d'ailleurs une position oblique par rapport au sol, de la même manière que les ongles fouisseurs de la taupe ; et ce dernier arrangement ajoute encore à leur puissance comme instrumens destinés à creuser la terre.

Extrémités postérieures.

Le bassin du mégathérium * est d'une solidité et d'une étendue énormes. Ses immenses os iliaques sont presque à angle droit avec la colonne vertébrale, et leurs bords externes sont éloignés l'un de l'autre de plus de cinq pieds, ce qui excède de beaucoup le diamètre des hanches dans les plus grands éléphans. En outre, la crête de chacun de ces os est aplatie comme si elle eût été comprimée par le poids d'une armure. Ce volume énorme du bassin, qui, dans un animal d'une stature ordinaire et remplissant des fonctions ordinaires, n'eût été qu'un manque de proportion, et n'eût eu que des inconvéniens, s'harmonisait probablement de la manière la plus complète avec l'habitude où était le mégathérium de se tenir sur trois de ses pieds, tandis qu'avec le quatrième il fouillait la terre.

Ce bassin si extraordinaire par son poids et son étendue présente encore une autre déviation du type commun dans la position et la direction de la cavité cotyloïde du fémur (u). Cette cavité se dirige d'ordinaire plus ou moins obliquement en

* Pl. 5, fig. 2.

dehors, et cette obliquité ajoute à la facilité de mouvement des membres postérieurs. Dans le mégathérium au contraire, elle repose sur la tête du fémur dans une direction verticale, et elle est plus rapprochée de la colonne vertébrale que dans aucun autre animal. De cette particularité de position résulte une grande force pour supporter la pression verticale du corps; mais elle entraîne une diminution correspondante dans la rapidité des mouvemens [*].

Cette largeur démesurée du bassin nous conduit encore à cette autre conséquence que la cavité abdominale était extrêmement vaste et contenait des viscères volumineux tels qu'il convient pour un régime végétal.

La forme et les proportions du fémur (v) ne sont pas moins extraordinaires que celles du bassin. Cet os est au moins trois fois plus épais que dans les éléphans les plus grands, et il égale presque en largeur la moitié de sa longueur totale. Sa tête est unie au corps de l'os par un col court et très robuste, de vingt-deux pouces de tour; il est long de deux pieds quatre pouces; sa circonférence, là où il est le moins épais, est de deux pieds deux pouces, et de trois pieds deux pouces dans la portion qui l'est le plus; son corps est aplati, et, par suite même

[*] On trouve une autre disposition destinée à accroître la puissance de sustentation de ces diverses parties dans la manière dont l'échancrure ischiatique, pl. 3, fig. 2, c, qui chez la plupart des autres animaux offre un espace vide, est ici presque complètement fermée par une cloison osseuse solide résultant de l'union des apophyses de chacun des ischions avec les apophyses transverses des vertèbres sacrées (a).
Une dernière preuve du volume énorme et de la puissance musculaire de la cuisse et des membres postérieurs se trouve dans les dimensions du canal du sacrum (pl. 3, d) destiné au passage de la moelle épinière. Ce canal n'a pas moins de quatre pouces de diamètre; et le cordon médullaire a dû avoir sur ce point un pied de circonférence. Le volume extraordinaire des nerfs qui en naissaient, pour aller se ramifier dans les extrémités postérieures, est encore attesté par le diamètre remarquable des trous sacrés.

de cet aplatissement, élargi à un point dont on ne trouve pas dans la nature un second exemple. Ces diverses particularités que présente le fémur paraissent avoir eu un double but. Le premier, d'obtenir une solidité extrême à l'aide de proportions courtes et massives; et en second lieu de compenser, au moyen de l'aplatissement dans le sens transversal, le désavantage qui résultait de la position trop interne qu'occupe la cavité (*t*) par laquelle le fémur (*u*) s'articule au bassin.

Les deux os de la jambe sont aussi extrêmement courts ; et dans un rapport exact d'épaisseur et de solidité avec le fémur qu'ils supportent. Leur puissance s'accroît encore par cette circonstance qu'ils se soudent entre eux par leurs extrémités, soudure que, suivant Cuvier, l'on ne rencontre dans aucun autre animal, à l'exception des tatous et des chlamyphores, qui tous les deux passent leur vie à fouiller la terre pour y chercher leur nourriture.

L'articulation de la jambe postérieure avec le pied est admirablement prévue pour soutenir la masse énorme qui pèse dessus dans le sens vertical. L'astragale, ou grand os du tarse, long de neuf pouces, et haut de la même quantité, est dans un rapport exact avec l'extrémité du tibia où il s'articule, et il est supporté par un calcanéum de la longueur extraordinaire de dix-sept pouces, et ayant vingt-huit pouces de circonférence. Cet os énorme appuyé sur le sol fournissait une base solide, un point d'appui inébranlable à ces masses accumulées du bassin, de la cuisse et de la jambe, dont nous venons de décrire l'enchaînement et les relations. On voit en effet que le calcanéum occupe près de la moitié de la longueur tout entière du pied postérieur ; que les os des doigts sont tous fort courts, à l'exception de la phalange terminale du pouce qui est convertie en une énorme griffe osseuse, plus grande qu'aucune de celles des pieds antérieurs, puisqu'elle a treize pouces de circonférence ; et que le noyau qui doit se revêtir d'une enveloppe cornée n'a pas moins de dix pouces de longueur. L'usage principal de cet ongle puissant était probablement de fixer le pied solidement sur le sol *.

Des extrémités construites dans des proportions aussi massives ne durent être que des instrumens inertes pour une locomotion rapide ; et elles nous paraîtraient bien imparfaites, si, voulant les juger, nous prenions pour termes d'appréciation les fonctions que remplissent d'ordinaire les membres chez les quadrupèdes. Mais si nous y voyons les supports d'une créature presque sédentaire, et d'un poids extraordinaire, elles exciteront notre admiration comme le font toutes les pièces des mécanismes animaux lorsque nous en comprenons le but et les usages. La perfection d'un instrument ne peut s'estimer qu'en étudiant le travail qu'il doit accomplir. Le marteau et l'enclume d'un fabricant d'ancres, tout massifs qu'ils sont, n'ont pourtant rien de grossier ni d'imparfait. Ils offrent, par rapport aux travaux qu'ils doivent exécuter, des proportions tout aussi parfaites que les outils légers et délicats de l'horloger par rapport aux rouages déliés de ses chronomètres.

Armure osseuse.

Un autre caractère remarquable qui place le mégathérium à côté des tatous et des chlamyphores, c'est l'espèce de cuirasse osseuse qui suivant toute probabilité recouvrait sa peau, et qui

---

* Il est probable que l'ongle grand et épais qui est figuré dans la planche 5, fig. 5, terminait le second doigt du pied postérieur ; il égale à peu près par son volume l'ongle du premier doigt du même pied, et tous les deux diffèrent essentiellement pour la forme et les proportions des trois phalanges onguéales plus longues et plus aplaties qui terminent les doigts antérieurs, et dont la disposition oblique avait pour but spéciale de fouiller la terre.

a dû varier en épaisseur depuis trois quarts de pouce à un pouce et demi , semblable à la cuirasse qui recouvre encore maintenant les édentés que nous venons de citer , habitans des mêmes contrées chaudes et sablonneuses de l'Amérique du sud où se rencontrent les restes du mégathérium. On voit des fragmens de cette armure représentés planche 5 , figures 12 et 13 *.

Une enveloppe d'un poids aussi énorme n'était pas hors de proportion avec la structure générale du mégathérium. Ses membres postérieurs , véritables piliers , et sa queue colossale avaient été calculés pour lui fournir des supports proportionnés à sa masse ; ses lombes et ses côtes, qui surpassent en dimensions celles de l'éléphant , ne paraissent avoir été créées si puissantes que pour supporter une lourde cuirasse comme celle dont nous supposons que son corps était revêtu **.

* La ressemblance qui existe entre quelques parties de cette armure fossile et celle du Cachicame (Dasypus peba) s'étend jusqu'aux détails de formes des divers compartimens tuberculeux dans lesquels ces parties sont divisées. (Pl. 5, fig. 12, 14.)
Dans l'un comme dans l'autre cas, l'accroissement en étendue de cette enveloppe solide a été préparé à l'avance par une disposition simple qui consiste en ce que le point central de chacune des plaques osseuses constitue un centre d'accroissement, à partir duquel les bords ne cessent de s'élargir à mesure que l'accroissement du corps nécessite celui de l'enve‐loppe osseuse dans laquelle il est enfermé. Les figures 15, 16 et 17 représentent des portions de l'armure de la tête, du corps et de la queue du chlamyphore, et l'on voit dans les figures 18 et 19 de quelle façon cette armure est disposée sur la tête et la partie antérieure du corps dans cet animal et dans le cachicame. Le corps du mégathérium , ainsi enveloppé dans une cuirasse, ne devait pas mal ressembler à certains chariots couverts.
** Dans les Transactions de l'académie de Berlin, année 1830 , le professeur Weis a publié la description de quelques os de mégathérium trouvés près de Monte-Video avec plusieurs fragmens d'armure osseuse, dont il rapporte sans hésitation la plus grande partie au mégathérium. Il y en a d'autres portions qu'il rapporte, ainsi que plusieurs ossemens du même district , à des espèces différentes. On voit un pareil mélange d'ossemens et de débris d'armure appartenant à des espèces

Il nous reste à examiner maintenant de quelle utilité pouvait être une pareille enveloppe pour l'animal gigantesque qui, ainsi que nous venons de le voir, en était probablement revêtu. On peut observer d'abord que, les organes de locomotion du mégathérium ne pouvant se prêter qu'à une progression des plus lentes, le poids de la cuirasse elle-même n'a dû apporter que peu d'obstacle à des mouvemens déjà si lourds, et elle dut être une arme défensive non seulement contre les dents et les ongles des animaux de proie, mais aussi contre ces myriades d'insectes qui fourmillent d'ordinaire dans les climats semblab'es à ceux où ses os ont été trouvés, et auxquels devait être exposé plus qu'aucun autre un animal obligé de chercher sa nourriture en fouillant la terre sous un soleil ardent. Nous pouvons penser aussi que cette armure dut lui être utile en protégeant son dos et les parties postérieures de son corps non seulement contre le soleil et la pluie, mais aussi contre le sable et la poussière, qui n'eussent pas manqué de produire sur une peau nue l'irritation et les maladies *.

diverses qui toutes portaient une cuirasse dans la collection qu'a faite M. Parish sur des localités différentes du district au dessus de Buénos-Ayres. Bien que l'on n'ait trouvé aucune trace d'armure avec les fragmens de squelette découvert dans le lit de Salado, la surface rugueuse, élargie et aplatie d'une portion de la crête de l'ilion dans ce squelette, (voyez pl. 5. fig. 2, r, s), l'élargissement de l'extrémité des apophyses épineuses d'un grand nombre de vertèbres, ainsi que de la convexité supérieure de plusieurs côtes sur lesquelles eût été portée la cuirasse, indiquent une pression pareille à celle qui produit les mêmes effets sur les parties analogues du squelette chez le tatou; et cette circonstance nous eût autorisés à prononcer que le mégathérium aussi était recouvert d'une lourde cuirasse, alors même que nous n'en eussions rencontré aucune trace près des os de cet animal sur d'autres points dans les mêmes plaines du Paraguay. Dans tous ces os aplatis, la pression ne s'annonce que sur les points précis du squelette où a dû porter immédiatement le poids de l'armure; et elle y a produit exactement les mêmes empreintes que l'on observe très développées dans les tatous.

* Pour des animaux qui ne fouillent que par circonstance, et pour se

Conclusion.

Nous venons d'examiner en détail le squelette d'un mammifère énorme, dont chacun des os présente des particularités qui peuvent au premier coup d'œil sembler l'œuvre d'une combinaison grossière, mais dont le secret nous devient intelligible dès que nous les étudions dans leurs relations mutuelles et dans leurs rapports avec les fonctions que doit remplir l'animal auquel ils appartiennent.

Le mégathérium excède en volume tous les édentés actuellement existans, ses plus proches voisins en organisation, beaucoup plus qu'aucun autre animal fossile ne dépasse les espèces vivantes qui lui correspondent. Il a la tête et les épaules du paresseux ; ses jambes et ses pieds offrent réunis les caractères des fourmiliers, des tatous et des chlamyphores ; et il avait probablement avec ces derniers un trait de ressemblance de plus dans l'existence d'une armure osseuse. Ses hanches

creuser une habitation souterraine, tels que le blaireau, le renard et le lapin, mais qui viennent à la surface chercher leur nourriture, une armure défensive de cette nature n'eût pas été seulement sans utilité, mais elle eût même entraîné de graves inconvéniens.

Les tatous et les chlamyphores sont les seuls mammifères connus qui soient revêtus d'une armure de plaques osseuses analogues à celles du mégathérium ; et le fait même que cette particularité d'organisation n'a été accordée qu'à ces quelques espèces suffit pour nous faire douter qu'elle ait eu pour unique fin de les protéger contre les animaux carnassiers et contre les insectes. Mais comme le tatou n'obtient sa nourriture qu'en fouillant le sol desséché et sablonneux des mêmes plaines qu'habitait jadis le mégathérium ; comme le chlamyphore passe sa vie presque entière dans des terriers creusés dans ce même sol, il est probable que la partie supérieure de leur corps reçoit de la cuirasse cette même protection contre le sable et la poussière dont nous avons parlé à propos du mégathérium. Les pangolins sont recouverts d'une armure de nature différente, composée d'écailles cornées mobiles, et dans la composition desquelles il n'entre aucune substance osseuse.

avaient plus de cinq pieds de large ; son corps était long de douze pieds, haut de huit. Son pied était long de trois, et terminé par les ongles les plus gigantesques. Sa queue était probablement recouverte d'une armure, et plus grande que celle d'aucun autre mammifère terrestre vivant ou fossile. Un animal bâti dans des proportions aussi massives, et dans la construction duquel la matière avait été ainsi prodiguée, ne pouvait ni courir, ni sauter, ni grimper, ni se creuser des terriers sous terre ; et il ne dut avoir qu'une démarche lente. Mais qu'était-il besoin de mouvemens rapides pour un être uniquement occupé à chercher des racines en creusant la terre, et qui par cela même devait à peine bouger de place ? qu'avait-il besoin de vitesse pour fuir ses ennemis, quand la nature avait revêtu son corps gigantesque d'une impénétrable cuirasse, et qu'il pouvait d'un seul coup de son pied ou de sa queue broyer le couguar ou le crocodile ? A l'abri de tous les coups dans son vêtement osseux, de quel ennemi devait-il redouter les attaques, ce Léviathan des Pampas ? et quelle créature plus puissante encore eût pu poursuivre sa race et l'effacer du nombre des habitans du globe ?

Toute son organisation était un mécanisme colossal en rapport exact avec le travail pour lequel il avait été construit ; massive et puissante comme cette besogne était lourde et pénible, elle avait été coordonnée pour être un instrument de vie et de jouissances à toute une race de quadrupèdes, laquelle, bien qu'elle ait disparu de la surface de notre planète, a laissé derrière elle d'impérissables monumens de l'habileté consommée qui avait présidé à son édification. Chaque membre, chaque fragment d'un membre est une pièce bien proportionnée d'un tout parfaitement coordonné ; et si loin qu'ils semblent s'écarter, par leurs formes et leurs proportions, de ce que sont les membres chez les autres mammifères, nous y trouvons des preuves de plus de tout ce qu'il y a eu d'inépuisable et infinie variété dans les plans de la Sagesse créatrice.

SECTION III.

SAURIENS FOSSILES.

Durant ces périodes éloignées que remplit la formation des couches de la série secondaire, les reptiles de l'ordre des sauriens jouèrent un rôle si étendu que nous devons une place importante dans nos recherches à l'étude des restes intéressans de créations anciennes que ces animaux ont laissés après eux et qui nous sont parvenus à l'état fossile. C'est là une tâche qui pourra sembler désespérée à toute personne peu familiarisée avec des sujets d'étude d'une antiquité aussi reculée. Mais la géologie, arrivée au point où elle en est maintenant, et appuyée sur l'anatomie comparée, nous fournit d'abondantes lumières sur l'organisation et les fonctions de ces familles éteintes de reptiles; et non seulement nous pouvons rétablir leurs squelettes et en conclure leurs formes extérieures, mais nous pouvons en déduire aussi leur économie générale et leurs habitudes, la nature de leur régime, et souvent même l'histoire de leurs organes digestifs; enfin nous y pouvons lire jusqu'à leurs rapports avec les conditions du monde d'alors et avec les diverses formes d'organisation auxquelles ils étaient associés.

Les restes de ces reptiles se ressemblent plus entre eux qu'ils ne ressemblent à ceux d'aucun autre animal que l'on ait découvert dans les dépôts qui ont précédé ou suivi la série secondaire *.

---

* Les couches les plus anciennes dans lesquelles on ait trouvé des reptiles sont celles qui se lient avec la formation du calcaire magnésien (pl. 1, n° 16 de la coupe). L'existence de reptiles voisins des mo-

Il y a tant d'espèces de sauriens fossiles que nous ne pouvons qu'en choisir quelques unes des plus remarquables pour faire connaître quelles conditions dominaient l'animalité à cette époque, où la classe des reptiles occupait le sommet de l'échelle animale, atteignant souvent des dimensions dont rien n'approche parmi les divers ordres actuels, et qui semblent caractériser ce *moyen-âge* de la chronologie géologique qui sépare les formations de transition des formations tertiaires.

Durant cet *âge des reptiles*, aucun des mammifères carnivores ou lacustres des périodes tertiaires n'a commencé d'apparaître sur le globe : ses habitans les plus formidables, soit sur la terre, soit dans les eaux, étaient des crocodiles et des lézards de formes diverses, souvent d'une stature gigantesque, et construits pour résister aux convulsions qui bouleversaient la surface de notre planète encore dans l'enfance. ¹

A la vue de cette vaste et importante place assignée aux reptiles parmi les habitans primitifs de notre globe, nous sentons s'élever un intérêt tout à fait nouveau pour les ordres maintenant existans et comparativement si peu nombreux de cette classe la plus ancienne des quadrupèdes, dont le nom seul excite d'ordinaire un instinctif sentiment de dégoût. Nous n'aurons plus pour eux ce mépris, quand nous aurons lu dans les annales de la géologie qu'il fut un temps où non seulement ils étaient les habitans les plus nombreux de la surface terrestre et ses dominateurs les plus puissans, mais où leur pouvoir s'étendait encore jusque sur les domaines des océans; et qu'on peut reculer leur histoire jusqu'à bien des milliers d'années au delà de cette

---

nitors dans le schiste cuivreux et le *zechstein* de l'Allemagne a été constatée depuis long-temps, et l'on a trouvé en **1834** deux espèces voisines des iguanes et des monitors dans les conglomérats dolomitiques de Durdham-Down, près de Bristol.

époque de la création progressive des animaux où les premiers
parens de la race humaine furent appelés à l'existence.

Les personnes à l'esprit desquelles ce sujet est offert pour la
première fois entendront avec étonnement, peut-être même
avec incrédulité, des récits tels que ceux que je viens de faire.
Et il est juste d'admettre qu'au premier coup d'œil on les prendrait plutôt pour des rêves de l'imagination, pour des romans,
que pour les résultats sévères d'une investigation froide et rai-
sonnée; mais pour quiconque voudra examiner les faits sur lesquels nous établissons nos conclusions, il n'y aura pas plus de
doute possible sur l'existence éloignée de ces étranges et curieuses créatures, ou sur le lieu et l'époque où nous affirmons
qu'elles ont vécu, que l'on n'en peut avoir pour les paroles de
l'antiquaire qui, trouvant les catacombes égyptiennes remplies
de momies d'hommes, de singes et de crocodiles, en tire cette
conclusion que ce sont là les restes de mammifères et de
reptiles qui faisaient partie de l'une des populations anciennes
qui se sont succédé sur les bords du Nil.

SECTION IV.

ICHTHYOSAURE.

Presque en tête des surprenantes découvertes qui ont trait à
l'ordre des sauriens, nous pouvons placer les débris de plusieurs espèces fort extraordinaires qui habitaient la mer. Elles
offrent des combinaisons de formes et de structure presque in-
croyables, et qui les mettaient en harmonie avec des modes
d'existence dont aucun exemple ne nous est offert par les espèces actuelles de la classe des reptiles. Leurs restes abondent
surtout dans le lias et dans les formations oolitiques de la série

secondaire * : et ce ne sont pas seulement des animaux voisins des crocodiles ou des gavials du Gange que l'on y rencontre ; mais aussi, et en bien plus grand nombre, des lézards gigantesques qui habitaient les mers et les golfes des époques où cette histoire nous reporte.

Parmi les espèces les plus remarquables de ces reptiles, il en est quelques unes qui ont été réunies pour constituer le genre ichthyosaure (poisson-lézard), ainsi nommées à cause d'une certaine ressemblance de leurs vertèbres avec celles des poissons ** . Si nous étudions ces créatures sous le rapport de leurs organes de locomotion, et des moyens d'attaque ou de défense qui résultent de leur structure extraordinaire, nous y trouverons des combinaisons de formes et d'arrangemens mécaniques qui se rencontrent encore dispersées dans certains ordres ou dans certaines classes actuellement existantes, mais jamais réunies dans un seul genre. C'est ainsi qu'un même individu offre le museau du marsouin et les dents du crocodile, la tête d'un lézard et les vertèbres d'un poisson, le sternum d'un ornithorhynque et les nageoires d'une baleine. L'ichthyosaure, par son aspect général, devait rappeler de bien près le marsouin moderne, ou l'épaulard (Delphinus orca). Il avait quatre pattes élargies, sortes d'avirons, et son corps se terminait en

* Le dépôt principal où l'on ait trouvé ces animaux est le lias de Lyme-Regis; mais ils abondent aussi dans toute l'étendue qu'occupe cette formation en Angleterre, c'est-à-dire depuis les côtes du Dorset jusqu'à celles du Yorckshire, en traversant les comtés de Sommerset et de Leicester. On les rencontre aussi dans le lias de la France et de l'Allemagne. Le genre ichthyosaure paraît avoir commencé avec le muschel-kalk, et être parvenu jusqu'à la formation crétacée en traversant la période oolitique tout entière. La couche la plus récente dans laquelle on ait trouvé quelques restes appartenant à ce genre est la marne crayeuse de Douvres où ils ont été découverts par M. Mantell. J'en ai rencontré dans le *Gault*, près de Benson, dans l'Oxon.

** Pl. 1 fig. 54 et pl. 7, 8, 9.

arrière par une queue longue et puissante. Les plus grands de ces reptiles ont dû avoir plus de trente pieds de long.

On connaît sept ou huit espèces du genre ichthyosaure, et elles se ressemblent toutes par les points généraux de leur organisation, et par la présence de ces divers organes singuliers dans lesquels j'essaierai de faire voir des mécanismes et des arrangemens en rapport avec leurs habitudes et leur mode de vie. Comme ce serait nous éloigner de notre but que d'entrer dans des détails d'espèces, je me contenterai de renvoyer aux figures que je donne des quatre formes qui se rencontrent le plus communément *.

* Pl. 7, 8, 9.

La planche 7 représente un échantillon très grand et presque entier de l'ichthyosaurus platyodon trouvé dans le lias de Lyme Regis, et qui fait partie de la magnifique série de sauriens achetée en 1834 de M. Hawkins pour le musée britannique. Certaines portions des nageoires et plusieurs fragmens brisés ont été rétablis à l'aide des portions conservées correspondantes ; un petit nombre des vertèbres de l'extrémité de la queue n'ont pu l'être que par conjecture. Il existe des figures fort belles et lithographiées avec le plus grand soin, qui représentent cet échantillon en même temps que la plus grande partie de la collection que nous venons de mentionner, et qui ont été publiées par M. Hawkins dans ses mémoires sur les ichthyosaures et les plésiosaures (Londres, 1834).

La figure 1 de la planche 8 représente un petit échantillon de l'ichthyosaurus communis, provenant de la même localité, et appartenant à la société géologique de Londres.

La figure 2 est celle d'un petit ichthyosaurus intermedius aussi du lias de Lyme Regis, appartenant à sir Astley-Cooper.

On voit, planche 9, figure 1, un ichthyosaurus tenuirostris trouvé dans le lias de Street, près de Glastonbury, et faisant partie de la collection du Rév. docteur Williams. — La figure 2 est une continuation de la queue, et la figure 3 représente la tête vue de l'autre côté. Les dents de cette espèce sont petites, et dans une proportion parfaite avec la minceur du museau.

Tête.

La tête, qui chez tous les animaux est la région la plus importante et la plus caractéristique*, fait voir au premier coup d'œil que les ichthyosaures étaient des reptiles qui, bien que voisins des crocodiles modernes par plusieurs de leurs caractères, se rapprochaient néanmoins encore davantage des lézards. Ils ressemblent aux crocodiles plus qu'à aucun autre animal par la forme et l'arrangement de leurs dents. Mais au lieu que l'ouverture de leurs narines soit placée, comme chez ces derniers, à l'extrémité du museau, on la voit, comme chez les lézards, tout près de l'angle antérieur de l'orbite oculaire. Mais ce que leur tête offre de plus remarquable, c'est le volume extraordinaire des yeux, qui dépassent ceux de tous les animaux nos contemporains **. Leurs mâchoires doivent avoir eu une ouverture énorme; car elles ont jusqu'à six pieds dans la plus grande espèce, l'ichthyosaurus platyodon; et on ne peut révoquer en doute que la voracité de cet animal ait été en proportion de ses moyens de destruction. Son cou est court comme celui des poissons.

Dents.

Les dents de l'ichthyosaure *** sont coniques, et ressemblent beaucoup à celles des crocodiles; mais elles sont beaucoup plus nombreuses, puisque dans certains cas on en trouve jusqu'à

---

* Pl. 10, fig. 1 et 2.

** On voit dans la collection de M. Johnson, à Bristol, le crâne d'un ichthyosaurus platyodon, dont les cavités orbitaires ont quatorze pouces dans leur plus grand diamètre.

*** Pl. 11, b, c.

cent quatre-vingt. Elles varient du reste suivant les espèces, et ne sont point implantées dans des alvéoles profondes et séparées, comme celles de ces derniers animaux ; mais elles sont rangées dans une rigole longue et continue, creusée dans l'os maxillaire, et où la séparation en alvéoles distinctes est représentée, à l'état de vestige, par quelques replis peu saillans qui tiennent aux parois de la rigole et s'étendent dans l'intervalle des dents. Le mécanisme à l'aide duquel les vieilles dents sont remplacées par des dents nouvelles est à peu près le même dans les ichthyosaures que dans les crocodiles *. La dent nouvelle prend naissance au pied de l'ancienne; celle-ci, par suite de la compression latérale qu'elle éprouve, a sa base bientôt absorbée, et son corps finit par tomber pour faire place à celle qui doit lui succéder.

Comme les habitudes de rapine des ichthyosaures les exposaient, ainsi que les crocodiles de nos jours, à la perte fréquente de leurs dents, il a été abondamment pourvu dans les uns et dans les autres à ce qu'elles soient continuellement remplacées.

---

* Pl. 11, A, B, C.

La figure A fait voir de quelle manière les vieilles dents du crocodile sont absorbées par suite de la pression d'une dent nouvelle développée à l'intérieur de la cavité qui remplit leur base. La figure C offre une section transversale du côté gauche de la mâchoire inférieure d'un ichthyosaure; on y voit deux dents occupant leur place naturelle dans la rigole de l'os maxillaire, et la dent nouvelle, par la pression latérale qu'elle a exercée sur la partie interne de la base de l'ancienne, en a causé l'absorption. La figure B est une section transversale de tout le museau d'un ichthyosaure; la mâchoire inférieure offre de chaque côté une petite dent (a) qui a causé l'absorption partielle d'une dent plus grosse (c). A la mâchoire supérieure sont deux grandes dents (d, d) occupant leurs rigoles respectives.

Yeux.

Le volume énorme de l'œil des ichthyosaures * est une des particularités les plus remarquables de leur organisation. La grande quantité de lumière que ces organes pouvaient admettre, par suite de ce diamètre extraordinaire, devait leur donner une puissance de vision remarquable, et nous trouvons ailleurs des preuves que ces yeux pouvaient remplir tout à la fois les fonctions du microscope et du télescope. A la partie externe de la cavité orbitaire où cet œil était logé, se trouve une série circulaire de plaques osseuses minces et pétrifiées, entourant l'ouverture centrale où fut la pupille. Pour la forme et l'épaisseur, chacune de ces plaques ressemble beaucoup aux écailles d'un artichaut ** : ce cercle de plaques osseuses n'existe pas dans les poissons; mais on le trouve dans les yeux de plusieurs oiseaux *** ainsi que dans ceux des tortues

* Pl. 10, fig. 1, 2.
** Pl. 10, fig. 3.
*** La sclérotique osseuse des ichthyosaures se rapproche beaucoup pour sa forme du cercle osseux qui entoure la pupille de l'aigle doré (pl. 10, fig. 5). Dans l'un comme dans l'autre cas, cette disposition a pour but de faire varier l'étendue de la vision distincte, de façon à ce que l'animal puisse découvrir sa proie aux distances les plus éloignées comme aux distances les plus courtes. Ces plaques osseuses servent encore à conserver à la partie proéminente de l'œil cette saillie qui est si remarquable chez les oiseaux. Chez les hiboux, où la vision à de grandes distances est incompatible avec leurs habitudes nocturnes, le cercle osseux (pl. 10, fig. 4), d'après les observations de M. Yarrel, est concave et prolongé en avant, de telle façon que la surface externe de l'œil se trouve portée à l'extrémité d'un long tube, et saille ainsi en dehors des plumes légères qui forment un duvet autour de la tête. Cet auteur ajoute : « L'étendue de vision dont jouissent les faucons a été probablement refusée aux yeux des hiboux; mais la sphéricité plus considérable du cristallin et de la cornée chez ces oiseaux de proie leur donne une intensité de vision plus en rapport avec l'obscurité de l'at-

terrestres et marines , des lézards , et même , bien que moins développé , dans ceux des crocodiles.

Chez les animaux vivans , ces plaques osseuses sont fixées dans la tunique externe de l'œil , ou sclérotique ; et leur action a pour résultat de modifier la convexité de la cornée. Si elles sont ramenées en arrière , la cornée transparente se trouve repoussée en avant , son rayon diminue , et l'œil devient un microscope. Viennent-elles à reprendre leur position lorsque l'œil est en repos , elles en font une sorte de télescope. Les parties molles de l'œil des ichthyosaures sont entièrement détruites , mais la conservation de ce curieux appareil de plaques osseuses nous fournit une preuve que les yeux énormes auxquels il servait jadis d'enveloppe extérieure étaient des instrumens d'optique d'un pouvoir prodigieux , et susceptibles de varier leur action de telle sorte que l'ichthyosaure pouvait découvrir sa proie aux plus grandes comme aux plus petites distances , au sein de l'obscurité des nuits et des abîmes de l'Océan. Enfin nous y trouvons un nouveau caractère qui associe à la famille des lézards l'animal auquel appartenaient des yeux ainsi conformés , et en même temps l'éloigne à une grande distance de la classe des poissons *.

mosphère où s'exerce leur action visuelle. Ces oiseaux peuvent être comparés aux personnes myopes qui voient les objets plus grands et plus clairs, pourvu qu'ils soient placés à la distance naturelle de leur vision distincte , parce qu'ils le voient sous un angle plus grand ». — Yarrel, Anatomie des oiseaux de proie, *Zoological Journal*, tome 5, p. 488.

* Une disposition analogue a été accordée aux poissons, dans le but d'opposer à la pression du liquide ambiant la résistance nécessaire pour que les yeux conservent leur forme. Elle consiste dans l'ossification de la capsule extérieure ; mais, chez ces derniers animaux, l'ossification est ordinairement simple, bien que plus ou moins complète suivant les différentes espèces, et la lame circulaire osseuse n'est jamais divisée par des sections transversales en un grand nombre de plaques, comme

Un autre genre d'utilité qu'offrait ce curieux appareil de lames osseuses, c'est qu'il soutenait la surface externe de ce vaste globe oculaire, dont le volume excédait souvent celui de la tête d'un homme, et lui donnait la force nécessaire pour supporter la pression des eaux profondes. En outre, comme les narines occupent l'angle antérieur oculaire de l'orbite, les yeux se trouvaient nécessairement élevés au-dessus de la surface des eaux, toutes les fois que l'animal y venait prendre l'air nécessaire à sa respiration; et ces importans organes recevaient encore de leur enveloppe osseuse un service précieux, par la protection qu'ils y trouvaient dans cette circonstance contre les injures des vagues.

Mâchoires.

Les mâchoires des ichthyosaures, de même que celles des crocodiles et des lézards qui se prolongent plus ou moins en un bec saillant, sont formées par l'assemblage de plusieurs lames disposées de façon à réunir la force, l'élasticité et la légèreté à un bien plus haut degré que n'eussent pu le faire des os isolés, tels que ceux qui constituent les mâchoires des mammifères. Il est évident qu'une mâchoire inférieure aussi mince et en même temps aussi alongée que le sont celles des crocodiles ou des ichthyosaures, et qui devait avoir pour emploi de retenir les grands et puissans animaux qui formaient leur proie, eussent été comparativement faibles et faciles à briser, si elles n'eussent été composées que d'un os unique. Aussi chaque moitié laté-

---

cela a lieu dans les lézards et dans les oiseaux. Les capsules oculaires osseuses sont souvent conservées dans les têtes de poissons fossiles. On en rencontre en abondance dans l'argile de Londres, et quelquefois aussi dans la craie.

rale de la mâchoire inférieure était-elle formée de six pièces distinctes, dont on saisira mieux l'ensemble et les relations en jetant un coup d'œil sur les figures de la planche 11 *.

Cet arrangement de la mâchoire inférieure, dans le but de réunir la force et l'élasticité avec le plus petit poids de matériaux possible, est en tout semblable à celui qu'on donne aux lames de bois élastique ou d'acier qui entrent dans la composition d'une arbalète ou d'un ressort de voiture. Dans la mâchoire de l'ichthyosaure, comme dans les deux cas que nous venons de citer, les lames sont plus nombreuses et plus épaisses sur les points où doit s'exercer un plus grand effort; elles sont plus minces et en plus petit nombre vers les extrémités, là où l'action est beaucoup moindre. Ceux qui ont été témoins du choc qui ébranle la tête du crocodile lorsqu'il ferme brusquement ses mâchoires longues et minces ont pu voir combien le maxillaire inférieur eût été exposé à se briser, si chacune de ses moitiés n'eût été formée que d'un seul os. Les mêmes dangers eussent été une conséquence de la même simplicité de structure de la mâchoire inférieure chez l'ichthyosaure.

* Ces figures ont été choisies dans les planches nombreuses de M. Conybeare, et de M. de la Bêche. La figure 1 est une tête entière restaurée d'ichthyosaure : les os qui la composent sont désignés par les lettres qu'a employées Cuvier pour les os correspondans de la tête du crocodile. Dans la mâchoire inférieure, (u) est l'os dental, (v) l'os angulaire, (x) l'os surangulaire ou coronoïde, (y) l'os articulaire, (z) le supplémentaire, (&) l'operculaire.

La figure 2 représente une partie de la mâchoire inférieure d'un ichthyosaure, où l'on voit la manière dont les os plats (v, x, u) s'unissent entre eux vers la partie postérieure de la mâchoire.

Les figures 3, 4, 5, 6, 7, montrent comment ces divers os se recouvrent et s'enchevêtrent mutuellement aux diverses sections transversales indiquées par les lignes qui les surmontent immédiatement dans la figure 2.

On voit dans la figure 8 la disposition qu'offrent les mêmes os lorsqu'on regarde la mâchoire en dessus.

Dans l'un comme dans l'autre cas, ces six lames plates et minces, de longueur et de force différentes, enchevêtrées et fortement liées les unes aux autres pour former chaque moitié de la mâchoire inférieure, compensent la faiblesse et la fragilité qui étaient une conséquence nécessaire de l'alongement extrême du museau.

M. Conybeare signale encore, dans la mâchoire de l'ichthyosaure, un arrangement fort remarquable, et tout à fait analogue à certaines dispositions adoptées depuis peu dans l'architecture navale [*].

Vertèbres.

La colonne vertébrale de l'ichthyosaure est composée de plus de cent vertèbres ; et bien qu'elle supporte une tête qui ressemble beaucoup à celle d'un lézard, elle offre dans sa structure les plus grandes analogies avec le mode d'organisation propre à la colonne vertébrale des poissons. Cet animal ayant été créé pour une locomotion rapide à travers les mers, des vertèbres à facettes concaves, telles que celles qui par leur mécanisme contribuent à donner aux poissons leur grande puissance de locomotion [**], étaient beaucoup plus en rapport avec

[*] L'os coronoïde (pl. 11, fig. 2, x) pénètre entre le dental (u) et l'operculaire (&) (fig. 1, 4, 5, 6, 7), et ses fibres sont dirigées obliquement, tandis que celles de ces deux derniers os sont horizontales et parallèles. La force de résistance de cet organe est considérablement accrue par cette direction diagonale des fibres, sans que son poids ni son volume s'en augmentent de la plus faible quantité. Il existe une pareille structure dans les os de la tête des poissons, et aussi, bien qu'à un degré moindre, dans la tête des tortues. — *Geolog. Transac.*, London. t. V, p. 565, et N, S, t. I, p. 142.

[**] Pl. 12, A et B.
La section d'une vertèbre de poisson (A, c, c) offre deux cônes creux réunis par leur sommet au centre de la vertèbre et rappe-

de telles fonctions que les vertèbres solides des lézards et des crocodiles. Mais, d'un autre côté, ces cônes creux juxta-posés ne pouvaient entrer comme élémens dans la colonne vertébrale de quadrupèdes destinés à habiter la terre ferme ; cette partie essentielle de leur charpente solide étant presque à angle droit avec les membres devait être formée par une suite de pièces osseuses larges et aplaties, et serrées avec une force considérable les unes contre les autres. Il est donc évident que si à des créatures d'une taille et d'un volume aussi considérables que les ichthyosaures, et une fois pourvues de vertèbres construites sur le même principe que celles des poissons, il eût été donné, au lieu de rames élargies, des membres organisés de la manière ordinaire, elles n'eussent pu se mouvoir sur le sol, sans qu'il en résultât de graves lésions dans leur charpente osseuse *.

lant la forme d'un sablier ; mais la base de chacun des cônes (b, b), au lieu d'être fermée comme cela a lieu dans le sablier par une lame plate et élargie, se termine par un bord mince comme celui d'un verre à pied, et qui s'applique sur le bord opposé de la vertèbre adjacente. L'espace vide que laissent entre eux ces deux cônes creux est rempli par une substance molle et flexible, ayant la forme de deux cônes solides juxta-posés par leur base (e, e), et disposés de façon que chaque cône creux vertébral s'applique exactement sur l'un de ces cônes élastiques pleins qui le remplit, et lui permet de se mouvoir dans toutes les directions. Ce mode spécial d'articulation donne à la colonne vertébrale tout entière une grande puissance, et lui permet une flexion rapide dans tous les sens au sein des eaux. Mais comme la flexion verticale est beaucoup moins nécessaire que la flexion latérale, elle se trouve limitée par les apophyses épineuses, soit qu'elles chevauchent les unes au dessus des autres, ou qu'elles soient simplement contiguës.

C'est là une disposition mécanique d'une grande utilité pour des animaux construits comme le sont les poissons. La queue est pour eux le principal organe de locomotion, et le poids de leur corps étant constamment soutenu par l'eau dans laquelle ils sont plongés n'exerce sur les bords par lesquels les vertèbres sont en contact qu'une pression faible ou tout à fait nulle.

* Sir E. Home a de plus observé une particularité du canal spinal qui

Côtes.

Les côtes sont minces, et pour la plupart bifurquées à leur extrémité supérieure ; il y en a dans toute la longueur de la colonne vertébrale, depuis la tête jusqu'au bassin *, et c'est un rapport de plus entre la structure de l'ichthyosaure et celle des lézards actuels. Un grand nombre de ces os se réunissent en avant du thorax, et l'on peut voir dans la planche 14 leur mode d'articulation. Les côtes du côté droit s'unissent à celles du côté gauche, à l'aide de certains os intermédiaires analogues aux portions cartilagineuses, intermédiaires et sternales des côtes chez les crocodiles, et aux os qui chez le plésiosaure forment ce que M. Conybeare a appelé les arcs sterno-costaux **. Cette structure avait probablement pour but d'admettre dans la poitrine une quantité d'air considérable et de permettre ainsi à l'animal de demeurer long-temps sous les eaux, sans avoir besoin de venir respirer à la surface ***.

n'existe dans aucun autre animal. La portion annulaire (Pl. 12, D a et E, a) n'est point soudée au corps de la vertèbre comme chez les mammifères ; elle n'y est point non plus réunie par une suture comme chez les crocodiles ; mais elle en demeure entièrement distincte, et s'y articule à l'aide d'une tête ovale comprimée, reçue dans une cavité glénoïdale (D, g et E g). M. Conybeare ajoute que ce mode d'articulation concourt, avec la disposition cupuliforme des articulations intervertébrales, pour donner plus de flexibilité à la colonne et rendre plus faciles ses mouvemens ondulatoires. Car si ces diverses parties eussent été solidifiées comme chez les mammifères, les apophyses articulaires, serrées comme elles le sont sur tout l'ensemble de la colonne, eussent rendu impossibles dans ces diverses parties tous les mouvemens qui, à l'aide du mode d'articulations que nous venons de décrire, deviennent faciles. On voit en *d* le tubercule qui sert à l'articulation de la côte avec la vertèbre qui lui correspond.

* Voy. les pl. 7, 8, 9.

** Pl. 17.

*** Ces arcs sterno-costaux faisaient probablement partie d'un

Sternum.

A un animal créé pour habiter la mer, sous la condition de venir respirer l'air atmosphérique, il fallait un appareil qui lui permît de plonger sous les flots et de revenir à leur surface avec une égale facilité. Cet appareil, nous le trouvons réalisé, avec un déploiement de puissance vraiment prodigieux, dans

appareil condensateur qui donnait à ces animaux la faculté de comprimer l'air dans l'intérieur de leurs poumons avant que de s'enfoncer sous les eaux. M. Faraday (Lond. and Edin. Phil. Mag. oct. 1833) a indiqué un moyen à l'aide duquel l'homme peut lui-même disposer ses organes de façon à prolonger considérablement son séjour dans une atmosphère impure ou sous l'eau, comme le pratiquent les pêcheurs de perles ; et ce moyen a été confirmé par les expériences de sir Graves C. Houghton. Si après avoir, à l'aide d'une inspiration profonde, fait pénétrer dans les poumons une quantité d'air aussi considérable que possible, on cesse tout mouvement respiratoire, le temps que l'on pourra passer sans reprendre haleine sera double ou plus que double de celui qu'on eût pu passer sans cette précaution préparatoire. Quand MM. Brunel jeune et Gravatt descendirent, à l'aide de la cloche à plongeur, à une profondeur d'environ trente pieds dans le trou par où la Tamise avait fait irruption dans le Tunnel à Rotherhithe, M. Brunel plongea au dessous de la cloche, après avoir inspiré profondément l'air comprimé qui y était contenu, et il éprouva qu'il pouvait demeurer deux fois plus long-temps sous l'eau que dans les circonstances ordinaires.

Je tiens aussi de M. Gravatt qu'il peut plonger et demeurer jusqu'à trois minutes sous l'eau, pourvu qu'il remplisse ses poumons de la plus grande quantité d'air possible, ce qu'il fait par une succession d'inspirations rapides et fortes, à la suite desquelles il comprime immédiatement l'air de ses organes respiratoires par une forte contraction des muscles du thorax, et se jette à l'eau. Cette compression des poumons a de plus encore cet avantage que le poids spécifique du corps s'en accroît, et par conséquent aussi la rapidité avec laquelle il tombe au fond.

Il est probable que tous ces avantages se trouvaient réunis dans le mode de respiration de l'ichthyosaure et du plésiosaure.

les rames antérieures de l'ichthyosaure, et dans la manière non moins extraordinaire dont se combinent les os de l'arcade sternale, ou de cette partie du thorax à laquelle les rames sont fixées *.

Ces os, par un rapprochement curieux, offrent à très peu près les mêmes combinaisons que ceux qui constituent la même arcade dans l'ornithorhynque de la Nouvelle-Hollande **, animal qui passe sa vie à chercher sa nourriture au fond des lacs et des rivières, et qui, comme l'ichthyosaure, est forcé de revenir à la surface pour y respirer l'air atmosphérique ***.

Ainsi voilà une race d'animaux qui se sont éteints à l'époque où s'est terminée la série secondaire des formations géologiques,

* Pl. 12, fig. 1.

** Cet animal nous offre l'amalgame singulier d'un quadrupède à fourrure dont la bouche est armée d'un bec comme celui d'un canard, dont les quatre pieds sont palmés, dont la femelle allaite ses petits, bien qu'elle paraisse être ovovivipare, et dont le mâle a les jambes armées d'ergots. — Voyez les Mémoires de M. R. Owen sur l'*ornithorhynchus paradoxus*, dans les Transactions philosophiques de Londres, 1832, deuxième partie; et 1834, deuxième partie — Voy. aussi son Mémoire sur le même sujet, dans les Transactions de la société géologique de Londres, 1833, troisième partie. L'auteur y fait voir, tant dans l'appareil de la reproduction que dans d'autres appareils, une foule de rapports entre cet animal et les reptiles.

*** Le squelette de ces deux animaux se distingue du type commun des mammifères par le développement remarquable de l'os coracoïde, et par la forme particulière du sternum qui rappelle la fourchette des oiseaux. Voyez planche 12, fig. 1, *a* le sternum ou la fourchette; *b*, *b* les clavicules; *c*, *c* l'os coracoïde; *d*, *d* les omoplates; *e*, *e* les humérus; *f*, *g*, le radius et le cubitus. — Dans la figure 2, les mêmes lettres indiquent les os correspondans chez l'ornithorhynque.

La puissance réunie de ces divers os donne au thorax et aux avirons une force toute particulière, en rapport avec une fonction extraordinaire, qui ne consistait pas tant dans la locomotion, (cette fonction était remplie chez l'ichthyosaure avec beaucoup de puissance et de facilité par l'action de la queue) que dans l'acte de monter et de descendre verticalement pour chercher l'air et la nourriture.

et qui offrent dans leur structure un ensemble de dispositions fondées sur le même principe que celles qui, de nos jours, ont été employées pour produire les mêmes résultats chez l'un des quadrupèdes aquatiques les plus curieusement organisés de la Nouvelle-Hollande *.

Rames.

Par la forme de ses extrémités, l'ichthyosaure s'éloigne beaucoup des lézards pour se rapprocher des baleines. Dans un animal aussi grand, qui se mouvait dans les flots avec rapidité, et devait venir respirer l'air à leur surface, il fallait que les membres antérieurs du lézard eussent subi de grandes modifications pour servir ces habitudes de cétacés. Leurs extrémités ont dû devenir des nageoires au lieu de pieds ; et sous ce point de vue elles offrent, à un degré encore plus élevé que les nageoires de la baleine, la combinaison de la force avec l'élasticité. La figure 1 de la planche 12 fait voir l'os court et solide du bras (*e*), ceux de l'avant-bras (*f, g*), et, à l'extrémité de ceux-ci, la série d'os polygonaux qui constituaient les phalanges des doigts. Ces derniers os varient en nombre suivant les espèces : Il y en a plus de cent dans quelques unes. Ils diffèrent pour leur forme de ce que sont les phalanges, soit chez les lézards, soit chez les baleines ; et c'est à cet accroissement en nombre, en même temps qu'aux différences dans les dimen-

* L'échidné ou fourmilier épineux, de la Nouvelle Hollande, est le seul mammifère terrestre connu chez lequel on trouve une fourchette et des clavicules semblables. Comme cet animal se nourrit de fourmis, et se retire dans des terriers profonds, cette structure peut être l'une des causes principales de la puissance considérable avec laquelle il fouille la terre. Il y a aussi chez le tatou un rudiment cartilagineux de fourchette qui paraît destiné à remplir le même but.

sions, qu'il faut attribuer l'augmentation de puissance et d'élasticité qui s'y fait remarquer. Ce bras et cette main, convertis ainsi en un aviron élastique, et recouverts de leur peau, devaient ressembler beaucoup, pour leur apparence extérieure, aux rames sans doigts distincts du marsouin et de la baleine. Leur position à la partie antérieure du corps est aussi à peu près la même. Dans ces animaux on voyait en outre des extrémités ou nageoires postérieures qui manquent dans les cétacés, et qui remplaçaient probablement la queue aplatie et horizontale de ces derniers ; ces rames postérieures étaient de moitié plus petites que les antérieures *.

M. Conybeare fait observer, avec la sagacité qui lui est ordinaire, que les motifs qui ont déterminé cette modification dans les proportions accoutumées des membres postérieurs chez les quadrupèdes en général, sont les mêmes auxquels on doit attribuer la diminution relative des mêmes parties chez les phoques et leur disparition complète chez les cétacés, et se trouvent dans la nécessité de placer le centre ou point d'application de l'action latérale des organes de locomotion au devant du centre de gravité. C'est pour la même raison que les ailes des oiseaux sont fixées à la partie antérieure du corps; et, dans les vaisseaux ainsi que dans les bateaux à vapeur, le centre d'action des puissances motrices, soit qu'elles résident dans des voiles ou dans les roues à palettes, occupent, par rapport au centre de gravité, la même position. Dans les poissons, il est vrai, l'organe principal de locomotion, la queue, occupe l'extrémité postérieure du corps; mais cet organe, par son mode spécial d'action, produit une force impulsive, un *vis a tergo*, et

* Chez l'ornithorhynque aussi, l'expansion membraneuse ou palmure des pieds postérieurs est beaucoup moins étendue que celle des pieds antérieurs.

agit par conséquent dans des conditions tout autres que des organes fixés latéralement [*].

Pour terminer ce chapitre , dans lequel nous venons de passer en revue avec détails l'un des genres les plus intéressans et les plus anciens parmi tous ceux que la science géologique a restitués à la lumière , je crois devoir présenter quelques considérations sur les causes finales de ces déviations remarquables du type primitif, celui du lézard; déviations par suite desquelles l'ichthyosaure réunit une combinaison des caractères qui s'ajoutent au type commun dans les poissons, les baleines et les ornithorhynques.

De même qu'un lézard, créé pour vivre au sein des eaux à la manière des poissons, n'a dû recevoir des vertèbres d'une forme analogue à celle des poissons que dans le but d'une locomotion plus rapide, de même aussi le choix pour les extrémités postérieures d'une forme qui les rapproche des avirons de la baleine a dû avoir pour but de convertir ces extrémités en de vigoureuses nageoires; et le don d'une fourchette et de clavicules analogues à celles de l'ornithorhynque est un troisième et non moins frappant exemple des admirables prévisions à l'aide desquelles il est donné à des animaux d'une certaine classe de pouvoir vivre dans l'élément assigné à l'existence d'une classe différente. Si donc les lois de la corrélation des parties sont moins rigoureusement maintenues dans l'ichthyosaure que dans les autres créatures éteintes que nous retrouvons parmi les débris des formations primitives, il n'en est pas moins vrai que ces déviations, loin d'être l'œuvre du hasard, ou d'accuser d'imperfection le travail de l'intelligence créatrice , sont des exemples de plus de l'arrangement parfait et du choix plein de sagesse

____

[*] *Transac. of the Geol. Soc.* t. V, p, 579.

qui conduit et régularise jusqu'aux aberrations en apparence les plus contraires à toute règle.

Pourvu de la colonne vertébrale d'un poisson comme organe d'une progression rapide, des nageoires de la baleine et du sternum de l'ornithorhynque comme instrumens d'élévation ou d'abaissement au sein des eaux, le reptile qui nous occupe offrait une combinaison d'arrangemens mécaniques que nous ne trouvons plus que répartis sur trois classes distinctes du règne animal. Si, destiné à produire des mouvemens verticaux au sein des eaux, le sternum des ornithorhynques, nos contemporains, affecte des combinaisons de formes qui ne se rencontrent que dans un seul autre genre de mammifères, ce sont d'un autre côté les mêmes combinaisons que nous trouvons dans le sternum de l'ichthyosaure du monde primitif; de telle sorte qu'à des temps séparés les uns des autres par des intervalles d'une durée au-delà de toute appréciation, nous voyons un même résultat obtenu par des instrumens tellement identiques, qu'il ne nous est plus possible de douter qu'un même plan, qu'une intelligence unique aient présidé originairement à leur arrangement. C'était une fonction nécessaire et spéciale dans l'économie du lézard-poisson des anciennes mers que de monter à la surface des eaux pour y respirer l'air atmosphérique, et de descendre au fond pour y chercher sa nourriture; or les mêmes mouvemens sont encore de nos jours également spéciaux et nécessaires à l'ornithorhynque à bec de canard dans les lacs et les rivières de la Nouvelle-Hollande.

L'admission dans ces animaux de pareilles déviations du type respectivement propre aux groupes dont ils font partie, dans le but de les harmoniser avec des déviations identiques des habitudes générales de ces mêmes groupes, offre une combinaison de compensations et d'arrangemens tellement semblables dans leurs rapports, tellement identiques dans leur objet, tellement

parfaits dans la subordination de leurs diverses parties et dans
leur accord avec l'harmonie et la perfection de l'ensemble, qu'il
nous est impossible de n'y pas reconnaître l'action d'un seul
et même principe éternel de sagesse et d'intelligence qui a
présidé du commencement jusqu'à la fin à l'œuvre tout entière de la création.

SECTION V.

STRUCTURE DES INTESTINS CHEZ L'ICHTHYOSAURE ET CHEZ CERTAINS POISSONS FOSSILES.

Après avoir étudié les dents et les organes de la locomotion,
nous arrivons aux organes de la digestion chez l'ichthyosaure.
Si, dans la structure des animaux qui ne nous sont connus que
par leurs débris fossiles, il est un point dont il semble que nous
devions désespérer de retrouver aucun vestige, c'est assurément
la forme et l'arrangement des organes intestinaux : car, bien
que ces parties molles soient de première importance dans l'économie animale, suspendues comme elles sont dans l'intérieur
des cavités du corps sans être aucunement fixées au squelette,
il est naturel de penser qu'elles n'ont dû laisser aucune trace
sur les os fossilisés.

Il est impossible, après avoir vu ce puissant appareil dentaire,
et ces mâchoires si vastes dont nous venons de faire l'examen
dans les ichthyosaures, de ne pas en déduire cette conclusion que
des animaux pourvus de ces prodigieux instrumens de destruction ont dû en user largement, pour tenir dans de justes limites
d'accroissement la population des anciennes mers. Cette conclusion a été pleinement confirmée par la découverte récente que
l'on a faite à l'intérieur de leurs squelettes de débris à moitié di-

gérés de poissons et de reptiles qu'ils avaient engloutis *, et par les coprolites ** ou excrémens pétrifiés que l'on a trouvés dispersés dans les mêmes couches où ces squelettes ont été ensevelis. Ces pétrifications si curieuses s'offrent souvent dans un état de conservation tellement parfait qu'on en peut conclure non seulement la nature des alimens dont se nourrissaient les animaux qui les ont produits, mais même les dimensions, la forme et la structure de leur estomac et de leur canal intestinal ***.

* Pl. 13 et 14.

** Pl. 15.

*** La description suivante de ces coprolites fait partie du Mémoire que j'ai publié sur ce sujet dans les Transactions de la Société géologique de Londres, 1829. (Vol. III, N. S. 1re part. p. 224, avec trois planches.)

« Au milieu des variations de leur volume et de la multiplicité de leurs formes, les coprolites offrent l'apparence générale de cailloux oblongs ou de pommes de terre réniformes ; leur longueur est ordinairement de deux à quatre pouces, et leur diamètre de un à deux. On en trouve, mais en petit nombre, qui sont beaucoup plus grands, et en proportion avec la taille gigantesque des plus grands ichthyosaures ; il y en a de plus petits qui offrent les mêmes rapports avec de jeunes individus de la même espèce, et avec des poissons de petite taille. Il y en a qui sont aplatis et amorphes comme si ces substances eussent été rendues dans un état demi-liquide ; d'autres ont été aplatis par la pression des schistes qui les recouvrent. Leur couleur ordinaire est le gris cendré parfois mêlé de noir ; d'autres fois ils sont entièrement noirs. Leur substance offre une texture terreuse, compacte, pareille à de l'argile durcie, et leur cassure est conchoïdale et luisante. Les coprolites de Lyme-Regis offrent, dans le plus grand nombre de cas, une structure contournée, mais le nombre des tours est variable, bien qu'il soit le plus souvent de trois ; je n'en ai jamais vu plus de six : ces diversités peuvent tenir à l'espèce des animaux qui les ont produits ; car j'ai rencontré des variations analogues entre les intestins de la raie, du requin et du chien de mer. Quelques coprolites, et spécialement les plus petits, n'offrent aucune trace d'enroulement.

» La coupe de ces excrémens arrondis fait voir qu'ils ont été moulés en une lame aplatie et contournée en spirale du centre à la circonférence, comme on l'observe dans une coquille turbinée. Leur extérieur offre la

Sur la côte de Lyme-Regis ces coprolites sont tellement
abondans qu'on les trouve en de certains points disséminés
dans le lias comme le sont les pommes de terre dans le
sol, et ils sont encore plus communs dans le lias de l'embouchure de la Saverne, où ils se rencontrent ainsi dispersés
dans toute l'étendue de couches qui ont plusieurs milles en
tout sens, et mêlés en si grande quantité avec des dents et des
débris roulés d'ossemens de reptiles et de poissons que nous en
pouvons conclure que cette région, jadis le fond d'une ancienne
mer, fut, pendant un espace de temps fort long, une sorte de
vaste réceptacle où se déposèrent les ossemens et les débris
excrémentitiels des animaux qui l'habitaient. Outre les points
que nous venons de mentionner, on rencontre encore ces corps
pétrifiés en abondance dans tout le lias de l'Angleterre, et dans
toutes les couches, quelle que soit leur époque, où l'on a trouvé
des débris de reptiles carnivores, et sur des points multipliés et séparés par de grandes distances, tant en Europe qu'en Amérique*.

trace des rides et des impressions les plus légères qu'ils ont dû recevoir,
alors qu'ils étaient à l'état plastique dans les intestins des animaux vivans. (Pl. 15, fig. 5 et fig. 10-14.)

   « Ces pièces pétrifiées contiennent en abondance et dispersés irrégulièrement des écailles et souvent des dents et des os de poissons qui ont
traversé, sans être détruits par la digestion, le tube intestinal tout entier
des sauriens, de la même manière que l'émail des dents et certains
fragmens d'os qui n'ont pu être digérés, se retrouvent dans les excrémens des hyènes, soit à l'état récent, soit à l'état fossile. Ces écailles
dures et brillantes sont celles du *Dapedium politum*, et d'autres poissons qui abondent dans le lias, et qui paraissent avoir fourni aux sauriens de cette époque une portion importante de leur subsistance. Quant
aux os, ce sont surtout des vertèbres de poissons et de jeunes ichthyosaures; et, bien que ces derniers débris soient moins nombreux que ceux
qui proviennent de poissons, ils le sont pourtant assez pour démontrer
que ces monstres des anciennes mers, semblables en cela à beaucoup
de leurs successeurs, habitans des océans modernes, dévoraient les individus jeunes et faibles de leur propre espèce.

   * Le professeur Jœger a tout récemment découvert plusieurs copro·

Quant à l'origine de ces fossiles singuliers, elle est suffisamment établie par la fréquence avec laquelle on les rencontre dans la région abdominale des squelettes fossiles d'ichthyosaures du lias de Lyme-Regis. Notre planche 13 en reproduit un exemple des plus remarquables*. La substance coprolitique que l'on trouve dans cet échantillon et dans tous les cas analogues, renfermée dans la cavité que forment les côtes, est entièrement identique, par son apparence et sa composition chimique, avec les coprolites isolés qui se montrent disséminés dans les mêmes couches où ces squelettes sont dispersés. La conservation de ces matières fécales et leur passage à l'état pétrifié sont une conséquence de la nature indestructible du phosphate de chaux, qui entre également en quantité considérable dans les os et dans les résidus d'os soumis à l'action des organes digestifs.

Le squelette d'un autre ichthyosaure de Lyme-Regis, déposé

lites dans l'argile alumineuse de Gaildorf en Wurtemberg, formation qu'il regarde comme occupant les étages inférieurs du nouveau grès-rouge, que l'on désigne en Allemagne sous le nom de Keuper, et qui renferme les débris de deux espèces de sauriens.

Aux États-Unis, le docteur Dekay a aussi trouvé des coprolites dans la formation de calcaire chlorité (*green sand*) de Montmouth dans le New-Jersey. Voy. pl. 15, fig. 13.

*Elle représente un échantillon donné par le vicomte Cole à la collection géologique de l'université d'Oxford ; il est une preuve sans réplique que les substances en question ne peuvent être considérées comme des matières étrangères accidentellement mises en contact avec les corps organisés fossiles, puisque cette grande masse coprolitique est complètement enfermée dans la cavité que forment la colonne vertébrale et les deux séries droite et gauche des côtes, dont le plus grand nombre a même conservé à peu de chose près sa position naturelle. Le volume de ce coprolite est prodigieux, comparé à celui de l'animal dans lequel il est renfermé ; et si nous ne savions pas combien est puissante l'action des organes digestifs chez les reptiles et les poissons, et avec quelle facilité ces êtres engloutissent tout entiers les grands animaux qui forment leur proie, il nous paraîtrait impossible de rendre compte de l'espace énorme que remplissent ainsi ces masses coprolitiques à l'intérieur de certains squelettes fossiles d'ichthyosaures.

dans le musée d'Oxford, et que nous avons représenté dans notre planche 14, contient une masse considérable d'écailles dont la plus grande partie provient du *Pholidophorus limba-tus**, mêlées à des coprolites, dans toute la région qu'enferment les côtes. Cette masse se trouve en rapport avec un très grand nombre de côtes ; et bien que jusqu'à un certain point l'on puisse supposer qu'elle s'est étendue par l'effet de la pression, cette circonstance suffit à prouver que l'estomac occupait par son volume une grande partie du tronc.

Certaines espèces voraces parmi les reptiles vivans nous fournissent des exemples d'estomacs d'une étendue tout aussi considérable : on cite des cadavres humains trouvés tout entiers dans l'estomac de certains grands crocodiles, et la forme des dents des ichthyosaures nous apprend que, de même que les crocodiles, ces animaux ont dû engloutir leur proie sans la diviser. Quand donc nous rencontrons dans des coprolites de grands ichthyosaures des ossemens de jeunes individus du même genre qui, à en juger par les dimensions des os eux-mêmes, ont dû avoir plusieurs pieds de longueur **, nous en

* Comme dans le cas figuré, pl. 15, fig. 18. Voyez aussi les *Trans-actions géologiques*, 2ᵉ série, pl. 20, fig. 2, 3, 4, 5.

** D'après M. le professeur Agassiz, les écailles du *Pholidophorus lim-batus*, espèce des plus fréquentes parmi les fossiles du lias, abonde-raient plus que celles d'aucun autre poisson dans les coprolites de la formation de Lyme-Regis, ce qui prouve que cette espèce formait la base principale de la nourriture des Ichthyosaures. Dans les coprolites de la formation carbonifère des environs d'Edimbourg, il a aussi reconnu les écailles du Palæoniscus et d'autres poissons que l'on trouve souvent en-tiers dans les couches qui accompagnent la houille de ce district. Dans des coprolites provenus de poissons voraces de la craie, on rencontre les écailles du Zeus lewisiensis, poisson découvert par M. Mantell dans cette formation.

Un coprolite du lias, que nous avons fait figurer dans la planche 15, fig. 5, et qui se fait remarquer par ses circonvolutions en spirale et les impressions vasculaires de sa surface, peut être signalé comme un

tirons cette conclusion que l'estomac formait une poche d'un volume prodigieux, remplissant presque en entier la cavité du corps, et dont la capacité était par conséquent dans une proportion parfaite avec les mâchoires et les dents qui faisaient partie avec lui de l'appareil digestif dans ce monstrueux reptile.

Disposition en spirale de l'intestin grêle.

Comme les parties solides des animaux sont les seules susceptibles de se pétrifier, il nous est impossible de déterminer à l'aide de preuves directes la forme et le volume des intestins grêles de l'ichthyosaure; mais l'admirable perfection avec laquelle le contenu de ces viscères s'est conservé à l'état fossile nous fournit des preuves indirectes que le tube intestinal où ce contenu a pris les formes qu'il a conservées ressemblait entièrement aux intestins de quelques unes des espèces actuelles de poissons les plus vigoureuses et les plus voraces.

exemple frappant du soin minutieux qui préside maintenant aux investigations des naturalistes, et du genre de témoignages que les recherches géologiques vont demander à l'anatomie comparée. Sur un des côtés de ce coprolite, se voit une petite écaille (fig. 5, *a*) que je n'avais pu que rapporter à quelque poisson de l'une des nombreuses espèces inconnues qui se rencontrent dans le lias. A l'instant même où je la fis voir à M. Agassiz, non seulement il prononça que cette espèce était le pholidophorus limbatus, mais il détermina la place précise qu'avait occupée cette écaille à la surface du corps. Un tube placé sur sa face interne, et que l'on aperçoit à peine sans le secours du microscope (pl. 15, fig. 5), prouve qu'elle appartient à cette ligne latérale d'écailles perforées qui vont de la tête à la queue des deux côtés du corps dans tous les poissons, et y forment un conduit destiné à porter des glandes de la tête jusqu'à l'extrémité du corps un mucus lubréfiant. Quant à la position que cette écaille occupait sur cette ligne elle-même, elle était du côté gauche, non loin de la tête. La figure 5 fait voir une pareille écaille par sa face opposée, et en *e* l'extrémité du tube conducteur de la mucosité.

Nous saisirons mieux la structure de ces organes en nous aidant de l'examen des organes correspondans chez les requins et les squales, animaux qui ne se distinguent pas moins entre tous les habitans des mers contemporaines par leur extrême voracité que ne le faisaient les ichthyosaures parmi les créatures qui peuplaient les océans aux époques où nos études nous reportent. Les intestins de ces poissons *, aussi bien que ceux des raies, offrent une disposition qui rappelle celle de l'intérieur d'une vis d'Archimède, et qui est admirablement propre à accroître l'étendue de la surface interne destinée à l'absorption de la partie nutritive des alimens, durant leur passage d'une extrémité à l'autre de ce tube, qui renferme dans son intérieur un repli contourné en spirale, de façon à offrir le plus grand développement de surface dans le plus petit espace possible. On observe la même disposition dans les coprolites provenus de l'ichthyosaure **.

* Pl. 15, fig. 1, et 2.
** Pl. 15, fig. 3, 4, 6.

Ces corps coniques ont été formés par une lame continue de la substance des os digérée, et contournée en spirale sur elle-même durant le temps qu'elle était encore à l'état plastique. Leur forme est à peu de chose près celle que prendrait un ruban d'une certaine étendue que l'on forcerait de pénétrer obliquement dans un tube par une ouverture latérale allongée : ce ruban, forcé d'avancer dans l'intérieur du tube, y formerait une suite de cônes enroulés les uns sur les autres ; et après un certain nombre de tours, si l'on continuait à pousser en avant le ruban générateur, les cônes en question venant à sortir par l'autre extrémité du tube offriraient une disposition tout à fait analogue à celle des coprolites figurés planche 15, fig. 3, 5, 7, 10, 11, 12, 13, 14. C'est de cette façon que l'on peut concevoir qu'une lame de substance coprolitique a pu se contourner sur elle-même en une série spirale de cônes successifs au moment de son passage de l'intestin grêle dans la partie voisine du gros intestin. Ces coprolites ainsi formés tombèrent dans la boue molle amassée au fond de la mer ; et lorsque cette boue vint à se consolider plus tard pour former le schiste et la pierre, ils y subirent une pétrification tel-

Empreintes laissées par la membrane muqueuse sur les coprolites.

Non seulement l'étude des coprolites nous permet d'apprécier la structure spirale de l'intestin grêle , et la facilité que cette structure lui donnait à être contenu dans un petit espace; mais nous y retrouvons même des traces qui nous permettent d'apprécier la forme des vaisseaux les plus ténus et des plus minces replis de la membrane muqueuse qui en tapissait la surface interne. Ces traces consistent dans une série d'impressions vasculaires et de rides qui sillonnent la surface des coprolites , et qui ne peuvent s'y être imprimées que durant leur passage à travers les circonvolutions de ce canal aplati [*].

lement complète que pour la dureté , la beauté du poli, ces corps singuliers peuvent rivaliser avec les marbres les plus recherchés.

La figure 6 représente une coupe longitudinale faite suivant l'axe dans un coprolite de la craie inférieure où cette forme conique enroulée se montre bien tranchée. La figure 4 offre la coupe transversale d'un autre coprolite du lias, et l'on y voit comment les lames se contournent sur elles-mêmes et vont se terminer extérieurement en *b* par un bord brisé. La lettre *b*, dans toutes ces figures, indique la coupe transversale de cette lame là où elle se brise et où se termine son enroulement extérieur. Ces mêmes coupes en *b* font voir aussi la forme et les dimensions du passage étroit dans l'intérieur duquel les matières se sont moulées.

Une lame d'une substance plastique molle et liante, ainsi poussée continuellement en avant de l'intérieur d'un pareil conduit turbiné dans la cavité du gros intestin, s'y contournerait en spirale, jusqu'à ce qu'elle eût atteint le volume le plus considérable qui pût y être contenu. De cette spirale des portions se rompant brusquement (comme en *b*) descendraient dans le cloaque, et seraient de là rejetées dans la mer.

[*] Ces impressions ne peuvent y avoir été laissées par la membrane du gros intestin, puisqu'elles se contournent sur toutes les surfaces des circonvolutions intérieures , bien qu'elles aient été définitivement recou-

Les échantillons que nous avons figurés pl. 15, figures 3, 5, 7, 10, 12, 13 et 14, offrent tous de semblables impressions.

Quant à la cause finale de ce curieux arrangement des viscères dans les reptiles maintenant éteints qui habitèrent les mers du monde primitif, elle est la même qui a présidé à l'arrangement pareil que nous retrouvons dans les espèces voraces des requins et des squales qui peuplent les mers de notre époque [*].

Comme la voracité, qui est un trait caractéristique de tous ces animaux, exigeait qu'ils fussent pourvus d'un estomac tout à la fois volumineux et alongé, il ne demeurait que peu d'espace pour les autres viscères plus petits, d'où la nécessité qu'ils fussent réduits, pour ainsi dire, comme nous avons vu qu'ils le sont, à la condition d'un tube aplati, contourné sur lui-même à la façon d'un tire-bouchon. Cette disposition offrait l'avantage d'employer un moindre espace, presque sans rien faire perdre à l'intestin de sa surface absorbante. Si à l'estomac énorme et aux vastes poumons de l'ichthyosaure il se fût ajouté un paquet intestinal d'un volume considérable, l'accroissement du volume total du

vertes par les circonvolutions extérieures au moment de leur passage de l'intestin grêle dans le gros intestin.

[*] Paley, dans son chapitre sur les compensations mécaniques de la structure des animaux, cite dans une espèce de requin (le renard de mer, *squalus vulpes*) une disposition toute pareille à celle que nous venons de mentionner comme appartenant à l'ichthyosaure. — « Dans cet animal, dit-il, l'intestin est droit d'un bout à l'autre ; mais cet intestin droit et par conséquent court n'est réellement qu'un conduit contourné en tire-bouchon, et ce n'est qu'après maintes circonvolutions, et en suivant une route en réalité fort longue, que la substance alimentaire arrive à son point de sortie. De cette sorte la brièveté de l'intestin se compense par l'obliquité du canal qui y est creusé. »

Le docteur Fitton a appelé mon attention sur un passage de la vie de Loke, par lord King (in-4º, p. 166—167), d'après lequel il paraît certain que l'importance de la disposition en spirale du canal intestinal n'avait point échappé à ce profond philosophe qui l'avait observée sur un grand nombre de préparations de la collection anatomique de Leyde.

corps, qui en eût été une conséquence nécessaire, eût été une cause de diminution dans la puissance locomotrice, ce qui n'eût pas été sans inconvénient grave chez un animal qui, pour la capture de sa proie, ne pouvait compter que sur sa vélocité.

Tous ces faits, qui ressortent de l'étude des restes coprolitiques des ichthyosaures, ajoutent à ce que nous savions déjà de l'anatomie et des mœurs des anciens habitans de notre planète une masse de connaissances pleines d'intérêt. Nous y avons rencontré des témoignages qui nous permettent d'affirmer la présence d'arrangemens pleins d'utilité et d'admirables compensations jusque dans les organes si périssables, mais en même temps si importans, qui concourent à opérer les fonctions digestives. Nous avons pu reconnaître avec certitude la nature de leurs alimens, la forme et la structure de leur canal intestinal ; nous avons pu dessiner leur tube digestif dans les trois formes successives qu'il subit d'une extrémité à l'autre de sa longueur, d'abord estomac volumineux et prolongé, puis iléum aplati et contourné en spirale, jusqu'à ce qu'il se termine en un cloaque d'où les coprolites tombaient dans la vase qui donna naissance au lias. Là, ils sont demeurés ensevelis durant des siècles sans nombre, jusqu'à ce que la main des géologues ait été les arracher aux profondeurs qui les tiennent enfouis, pour les appeler à rendre témoignage des évènemens qui se sont accomplis au fond des mers primitives durant les longues périodes antérieures à l'avènement de l'homme sur la terre.

Structure des intestins dans les poissons fossiles.

On a récemment découvert des coprolites qui proviennent de poissons fossiles. M. Mantell les a rencontrés dans le corps du Macropoma Mantellii de la craie de Lewes; ils étaient en contact avec l'estomac alongé de ce poisson vorace, et les tuniques de ce viscère étaient également bien conservées [*]. Miss Anning en a découvert aussi dans l'intérieur du corps de plusieurs espèces de poissons fossiles du lias de Lyme Regis. Le docteur Hibbert a fait voir que les couches du calcaire d'eau douce du terrain houillier de Burdie-House, près d'Edimbourg, étaient abondamment parsemées de coprolites provenant de poissons de cette époque reculée; et sir Philippe Egerton en a trouvé de pareils mêlés à des écailles provenant du genre Mégalichtys, et à des coquilles d'eau douce dans la formation carbonifère de Newcastle-Under-Lyne. M. W. C. Trevelyan a reconnu, en 1832, des coprolites au centre des nodules d'argile ferrugineuse qui abondent à Newhaven, près de Leith, dans une falaise basse composée de schistes et appartenant également à la formation carbonifère. Je visitai cette localité dans le mois de septembre 1834, en compagnie de M. Trevelyan lui-même et de lord Greenock, et j'y trouvai ces nodules épars sur la grève en quantité si considérable qu'il me suffit de quelques minutes pour en rassembler plus d'échantillons que je n'en pouvais porter. Parmi ces échantillons, il y en avait qui renfermaient un poisson fossile; d'autres quelque fragment d'une plante; mais le plus grand nombre avait pour noyau un copro-

[*] Voyez la géologie du Sussex, par M. Mantell, pl. 38. Je tiens de ce savant que les coprolites trouvés dans le macropoma ressemblent presque entièrement par leur forme à ceux figurés dans le présent ouvrage, pl. 15, fig. 8 et 9. Il pense aussi que les échantillons les plus contournés (pl. 15, fig. 5, 7) que l'on connaissait depuis long-temps sous le nom de jules (*julis*), et que l'on supposait être des cônes de pins fossiles, peuvent provenir de poissons de la famille des requins (ptychodus) dont les énormes dents palatines (pl. 27) se trouvent en abondance avec ces coprolites dans les mêmes localités de la formation crayeuse de Steyning et de Hamsey.

lite dont l'intérieur était contourné en spirale ; et ces débris proviennent sans nul doute de ces poissons voraces dont on a retrouvé les os dans la même couche. Ces nodules prennent du reste un fort beau poli , et les joailliers d'Edimbourg en ont fait des tables , des serre-papier et des bijoux qu'ils désignent sous le nom de pierres d'escargot (*beetle stones*) parce qu'ils les supposent provenir de quelque insecte. Milord Greenock a découvert, entre les lames d'un bloc de houille provenant des environs d'Edimbourg, une masse d'intestins pétrifiés , distendus par de la matière coprolitique et entourés d'écailles que le professeur Agassiz rapporte au Mégalichtys.

Ce naturaliste distingué s'est assuré dernièrement que les corps fossiles vermiformes que l'on trouve en si grande abondance dans l'ardoise lithographique de Solenhofen , et qui ont été décrits par le comte Munster dans l'ouvrage de Goldfuss, sous le nom de lumbricaria, sont ou des intestins de poissons pétrifiés , ou le contenu de ces intestins qui a conservé la forme du tube tortueux dans lequel il était renfermé. Ce sont ces fossiles remarquables qu'il a désignés sous le nom de *cololites*. La planche 15 est copiée de l'une de celles que Goldfuss a données dans son ouvrage (Petrefacten, pl. 66). M. Agassiz a rencontré aussi de semblables pétrifications contournées à l'intérieur de la cavité abdominale de plusieurs poissons fossiles des genres Thrissops et Leptolepis, et ils y occupaient relativement aux côtes la position qu'occupent habituellement les intestins *.

---

* Voyez son ouvrage sur les poissons fossiles, liv. 2, Appendice, page 15.

Les observations qu'a faites ce savant distingué sur la marche de la décomposition dans les poissons morts des lacs de la Suisse l'ont conduit à expliquer d'une manière fort ingénieuse pourquoi les cololites se rencontrent le plus souvent isolés dans le calcaire lithographique. Ces animaux, im-

Sans doute aux yeux d'un grand nombre de personnes peu versées dans l'anatomie, des recherches ayant pour objet quelque chose d'aussi obscur et d'aussi inaccessible en apparence que la structure des intestins chez une espèce éteinte de poissons, ou de reptiles, seront ce qu'il peut y avoir au monde de moins digne d'attention ; mais ces recherches acquièrent une haute importance par les démonstrations que la science y puise de la sagesse et du plan providentiel qui ont présidé à la création ; elles fournissent un anneau de plus à la chaîne importante qui unit les races qui de nos jours vivent et s'agitent à la surface de notre planète aux races maintenant détruites de ses habitans des âges primitifs*. Le retour systématique, chez des animaux qui ont existé à des époques aussi éloignées, des mêmes

médialement après leur mort, flottent à la surface des eaux, le ventre en l'air, jusqu'à ce que leur abdomen crève par les gaz putrides qui s'y développent et le distendent : c'est par l'ouverture qui résulte de ce déchirement que les intestins sortent du corps, tout en conservant leurs circonvolutions naturelles. Mais après un temps très court cette masse intestinale se trouve séparée du corps par l'agitation des vagues. C'est alors que le poisson tombe au fond ; mais ces intestins continuent encore de flotter long-temps, et s'il arrive qu'ils soient portés sur le bord, ils y demeurent plusieurs jours sur le sable avant que leur décomposition y soit complète. Du reste ce ne sont que les intestins grêles qui se détachent ainsi du corps ; l'estomac et les autres viscères y restent fixés.

L'auteur de cette explication donnée sur des fossiles jusque là inexpliqués publia en ce moment, à Newchatel, le plus important ouvrage qu'il y ait sur les poissons fossiles. Ses titres à aborder une tâche aussi étendue et aussi difficile sont garantis suffisamment par ce fait que Cuvier, voyant les progrès que ce savant y avait faits, s'empressa de mettre à sa disposition tous les matériaux qu'il avait déjà rassemblés lui-même dans le but d'entreprendre un travail tout semblable.

*Le temps qui répand de la dignité sur tout ce qui échappe à son pouvoir destructeur fait voir ici un singulier effet de son influence : ces substances si viles dans leur origine, étant rendues à la lumière après tant de siècles, deviennent d'une grande importance, puisqu'elles servent à remplir un nouveau chapitre dans l'histoire naturelle du globe. — *Bulletin de la Société impériale de Moscou*, n. VI, 1853, p. 25.

moyens disposés suivant des règles construites dans le but de produire les mêmes résultats, et se modifiant suivant les mêmes lois
pour s'adapter aux diverses conditions d'existence, démontre
que toutes ces choses doivent leur origine à une même intelligence première.

Quand nous retrouvons dans le corps d'un ichthyosaure la
nourriture qu'il venait d'engloutir l'instant d'avant sa mort ;
quand l'intervalle entre ses côtes nous apparaît encore rempli
par les débris des poissons qu'il a avalés il y a dix mille
ans, ou un temps dix fois plus grand, tous ces intervalles
immenses s'évanouissent en quelque sorte ; les temps disparaissent, et nous nous trouvons pour ainsi dire mis en contact
immédiat avec tous les évènemens qui se sont passés à ces
époques incommensurablement éloignées, comme s'il s'agissait
de nos affaires de la veille.

SECTION VI.

LE PLÉSIOSAURE *.

Nous voici amenés à étudier un genre d'animaux éteints qui
par leur structure se rapprochent beaucoup de l'ichthyosaure
et qui ont vécu en même temps que lui dans les époques intermédiaires de l'histoire de notre globe. La découverte de ce
genre est l'une des acquisitions les plus importantes dont l'anatomie comparée soit redevable à la géologie. C'est du plésiosaure
que Cuvier a dit qu'il offre la structure la plus hétéroclite et l'ensemble de caractères le plus monstrueux que l'on ait rencontré
parmi les ruines de l'ancien monde **. On y trouve la tête d'un

* Pl. 16, 17, 18, 19.
** Cet habitant de l'ancien monde est peut être le plus hétéroclite et

lézard, les dents d'un crocodile, un cou d'une longueur énorme, et qui ressemble au corps d'un serpent, un tronc et une queue dont les proportions sont celles d'un quadrupède ordinaire, les côtes d'un caméléon et les nageoires d'une baleine. Telles sont les combinaisons étranges de formes et de structure que présente le plésiosaure. Ses débris, après avoir été pendant des milliers d'années ensevelis dans un naufrage commun avec ceux de tant de millions d'êtres qui peuplaient notre planète à ces époques éloignées, ont été rendus à la lumière par la géologie, et s'offrent à notre étude dans un état de conservation presque tout aussi parfait que ceux des espèces nos contemporaines.

Il paraît certain que les plésiosaures n'habitaient que des mers et des golfes peu profonds, et qu'ils respiraient l'air atmosphérique de la même manière que les ichthyosaures et nos cétacés modernes. Déjà nous en connaissons cinq ou six espèces, dont quelques unes atteignent une taille et un volume prodigieux; mais nous n'étudierons ici que la mieux connue, et celle qui est peut-être la plus remarquable, le *plesiosaurus dolichodeirus* *.

celui de tous qui paraît le plus mériter le nom de monstre. — *Ossem. Fossiles*, in-4°, t. 5, 2ᵉ partie, 476.

* C'est dans le lias de Lyme-Regis, vers 1823, que l'on a découvert les premiers échantillons appartenant à cet animal remarquable, et ils sont l'objet d'un admirable mémoire dans lequel MM. Conybeare et De la Bêche ont établi et dénommé le genre (*Géolog. Trans. Lond.* T. 5. 2.ᵉ part.). Depuis on a rencontré d'autres individus dans les mêmes formations sur divers points de l'Angleterre, de l'Irlande, de la France et de l'Allemagne, ainsi que dans des formations qui appartiennent à diverses époques, depuis le muschel-kalk en s'élevant jusqu'à la craie. Le premier échantillon que l'on ait trouvé dans un état voisin de la perfection fait partie de la collection du duc de Buckingham (il est figuré dans les *Géolog. Trans. Lond.* Nouvelle série, t. 1 partie 2, pl. 48). Il y en a un autre presque entier, long de onze pieds, dans la collection du muséum britannique; c'est celui que nous avons figuré, planche 16. Notre planche

Tête [*].

La tête du plésiosaurus dolichodeirus offre une réunion de caractères particuliers à l'ichthyosaure, au crocodile et au lézard; mais c'est de la tête de ce dernier surtout qu'elle se rapproche davantage. Elle est en rapport avec celle de l'ichthyosaure par la petitesse de ses narines, en même temps que par la place qu'elles occupent à l'angle antérieur des yeux : elle tient de la tête du crocodile par ce fait que les dents sont implantées dans des alvéoles distinctes ; mais elle diffère de l'une et de l'autre par sa forme générale et sa petitesse ; et un grand nombre de ses caractères la rapproche tout à fait de celle de l'iguane [**].

17 représente un squelette fossile encore plus parfait, appartenant aussi au muséum britannique, et qui a été trouvé par M. Hawkins dans le lias de Street, près de Glastonbury. Nous avons en outre figuré dans la planche 16 le même animal tel que M. Conybeare l'avait rétabli à l'aide de fragmens dispersés, avant que l'on en eût encore rencontré aucun squelette entier : et l'analogie complète de cette restauration avec le squelette parfait peut être citée comme un exemple frappant de la certitude des principes que nous fournit l'anatomie comparée pour reconstruire l'ensemble des créatures fossiles par la combinaison de leurs parties isolées. La justesse des raisonnemens qu'avait faits Cuvier sur les quadrupèdes fossiles de Montmartre fut démontrée par la découverte subséquente de squelettes tout pareils à ceux qu'il avait refaits conjecturalement à l'aide d'os isolés; la restauration qu'a faite M. Conybeare du plesiosaurus dolichodeirus (pl. 16) n'a pas reçu une confirmation moins éclatante de la découverte des échantillons que nous venons de mentionner.

[*] Pl. 16, 17, 18.

[**] M. Conybeare a figuré dans les Transactions géologiques, 2e série, t. 1, Ier partie, pl. 19, une tête de cet animal à peu près complète, vue en dessus et de côté. La figure 2 de notre 18me planche représente la tête de l'échantillon appartenant au muséum britannique, le même dont nous avons donné la figure entière sur une échelle plus petite dans la pl. 16. La tête est renversée; la mâchoire supérieure est dérangée de sa position, et laisse voir plusieurs des alvéoles distinctes où les

Cou.

Le caractère le plus extraordinaire qu'offre le reptile qui nous occupe, c'est la longueur extrême de son cou, organe qui égale presque en étendue le corps et la queue ensemble, et qui contient environ trente-trois vertèbres, c'est-à-dire plus qu'il n'y en a dans le cou du cygne, celui de tous les oiseaux chez lequel cet organe atteint la plus grande longueur. C'est là, comme on le voit, une remarquable exception à cette loi presque universelle, que le nombre des vertèbres cervicales chez les quadrupèdes est toujours peu considérable. Même chez la girafe, le chameau et le lama, le nombre en est constamment de sept ; et l'on retrouve encore le type de ce nombre dans

dents sont contenues, aussi bien que la partie postérieure de la voûte palatine ; la mâchoire inférieure n'est que peu déplacée.

On voit, pl. 18, fig. 1, une autre mâchoire inférieure dessinée d'après l'échantillon trouvé à Street par M. Hawkins, et appartenant aussi au muséum britannique.

La figure 5 de la pl. 19 représente l'extrémité de l'os dentaire d'une autre mâchoire inférieure de la même collection ; quelques dents sont restées dans les alvéoles antérieures, et l'on y voit une série de dents nouvelles logées dans une rangée intérieure de cavités plus petites. Ce mode de formation des dents nouvelles dans des cellules de la masse osseuse qui porte les anciennes dents, et la manière dont elles sortent irrégulièrement en traversant la substance de l'os, est un caractère important qui rapproche le plésiosaure du lézard, en même temps qu'il se combine d'une manière remarquable avec l'implantation des dents à l'état parfait dans des alvéoles distinctes, caractère propre aux crocodiles.

Le nombre des dents de la mâchoire inférieure était de cinquante-quatre ; et si l'on suppose que la série supérieure correspondait exactement à celle d'en bas, le nombre total des dents s'élevait au-dessus de cent. L'extrémité antérieure de la mâchoire s'élargit en cuiller pour fournir l'espace nécessaire aux six premières dents de chaque côté, qui sont de toutes les plus développées.

le cou si court des cétacés. Chez les oiseaux, il varie de neuf à vingt-trois, et, chez les espèces vivantes de reptiles, de trois à huit [*]. Nous trouverons bientôt dans les mœurs du plésiosaure une raison probable de cette exception remarquable aux caractères normaux des lézards.

Tronc et queue.

Les vertèbres dorsales ne sont pas disposées en cônes creux, comme cela a lieu chez les poissons, mais elles s'appliquent les unes contre les autres par des surfaces presque plates, et il en résulte pour l'ensemble de la colonne vertébrale le même genre de stabilité que dans les quadrupèdes terrestres. Il en est de même du mode suivant lequel les apophyses articulaires s'appliquent les unes contre les autres, mode destiné à produire

---

[*] La perte de force qui résultait pour le plésiosaure de cette longueur extrême du cou était compensée par l'existence d'une série d'apophyses hastiformes qui se surajoutaient de chaque côté du corps des vertèbres cervicales. (Pl. 17 et pl. 19, fig. 1 et 2.) On trouve chez les oiseaux et chez les quadrupèdes à long cou des rudimens de ces apophyses diversement modifiées; et leur forme, chez les crocodiles, approche beaucoup de ce que l'on observe chez le plésiosaure.

Le corps des vertèbres rappelle aussi beaucoup plus certains crocodiles fossiles qu'il ne rappelle les ichthyosaures ou les lézards, et ces organes ont en outre avec ceux des crocodiles ce point commun que leur portion annulaire est fixée au corps de la vertèbre par des sutures.

Ainsi le cou du plesiosaurus dolichodeirus est une combinaison du principe de construction des vertèbres du crocodile, avec un accroissement en longueur qui dépasse tout ce que l'on observe de plus extrême chez les oiseaux, et que l'on ne retrouve dans aucun autre animal connu, pas plus parmi les créations les plus anciennes que parmi les créations actuelles. La longueur de cet organe anormal est égale à presque cinq fois celle de la tête; le tronc égale quatre fois la tête en longueur, et la queue trois fois, de sorte que la tête n'a en longueur qu'un treizième du corps entier. — Voy. les Transactions géol. de Londres, tome 5, p. 559, et tome 1, nouvelle série, p. 103 et suivantes.

bien plutôt une grande puissance que ce genre particulier de flexibilité créé pour concourir à la progression rapide des ichthyosaures ou des poissons : aussi une progression rapide était-elle incompatible avec la structure de l'ensemble des organes chez le plésiosaure ; et tout ce qui dans son organisation tendait vers un accroissement de force était d'une bien plus haute importance que ce qui eût eu pour but la combinaison de la vitesse avec la flexibilité.

La queue, courte comme elle l'était par rapport à l'ensemble du corps, ne pouvait être, comme la queue des poissons, un organe d'impulsion puissante d'arrière en avant ; c'était plutôt un gouvernail à l'aide duquel il se dirigeait lorsqu'il nageait à la surface des eaux, ou lorsqu'il voulait s'élever ou descendre au sein de ce liquide : et quant à la lenteur des mouvemens, c'est une conséquence à laquelle nous sommes encore conduits par le prolongement extrême du cou en avant des pattes antérieures. Le nombre total des vertèbres dont se compose la colonne vertébrale tout entière est d'environ quatre-vingt-dix. Cet ensemble de circonstances nous conduit à conclure que cet animal, malgré sa taille considérable, a dû chercher surtout dans la ruse et dans les retraites ses moyens de subsister et d'échapper à ses ennemis.

Côtes *.

Les côtes se composent de deux parties, l'une vertébrale et l'autre ventrale ; chacune des portions ventrales s'unit à celle du côté opposé **, au moyen d'un os transversal intermédiaire, (*a, c*), de façon que chaque paire de côtes entoure le corps

* Pl. 19, 17, 18.
** Pl. 19, 5, 6.

d'une ceinture complète formée de cinq pièces *. Cuvier a fait remarquer le rapport qu'il y a entre ce mode de structure et celui que présentent les côtes chez les caméléons, et chez deux espèces d'iguanes (le lézard marbré, *lacerta marmorata*, Linn., et l'anolis, *anolius* Cuv.), et la conséquence qui se présente naturellement à l'esprit, que les poumons, de même que dans ces trois genres actuellement vivans, durent être fort grands, et qu'il était *possible* que la coloration de leur peau fût soumise à des changemens en rapport avec les variations dans l'intensité de leurs inspirations **. Ossemens fossiles, T. V, 2ᵉ part., p. 280.

Cette opinion de Cuvier est purement hypothétique ; et

* La portion ventrale de chacune des côtes (pl. 17 et pl. 18, fig. 3, 6) paraît composée de trois os minces appliqués les uns contre les autres au moyen de racines obliques qui leur permettaient un mouvement d'extension considérable durant la dilatation des poumons. La manière dont ces trois os se combinaient ensemble se voit très bien dans la série figurée de *a* en *d*, où les extrémités supérieures de la portion ventrale des côtes (b) ont été séparées de l'extrémité inférieure des portions vertébrales, par la pression à laquelle elles ont été soumises.

** Nous n'avons aucun moyen de vérifier cette conjecture ingénieuse qui fait du plésiosaure une sorte de caméléon marin, doué de la faculté de faire varier la couleur de ses tégumens ; mais nous devons admettre qu'une faculté semblable lui eût été du plus grand avantage en lui fournissant un moyen de se soustraire plus complètement à la vue de l'ichthyosaure, son ennemi le plus formidable. Contre cet adversaire, tout combat à armes égales lui était impossible, soit à cause de la petitesse de sa tête ou de la longueur extrême de son cou ; et la faiblesse de ses moyens de locomotion le mettait également dans l'impossibilité de fuir. L'agrandissement des poumons avait encore cet important avantage qu'elle permettait à l'animal de venir moins fréquemment à la surface pour y respirer l'air atmosphérique, opération qui ne pouvait s'exécuter sans un danger imminent, au sein de mers où fourmillaient les ichthyosaures. Le docteur Scharck a dernièrement observé que certains poissons, et spécialement les vérons (*leuciscus phoxinus*), ont une tendance à prendre la couleur des vases où on les conserve. (Proceedings zool. soc. Lond. juillet, 1853.) Comme dans cette classe d'êtres il n'existe pas de poumons, ce changement dans les couleurs ne peut être attribué à la

toute personne peu familiarisée avec l'anatomie comparée sera portée à considérer comme non moins conjecturale toute conclusion relative à des organes aussi périssables que les poumons, déduite de quelque disposition inusitée, ou d'une condition insolite des appareils costaux. Cependant c'est en nous appuyant sur de semblables principes que, de la forme et des propriétés de ces côtes fossiles, nous concluons qu'elles furent en rapport, comme chez le caméléon, avec une faculté de contraction et de dilatation des poumons en dehors des règles ordinaires; de même que, s'il nous arrivait de rencontrer la charpente délabrée d'un soufflet parmi les ruines d'une forge, nous prononcerions hardiment que ces pièces d'une plus longue durée supportaient jadis un cuir dont l'étendue était en rapport avec leurs propres dimensions.

Le mode de composition des côtes chez l'ichthyosaure a eu aussi probablement pour résultat de donner à cet animal la faculté de comprimer l'air dans les poumons, et d'en emporter ainsi au fond des eaux des masses réduites à un volume moindre, comme nous avons pensé que cela devait avoir lieu chez les ichthyosaures, d'après la considération de leur appareil costal.

Extrémités [*].

Le plésiosaure respirait l'air atmosphérique, et, pour que cette fonction fût remplie, il fallait qu'il vînt fréquemment à la surface des eaux ; c'était donc une nécessité que le thorax, le bassin et les os des extrémités antérieures et postérieures concourussent à former un appareil qui lui permît de descendre et

même cause qui, d'après les opinions reçues, produit le même effet chez les caméléons.

[*] Pl. 16 , 17 , 19.

de s'élever dans les eaux, à la manière des ichthyosaures et des cétacés. Aussi les pattes ont-elles été converties en des rames plus grandes et plus puissantes que celles de l'ichthyosaure, et propres à compenser ainsi la faible assistance que l'animal pouvait tirer de sa queue*.

Si nous mettons les membres du plésiosaure en présence des mêmes organes chez les autres vertébrés, nous pourrons ranger tout cet ensemble suivant une série régulière de gradations, formant comme les anneaux d'une même chaîne depuis leur état le plus parfait que l'on rencontre dans les mammifères supérieurs jusqu'à leurs formes les plus imparfaites, qui se voient dans les nageoires des poissons. Les rames qui existent à la partie antérieure du corps, chez le plésiosaure, offrent toutes les parties essentielles des membres antérieurs des quadrupèdes et même du bras de l'homme ; une omoplate, un humérus , un radius et un cubitus que suivent les os d'un carpe et d'un métacarpe , celui-ci terminé par cinq doigts, dont chacun se compose d'une série continue de phalanges **. On retrouve dans les membres postérieurs les mêmes analogies avec les organes corres-

---

* Le nombre des pièces qui correspondaient aux phalanges des doigts et des orteils excède celui que l'on observe chez les lézards et les oiseaux , et même chez les mammifères , à l'exception des baleines dont plusieurs offrent un pareil excès numérique en rapport avec l'office de nageoires qui correspond à cette disposition. Ces phalanges des plésiosaures s'articulent, comme chez les baleines, par synchondrose , et elles établissent un passage entre les phalanges de l'ichthyosaure en nombre plus grand et plus anguleuses , et celles des quadrupèdes terrestres , toujours plus ou moins cylindriques. Chez ces lézards de mer, elles étaient aplaties , dans le but d'élargir les extrémités, et d'en faire des organes de natation. Comme d'ailleurs ces rames élargies paraissent avoir été dépourvues de toute espèce d'ongles, même imparfaits , comme ceux des tortues et des phoques, il est probable que le plésiosaure n'avait, partout ailleurs que dans l'eau, qu'un mouvement de progression faible ou tout à fait nul.

** Pl. 16 , 17 , 19.

pondans des mammifères. Le bassin et le fémur y sont suivis par un tibia et un péroné qui s'articulent avec des os du tarse et du métatarse, et ces derniers donnent naissance à cinq doigts formés de nombreuses phalanges.

C'est en étudiant cet ensemble de caractères que M. Conybeare est arrivé aux conséquences suivantes relativement aux habitudes du plésiosaurus dolichodeirus : « C'était un animal aquatique ; l'état de ses pattes le prouve jusqu'à l'évidence : il était marin; les restes auxquels on le trouve constamment associé ne sont à cet égard guère moins concluans. La ressemblance de ses extrémités avec celles des tortues conduit à penser que, comme ces dernières, il venait de temps à autre sur le rivage; mais ses mouvemens sur la terre-ferme ne pouvaient qu'être dépourvus d'agilité, et la longueur de son cou était un obstacle à la rapidité de sa progression à travers les eaux, ce qui contraste d'une manière frappante avec l'ichthyosaure, si admirablement organisé pour fendre les vagues. Et comme à ces diverses circonstances il vient se joindre, en vertu du mode de respiration de l'animal, un besoin de communications fréquentes avec l'atmosphère, ne sommes-nous pas autorisés à prononcer qu'il nageait à la surface même des eaux, ou s'en éloignait peu, recourbant en arrière son cou long et flexible, à la manière du cygne, et le dardant de temps à autre pour saisir les poissons qui s'approchaient de lui? Peutêtre aussi se tenait-il près du rivage, dans des eaux peu profondes, caché au milieu des végétaux marins, et portant, à l'aide de son long cou, ses narines jusqu'à la surface des eaux; c'eût été là pour lui une retraite assurée contre les attaques de ses plus dangereux ennemis. D'un autre côté, cette longueur et cette flexibilité du cou, par la promptitude et la soudaineté d'attaque qu'elles lui permettaient de déployer contre tout ce qui passait à sa portée, compensaient la faiblesse de ses mâchoi-

res et l'impossibilité d'une progression rapide au sein des eaux.»
Géol. Trans. nouv. série, t. 1 , 2e part. p. 388.

Nous avions commencé cette histoire du plésiosaure en nous autorisant de l'opinion imposante de Cuvier, pour déclarer que c'était une des productions les plus anormales et les plus monstrueuses qui aient fait partie des anciens systèmes de création. Puis la suite nous a montré, par l'étude que nous avons faite de ses détails d'organisation, que ces anomalies apparentes ne reposaient que sur des variations dans l'arrangement ou dans les proportions de parties fondamentalement les mêmes qui concourent à former les créatures les plus parfaites du monde actuel.

Si nous poursuivons l'étude des analogies d'organisation qui unissent les habitans actuels de notre globe avec les espèces diverses et les genres éteints qui ont précédé sur cette terre notre propre race, nous voyons qu'une chaîne étroite d'affinités relie la série tout entière des êtres organisés, et resserre dans des liens intimes et pleins d'harmonie toutes les formes passées et présentes de la vie chez les animaux. L'ensemble même de notre propre organisation, et certains de nos organes les plus importans, nous placent dans des rapports directs et étroits avec ces reptiles qui nous semblent, au premier coup d'œil, les plus monstrueuses productions de la création ; cette main, ces doigts qui écrivent leur histoire, sont un type toujours présent à mes yeux des rames natatoires de l'ichthyosaure et du plésiosaure.

Si nous venons à étendre la comparaison aux quatre grandes classes d'animaux vertébrés , chaque espèce nous apparaît avec un mode suivant lequel les parties analogues s'adaptent aux circonstances et aux conditions diverses d'existence pour lesquelles chacune de ces espèces a été créée. A partir des degrés les plus inférieurs , nous voyons l'organisation et les fonctions animales s'élever parallèlement par une double échelle, jusqu'à ce qu'elles arrivent au point de leur plus haut développement. C'est ainsi que la nageoire du poisson devient la rame natatoire du plésiosaure et de l'ichthyosaure: celle-ci se transforme à son tour dans l'aile du ptérodactyle, de l'oiseau et de la chauve-souris, puis devient la patte antérieure des quadrupèdes destinés à se mouvoir sur la terre, et atteint son terme de développement le plus élevé dans le bras et dans la main de l'homme, être doué de raison.

Je terminerai ces observations en me servant des paroles de M. Conybeare, et, plein des sentimens qui les ont inspirées, et que partagent tous ceux qui ont été assez heureux pour le suivre dans ces recherches profondes auxquelles nous devons la plus grande partie de nos connaissances relatives au plésiosaure, je dirai comme lui :

« Toutes les fois qu'un observateur entreprend de tracer les anneaux divers dont se constitue la chaîne qui rattache entre eux les êtres organisés, ses yeux sont frappés à chaque instant par l'apparition d'analogies pleines de beautés, et chaque détail d'anatomie, si petit qu'il puisse être, se revêt de charmes et d'intérêt ; car cette admirable science se présente continuellement escortée de preuves nouvelles de cette grande loi générale formulée avec tant d'élégance dans les paroles suivantes de Scarpa, l'un des hommes dont les travaux l'ont le plus illustrée : — « *Usque adeo natura, una eadem semper* » *atque multiplex, disparibus etiam formis effectus pares,* » *admirabili quadam varietatum simplicitate conciliat.* »

SECTION VII.

LE MOSASAURE OU GRAND ANIMAL DE MAESTRICHT.

Le mosasaure a long-temps été connu sous le nom de grand animal de Maestricht, parce qu'on l'a trouvé, près de cette ville, dans le tuf calcaire qui constitue les dépôts les plus modernes de la formation crétacée, et qui contient des ammonites, des bélemnites, des hamites, et plusieurs autres coquilles de la craie, en même temps que des débris d'animaux marins qui lui appartiennent en propre. Ce fut en 1780 que l'on y découvrit une tête à peu près complète, qui appartient maintenant au Muséum de Paris. Cette pièce célèbre dérouta pendant plusieurs années toute la science des naturalistes : plusieurs y voyaient la tête d'une baleine, d'autres celle d'un crocodile ; mais sa véritable place dans la série animale lui fut assignée pour la première fois par Adrien Camper, dont les travaux de Cuvier sont venus depuis confirmer l'opinion. Il résulte des recherches de ces deux savans illustres que l'animal auquel avait appartenu le débris en question était un reptile marin d'une taille gigantesque et très voisin des monitors *. Et quant à l'époque à laquelle le mosasaure se montra pour la première fois, ce fut selon toute apparence vers la fin de cette longue série de périodes géologiques, durant laquelle se déposèrent les groupes oolitique et cré-

* Les monitors sont un genre de lézards qui fréquentent les marais et le bord des rivières dans les climats chauds. Ils doivent leur nom à ce préjugé universellement reçu, malgré son absurdité, qu'ils annoncent par un sifflement aigu l'approche des crocodiles et des caïmans. Il y en a une espèce, le monitor du Nil, qui détruit les œufs des crocodiles, et que l'on voit sculptée sur les monumens de l'ancienne Egypte.

tacés. Dans toute la durée de ces périodes , notre planète paraît avoir été surtout habitée par des animaux marins, et, au nombre des plus grands parmi ces derniers , se trouvaient des sauriens d'une stature gigantesque, dont plusieurs habitaient la mer et arrêtaient dans de justes limites l'accroissement excessif des tribus de poissons leurs contemporaines.

Depuis le lias jusqu'au moment où a commencé le dépôt de la craie , les ichthyosaures et les plésiosaures furent les tyrans de l'océan ; et , à partir de cette dernière époque qui est précisément celle où se termina leur existence, ils paraissent avoir été remplacés, tout le temps que dura le dépôt de la craie, par le mosasaure , qu'on dirait avoir été créé pour remplir temporairement leurs fonctions *, et qui devait lui-même céder la place aux cétacés de la période tertiaire. Comme il n'existe dans le monde où nous vivons aucun saurien qui habite la mer ; comme d'un autre côté les représentans actuels de cet ordre les plus puissans , les crocodiles, bien que créés spécialement pour vivre dans les eaux, ont recours plutôt à la ruse qu'à la vitesse pour s'emparer de leur proie, il ne sera pas sans intérêt d'étudier les arrangemens mécaniques par suite desquels un reptile voisin des monitors se mouvait dans la mer avec assez de puissance et de vélocité pour atteindre et saisir d'aussi grands poissons que ceux dont il dut faire sa pâture , à en juger d'après le volume prodigieux de ses dents et de ses mâchoires.

Les caractères de la tête et des dents** prouvent des rapports intimes entre cet animal et les monitors, et les proportions des diverses autres parties du squelette conduisent à conclure que ce monitor monstrueux des mers d'autrefois avait vingt-

* M. Mantell a trouvé des débris appartenant au mosasaure dans la craie supérieure, près de Lewes, et le docteur Morton dans le sable vert (*Green-sand*) de Virginie.

** Pl. 20.

cinq pieds de longueur, quoique parmi ses congénères modernes aucun n'excède cinq pieds. La tête, que nous figurons
dans cet ouvrage, est longue de quatre pieds ; celle des plus
grands monitors ne dépasse pas cinq pouces. Les anatomistes
les plus profonds ne pourraient imaginer qu'avec peine une
série de modifications à l'aide desquelles un monitor pût atteindre la taille et le volume d'un épaulard * (*delphinus orca*),
et posséder en même temps la faculté de se mouvoir avec force
et vitesse au sein des eaux de la mer. C'est néanmoins ce que
nous offre le squelette fossile dont l'étude nous occupe en ce
moment : dans tout son ensemble, nous trouvons les caractères
d'un monitor ; mais ces caractères se modifient dans le but
manifeste d'en faire un animal créé pour vivre au sein des
eaux de la mer.

Le mosasaure n'avait guère de caractères communs avec le
crocodile ; mais il se rapprochait des iguanes par un appareil
dentaire fixé sur l'os ptérygoïde **, et occupant la voûte palatine,
ainsi que cela a lieu chez certains serpens et chez certains poissons, où ces dents, dirigées en arrière comme les barbes d'une
flèche, s'opposent à ce que la proie puisse leur échapper ***.

* L'épaulard atteint jusqu'à vingt et vingt-cinq pieds ; c'est un animal très féroce, qui se nourrit de phoques et de marsouins ainsi que
de poissons.
** Pl. 20, K.
*** Les dents n'ont pas de vraies racines, et ne sont pas creuses comme
chez les crocodiles, mais à leur état de complet accroissement elles
sont entièrement pleines et soudées à leurs alvéoles par une base
osseuse, large et solide, résultant de l'ossification de la matière pulpeuse
qui a sécrété la dent. En outre, elles se fixent plus solidement encore
aux mâchoires par l'ossification de la capsule ou organe sécréteur de
l'émail. Cette capsule ossifiée entoure la base des dents d'une sorte de
contrefort circulaire, et les fixe avec une extrême solidité. Les dents
nouvelles apparaissaient dans d'autres cellules de l'os maxillaire (Pl. 20,
h), et, en s'accroissant, traversaient irrégulièrement sa substance, jus-

Les autres parties du squelette sont parfaitement en accord avec les caractères fournis par la tête. Toutes les vertèbres sont concaves en avant, et convexes en arrière, et s'adaptent par une articulation orbiculaire qui leur permet des mouvemens faciles de flexion dans tous les sens. Depuis le milieu du dos jusqu'à l'extrémité de la queue, elles sont dépourvues des apophyses articulaires qui sont d'une utilité si essentielle pour la solidité du tronc chez les animaux destinés à se mouvoir à la surface de la terre. Elles ressemblent sous ce rapport aux vertèbres des dauphins, et cet arrangement n'a été créé que dans le but de leur rendre la natation plus facile. Les vertèbres du cou sont aussi construites de façon à procurer à cette partie du corps plus de flexibilité qu'elle n'en a chez les crocodiles.

De même que la queue des crocodiles, la queue du mosasaure, comprimée dans le sens latéral, en même temps qu'épaisse dans le sens vertical, constitue un aviron droit d'une puissance énorme; et l'action qui résulte de ses mouvemens latéraux chasse le corps en avant, comme ces bateaux que fait avancer un seul homme avec un seul aviron à l'arrière. Bien que les vertèbres caudales soient à peu près en même nombre que chez les moniters, la queue était proportionnellement plus courte, par suite de la plus grande brièveté relative du corps de chacun de ces os; et de cette disposition résultait un accroissement de puissance dans la queue considérée comme instrument de natation, et une rapidité de locomotion qui n'eût pu se concilier avec une queue longue et mince comme celle du moniter, qui s'en aide pour grimper. Enfin une dernière dis-

qu'à ce que, venant à comprimer la base des dents anciennes, elles les forcent à se détacher en même temps que la base elle-même, en y causant une sorte de nécrose, et à tomber à la manière des cornes du cerf. Les dents palatines sont organisées d'après le même principe que les dents maxillaires, et se renouvellent de la même manière.

position, qui a pour but de donner à la queue une plus grande vigueur, c'est l'existence *d'os en chevron* solidement fixés au corps de chaque vertèbre , de la même manière que dans les poissons.

Le nombre total des vertèbres est de cent trente-trois, à peu près autant que chez les monitors, et plus du double de ce qu'on en observe chez les crocodiles. Les côtes n'ont qu'une seule tête, et sont arrondies comme dans la famille des lézards. Quant aux extrémités, on en possède des fragmens assez nombreux pour démontrer que le mosasaure , au lieu de pattes, les avait terminées par quatre larges rames pareilles à celle du plésiosaure et de la baleine ; et il est probable qu'un de leurs usages principaux fut d'aider l'animal à s'élever à la surface des eaux pour y venir respirer, dépourvu qu'il était, suivant toute probabilité, de la queue horizontale, qui permet aux cétacés ce même mouvement d'ascension. L'ensemble de ces caractères concourt à démontrer que le mosasaure était organisé dans le but d'une existence exclusivement aquatique , et que, malgré l'exagération de ses proportions, s'il vient à être comparé aux genres vivans de ces deux familles , il établit un anneau intermédiaire entre les monitors et les iguanes. Quoi que nous puissions trouver d'énorme dans ces dimensions comparées à celles de tous les lézards actuels , et quelque étrange que puisse nous paraître l'existence de genres marins dans cet ordre des sauriens dont aucune espèce actuellement vivante n'habite la mer, il n'y a rien là qui doive plutôt nous étonner que les modifications analogues que l'on observe dans le mégalosaure et dans l'iguanodon, exemples d'un agrandissement plus considérable encore du type des monitors et des iguanes, converti en des formes colossales appropriées à une locomotion terrestre.

Au milieu de cette variation dans les proportions , nous

voyons persister les mêmes lois qui président à l'organisation des genres contemporains ; et la perfection des combinaisons mécaniques qui à toutes les époques ont résulté de leur action nous prouve quelle haute sagesse a calculé ces mécanismes, et quelle puissance infinie les a maintenus dans leur intégrité.

Cuvier affirme, à propos du mosasaure, que, même avant d'avoir vu une seule de ses vertèbres ou un seul os de ses extrémités, il était à même de déterminer le caractère général de l'ensemble du squelette, d'après l'examen des mâchoires et du système dentaire, ou même d'après la vue d'une seule dent. Ce pouvoir de détermination, la science en est redevable à ces lois magnifiques de corrélation des organes qui sont le fondement de l'anatomie comparée, et qui donnent à ses découvertes un intérêt si puissant.

SECTION VIII.

PTÉRODACTYLE *.

Au nombre des découvertes les plus remarquables de la science qui nous occupe, nous devons placer les reptiles volans que Cuvier a groupés dans le genre ptérodactyle, genre qui offre de plus singulières combinaisons de formes que tout ce que nous rencontrons ailleurs parmi les ruines de l'ancien monde **.

La structure de ces animaux est si extraordinairement anor-

---

* Pl. 1, fig. 42, 43, et Pl. 21 et 22.

** C'est surtout à Aichstadt et à Solenhofen, dans le calcaire lithographique de la formation jurassique, que l'on a rencontré jusqu'à ce jour les ptérodactyles ; cette roche abonde en débris marins, et présente aussi des libellules et d'autres insectes. On en a découvert également dans le lias de Lyme Regis, et dans le schiste calcaire oolitique de Stonesfield.

male que les premiers ptérodactyles qui furent découverts partagèrent les naturalistes entre trois opinions : les uns y virent un oiseau ; d'autres une espèce de chauve-souris, d'autres enfin un reptile volant. Cette divergence remarquable à propos d'un être dont on possédait le squelette presque entier, était due à l'existence de caractères paraissant appartenir à chacune des trois classes auxquelles on le rapportait. La forme de la tête et la longueur du cou le rapprochent des oiseaux ; ses ailes, par leurs proportions et leurs formes, rappellent les chauves-souris ; le tronc et la queue offrent des rapports étroits avec ceux des mammifères ordinaires. Ces divers caractères coïncident avec la même petitesse du crâne que l'on observe ordinairement chez les reptiles, et avec l'existence d'un bec armé d'au moins soixante dents pointues ; et leur réunion constitue un ensemble apparent d'anomalies que le génie seul de Cuvier devait réconcilier. **Entre ses mains, cette production de l'ancien monde, si monstrueuse en apparence, est devenue l'un des plus magnifiques exemples que nous fournisse l'anatomie comparée de l'harmonie qui dirige, dans tout l'ensemble de la nature, l'adaptation des mêmes parties de l'organisation animale à des conditions d'existence infiniment variées.**

Dans l'ordre des sauriens et dans la classe des reptiles, classe dont les représentans actuels ne se meuvent pas ailleurs que sur la terre ou dans les eaux, les ptérodactyles nous offrent l'exemple d'un genre maintenant éteint et qui avait été organisé dans le but spécial d'une locomotion aérienne. C'est une chose pleine d'intérêt que de voir comment les extrémités antérieures, qui, chez les crocodiles et les lézards modernes, sont des organes de locomotion terrestre, se convertissent en des ailes membraneuses, et jusqu'à quel degré les autres parties du corps se modifient, pour que l'ensemble tout entier de la machine s'harmonise avec cette nouvelle fonction du vol. Et l'on voit jusque dans les moindres détails de cette étude se reproduire avec tant de constance l'accord numérique qui existe entre chacun des membres des ptérodactyles et les membres correspondans des lézards actuels sous le rapport des pièces osseuses qui les constituent ; elle met tellement en relief les dispositions à l'aide desquelles un même organe peut être adapté à des fins différentes que je ne crois pouvoir mieux faire que de présente ici quelques parties détachées de l'analyse si magnifique et si complète que Cuvier nous a donnée de l'organisation de cet animal.

Les ptérodactyles, dit l'auteur des *Ossemens fossiles*, « sont incontestablement de tous les êtres dont ce livre nous révèle l'ancienne existence les plus extraordinaires, et ceux qui, si on les voyait vivans, paraîtraient les plus étrangers à la nature actuelle. » (T. V, XIe partie, p. 379.)

Nous en connaissons déjà huit espèces, et leur taille varie depuis celle d'une bécassine à celle d'un cormoran*.

---

*La planche 21 représente le *Pterodactylus longirostris*, que Collini a, le premier, fait connaître; c'est l'espèce type sur laquelle le genre a été établi.

On voit pl. 22, O, la plus petite espèce connue, le *Pt. brevirostris* de Solenhofen, lequel a été décrit par le professeur Sœmmering.

J'ai publié, dans les Transactions géologiques de Londres, deuxième série, t. 5, première partie, la figure et la description d'une troisième, le *Pt. macronyx*, du lias de Lyme Regis. Cette espèce était à peu près de la taille d'un corbeau, et ses ailes étendues devaient mesurer environ quatre pieds. Le professeur Goldfuss en décrit une quatrième espèce, le *Pt. crassirostris* ; nous reproduisons, fig. N de la planche 22, une réduction de la figure qu'il a donnée de l'échantillon lui-même, et la figure A est une copie également réduite de la restauration qu'il en a faite. Une autre espèce, le *Pt. medius*, a été décrite par le comte Munster. Cuvier décrit quelques os d'une espèce, le *Pt. grandis*, quatre fois plus grande que le *Pt. longirostris*, dont la taille était à peu près celle d'une bécasse. M. Goldfuss en a décrit une septième, le *Pt. Munsteri*, trouvé à Solenhofen, et il a proposé le nom de *Pt. Bucklandii* pour la huitième, que l'on a découverte à Stonesfield, et qui n'a pas encore été décrite.

Par leurs formes extérieures, ces animaux ressemblent assez à nos chauves-souris et à nos vampires actuels : plusieurs ont le museau alongé comme celui du crocodile, et les maxillaires armés de dents coniques ; leurs yeux étaient d'un volume énorme, et leur permettaient probablement de voir pendant la nuit. Leurs membres antérieurs, convertis en ailes, portent des doigts alongés, armés de longues griffes, ressemblant à l'ongle crochu du pouce des chauves-souris. Ces doigts formaient une patte puissante qui servait à l'animal pour ramper, pour grimper, ou pour se suspendre aux arbres.

Il est probable aussi que les ptérodactyles possédaient la faculté de nager, faculté si commune chez les reptiles, et que nous retrouvons également dans le ptéropus pselaphon, ou chauve-souris Vampire de l'île de Bonin [*].

« Cette créature, comme le démon de Milton, propre à remplir toutes les fonctions, à vivre dans tous les élémens, était un allié convenable à cette foule de reptiles qui fourmillaient au sein des mers, ou rampaient sur les plages d'une planète turbulente.

Le prince des enfers
Tente mille moyens, mille chemins divers ;
De ses mains, de ses pieds, de sa superbe tête.
Il combat, il franchit l'ouragan, la tempête,
Les défilés étroits, les gorges, les vallons,
L'air pesant ou léger, et la plaine et les monts,
Les rocs, le noir limon qu'un flot dormant détrempe,
Va guéant ou nageant, court, gravit, vole ou rampe.
(*Paradis perdu*, 2ᵐᵉ livre, vers 947, traduction de Delille.)

« C'était une étrange population que celle de notre globe, à cette période d'enfance où l'air était sillonné par des nuées de créatures aussi extraordinaires que celles dont nous venons

[*] (Journal zoologique, n° 16, p. 358.)

d'esquisser l'histoire, où l'Océan était parcouru par des bancs
d'icthyosaures et de plésiosaures non moins monstrueux, où des
crocodiles et des tortues gigantesques rampaient sur les bords
des lacs et des rivières primitives[*]. »

Comme le trait caractéristique le plus frappant de ces reptiles
fossiles consiste dans l'existence d'organes pour le vol, il est
naturel de rechercher ce qui appartient à l'oiseau et à la chauve-
souris dans la structure de leurs squelettes. Toute pensée de
les placer au nombre des oiseaux s'arrête à l'instant devant ce
fait que leur bec est armé de dents semblables à celles des reptiles, et il a suffi de la forme d'un seul os, l'os carré, pour
que Cuvier ait pu prononcer immédiatement que cette créature
était un lézard, bien qu'aucun lézard ailé ne fasse partie de la
création actuelle, et que les dragons du blason et de la fable
soient les seuls êtres de cette espèce dont il ait jamais été fait
mention[**]. Quant à ce qui serait de les rapporter à la famille
des mammifères volans, il suffit, pour repousser une pareille
idée, d'un instant de comparaison entre leur tête et celle des
chauves-souris. (Pl. 21 et pl. 22, M.)

Les vertèbres du cou sont très-alongées et sont seulement
au nombre de six ou de sept, tandis que chez les oiseaux il y
en a de neuf à vingt-trois. Les vertèbres dorsales, chez ces der-

---

[*] Transactions géologiques de Londres, nouvelle série; t. 5, première
partie.

[**] Il existe une petite espèce de lézard, le dragon-volant (pl. 22, L)
différente des autres sauriens par des sortes d'ailes imparfaites qui ne
sont autre chose qu'une expansion membraneuse de la peau étendue
au dessus des fausses côtes, lesquelles se projettent horizontalement
des deux côtés du dos. Ces deux replis membraneux forment une sorte
de parachute qui soutient l'animal dans les sauts qu'il exécute d'arbre
en arbre; mais ils n'ont pas la faculté de battre l'air pour devenir
l'instrument d'un vol véritable, comme les bras des chauves-souris ou
les ailes des oiseaux. Les bras ou membres antérieurs du dragon-
volant ne diffèrent pas de ceux des lézards ordinaires.

niers, varient aussi de sept à onze seulement, tandis que chez les
ptérodactyles il y en a près de vingt. Les côtes des ptérodactyles
sont minces et filiformes comme celles des lézards; les côtes chez
les oiseaux sont plates et élargies, et portent des apophyses ré-
currentes encore plus élargies et qui ne se rencontrent que dans
cette classe. Dans les pieds des oiseaux, les os métatarsiens sont
soudés en une seule pièce, tandis que ces mêmes os chez le
ptérodactyle demeurent au contraire parfaitement distincts.
Enfin, le bassin diffère considérablement de celui d'un oiseau,
et se rapproche au contraire du bassin d'un lézard ; et tous ces
divers faits ne laissent aucun doute sur la place que doit occuper le ptérodactyle parmi les lézards, nonobstant les rapports
étroits que la présence d'organes du vol semblerait établir entre
cet animal, et les oiseaux ou les chauves-souris *.

Le nombre et les proportions des os des doigts aux membres
antérieurs et postérieurs chez le ptérodactyle exigent de nous
un examen détaillé ; car leur concordance avec ce que l'on observe dans les organes correspondans chez les lézards nous
conduira à d'importantes conclusions.

Comme fait isolé, c'est une chose qui semblera de bien peu

* Dans une espèce provenant du lias de Lyme Regis, le pterodactylus
macronyx (Géolog. Transact. N. S. et V, iij, pl 27, p. 220), on rencontre
une disposition peu commune, dans le but de supporter une tête lourde
à l'extrémité d'un long cou, et de lui permettre des mouvemens faciles.
Cette disposition consiste dans des tendons osseux parallèles aux vertèbres cervicales, et pareils à ceux qui longent le dos du chevrotain
pygmée (moschus pygmæus) et d'un grand nombre d'oiseaux. Aucune
disposition pareille ne se rencontre chez les lézards modernes; tous ont
le cou fort court, et aucune disposition analogue n'est nécessaire pour
le soutien de leur tête : cette compensation apportée par l'existence de
tendons à la faiblesse qui résulte de l'alongement du cou est un exemple de l'emploi dans un ordre éteint des reptiles les plus anciens, d'un
mécanisme que nous retrouvons encore aujourd'hui appliqué à produire
les mêmes résultats sur d'autres points de la colonne vertébrale, dans
certaines espèces de mammifères et d'oiseaux.

d'importance que de savoir si un lézard vivant ou un ptérodactyle fossile ont leur quatrième doigt composé de quatre ou bien de cinq pièces ; mais quiconque aura la patience d'étudier les détails de cette structure y trouvera une nouvelle application de ce principe général que des faits en apparence minimes et dénués d'intérêt peuvent acquérir une haute importance si on les met en rapport avec d'autres qui, eux-mêmes, considérés isolément, sembleraient également insignifians. Il peut arriver que des détails de cette nature, étudiés dans leurs rapports avec les organes ou les proportions d'autres animaux, jettent une vive lumière sur des points du plus grand intérêt en physiologie, et se rattachent par suite aux considérations les plus élevées de la théologie naturelle. L'étude du membre antérieur, chez les lézards actuels*, nous fait voir que le nombre des phalanges s'accroît régulièrement d'une, depuis le premier doigt ou pouce qui a deux phalanges, jusqu'au troisième qui en a quatre. Or tel est précisément l'arrangement numérique que l'on observe dans les trois premiers doigts de la main du ptérodactyle **.

Ces trois premiers doigts du reptile fossile s'accordent donc par leur structure avec ceux du membre antérieur des lézards actuels ; mais, comme le bras du ptérodactyle devait être converti en un organe de vol, les phalanges du quatrième ou du cinquième doigt ont pris un alongement considérable, dans le but de supporter une membrane alaire ***.

* Pl. 22, B.

** Pl. 22, C, D, E, N, O, fig. 30-38.

*** Ainsi Cuvier a fait voir que dans le pt. longirostris (pl. 21, numéros 39-42) et dans le pt. brevirostris (pl. 22, fig. O, 39-42), le quatrième doigt se composait de quatre phalanges alongées, et que l'absence de la cinquième, ou phalange onguéale, s'explique par ce fait que son existence était sans utilité. Dans le pt. crassirostris, d'après Goldfuss (pl. 22, fig. A, N.), cette phalange onguéale existe au quatrième

Autant les os de l'aile du ptérodactyle offrent d'analogies de nombre et de proportion avec ceux des membres antérieurs du lézard , autant ils s'éloignent complètement par leur arrangement des os qui constituent les doigts extenseurs de l'aile de la chauve-souris *.

Le nombre des doigts dans les membres postérieurs des ptérodactyles est ordinairement de quatre , le doigt extérieur ou petit doigt manquant; et si nous comparons, pour le nombre et les proportions, ces quatre doigts à ceux des lézards, nous trouvons, quant au nombre , un accord aussi parfait que celui qui existe entre les membres antérieurs. Dans l'un comme dans l'autre genre , il y a deux phalanges au premier doigt ou pouce , trois au second , quatre au troisième , et cinq au quatrième. Et, quant aux proportions , la pénultième phalange est

doigt qni se trouve ainsi en avoir cinq, et c'est le cinquième doigt qui s'alonge pour soutenir l'aîle ; mais au milieu de ces diverses modifications des membres antérieurs on voit persister les nombres normaux tels qu'ils existent dans le type des lézards.

Si, comme paraît l'indiquer l'échantillon dessiné par Goldfuss du pt. crassirostris (pl 22, numéros 44-45), c'était le cinquième doigt qui prenait un agrandissement insolite dans le but de supporter la membrane alaire, comme dans les lézards le nombre normal des phalanges pour le cinquième doigt est de trois seulement, nous en pouvons conclure que ce doigt alifère n'avait non plus que trois phalanges. Dans l'échantillon fossile, les deux premières seules ont été conservées , de telle sorte que l'addition qu'a faite cet auteur d'une quatrième phalange au cinquième doigt dans la figure restaurée (pl. 22, A, 47) nous semble peu d'accord avec l'ensemble des analogies que présente cette espèce, aussi bien que toutes celles qu'a décrites Cuvier.

* Dans la chauve-souris (pl. 22, M, 50, 51) le premier doigt ou pouce est seul libre , et peut seul servir à l'animal pour se suspendre ou pour ramper. Les baguettes sur lesquelles l'aile est tendue sont formées par les quatre autres doigts dont les os métacarpiens (26-29) ont pris un grand alongement et se terminent par de petites phalanges (52-45). C'est là une application de la main des mammifères à la fonction du vol, tout à fait pareille à la modification de la main des lézards, qui s'observe chez le ptérodactyle de l'ancien monde.

toujours la plus longue, et l'antépénultième la plus courte;
or, c'est précisément là ce que l'on observe dans les membres
postérieurs des lézards*. Le but apparent de cette place qu'occupent les phalanges les plus courtes dans le milieu de la longueur des doigts chez les lézards, est de permettre à ces doigts
une flexion plus considérable, pour qu'ils puissent entourer et
étreindre des rameaux et des branches d'arbres de dimensions
diverses, ou s'appliquer sur les inégalités du sol et des rochers
dans l'acte de courir ou de grimper**.

De pareilles concordances dans le nombre et dans les proportions des parties ne peuvent devoir leur origine qu'à un plan
préparé à l'avance, pour que chacune fût en harmonie avec les
fonctions spéciales qu'elle devait remplir ; elles nous permettent
d'assigner à un animal éteint la place précise qu'il doit occuper
dans une famille de reptiles actuellement existante ; et lorsque,
dans presque chacun des os qui composent le squelette du ptérodactyle, nous rencontrons tant de particularités caractéristiques
de cette même famille, mais modifiées précisément autant que
l'exigeait l'introduction d'une fonction nouvelle, la fonction du
vol, nous sommes frappés de l'unité de plan qui domine chaque

* Si nous admettons avec Goldfuss que le pt. crassirostris ait un
doigt postérieur de plus que n'en indique Cuvier pour les autres espèces de ptérodactyles, loin qu'il y ait là une violation des analogies
dont l'étude nous occupe maintenant, nous ne pouvons y voir qu'un
rapport de plus avec les lézards vivans ; nous avons vu que cet animal diffère en outre des autres ptérodactyles en ce que c'est le cinquième doigt au lieu du quatrième qui s'agrandit pour supporter
l'aile.

Il est cependant probable que le cinquième doigt postérieur n'avait
que trois phalanges, par les mêmes raisons qui nous ont déterminés à
assigner ce nombre au cinquième doigt antérieur. Cuvier regardait,
dans le pt. longirostris, le petit os figuré pl. 21, n. 56, comme le rudiment d'un cinquième doigt.

** Les doigts des oiseaux offrent un pareil arrangement numérique
des os, et dans un but tout semblable.

partie , et façonne pour le but d'une locomotion aérienne des organes qui , dans tous les autres genres , sont modifiés dans le sens d'une locomotion terrestre ou aquatique.

La comparaison des extrémités postérieures chez le ptérodactyle et chez la chauve-souris * nous fait voir que cette dernière, de même que presque tous les autres mammifères, a trois phalanges à chaque doigt, le pouce excepté, où il y en a deux seulement. Mais les deux phalanges de ce pouce sont égales en longueur aux trois de chacun des autres doigts , de telle sorte que les cinq ongles sont rangés sur une ligne droite, et forment par cette disposition un crochet multiple à l'aide duquel l'animal se suspend dans des antres , la tête en bas , pendant toute la durée de ses longues périodes d'hibernation : le résultat de cet arrangement , c'est que le poids de son corps se partage également entre chacun de ses dix doigts. L'inégalité des doigts du ptérodactyle a dû lui rendre impossible de ranger ainsi ses griffes sur une seule ligne ; et comme d'ailleurs il ne lui eût pas suffi d'un ongle seulement pour supporter pendant un long temps le poids du corps tout entier, nous en pouvons conclure que les ptérodactyles ne se suspendaient pas à la manière des chauves-souris. Le volume et la forme des pieds de la jambe et de la cuisse prouvent que ces animaux pouvaient se tenir debout avec fermeté, les ailes pliées, et posséder ainsi une progression tout analogue à celle des oiseaux ; comme eux aussi, ils ont pu se percher sur des arbres , en même temps qu'ils avaient la faculté de grimper le long des rochers et des falaises en s'aidant des pieds et des mains , comme le font aujourd'hui les chauves-souris et les lézards.

Quant à leur régime, Cuvier pense qu'il se composait d'insectes, et la grandeur des yeux le porte à conclure que c'étaient

* Pl. 22, K.

des animaux nocturnes. La présence de grandes libellules fossiles dans les mêmes carrières de Solenhofen, où l'on rencontre le ptérodactyle, et les élytres de coléoptères qui accompagnent les os de ces animaux dans le calcaire oolitique de Stonesfield près d'Oxford, prouvent qu'à la même époque existaient de grands insectes qui pouvaient leur servir de pâture. Parmi les lézards actuellement existans, un grand nombre des espèces les plus petites se nourrissent d'insectes ; mais il en est aussi qui se nourrissent de chair, tandis que d'autres sont omnivores : et comme la grandeur et la force de la tête et des dents chez les deux espèces connues de ptérodactyles excèdent de beaucoup ce qu'exigerait un régime insectivore, on peut penser que les plus grandes espèces se nourrissaient de poissons, sur lesquels ils se précipitaient à la manière des hirondelles de mer. A en juger même par le volume énorme et la puissance de la tête chez le *Pt. Crassirostris*, ce reptile pouvait non seulement saisir des poissons, mais encore attaquer et dévorer les quelques petites espèces de marsupiaux qui existaient alors à la surface du globe.

L'étude que nous venons de faire du ptérodactyle nous a montré un des exemples les plus frappans que puisse fournir l'anatomie des animaux anciens de la constance des lois de connexion qui existent entre les espèces éteintes appartenant à la création fossile et les êtres organisés qui peuplent maintenant la surface du globe. Nous avons vu les détails d'organes que leur petitesse semblait dépouiller de toute valeur, tirer une importance majeure du genre d'investigation que nous leur avons fait subir. Ces détails nous ont montré, non moins clairement que les membres colossaux des quadrupèdes les plus gigantesques, une identité numérique, une concordance de proportions qu'il nous est impossible de regarder comme des circonstances dues au hasard, et qui prouvent l'existence d'un but unique, un plan calculé à l'avance, une cause première intelligente de laquelle toutes ces existences tirent leur origine. Nous avons vu que, d'un côté, toutes les règles qui dominent l'organisation dans la famille actuelle des lézards se montrent rigoureusement maintenues dans les ptérodactyles, tandis que d'un autre côté, à titre de lézards créés pour la locomotion aérienne, comme les oiseaux et les chauves-souris, chacun de leurs organes en particulier a été habilement modifié en vue de cette condition nouvelle. Nous nous sommes arrêtés d'autant plus long-temps aux détails de leurs mécanismes que notre pensée s'est trouvée reportée à des âges plus excessivement reculés, et que nous y avons reconnu la main d'un créateur commun, qui ne se manifeste pas seulement dans les mécanismes de notre propre corps ou de celui des myriades de créatures inférieures qui s'agitent autour de nous, mais dont les soins s'étendent même à la structure d'êtres qu'au premier coup d'œil on pourrait prendre pour un tissu de monstruosités.

SECTION IX.

MÉGALOSAURE *.

Le Mégalosaure, ainsi que l'indique son nom, était un lézard d'une grande taille, dont on a trouvé, dans les mêmes carrières que nous avons déjà citées, des os et des dents si parfai-

---

* Ce genre a été établi par l'auteur lui-même (Geol. Trans. London, N S, 2ᵐᵉ partie, 1824) d'après des échantillons trouvés dans le schiste oolitique de Stonesfield près Oxford, qui est l'endroit où ils se montrent le plus abondans. M. Mantell a découvert des débris du même animal dans la formation wealdienne d'eau douce de la forêt de Tilgate, et nous concluons de cette circonstance qu'il a dû exister pendant le dépôt des couches de la série oolitique tout entière. L'auteur a vu en 1826, dans le musée de Besançon, des fragmens de mâchoires et de quelques autres os du mégalosaure trouvés dans l'oolite des environs de cette ville.

tement conservés, que, bien que jusqu'ici l'on n'ait pu encore en rencontrer un squelette entier, nous connaissons ses membres dans leurs formes et dans leurs dimensions, avec une certitude presque aussi complète que s'ils se fussent offerts réunis dans un seul bloc de pierre.

En le comparant, sous le rapport de la forme et des proportions de ses os, avec les lézards actuellement existans, Cuvier est arrivé à cette conclusion que le mégalosaure était un reptile énorme, d'une taille de quarante à cinquante pieds, et qui, pour sa structure, tenait tout à la fois du crocodile et du monitor.

Comme le fémur et le tibia ont près de trois pieds chacun, le membre postérieur dans son entier devait être long de près de six pieds; et l'un des os métatarsiens a treize pouces de long; ce qui prouve que le pied était d'une dimension en rapport avec les dimensions précédentes *. Les os des cuisses et des jambes n'étaient point pleins à leur partie centrale, ainsi que cela a lieu chez les crocodiles et chez d'autres quadrupèdes aquatiques; mais ils étaient creusés d'une vaste cavité médullaire analogue à celle qui existe dans les os des quadrupèdes terrestres. Cette circonstance, jointe aux caractères que fournissent les pieds, nous apprend que le mégalosaure vivait principalement à la surface du sol.

Cette organisation intérieure dans des os fossiles nous montre le même mode d'accord entre le squelette et son élément, qui, de nos jours, distingue encore entre eux les os des sauriens terrestres et aquatiques **. Dans les ichthyosaures et les plésiosaures, dont les extrémités aplaties en rames ont été exclusive-

* Géol. Trans. 2e série, t. 3, p. 427, pl. 41.
** Je tiens de M. Owen que les os longs des tortues terrestres offrent à leur intérieur une structure aréolaire serrée, mais non une cavité médullaire.

ment disposées pour une locomotion au sein des eaux, les os
même les plus forts des membres antérieurs et des membres
postérieurs sont massifs dans toute leur épaisseur. Le poids des
os n'apportait, dans ces êtres, aucun obstacle à leur action au
sein du milieu liquide qu'ils habitaient ; mais dans l'énorme
mégalosaure , et dans l'iguanodon, encore plus colossal, qui,
ainsi que l'enseignent les caractères de leurs pieds, avaient été
créés pour se mouvoir à la surface de la terre, les plus grands
os des membres ont été diminués en poids par des cavités in—
ternes remplies d'une substance médullaire peu dense, en même
temps que leur forme cylindrique réunissait la double condition
de la force et de la légèreté *.

* Les cavités médullaires des os fossiles de mégalosaure trouvés à
Stonesfield sont ordinairement remplis de spath calcaire. On voit dans
le muséum d'Oxford un échantillon peut-être unique parmi les débris
organiques fossiles. Il provient de la formation wealdienne d'eau
douce de Langton, près de Tunbridge Wells, et offre le fait curieux du
moulage parfait de l'intérieur d'un os long, probablement le fémur
d'un mégalosaure, avec la forme exacte et les ramifications de la substance médullaire , tandis que l'os lui-même a été complètement détruit. La substance de ce moulage est formée d'un sable fin cimenté
par de l'oxide de fer; sa forme présente distinctement toutes les réticulations les plus minutieuses que suivait la moelle remplissant les cavités
aréolaires de l'extrémité de l'os. On y voit aussi en relief les perforations qui existaient dans la paroi interne, et par où les vaisseaux péné-
traient obliquement de l'extérieur jusqu'à la substance médullaire. Le
sable où l'os était enfoui a également formé tout autour un moule extérieur, de telle sorte que, bien que l'os lui-même ait entièrement péri,
nous possédons tout à la fois une reproduction exacte de sa forme extérieure et de ses cavités internes, en même temps qu'un modèle de la
moelle qui les remplissait, à peu près aussi parfait qu'on pourrait l'obtenir en remplissant de cire fondue la cavité vide d'un os à moelle, puis
faisant dissoudre ensuite la substance osseuse dans un acide. Le sable
qui constitue le moule intérieur a dû entrer par la cassure de celle des
deux extrémités qui manque dans l'échantillon.

Cette préparation naturelle d'une pièce anatomique des temps anciens démontre que, dans ces lézards gigantesques d'un monde primor-
dial, la disposition de la moelle , et ses rapports avec les extrémités

La forme des dents signale dans le mégalosaure un animal très carnivore; il est probable qu'il se nourrissait de reptiles de taille médiocre, tels que les crocodiles et les tortues dont on retrouve les débris dans les mêmes couches. Peut-être aussi descendait-il dans les eaux pour s'y mettre à la poursuite des plésiosaures et des poissons *.

La pièce la plus importante que l'on possède de ce reptile énorme, c'est un fragment de la mâchoire inférieure qui supporte plusieurs dents **. Il résulte de la forme de cette mâchoire que la tête se terminait en avant par un museau droit, mince et comprimé latéralement, comme celui du dauphin du Gange.

Les mâchoires et les dents étant, chez tous les animaux, les organes qui offrent les caractères les plus importans, nous bornerons nos observations actuelles à quelques unes des particularités les plus frappantes du système dentaire du mégalosaure. Et d'abord nous y trouvons la preuve que c'était un animal très voisin de quelques uns de nos lézards modernes ; et si nous considérons ses dents comme les instrumens d'approvisionnement d'une créature carnivore de taille énorme, nous verrons qu'elles étaient dans un rapport admirable avec les fonctions de destruction pour lesquelles elles ont été créées. Leur forme et leur mécanisme seront mieux compris par un coup d'œil jeté sur les figures de la planche 23 ***.

spongieuses de la cavité intérieure du fémur, sont exactement les mêmes que l'on observe dans les cavités médullaires des espèces de la création dont nous faisons partie.

* J'ai appris de M. Broderip qu'un iguane de l'espèce I. tuberculata a vécu dans les jardins de la Société zoologique de Londres pendant l'été de 1854, et qu'on l'a vu fréquemment entrer dans l'eau, et traverser à la nage un petit bassin en se servant de sa longue queue comme d'un instrument de progression, tandis que ses membres antérieurs restaient sans mouvement.

** Pl. 23, fig. 1'-2'.

*** Le bord externe de la mâchoire, pl. 23, fig. 1' 2', est plus haut

Ces dents , par la réunion d'arrangemens mécaniques qui entre dans leur structure, tiennent tout à la fois du couteau, du sabre et de la scie *. Lorsqu'elles commencent à sortir de la gencive **, leur sommet présente un tranchant double d'un émail denté en scie. Leur position alors , ainsi que la ligne suivant laquelle s'exerce leur action, sont à peu près verticales, et elles forment comme une sorte de sabre à pointe doublement tranchante. A mesure que ces dents s'accroissent, elles prennent une courbure en arrière qui leur donne la forme d'une serpette***, et l'émail dentelé se continue le long de l'arête interne ou tranchante de la dent (fig. 1, B-D), tandis qu'au contraire sur l'arête opposée l'émail ne descend qu'à une petite distance du sommet (fig. 1, B-C); de telle sorte que l'arête convexe se trouve épaisse et obtus, de la même manière que l'on fait le dos d'un couteau plus épais afin qu'il soit plus solide. Cette solidité des dents du mégalo-

de près d'un pouce que le bord interne, et forme ainsi une sorte de parapet latéral qui sert d'appui aux dents du côté où elles ont le plus grand effort à soutenir. En même temps , le bord interne (fig. 1') donne naissance à une série de lames triangulaires qui forment des sortes d'éminence en zigzag dans l'intérieur du sillon alvéolaire. Du centre de chaque lame triangulaire part une cloison osseuse qui va joindre le parapet opposé, et constitue ainsi les alvéoles successives. On voit apparaître les dents nouvelles dans l'angle qui sépare ces éminences triangulaires ; elles forment une sorte d'abondante réserve , destinée à remplacer les dents anciennes à mesure que leur destruction progressive ou des fractures accidentelles en rendent nécessaire le renouvellement. Les dents nouvelles se formaient dans des cavités distinctes à côté des anciennes , en dedans de la mâchoire; et il est probable qu'elles forçaient celles-ci à tomber, par le moyen accoutumé de la pression combinée avec l'absorption, pour prendre ensuite leur place dans les cavités demeurées vides. Cette disposition pour le renouvellement des dents est rigoureusement la même que l'on observe dans la dentition de plusieurs espèces vivantes de lézards.

* Pl. 23, fig. 1, 2, 5.
** Pl. 23, fig. 1', 2'.
*** Pl. 23. fig. 1, 2, 5.

saure s'accroît encore par le renflement de ses parois latérales, ainsi qu'on le voit dans la coupe transversale (fig. 4 , A , D). Si la dentelure se fût continuée dans toute la longueur de l'arête obtuse et convexe de la dent, c'eût été pour cet organe un tranchant que sa position eût rendu inutile; et on le voit en effet cesser précisément au point C, passé lequel il n'aurait plus produit aucun effet. Avec des dents ainsi construites , de façon à couper dans toute la longueur de leur bord concave , chaque mouvement des mâchoires produit l'effet combiné d'un couteau et d'une scie, en même temps que le sommet opère une première incision, comme le ferait la pointe d'un sabre à double tranchant. La courbure en arrière que prennent les dents à leur entier accroissement rend toute fuite impossible à la proie une fois saisie, de la même manière que les barbes d'une flèche rendent son retour impraticable. Ainsi, dans les modifications que ces divers organes ont subies pour s'approprier aux circonstances dans lesquelles ils sont placés , nous retrouvons les mêmes arrangemens que l'habileté humaine a mis en œuvre dans la fabrication de plusieurs des instrumens qu'elle emploie.

Dans un chapitre précédent (ch. XIII), j'ai essayé de faire voir que l'existence des races carnivores parmi les animaux a pour résultat une diminution dans la somme des douleurs qui sont réservées aux autres êtres du même règne. Toute disposition des mâchoires ou des dents, qui sera de nature à procurer une mort plus expéditive, se trouvera en accord avec ce même but si hautement avantageux ; et c'est là le motif qui nous dirige nous-mêmes toutes les fois que , sans autre impulsion que celle d'un sentiment d'humanité, nous nous servons des instrumens les plus propres à donner une mort prompte et facile à ces animaux innombrables qui sont immolés chaque jour pour la nourriture de l'homme.

SECTION X.

IGUANODON [*].

Tous les reptiles que nous avons considérés jusqu'ici furent carnivores, c'est ce que nous a appris l'examen de leurs dents ; mais il existe aussi dans la même grande famille des espèces remplissant les fonctions d'herbivores, et en offrant tous les caractères. De ce nombre est le genre suivant, dont nous devons la connaissance aux savantes recherches de M. Mantell. Non seulement cet historien infatigable de la formation wealdienne d'eau douce a rencontré dans ces dépôts de la période comprise entre la série oolitique et la série crétacée des débris de plésiosaures, de mégalosaures, d'hylæosaures [**] et de plusieurs espèces de crocodiles et de tortues ; mais il a découvert en outre, dans la forêt de Tilgate, les débris de l'iguanodon [***], reptile encore plus gigantesque que le mégalosaure, et que son sys-

[*] Pl. 1, fig. 45 et pl. 24. — Voyez aussi la géologie du comté de Sussex et du sud-est de l'Angleterre, par M. Mantell.

[**] L'hylæosaure, ou lézard des bois, fut découvert en 1832 dans la forêt de Tilgate, comté de Sussex. Ce lézard extraordinaire paraît avoir eu environ vingt-cinq pieds de long. Ce qui le caractérise surtout, ce sont les restes d'os alongés, plats et pointus, qui formaient sans doute une énorme frange cutanée semblable aux épines cornées qui surmontent le dos des modernes iguanes. Ces os ont de cinq à dix-sept pouces de long, et de trois à sept pouces et demi de large à leur base. On trouve avec ces os des débris de grandes plaques tégumentaires osseuses, ou écailles épaisses, qui probablement étaient logées dans la peau.

[***] L'on n'a rencontré jusqu'ici l'iguanodon, à une seule exception près, que dans la formation wealdienne d'eau douce du sud de l'Angleterre (pl. 1, n° 22), formation intermédiaire entre les dépôts marins oolitiques de la pierre de Port-land, et les dépôts de sable vert (greenland) de la série crétacée. La découverte que l'on a faite en 1834 (Phil. mag. juillet 1834. p. 77) d'une partie considérable du squelette de l'un de ces animaux dans les carrières de Kentish-Rag, près de Maidstone, est une

tème dentaire démontre avoir été herbivore. Les dents de l'iguanodon ressemblent si parfaitement par leur structure aux dents de l'iguane moderne, qu'elles ne laissent aucun doute sur les rapports intimes qui existent entre ce dernier reptile, notre contemporain, et le premier, le plus gigantesque de ceux qui ont disparu de la surface du globe. Si nous observons que les plus grandes espèces d'iguanes vivans ont rarement plus de cinq pieds de long, tandis que leur congénère fossile dut avoir une taille douze fois plus considérable, nous ne pourrons nous défendre d'un mouvement d'étonnement en rencontrant dans des organes aussi caractéristiques que l'est le système dentaire une ressemblance qui va presque jusqu'à l'identité entre les reptiles les plus énormes de la création ancienne et un genre qui ne renferme maintenant que des espèces proportionnellement si faibles. Suivant Cuvier, l'iguane commun habite toutes les contrées chaudes de l'Amérique; il passe la plus grande partie de sa vie sur les branches, où il se nourrit de fruits, de semences et de feuilles. La femelle va quelquefois à l'eau, pour déposer dans le sable ses œufs qui sont à peu près de la grosseur de ceux d'un pigeon *.

preuve que l'existence de cette espèce n'a pas eu pour limite l'époque où s'est terminée la formation wealdienne. L'individu auquel appartint ce squelette fut probablement entraîné par les eaux dans la mer, de la même manière que ceux dont on retrouve les ossemens dans les dépôts d'eau douce sous-jacens à cette formation marine ont dû être entraînés dans quelque embouchure de fleuve. Ce squelette unique se voit maintenant dans le musée de M. Mantell ; et il est venu confirmer presque toutes les conjectures que ce savant avait établies sur des os isolés rapportés par lui au genre iguanodon.

* Dans un appendice à un mémoire inséré dans les Transactions géologiques de Londres (nouvelle série, t. 3, 3ᵉ partie) au sujet d'os fossiles de l'iguanodon trouvés dans l'île de Wight et dans l'île de Purbeck, j'ai cité les faits suivans qui démontrent les habitudes herbivores des iguanes actuels.

Dans le printemps de 1829, M. W. J. Broderip vit un iguane vi-

De ce fait que les iguanes modernes ne se rencontrent que dans les régions les plus chaudes de notre globe, nous sommes autorisés à conclure qu'une température égale à celle de ces contrées, sinon plus élevée, régnait sur les côtes maintenant tempérées du sud de l'Angleterre, à l'époque où elles avaient pour habitans des lézards aussi énormes que l'iguanodon. Il est prouvé par un fragment de fémur de la collection de **M. Mantell** que l'os de la cuisse de ce reptile surpassait en grosseur celui des éléphans les plus grands. Ce fragment a vingt-deux pouces de circonférence dans sa moindre épaisseur, et il a dû avoir en longueur environ quatre ou cinq pieds. Et si l'on vient à comparer les dimensions de cet os monstrueux avec celles des dents fossiles qui l'accompagnent, on voit que ce rapport est à peu de chose près celui qui existe entre le fémur de l'iguane et ses dents si caractéristiques, et si semblables à celles de l'iguanodon *.

vant, d'environ deux pieds de long, dans une serre des pépinières de M. Miller, près de Bristol. Cet animal refusa tous les insectes qu'on lui offrit ainsi que toute espèce de nourriture animale; mais s'étant approché de quelques pieds de haricots que l'on avait placés dans cette serre pour y hâter leur développement, il se mit à en manger les feuilles, et depuis ce moment on l'a nourri avec cette plante. En 1828. le capitaine Belcher rencontra dans l'île Isabelle des troupes d'iguanes qui paraissaient omnivores. Ils dévoraient avec avidité les œufs d'oiseaux, les intestins des volailles tuées, et les insectes.

* M. Mantell a comparé avec soin les os de l'iguanodon à ceux de l'iguane dans huit points distincts de leurs squelettes respectifs, afin d'obtenir de cette comparaison le rapport de ces diverses parties, et il a été conduit aux nombres qui suivent pourles dimensions principales de ce reptile extraordinaire.

	Pieds.
Du bout du museau à l'extrémité de la queue.	70
La queue seule.	52 1|2
Circonférence du corps.	14 1|2

M. Mantell a calculé que le fémur de l'iguanodon était vingt fois aussi grand que celui de l'iguane; mais comme la longueur des animaux ne croît pas toujours, en raison de leur grosseur, on n'est pas autorisé

D'après ce que nous avons déjà établi dans l'article précédent, les grandes cavités médullaires du fémur et la forme des os des pieds démontrent que l'iguanodon comme le mégalosaure était organisé pour une locomotion terrestre.

Une analogie de plus existe entre le reptile fossile et ses congénères actuels ; c'est l'existence d'une corne osseuse surmontant le museau *. Deux faits d'organisation aussi remarquables que cette corne nasale d'une part, et de l'autre le mode de dentition dont aucun exemple ne se rencontre ailleurs que chez les iguanes, fournissent dans leur présence simultanée une preuve nouvelle de l'universalité de ces lois de co-existence des parties dont l'empire n'est pas moins absolu sur les genres et les espèces qui font partie de l'univers fossile que sur les existences qui composent le règne animal du monde actuel.

Dents.

Comme les dents sont les organes les plus caractéristiques et les plus importans de l'animal tout entier, j'essaierai de faire voir qu'elles ont été l'objet d'un arrangement providentiel, soit dans leur structure, soit dans la manière dont elles se renouvellent, soit enfin dans le mode tout spécial suivant lequel elles s'adaptent à un régime essentiellement végétal. Ces dents

à en conclure que l'iguanodon ait atteint la taille énorme de cent pieds, quoique selon toute probabilité il ait été fort près de soixante-dix.

Avec un corps d'un volume aussi énorme, cet animal était impropre à monter aux arbres ; il n'avait pas l'occasion de se servir de sa queue pour grimper comme le fait l'iguane ; aussi les dimensions des vertèbres caudales, dans le sens de la longueur, sont-elles beaucoup moindres : d'où il résulte que la queue elle-même devait être proportionnellement beaucoup plus courte.

* Pl. 24, fig. 14.

ne sont point logées dans des alvéoles distinctes comme celles des crocodiles, mais fixées, comme cela a lieu chez les lézards, à la face interne de l'os dental, auquel elles sont soudées par l'une des faces de la substance osseuse de leur racine [*].

Les dents des quadrupèdes herbivores, si l'on en excepte les défenses, forment deux groupes à fonctions bien distinctes, les incisives et les molaires ; les premières destinées à saisir et à arracher au sol ou aux plantes les substances végétales alimentaires, les autres à les broyer et à les préparer pour qu'elles descendent dans l'estomac. Les iguanes, bien qu'ils soient en grande partie herbivores, offrent une exception frappante à cette règle générale. Comme leurs dents sont peu propres au broiement des alimens, elles les laissent passer dans l'estomac presque sans leur avoir fait subir aucune division.

Le reptile géant qui nous occupe possède des dents tout à fait pareilles à celles de l'iguane, et d'un aspect tellement herbivore que Cuvier, au premier coup d'œil, pensa que ce devaient être celles de quelque rhinocéros.

L'étude de ces dents nous fera connaître de remarquables dispositions qui les rendent propres à la fonction de brouter des substances végétales, telles que les clathraria, et autres plantes analogues, que l'on rencontre ensevelies avec les restes de l'iguanodon. On connaît la disposition et la force des tenailles en fer qui servent à arracher les clous du bois où ils sont enfoncés. Il est d'autres pinces ou cisailles encore plus puissantes destinées à couper des fils de métal, et qui les divisent avec autant de facilité qu'un fil est divisé par une paire de ciseaux. Les figures 6, 7, 8 et 12 de la pl. 24 font voir que, dans les dents de l'iguanodon, la place qu'occupent les bords tranchans, leur mode de courbure, les points où elles deviennent plus

[*] Pl. 24, fig. 15.

larges ou plus étroites, sont à peu près les mêmes que dans ces puissantes tenailles en acier ; et l'on peut se convaincre que ces organes soit pour arracher, soit pour trancher, offrent les mêmes avantages *.

On y observe deux arrangemens distincts dont le but est de maintenir toujours acérée leur arête tranchante, depuis la sortie des gencives jusqu'au moment où les dents étaient usées jusqu'à n'être plus qu'un tronçon. C'est d'abord leur arête aiguë et dentée qui descend des deux côtes, depuis la pointe jusqu'à la portion la plus élargie du corps de la dent. Puis, une compensation à la destruction graduelle de cette arête dentée, par l'application d'une lame mince d'émail à la face antérieure de la dent, laquelle conservait ainsi son fil acéré, tandis que le reste de sa substance se détruisait par suite de ses fonctions**.

* La fig. 2 représente une dent récemment sortie, vue de face ; les figures 5, 6, 7, 8, quatre autres, vues à peu près de profil. Ces dents offrent une ressemblance frappante avec des cisailles, et leur arête supérieure est formée par une lame tranchante d'émail. Cette substance a été ici indiquée par des lignes onduleuses qui représentent en effet sa structure véritable : il n'en existe qu'à la surface antérieure de la dent, comme cela a lieu dans les incisives des rongeurs.

** De même que dans les rongeurs, la durée indéfinie du tranchant des dents était une conséquence de l'existence d'une lame d'émail qui revêt seulement leur face antérieure. La substance plus molle de l'intérieur, l'ivoire, devant s'user plus rapidement que l'émail, et d'autant plus rapidement qu'elle était plus éloignée de cette dernière lame, la couronne se trouvait ainsi toujours taillée obliquement, et conservait à sa partie antérieure une arête tranchante, comme cela a lieu dans des tenailles (fig. 7, 8, 12).

Les dents jeunes, au moment de leur sortie, offraient la forme d'une lancette, avec un tranchant denté de chaque côté, s'étendant depuis la pointe jusqu'à la portion la plus élargie, ainsi que cela a lieu dans les iguanes contemporains (pl. 24, fig. 13 et fig. 4). La dentelure cessait là où la dent avait le plus grand diamètre, c'est-à-dire au point précis passé lequel, si elle se fût continuée, elle n'eût été d'aucun effet dans la fonction de couper (pl. 24, fig. 2, 6, 8, 9, 12). A mesure que ces arêtes en scie s'usaient plus complètement, elles étaient remplacées

A mesure que la couronne s'usait ainsi de haut en bas, une absorption simultanée s'exerçait à la racine, causée par la pression d'une dent nouvelle qui naissait pour remplacer l'ancienne, jusqu'à ce que cette destruction, agissant d'une manière incessante aux deux extrémités, eût réduit la portion moyenne de l'ancienne à la condition d'un tronçon creux (fig. 11, 12) qui tombait de la mâchoire pour être bientôt remplacé *. A ce dernier état, la forme de l'organe avait entièrement changé ; sa couronne avait pris la forme aplatie de la couronne des incisives humaines; elle ne pouvait plus s'acquitter que d'une mastication imparfaite, et elle était devenue presque inutile comme instrument tranchant.

Il n'existe pas, je crois, un autre exemple de dents aussi merveilleusement constituées comme instrumens mécaniques destinés à couper et à déchirer la substance végétale des plantes coriaces et résistantes ; et nous trouvons dans ce mécanisme animal des plus curieux une harmonie parfaite de toutes les

dans leur action tranchante par la lame antérieure d'émail, et la disposition qu'affectait cette lame lui donnait encore une force nouvelle, et rendait son action plus complète. La face antérieure des dents est, en effet, parcourue, dans le sens de sa longueur, par des replis et des sillons alternatifs (pl. 24, fig. 2, 5, 6, 7, 8.) ; ces replis, qui formaient là comme des arcs-boutans, avaient pour but d'empêcher l'émail de s'écailler ; et le bord tranchant légèrement ondulé, qui résultait de l'alternance de ces replis et de ces sillons, constituait une suite de petites gouges, ou de petits ciseaux cannelés. Il résultait de là que les dents, sous l'action des mâchoires, constituaient un instrument d'un effet bien plus complet pour trancher les végétaux que si leur émail eût formé une seule ligne droite continue. Par suite de ces divers arrangemens, les dents demeuraient également propres à remplir leurs fonctions, dans toutes les phases qu'elles subissaient depuis le moment où elles naissaient sous la forme d'une lancette aiguë (fig. 4), jusqu'à celui où leur usure était complète (fig. 10, 11).

* Une mâchoire d'iguane moderne que nous avons figurée pl. 24, fig. 13, offre le premier degré de cette opération ; et l'on y voit un certain nombre de dents nouvelles au moment où elles s'accroissent en

diverses parties qui constituent la dent et de toutes les proportions de cet organe avec les fonctions spéciales qu'il est appelé à remplir, en même temps que des modifications que l'organe subit, en rapport avec les conditions diverses où il se
trouve placé aux diverses périodes de sa destruction successive. Et à moins que de nous refuser à appliquer aux ouvrages de la nature les mesures qui nous servent dans l'appréciation des ouvrages de l'art humain, comment pour-
rions-nous voir ces instrumens où la beauté des dispositions
mécaniques s'allie à une si grande simplicité de moyens, et où
tout est préparé à l'avance pour toutes les phases successives
de leur emploi, sans nous sentir pénétrés de cette conviction
profonde que tous ces arrangemens prennent leur origine dans
les desseins d'une haute intelligence.

SECTION XI.

SAURIENS AMPHIBIES VOISINS DES CROCODILES.

Les reptiles fossiles de la famille des crocodiliens ne s'écar-
tent pas assez des genres vivans pour que nous ayons à entrer
séparément dans la description d'arrangemens qui sont particuliers à chacun, et qui ne se seraient pas perpétués jusqu'à l'é-
poque actuelle, ainsi que nous en avons rencontré dans l'ichthyosaure, le plésiosaure, le ptérodactyle : mais ce fait, qu'ils se sont
montrés à l'état fossile, est d'une haute importance; car il
prouve que si un grand nombre de formes d'animaux vertébrés
n'ont été créées que les unes après les autres, et ont disparu

traversant la gencive, et où elles causent par la base l'absorption de
celles qui sont plus avancées en âge. Les fig. 10 et 11 font voir l'effet
produit par cette absorption sur le vieux tronçon d'une dent fossile de
l'iguanodon.

pendant la durée des changemens géologiques qui se sont succédé à la surface de notre globe, il en est aussi qui ont traversé tous ces changemens, toutes ces révolutions, et qui conservent encore les traits principaux qui les caractérisaient au moment de leur apparition première.

L'examen de l'état du globe et du caractère général de sa population au moment où les crocodiliens furent appelés pour la première fois à y prendre place prouve que la classe des reptiles était la plus élevée de celles qui existaient alors, et que, à l'exception des seuls poissons, il n'existait pas d'autres animaux vertébrés. C'est donc dans cette dernière classe surtout que les reptiles carnivores de cette époque reculée ont dû trouver leur pâture; et si, dans la famille actuelle des crocodiliens, il en est qui soient piscivores à un degré prononcé, leur forme est précisément celle que nous devons nous attendre à rencontrer dans ces genres fossiles les plus anciens qui ont dû se nourrir principalement de poissons.

Parmi les sous-genres actuels de la famille des crocodiliens, le gavial du Gange offre un museau mince et alongé, approprié à un régime piscivore; tandis que le museau plus court et plus robuste des crocodiles et des alligators à tête aplatie leur permet de saisir et de dévorer les quadrupèdes qui dans ces pays chauds viennent boire au bord des rivières. Comme, pendant la durée de ces périodes secondaires, il n'existait presque aucun mammifère *, alors que les eaux, au contraire, étaient abondamment peuplées de poissons, nous pourrions donc à *priori* prévoir que, si quelque forme de crocodilien apparut à cette époque, elle dut se rapprocher surtout de celle de nos modernes gavials. Et l'on n'a en effet rencontré jusqu'ici que

---

*Les petits opossum de la formation oolitique de Stonesfield, près d'Oxford, sont les seuls mammifères terrestres dont on ait rencontré les débris dans des couches antérieures à la période tertiaire.

des genres à museau alongé, soit dans les formations antérieures à la craie, soit dans la craie elle-même; tandis que les crocodiles vrais, ceux dont le museau court et aplati rappelle les caïmans et les crocodiles proprement dits, apparaissent pour la première fois dans les couches des périodes tertiaires où les débris de mammifères se rencontrent en grande abondance[*].

Durant ces grandes périodes signalées par l'existence des mammifères lacustres, et où un très petit nombre des carnivores actuels avait reçu l'existence, il paraît que c'est aux crocodiles que fut dévolue la fonction importante de limiter dans de justes bornes l'accroissement excessif des herbivores aquatiques; et leurs habitudes les y rendaient éminemment propres. Ainsi l'histoire passée des crocodiliens nous offre une nouvelle preuve de l'action régulière d'un plan invariable dans l'économie de la nature animée, plan qui dirige chaque individu de telle façon que, tout en obéissant à son instinct propre et recherchant son propre bien-être, il ne cesse pas d'être un instrument du bien-être général de tout l'ensembledes créatures qui vivent en même temps que lui.

Cette famille des crocodiliens, qui vit habituellement dans les eaux douces, se rencontre dans plusieurs lits où ses débris sont

---

[*] Un de ces derniers, trouvé par M. Spencer dans l'argile de Londres de l'île de Sheppy, est figuré pl. 25', fig. 1. On a découvert de ces crocodiles dans la craie de Meudon, dans l'argile plastique d'Auteuil, dans l'argile de Londres, dans le gypse de Montmartre, et dans les lignites de Provence.

Les crocodiliens modernes à museau déprimé, bien qu'ils soient doués de la faculté de saisir des mammifères, ne sont pas uniquement restreints à ce genre de nourriture; ils détruisent aussi une grande quantité de poissons, et surprennent même parfois des oiseaux. Ce régime omnivore, qui est maintenant celui dell'ensen.ble de la famille des crocodiliens, paraît avoir son principe dans la nature mê ne de la proie qui s'offre à leur voracité, et qui est beaucoup plus variée qu'à l'époque où le museau de la famille tout entière était organisé, comme l'est de nos jours celui du gavial, pour un régime surtout piscivore.

mêlés à ceux d'autres reptiles et de coquilles qui ont certainè-
ment vécu dans les eaux de la mer. Cuvier fait observer que ce
premier fait, joint à ce qu'on les rencontre dans un grand
nombre d'autres circonstances en compagnie de tortues d'eau
douce , démontre qu'il exista des terres fermes arrosées par des
rivières dès l'époque reculée où ces couches furent déposées, et
long-temps avant la formation des couches lacustres tertiaires
des environs de Paris *. La famille des crocodiliens comprend
maintenant douze espèces, dont un gavial, huit crocodiles vrais,
et trois caïmans. Il existe en outre un grand nombre d'espèces
fossiles ; Cuvier en a établi lui-même jusqu'à six , et il en est
plusieurs appartenant aux formations secondaires et tertiaires
de l'Angleterre qui n'ont pas encore été décrites **.

* M. Geoffroy St-Hilaire a formé, avec les sauriens fossiles qui ont
un bec étroit et alongé comme celui du gavial , les deux nouveaux
genres téléosaurus et sténéosaurus. Chez le premier, les narines sont
avec l'extrémité du museau dans un plan presque vertical (pl. 25', fig.
2) ; chez le sténéosaurus, fig. 3, le canal nasal s'ouvre presque de la même
manière que chez le gavial , se dirigeant en haut, et se recourbant de
chaque côté de façon à former à peu près un demi-cercle. (Recherches
sur les grands Sauriens.)
** Un des plus beaux échantillons du genre fossile téléosaurus que
l'on ait découvert jusqu'ici (pl. 25, fig. 1) le fut, en 1824, dans le schiste
alumineux de la formation lias, à Saltwick, près de Whitby, et il a été
figuré par MM. Young et Bird, dans leur *Geological Survey of the Yorkshire coast*, 2e édition, 1828. Il a environ dix-huit pieds de longueur
totale : la tête est large de douze pouces ; le museau long et mince
comme chez les gavials ; les dents, au nombre de cent quarante, sont
toutes petites et minces, et rangées sur une seule ligne presque droite.
Nous avons représenté, figure 2 et 3 de la même planche, la tête de
deux autres individus de la même espèce que l'on a trouvés aux environs de Whitby.
Quelques phalanges onguéales conservées à la patte postérieure de cet
échantillon (fig. 1) prouvent que ces extrémités se terminaient par des
ongles longs et tranchans propres à la locomotion terrestre; d'où nous
pouvons conclure que ce n'était pas un animal exclusivement marin: et
la nature des coquilles qui se rencontrent associées avec les débris du

Il est tout à fait inutile, pour le but que nous nous proposons, de nous livrer à une comparaison minutieuse de l'ostéologie des genres et des espèces vivantes et fossiles qui constituent cette famille. Il nous suffira d'observer que leur système de dentition est partout le même, et que chez tous il a été pourvu aux chances extraordinaires de destruction qui menacent les dents par une réserve de ces organes essentiels plus riche que chez aucun autre animal[*]. Comme les crocodiles parvenus à leur dernier état d'accroissement n'ont pas moins de quarante fois le volume qu'ils avaient en sortant de l'œuf, il leur a été donné de changer de dents beaucoup plus fréquemment qu'aux mammifères, afin qu'elles se trouvassent en proportion exacte avec le reste de l'organisation à toutes les périodes de leur existence ; et les habitudes de rapine qui caractérisent ces animaux étant cause que des dents supportées par une mâchoire aussi prolongée sont plus exposées à être détruites, ce même arrangement offre de plus cet autre avantage de remplacer les pertes occasionnées par des cassures accidentelles.

Ces forces réparatrices ainsi appliquées à l'avance à la satisfaction de besoins qui n'existent pas encore, à la réparation d'accidens de long-temps prévus sont un argument de plus que nous offrent ces arrangemens pleins de prévoyance, pour démontrer par l'existence d'un plan général l'action d'une intelligence régulatrice dans la création et dans la conservation des mécanismes animaux où se rencontrent de telles dispositions.

sténéosaure et du téléosaure dans le lias et dans les formations oolitiques rendent probable que ces reptiles ne fréquentaient que des mers peu profondes. D'après M. Lyel, la plus grande espèce de crocodile du Gange quitte parfois les eaux saumâtres du Delta, et s'aventure jusque dans la mer.

[*] Nous avons déjà exposé le même mode de dentition en traitant de l'ichthyosaure (p. 149 et pl. 11, A).

La présence de crocodiliens aussi étroitement alliés à nos gavials actuels, dans les mêmes couches anciennes où l'on rencontre les premières traces des plésiosaures et des ichthyosaures, nous semble tout à fait en opposition avec toute théorie qui voudrait trouver dans ces derniers animaux la souche des premiers, en invoquant quelque procédé graduel de transformation ou de développement. L'apparition de ces trois familles de reptiles paraît avoir été à peu près simultanée; et ils ont continué d'exister simultanément jusqu'à la fin des formations secondaires, époque où les ichthyosaures et les plésiosaures ont disparu, et où ont commencé d'exister les formes crocodiliennes se rapprochant du caïman et des crocodiles proprement dits.

SECTION XII.

TORTUES OU CHÉLONIENS FOSSILES.

Au nombre des animaux qui peuplent les régions chaudes de notre globe, se trouvent les reptiles que Cuvier a réunis en un ordre sous le nom de chéloniens ou tortues. Cet ordre comprend quatre familles dont l'une habite les eaux salées, tandis que deux vivent dans les lacs d'eaux douces et dans les rivières, et que la quatrième ne quitte jamais la terre. Un de leurs caractères les plus importans consiste dans les arrangemens qui ont été disposés pour mettre à l'abri ces créatures à mouvemens lents et engourdis ; pour ce but, une double cuirasse a été créée par l'agrandissement des vertèbres, des côtes et du sternum qui enferment tout le tronc dans une vaste boîte osseuse.

La petite tortue d'Europe, la tortue grecque, et la tortue comestible ou tortue franche, sont des exemples connus de ce singulier mode d'organisation parmi les espèces terrestres et parmi les espèces aquatiques. Dans chacun de ces animaux, la présence d'un bouclier compense le défaut de vitesse et les protége contre des ennemis qu'ils ne peuvent éviter par la fuite, ni en cherchant leur salut dans des retraites. La géologie nous apprend que cet ordre a commencé à peu près à la même époque que celui des sauriens, et que depuis lors jusqu'à nos jours ces deux ordres n'ont pas cessé d'exister simultanément pendant toute la durée des formations secondaires et tertiaires. On observe aussi que leurs débris fossiles, de même que les espèces modernes, se partagent dans les trois groupes que nous avons déjà signalés, et qui ont été créés pour habiter la terre ferme, l'eau douce ou l'eau salée.

Les animaux de cet ordre ne sont rencontrés que dans des couches postérieures à celles de la série carbonifère *. Le plus ancien exemple qu'en cite Cuvier ** est une grande tortue marine trouvée dans le muschelkalk de Luneville; sa carapace avait huit pieds de long. On en a rencontré une autre espèce marine à Glaris, dans une ardoise que l'on peut rapporter aux formations crétacées les plus anciennes. Une troisième se trouve à Maestricht, dans le grès crétacé supérieur. Toutes ces espèces sont associées aux débris d'autres animaux ayant habité les eaux salées, et, bien qu'elles diffèrent des espèces actuelles en même temps qu'elles diffèrent entre elles, elles offrent néanmoins, dans les principes qui ont dirigé leur construction, une conformité telle avec les conditions d'organisation qui font de nos chélonées modernes des animaux créés pour habiter la mer, que Cuvier a pu pro—

---

* On a figuré dans les Transactions géologiques de Londres (t. 5, pl. 46 fig. 6), comme appartenant au genre trionyx, un débris trouvé dans l'ardoise de Caithness ; mais M. Agassiz a déclaré que ce reste fossile était celui d'un poisson.

** Oss. foss. T. 5, 2º partie, page 525.

noncer sans hésiter que les espèces fossiles soumises à son observation avaient habité certainement les eaux salées [*].

On rencontre, dans les formations wealdiennes d'eau douce de la série secondaire, des espèces fossiles appartenant aux genres trionyx et émys; mais elles se montrent en plus grande abondance encore dans les dépôts lacustres de la série tertiaire; et, chez toutes, la vie et la mort paraissaient s'être accomplies au milieu de circonstances tout à fait analogues à celles qui entourent maintenant dans les rivières et les lacs des tropiques les espèces vivantes qui leur sont voisines en organisation. On les a rencontrées aussi dans des dépôts marins [**], où leur présence, en compagnie de débris de reptiles crocodiliens, conduit à penser que, suivant toute probabilité,

[*] La planche 25, fig. 4 représente une tortue trouvée dans l'ardoise de Glaris : l'alongement inégal de ses doigts antérieurs la fait reconnaître pour une espèce marine. En effet les tortues d'eau douce ont tous leurs doigts à peu près égaux et de longueur médiocre; les tortues de terre les ont égaux aussi, mais très courts: chez celles qui habitent la mer au contraire, ces organes sont très alongés, et le doigt médian du pied antérieur dépasse de beaucoup tous les autres. L'existence de ce dernier trait d'organisation dans l'échantillon qui nous est soumis apparaît au premier coup d'œil, et cette particularité, aussi bien que tout l'ensemble de sa structure, le place tout près des genres actuellement existant. Cette figure est tirée des ossemens fossiles de Cuvier, tome V, 2e partie; pl. 14, fig. 4. M. Agassiz a eu l'obligeance de me donner les détails suivans relativement aux parties importantes qui n'avaient été qu'imparfaitement représentées dans le dessin d'après lequel la planche de Cuvier a été gravée. — « Il est évident, d'après l'état des côtes, que ce fossile offre des rapports intimes avec les deux genres Chelonia et Sphargis, mais sans qu'on puisse le rapporter à aucune espèce connue. Les doigts de la patte antérieure gauche sont au nombre de cinq, dont les deux extérieurs sont les plus courts, et ont chacun trois phalanges. Chacun des trois doigts internes, parmi lesquels le doigt médian est le plus long, offre quatre phalanges, ainsi que cela a lieu dans les deux genres actuels que nous venons de citer. »

[**] C'est ainsi que l'on rencontre les debris fossiles de deux grandes espèces d'émydes réunies à des coquilles marines dans le calcaire jurassi-

elles furent, ainsi que ces derniers, entraînées de la terre ferme dans la mer à une distance du rivage peu considérable.

Les rapports étroits qui existent, quant à leurs caractères génériques, entre ces tortues fossiles appartenant à des époques géologiques diverses et très reculées, et les espèces qui vivent nos contemporaines, nous fournissent un frappant exemple de l'unité du plan d'après lequel ont été créés les animaux, à partir des époques les plus éloignées, où ces diverses formes d'organisation furent appelées à l'existence. De même que les rames qui terminent les membres des chélonées furent disposées à toutes les époques pour une locomotion au sein des vagues de la mer, de même aussi les pattes des trionyx et des emydes furent dans tous les temps construites pour une vie plus paisible au sein des eaux douces, tandis que celles des tortues de terre n'offrent pas des caractères moins tranchés qui les désignent comme faites pour ramper à la surface du sol et s'y creuser des terriers.

La rencontre des débris fossiles appartenant aux tortues terrestres a été jusqu'ici beaucoup plus rare. Cuvier en cite deux exemples, l'un à Aix, dans des formations très récentes ; l'autre à l'Ile de France. Cependant l'Ecosse a offert tout dernièrement la preuve qu'il existait plus d'une espèce de ces reptiles terrestres durant la période de formation du nouveau grès rouge ou grès bigarré *, et cette preuve est d'une nature dont on trouve bien peu d'exemples dans l'histoire des débris organiques **.

---

que de Soleure. On trouve aussi des émydes en même temps que des crocodiles à Sheppy et à Harwich, dans des dépôts marins d'argile de Londres ; à Bruxelles, ces derniers se montrent associés à des débris marins : et l'on voit dans le schiste oolitique de Stonesfield, près d'Oxford, des empreintes très parfaites d'écailles cornées, ayant appartenu à des chéloniens.

* Pl. 4, n° 17

** Voyez le Mémoire du docteur Duncan sur les traces ou empreintes

Il n'est pas rare de voir à la surface du grès des empreintes produites par le passage de petits crustacés ou d'autres animaux marins, à l'époque où cette roche était encore à l'état de sable désagrégé gisant au fond des mers. Souvent aussi, les grès feuilletés sont disposés par petites ondulations semblables à celles que produisent les rides de la surface d'une mer peu agitée sur le sable de ses rivages *.

Les mêmes causes qui ont si fréquemment conservé ces ou-

de pieds laissées par divers animaux dans le grès des carrières de Corn-Cockle Muir, dans le comté de Dumfries. — Transactions de la société royale d'Edimbourg, 1828.

D'après ce savant, les couches à la surface desquelles se voient ces impressions sont étendues les unes au dessus des autres, comme le sont des livres inclinés dans un même sens sur un rayon de bibliothèque. La carrière en question a été creusée jusqu'à quarante-cinq pieds, et l'on a trouvé de semblables traces dans toute cette profondeur ; et ce n'est pas seulement dans une couche, mais dans plusieurs couches successives ; c'est-à-dire que si l'on enlève un lit épais dans lequel se trouvent de semblables empreintes, un autre lit reproduira le même phénomène à la distance de quelques pieds peut-être, mais peut-être aussi à la distance de moins d'un pouce. Cette particularité prouve que les causes qui ont produit ces traces sur ce sable et celles qui les ont recouvertes par la suite ont exercé alternativement leur action à plusieurs reprises.

Une lettre du docteur Duncan, du mois d'octobre 1834, m'apprend que l'on a découvert tout récemment de semblables empreintes présentant des circonstances à peu près les mêmes, dans les carrières de grès rouge de Craigs, à environ dix milles au sud de Corn-Cockle-Muir, et à deux milles est de la ville de Dumfries. L'inclinaison des couches dans cette localité, comme celle de presque toutes les couches de grès de ce district, est d'environ 45° S.-O. L'une de ces traces a de vingt à trente pieds en longueur. On n'a encore rencontré dans cette localité, non plus qu'à Corn-Cockle-Muir, d'os d'aucune espèce.

Sir William Jardine a fait savoir au docteur Duncan que l'on a de nouveau découvert des traces d'animaux dans d'autres carrières de Corn-Cockle-Muir.

* En 1831, M. G. P. Scrope, qui avait visité les carrières de Dumfries, observa de semblables ondulations, et d'abondantes empreintes de pieds de petits animaux dans les couches de marbre de Forest, au

dulations ont dû conserver de même les empreintes que des pieds d'animaux ont pu laisser sur les lits de sable ; car la seule condition indispensable pour qu'une telle conservation ait pu avoir lieu, c'est que ces empreintes une fois faites aient été recouvertes par le dépôt d'une matière terreuse avant que les mouvemens des eaux ne les aient fait disparaître.

La planche 26 donne une idée de la nature des empreintes observées dans le comté de Dumfries. On les voit toujours monter ou descendre à la surface des couches, inclinées maintenant à trente-huit degrés ; jamais elles ne la parcourent dans le sens transversal. On voit, sur une seule table enlevée à cette localité, vingt-quatre empreintes de pieds qui se suivent, et forment une trace régulière dans laquelle l'empreinte de chaque pied se répète six fois. Les pieds antérieurs diffèrent par leur conformation des pieds postérieurs. L'empreinte des ongles est aussi parfaitement distincte *.

nord de Bath. C'étaient probablement des traces de crustacés. — Philosoph. magaz. Mai 1831, p. 376.

A la surface de certaines couches de gravier calcaire, et du schiste de Stonesfield, près d'Oxford, ainsi que des grès de la formation wealdienne des comtés de Sussex et de Dorset, on observe des déjections pétrifiées de certains vers marins. Ces déjections se voient à l'extrémité des trous tubulaires que ces animaux se creusaient dans le sable à l'époque où ils habitaient le fond des mers, et que l'on retrouve également dans la substance même du grès. La conservation de ces tubes et de ces déjections démontre combien le fond des mers demeura tranquille, et par quels paisibles mouvemens des eaux furent charriés les matériaux qui ont recouvert, sans les déranger, ces diverses pièces si fragiles.

Des faits de cette nature nous prédisposent à croire à la possibilité que des empreintes de pieds de tortues se soient conservées dans le grès rouge, et ils servent aussi à démontrer que cette époque, où les agens de destruction détachaient des terres déjà consolidées les matériaux des couches dérivées, fut partagée en intervalles alternatifs de repos et de convulsions.

* En comparant quelques unes de ces empreintes avec des traces que

Malgré l'abondance de ces empreintes dans les vastes carrières de Corn Cockle Muir, on n'a néanmoins retrouvé aucun fragment osseux appartenant aux animaux dont les pieds se sont ainsi moulés dans la vase. Cette circonstance pourrait peut-être s'expliquer par la nature même du grès siliceux, peu favorable à la conservation des débris organiques ; et les conditions de cette destruction complète des restes osseux ne sont pas en opposition avec la conservation d'empreintes faites par les pieds et promptement recouvertes par une couche de sable qui s'y serait moulée de façon à en reproduire les formes avec autant de fidélité que pourraient le faire les substances plastiques employées dans l'art du moulage.

Mais cette absence même d'ossemens dans ces roches où se trouvent de si nombreuses empreintes de pieds n'est point un obstacle pour la science ; et nous pourrons, sans nous appuyer ailleurs que sur ces derniers témoignages, nous convaincre de l'existence des animaux qui les ont produits, et en reconnaître même jusqu'aux caractères distinctifs. Ces traces sont trop courtes pour que ce soient des pieds de crocodiles ou de quelques autres sauriens connus qui s'y soient ainsi moulés ; et c'est parmi les chéloniens ou tortues, que nous pouvons

j'avais fait faire moi-même par une émyde vivante ou par la tortue grecque sur du sable, sur de l'argile ou sur une pâte molle, je les ai trouvées assez semblables, à quelques différences près, qu'explique la différence d'espèces, pour pouvoir prononcer avec un haut degré de probabilité que les empreintes fossiles dont il s'agit ont été produites par les pieds de quelque tortue terrestre.

Dans le lit des ruisseaux du Sappey et du Whelpley, près de Tenbury, on aperçoit sur du vieux grès rouge des empreintes circulaires. Les habitans les attribuent à des pieds de chevaux, ou à des patins circulaires ; et il existe une legende qui en explique l'origine. Ce sont des concrétions de marne et de fer formant des enveloppes sphériques autour d'un noyau solide de grès, et qui ont été attaquées par le courant des eaux.

rechercher avec le plus de chances de succès les espèces auxquelles ces empreintes doivent leur origine *.

Que l'historien ou l'antiquaire aillent visiter les champs où
se sont livrées les batailles des temps anciens ou des temps modernes ; qu'ils suivent pas à pas la marche de ces victorieux
conquérans, dont les armées ont broyé les plus puissans
royaumes ; le vent et la tempête ont effacé le sillon éphémère
qu'y avait creusé leur passage, et les pieds de tant de millions
d'hommes et de bêtes qui ont parcouru le monde en tous sens
pour y semer la ruine et la désolation n'ont pu peser assez sur sa
surface pour y laisser après eux une seule de leurs empreintes.
Mais ces reptiles, qui se sont traînés sur la croûte encore
ébauchée de notre planète aux âges de son enfance, y ont imprimé d'ineffaçables souvenirs de leur passage. Aucune histoire
ne rappelle leur création, ni comment ils ont été enveloppés
dans une destruction complète ; et l'on ne retrouve pas même
leurs os parmi les débris fossiles qui nous sont restés de l'univers ancien. Des milliers d'années séparent de nous l'époque où
ces traces ont été laissées par le pied des tortues sur les sables

---

* Ce mode de conclure d'après les traces des pieds est employé par
l'homme dans tous les états de société où il se trouve. L'identité d'un
malfaiteur est constatée sur l'empreinte qu'a laissée sa chaussure sur
le terrain où il a commis son crime. Les traces de pieds humains que
trouva le capitaine Parry sur les bords d'un ruisseau dans la baie de la
Possession lui parurent tellement récentes, qu'au premier abord il pensa
qu'elles avaient dû y être laissées depuis peu par quelque naturel du
pays ; mais un examen plus attentif lui démontra bientôt que c'étaient
les empreintes des souliers de quelqu'un de son équipage ; elles étaient
là depuis quinze mois, et leur conservation était due à l'état de congé-
lation du sol. Non seulement les sauvages de l'Amérique peuvent reconnaître un élan ou un bison d'après la trace de ses sabots, mais ils af-
firment même combien de temps s'est écoulé depuis son passage ; et
l'Arabe, en voyant le sable où a posé le pied d'un chameau, dit si l'animal était pesamment chargé ou s'il ne l'était que peu, s'il était estropié
ou s'il avait l'usage complet de tous ses membres.

de leur Écosse natale ; et, le jour où, de nouveau rendues à la lumière, elles viennent s'offrir à notre curiosité et à notre admiration, elles nous apparaissent gravées sur le roc, comme sur une neige récente les pas d'un animal qui vient d'y passer; elles sont là comme une moquerie jetée aux potentats les plus puissans des sociétés humaines, et comme une voix pour nous redire combien sont peu de chose des centaines de siècles en présence de l'éternité *.

* On a trouvé récemment de semblables empreintes fossiles en Saxe, au village de Hessberg, près de Hildburghausen, dans quelques carrières de grès gris quartzeux qui alternent avec des lits de grès rouge à peu près de la même époque que le grès rouge de Dumfries. (Voyez les planches 26', 26'', 26'''.)

Nous en donnerons la description suivante d'après les notices du docteur Hohnbaum et du professeur Kaup. — « On rencontre les vestiges de pieds tout à la fois en creux et en relief; les creux ne se voient qu'à la surface supérieure des tables de grès, tandis que les reliefs s'aperçoivent seulement sur les surfaces inférieures des tables qui recouvrent les premières; et c'est par un moulage dans les creux sous-jacens que les reliefs ont été produits. On a trouvé, sur une seule table de six pieds sur cinq (pl. 26'), des traces d'animaux de plusieurs espèces et de grandeurs différentes; les plus grands, qui paraissaient avoir été produits par les pieds de derrière, ont huit pouces de long, et cinq de large (pl. 26''). Il y en a un qui a douze pouces de longueur. Auprès de chacune de ces grandes empreintes, et constamment à la distance régulière d'un pouce et demi en avant, on remarque l'empreinte plus petite de l'un des pieds antérieurs, longue de quatre pouces et large de trois. Les empreintes se suivent sur une même ligne droite, accouplées deux par deux, et chaque paire est séparée de la suivante par un intervalle de quatorze pouces. Dans les grandes comme dans les petites empreintes, on voit le grand doigt alternativement à droite et à gauche; les unes et les autres présentent cinq doigts, dont le premier est écarté en dehors à la manière d'un pouce. Les pieds antérieurs et les postérieurs offrent à peu près la même forme, mais diffèrent considérablement quant aux dimensions.

On voit sur les mêmes sables d'autres traces de pieds plus petits, et différemment conformés, avec des doigts armés d'ongles. Plusieurs de ces empreintes (pl. 26') ressemblent à celles du grès de Dumfries, et ce sont probablement des pas de tortues.

Le grand animal inconnu duquel proviennent les plus grandes traces

SECTION XIII.

POISSONS FOSSILLES.

L'histoire des poissons fossiles est de toutes les branches de la palæontologie celle à laquelle on a fait jusqu'ici le moins

a été désigné par le professeur Kaup sous le nom provisoire de Chirothérium, à cause de la ressemblance éloignée qui existe entre l'empreinte d'une main humaine et ces traces, tant des pieds antérieurs que des pieds postérieurs ; et ce savant pense que ce devait être quelque mammifère voisin des marsupiaux. La présence dans la formation oolitique de Stonesfield de deux petits mammifères rapportés au genre sarigue, et les rapports qui existent entre l'ordre des marsupiaux et la classe des reptiles, rapports auxquels nous avons déjà fait allusion dans la note de la page 64, sont autant de circonstances qui prêtent à cette conjecture une nouvelle force. Dans le kanguroo, le premier doigt des pieds antérieurs est placé obliquement par rapport aux autres, à la manière d'un pouce, et il existe une grande disproportion entre les pieds antérieurs et les pieds postérieurs.

Le docteur Sickler, dans une lettre à Blumenbach, a publié en 1834 une nouvelle description de ces mêmes empreintes. C'est d'après la planche qui accompagnait cette lettre que notre planche 26 a été copiée. En la comparant avec une grande table extraite des mêmes carrières et couverte des mêmes empreintes, qui a été placée depuis peu (1835) dans le musée britannique, j'ai constaté que cette représentation était fort exacte. La trace figurée pl. 26'' est une de celle des pieds postérieurs qui se voient sur cette même table. La planche 26''' a été dessinée d'après un moule en plâtre qui existe au musée britannique, et qui a été pris sur une autre table extraite des mêmes carrières, et où se voient les empreintes des pieds de quelque petit reptile aquatique.

Dans ces mêmes carrières, et en même temps que ces empreintes, on a rencontré quelques fragmens d'os ; mais ils ont été détruits.

Une mince couche de marne verte, qui était étendue à la surface du lit inférieur de sable à l'époque où ces traces y furent imprimées, est cause que les deux tables supérieure et inférieure se partagent avec facilité, et laissent voir les mêmes reliefs qui ont été formés par le sable supérieur lorsqu'il s'est moulé dans les dépressions que les pieds des ani-

d'attention par suite de l'imperfection de nos connaissances sur les poissons actuellement existans. Les retraites inaccessibles qu'ils habitent au fond des eaux rendent l'étude de leur nature et de leurs habitudes beaucoup plus difficile que de celles des animaux terrestres. La distribution de cette grande et importante classe de vertèbres est la dernière œuvre dont s'est occupé Cuvier peu de temps avant sa mort à jamais déplorable, et ses observations ont embrassé près de huit mille espèces de poissons actuellement vivantes. Il a laissé à ses habiles successeurs le soin de développer leur histoire, de les énumérer, et de dire les fonctions qu'elles remplissent dans la nature.

Ce fait, que de vastes portions de la surface de la terre se sont formées au fond des eaux, nous donne à espérer que nous rencontrerons des traces de l'existence primitive des poissons partout où s'offrent des restes de mollusques aquatiques, d'articulés et de rayonnés. Et un certain nombre de localités remarquables sont en effet déjà depuis long-temps célèbres comme offrant des dépôts de poissons fossiles* ; mais les relations géo-

maux avaient produites sur la table inférieure à travers la marne, tandis qu'elle était encore assez molle pour prendre l'empreinte, et déjà assez ferme pour la conserver.

* Les dépôts de poissons fossiles les plus célèbres de toute l'Europe sont la formation houillère de Saarbruck en Lorraine, le schiste bitumineux de Mansfeld dans la Thuringe, le schiste calcaire lithographique de Solenhofen, l'ardoise bleue compacte de Glaris, le calcaire du Monte Bolca près de Vérone, la marne d'OEningen en Suisse, et d'Aix en Provence.

Tous les essais que l'on a faits pour arriver à un arrangement systématique de ces poissons fossiles sont toujours demeurés impuissans, parce qu'on a voulu les ranger dans les familles et dans les genres actuellement existans. L'imperfection de notre classification actuelle des poissons et de toutes celles qui l'ont précédée est un fait admis par Cuvier; et ce qui prouve combien cette distribution est imparfaite en effet, c'est qu'elle n'a conduit à aucun résultat général pour l'histoire naturelle, la physiologie ou la géologie.

logiques de ces dépôts n'ont été que fort mal déterminées, et il règne encore la plus grande obscurité sur la nature des poissons que l'on y rencontre.

La tâche de porter remède à ce désordre a été entreprise depuis long-temps déjà par un homme aux mains duquel Cuvier a remis les matériaux qu'il avait recueillis lui-même pour cette œuvre importante. Les savantes recherches de M. Agassiz ont déjà porté à plus de deux cents le nombre des genres connus de poissons fossiles renfermant plus de huit cent cinquante espèces *; et les résultats auxquels ses travaux l'ont conduit jettent de nouvelles et importantes lumières sur l'état du globe durant chacune des grandes périodes dans lesquelles se partage son histoire. L'étude de l'ichthyologie fossile est donc d'une importance toute spéciale pour les géologues ; car elle leur permet de suivre dans la série entière des formations géologiques toute une classe d'animaux appartenant à l'embranchement si élevé des vertébrés, et de comparer entre elles les conditions diverses d'existence par lesquelles ils sont passés en traversant les périodes successives de la formation du globe, ce que Cuvier n'a pu faire, faute de matériaux suffisans, que dans des limites beaucoup plus restreintes, et pour les seules classes des reptiles, des oiseaux et des mammifères.

Le système d'après lequel M. Agassiz a établi sa classification des poissons actuels la rend grandement applicable aux poissons fossiles ; car il repose sur les caractères des tégumens extérieurs, ou écailles. Ce sont là des caractères tellement sûrs,

---

* Parmi les poissons fossiles, aucun genre actuellement existant ne se rencontre dans une couche plus ancienne que la formation crayeuse. Dans la craie inférieure, il s'en trouve un, le genre fistulaire ; cinq dans la craie proprement dite (*true chalk*). Les couches tertiaires du Monte-Bolca renferment trente-neuf genres qui font partie de la création moderne, et trente-huit genres perdus. — Agassiz.

tellement constans, qu'il suffit souvent de la conservation d'une seule écaille pour que l'on puisse reconnaître le genre et jusqu'à l'espèce à laquelle appartient l'animal d'où elle provient, de la même manière qu'il suffit de certaines plumes pour faire reconnaître à d'habiles ornithologistes le genre et l'espèce auxquels appartient un oiseau. Une autre conséquence, c'est que la nature des tégumens nous faisant connaître les relations qui existent entre les animaux et le monde extérieur, nous sommes conduits pour les poissons à la connaissance de ces relations par cette étude de leur système tégumentaire * ; car leurs écailles forment une sorte de squelette externe, analogue aux tégumens calcaires ou cornés des animaux articulés, aux plumes des oiseaux, à la fourrure des quadrupèdes, appendices qui nous instruisent beaucoup mieux que la charpente intérieure elle-même, sur les relations de ces divers êtres avec le milieu pour lequel ils ont été créés.

Enfin il est encore une considération qui ajoute aux avan-

---

* C'est parce que la peau traduit mieux qu'aucun autre organe les rapports d'un animal avec l'élément dans lequel il se meut, que M. Agassiz a fondé la distribution des poissons sur les caractères fournis par l'enveloppe cutanée.

Les formes et l'état des plumes et du duvet font connaître les relations des oiseaux avec l'air dans lequel ils volent, ou avec l'eau dans laquelle ils nagent ou plongent. Les fourrures, le poil, les soies, qui recouvrent la peau des mammifères sont en harmonie avec le point que ces derniers occupent de la surface terrestre, avec le climat qui y règne et les fonctions qu'ils y remplissent. Les écailles des poissons sont de même en harmonie avec la place qu'occupent les poissons et les fonctions qu'ils remplissent au dessous de la surface des eaux.

M. Burchell m'apprend que, d'après les observations qu'il a eu occasion de faire tant en Afrique que dans l'Amérique du sud, on pourrait trouver dans les écailles des ophidiens la base d'un arrangement naturel de cet ordre de reptiles, et que l'on peut regarder comme l'un des caractères distinctifs du groupe auquel appartiennent la vipère et presque tous les serpens venimeux, d'avoir une *carène*, ou crête aiguë sur chacune des écailles dorsales.

tages de cette méthode, c'est que les écailles de plusieurs poissons des époques géologiques les plus reculées étaient revêtues d'un émail qui les rendait beaucoup moins sujettes à la destruction que le squelette interne lui-même. Il arrive fréquemment que l'enveloppe écailleuse tout entière et la configuration extérieure du poisson se soient parfaitement conservées sans que l'on rencontre aucun des os qui entraient dans sa charpente intérieure. L'émail de ces écailles est beaucoup moins soluble que la substance calcaire des os *.

* M. Agassiz partage les poissons dans les quatre nouveaux ordres suivans.

1° Les PLACOÏDIENS (pl. 27, fig. 1 et 2, de κλαξ, plaque élargie). Les poissons de cet ordre sont caractérisés par les plaques d'émail qui recouvrent leur peau d'une manière irrégulière. Quelquefois ces plaques sont de dimensions considérables, d'autres fois au contraire elles sont réduites à de petits points comme sur la peau chagrinée des squales, ou comme les tubercules aigus en forme de dents qui sont disséminés sur le corps des raies. Tous les cartilagineux de Cuvier, à l'exception de l'esturgeon, sont compris dans l'ordre des placoïdiens.

Les aiguillons d'émail qui couvrent la peau des squales et des roussettes ou chiens de mer sont bien connus par l'usage que l'on en fait pour user et polir le bois et aussi par leur emploi dans la fabrication du chagrin.

2° Les GANOÏDIENS (pl. 27, fig. 3 et 4, de γανος, splendor, à cause du brillant de leur émail). Cet ordre est caractérisé par des écailles anguleuses composées de plaques osseuses ou cornées que revêt une lame mince d'émail. Le lépidostée gavial (Lepidosteus osseus, pl. 27 a, fig. 1) et les esturgeons en font partie. Il comprend plus de soixante genres, dont cinquante sont perdus.

3° Les CTÉNOÏDIENS (pl. 27, fig. 5 et 6; κτεις, peigne). Les écailles de ces poissons sont dentelées ou pectinées à leur bord postérieur, comme les dents d'un peigne, formées seulement d'une lame cornée et d'une lame osseuse, sans couche d'émail qui les recouvre. La perche nous en offre un exemple bien connu.

4° Les CYCLOÏDIENS (pl. 27, fig. 7 et 8, de κυκλος, cercle). Les cycloïdiens ont les écailles polies, simples sur leurs bords, et à surface supérieure souvent ornée de diverses figures; elles sont formées de couches cornées ou osseuses, et ne sont jamais revêtues d'émail. On en voit des exemples dans le hareng et dans le saumon.

Chacun de ces quatre ordres contient des poissons osseux et des pois-

Il est bien évident que toute une branche de l'histoire naturelle, nouvelle et des plus importantes, est venue se mettre au service de la géologie, le jour où l'étude des caractères des poissons fossiles s'est trouvée établie sur une base d'une application aussi générale que le système que nous venons d'esquisser. C'est un élément nouveau qui se trouve introduit dans les calculs géologiques ; c'est une machine puissante, jusqu'ici demeurée sans emploi, et qui vient de nous être mise entre les mains pour faciliter nos recherches; c'est presque un nouveau sens qui a pris place parmi nos facultés de perception géologique. — Et c'est ainsi que nous sommes conduits à ce résultat général que les poissons fossiles se rapprochent d'autant plus des genres et des espèces actuelles qu'on les rencontre dans les dépôts tertiaires plus récens ; qu'ils s'en éloignent davantage à mesure que l'on descend dans des couches d'une antiquité plus reculée ; et que les couches intermédiaires sont caractérisées par des modifications intermédiaires dans leurs conditions ichthyologiques.

Enfin nous arrivons encore à cette autre conséquence que toutes les grandes variations dans le caractère des poissons fossiles paraissent s'être accomplies en même temps que les changemens les plus importans qui aient eu lieu dans les autres classes fossiles animales ou végétales, ainsi que dans la condition minérale des roches stratifiées *.

sons cartilagineux; et les espèces qui les représentent dans les formations géologiques se montrent dans des proportions diverses, suivant les diverses périodes. Les deux premiers seuls apparaissent avant la formation crétacée; le troisième et le quatrième, qui comprennent à eux seuls les trois quarts des huit mille espèces connues de poissons vivans, se montrent pour la première fois dans les couches crétacées, où disparaissent en même temps tous les genres fossiles des deux premiers ordres qui avaient existé précédemment.

* Les genres de poissons qui prédominent dans les couches de la série

L'esprit est grandement satisfait de l'accord qui existe entre ces conclusions et celles auxquelles les géologues ont été conduits par d'autres données. Quant aux faits de détail dont elles sont la conséquence, ils seront exposés par M. Agassiz dans un ouvrage en plusieurs volumes qui formera une suite aux ossemens fossiles de Cuvier. Je prendrai dans les parties de cet ouvrage qui ont déjà paru, et dans les communications que l'auteur a bien voulu me faire, un petit nombre d'exemples qui feront connaître quelques unes des familles les plus remarquables des poissons fossiles.

Il paraît bien démontré qu'il n'en est pas de ces vertébrés comme d'une grande partie des zoophytes et des mollusques, dont les changemens ne s'opèrent d'une formation à une autre que par des degrés insensibles. On ne voit pas des genres ou même des familles se maintenir dans plusieurs séries successives de grandes formations; mais chez les poissons fossiles les changemens s'opèrent brusquement et dans des points précis de la succession verticale des couches, et rappellent les variations soudaines des reptiles et des mammifères fossiles *. Il n'est pas une seule de leurs espèces qui ait appartenu

carbonifère ne se rencontrent plus après le zechstein, ou calcaire magnésien. Ceux de la série oolitique sont tous postérieurs au zechstein, et disparaissent subitement dès que commencent les formations crétacées. Les genres de ces dernières formations sont les premiers qui se rapprochent des genres actuels. Ceux des dépôts tertiaires inférieurs de Londres, de Paris et du Monte-Bolca sont plus voisins que les précédens des formes que nous avons maintenant sous les yeux, et les poissons fossiles d'OEningen et d'Aix leur sont encore unis par des rapports plus étroits, bien qu'aucune de leurs espèces ne paraisse avoir échappé à la destruction.

* M. Agassiz fait observer que les poissons fossiles d'une même formation offrent une plus grande variété d'espèces dans des localités éloignées les unes des autres que ne le font les coquilles ou les zoophytes des étages correspondans de la même formation. Cette circonstance, ajoute-t-il, s'explique aisément par le pouvoir de locomotion plus grand

à la fois à deux grandes formations géologiques ; pas une que l'on retrouve vivante dans les eaux de nos mers actuelles *.

Déjà les recherches de M. Agassiz ont produit cet important résultat que l'âge de certaines formations, et leur place dans la série, dont jusqu'à lui aucun caractère n'avait pu rendre compte, ont été mis en évidence par la connaissance des poissons fossiles qui y sont contenus **.

que possède cette classe d'animaux de beaucoup supérieure aux autres que nous venons de citer.

* Les nodules d'arg le endurcie (*clay-stone*) de la côte du Groenland, dans lesquelles on rencontre une espèce de poissons des mers adjacentes (le capelan du Nord, *Mallotus villosus*), sont, suivant toute probabilité, des concrétions modernes.

** C'est ainsi que le schiste-ardoise d'Engi, canton de Glaris, en Suisse, a été pendant long-temps l'un des gisemens de poissons fossiles de l'Europe les plus célèbres et les plus problématiques ; ses caractères minéraux avaient même été cause que jusqu'à ces derniers temps on l'avait rapportée à la première période de la série de transition. Or, il résulte des travaux de M. Agassiz que, parmi les nombreux poissons que ce schiste renferme, il n'en est pas un qui fasse partie d'un genre que l'on rencontre plus bas que la série crétacée ; mais que plusieurs de ces fossiles sont voisins d'espèces que l'on rencontre en Bohême dans la craie inférieure, ou *Planer Kalk* : et cet auteur en conclut que le schiste de Glaris est une altération de quelque dépôt argillacé subordonné aux grandes formations calcaires d'autres parties de l'Europe, probablement de la marne bleue (*Gault*).

Un autre exemple de l'utilité de l'ichthyologie dans les recherches géologiques, c'est que les poissons fossiles de la formation wealdienne d'eau saumâtre (*wealden œstuary formation*) prenant place dans les genres qui caractérisent la série oolitique, nous en pouvons conclure que les dépôts wealdiens sont en connexion intime avec la série oolitique qui les a précédés, tandis qu'ils sont nettement séparés des formations crétacées qui viennent immédiatement après. Il paraît en effet que ces ordres les plus élevés parmi les habitans des eaux ont éprouvé à l'origine de la formation crétacée des changemens correspondant à ceux qui se sont accomplis à cette même époque dans les genres et dans les degrés inférieurs de l'animalité.

Nous pouvons citer encore, comme une preuve de cette utilité de l'ichthyologie fossile, l'indentité tout récemment démontrée par M. Agassiz,

ORDRE DES GANOÏDES.

Poissons sauroïdes.

Les poissons voraces de la famille des sauroïdes, ou poissons lacertiformes, appellent les premiers notre attention. Leur étude est d'une haute importance pour l'histoire physiologique des poissons, car ils réunissent dans la structure de leurs parties solides et de leurs parties molles un ensemble de caractères qui leur sont communs avec la classe des reptiles. Déjà M. Agassiz a reconnu et déterminé dix-sept genres appartenant à cette famille. Leurs seuls représentans dans la création actuelle sont les deux genres lépidostée * et polyptère. Le premier de ces genres renferme cinq espèces, et le second deux ; on ne les rencontre que dans les eaux douces, savoir : le genre lépidostée dans les rivières de l'Amérique du Nord, et le genre polyptère dans le Nil et dans les eaux du Sénégal **.

d'après les caractères de leurs poissons fossiles, entre les dépôts d'eau douce d'OEningen et d'Aix en Provence, et ceux de la Mollasse de la Suisse, dépôts demeurés jusqu'à lui sans détermination.

* *Lepidosteus*, Agass. *Lepisosteus*, Lacep. Voyez notre pl. 27ª, fig. 1. Pour le genre polyptère, voy. Agassiz, *Poiss. foss.*, tom. 2, pl. C.

** Dans les poissons sauroïdes, les os du crâne sont unis par des sutures plus serrées que dans les poissons ordinaires. Les vertèbres s'articulent avec les apophyses épineuses à l'aide de sutures, comme on l'observe chez les sauriens, et les côtes s'articulent également avec les extrémités des mêmes apophyses. Les vertèbres caudales sont pourvues d'os en chevron bien distincts, et l'ensemble du squelette offre une puissance et une solidité plus grandes que dans les autres poissons. En même temps encore, leur vessie aérienne, bifide et cellulaire, se rapproche des poumons par ses caractères, et on leur voit dans l'arrière-bouche une glotte pareille à celle des sirènes, des salamandres et de plusieurs sauriens. — Voyez le bulletin des séances de la Société zoologique de Londres, octobre 1834.

Les dents des poissons sauroïdes sont sillonnées vers leur base de stries longitudinales et creusées à leur intérieur d'une cavité conique. Les os palatins sont également pourvus d'un appareil dentaire très considérable *.

Les figures 11, 12, 13 et 14 de la pl. 27 représentent les dents des poissons sauroïdes les plus grands que l'on ait découverts jusqu'ici ; elles égalent par leurs dimensions les dents des plus grands crocodiles : on les rencontre dans la région inférieure du terrain carbonifère des environs d'Edimbourg, et M. Agassiz les rapporte au nouveau genre mégalichthys. On voit pl. 27, fig 9 et pl. 27ᵃ fig. 4, des fragmens de mâchoires qui contiennent plusieurs dents plus petites, mais de la même sorte. Toutes ces dents sont de forme extérieure à peu près conique, avec une cavité intérieure en cone creux comme on en voit chez beaucoup de sauriens, et la base en est cannelée comme celle des dents de l'ichthyosaure. Le volume prodigieux de ces organes démontre le volume énorme qu'atteignaient les poissons de cette famille, à cette époque reculée où se formaient les terrains carbonifères **. La structure en est entière-

---

* *Voyez* pl. 27ᵃ, fig. 2, 3 et 4, et pl. 27, fig. 9{-}4.
Ce vaste appareil dentaire, qui revêt tout l'intérieur de la bouche de plusieurs des poissons les plus carnivores, ne paraît pas avoir servi à la mastication des alimens ; mais ses fonctions étaient bien plutôt de retenir fixement les poissons glissans qui formaient la proie de l'animal, et d'en assurer la déglutition. Tout homme qui a tenu entre les mains une truite ou une anguille vivante appréciera toute l'importance d'un appareil tel que celui que nous venons de mentionner.

** La découverte de ces dents si curieuses, eu même temps que des données d'un haut prix sur la géologie des environs d'Edimbourg, ont été le résultat des recherches actives et habilement dirigées qu'a faites le docteur Hibbert durant le printemps de 1834. Le calcaire où l'on trouve ces poissons fossiles gît vers le fond de la formation carbonifère, et il est rempli de coprolites provenant probablement de ces mêmes espèces qui vivaient de rapine. On y trouve aussi des fougères en abon-

ment analogue à la structure des dents du lépidostée osseux des mers actuelles *.

On n'a trouvé dans le calcaire magnésien que des poissons sauroïdes de plus petite taille, et formant à peu près le cinquième du nombre total observé jusqu'ici dans la formation dont ce terrain fait partie. On rencontre dans le lias de Whitby et de Lyme-Regis de très grands os qui proviennent de cette

dance et d'autres plantes qui appartiennent à la formation carbonifère, ainsi que des restes du genre cypris, crustacés que l'on n'a jamais rencontrés que dans les eaux douces. Ces diverses circonstances, réunies à l'absence des polypiers et des encrinites, ainsi que de toute espèce de coquilles marines rendent probable l'opinion que ce dépôt se serait formé dans un lac d'eau douce ou dans l'embouchure d'un fleuve. On l'a rencontré dans plusieurs points distans entre eux de l'étage inférieur de la formation carbonifère des environs d'Edimbourg.

Le docteur Hibbert a publié dans les *Transactions de la Société royale d'Edimbourg*, tome 45, une description fort intéressante des découvertes qui ont été faites depuis peu dans le calcaire de Burdie-House, et c'est d'après les planches qui illustrent son travail que nous avons dessiné les grandes dents figurées dans notre planche 27 (fig. 11, 12, 13, 14). Les figures plus petites (pl. 27, fig. 9, et pl. 27a, fig. 4) ont été dessinées d'après des échantillons appartenant au docteur Hibbert et à la Société royale d'Edimbourg.

Dans ce mémoire, sont figurées aussi quelques grandes écailles fort curieuses trouvées à Burdie House avec les dents du mégalicthys, et que M. Agassiz attribue à ce poisson. On en a signalé de pareilles en divers points du terrain houiller d'Edimbourg, et aussi dans la formation houillère de Newcastle-on-Tyne. Le muséum de Leeds possède les seuls échantillons qui existent de têtes appartenant à deux poissons semblables, et un fragment du corps recouvert de ses écailles, qui ont été rencontrés dans le terrain houiller des environs de cette ville.

Sir Philip Grey Egerton a trouvé tout récemment des écailles de mégalicthys, en même temps que des dents et des ossemens de quelques autres poissons, avec des coprolites, dans la formation carbonifère de Silverdale, près de Newcastle-under-Line. On trouve en ce point une couche schisteuse qui renferme trois espèces de coquilles du genre Unio, avec des rognons de fer argileux, et diverses plantes.

* Le genre Aspidorhynchus, du calcaire jurassique de Solenhofen (pl. 27a, fig. 5) offre les caractères généraux des poissons sauroïdes.

I. 16

même famille de poissons rapaces, et les genres dont elle se
compose abondent également dans toute l'étendue de la formation oolitique *. Ils sont au contraire fort rares dans les
formations crétacées, et l'on n'en a encore trouvé dans aucune couche tertiaire. Dans la création actuelle, ils sont réduits aux deux genres lépidostée et polyptère.

Cette famille des sauroïdes occupe, comme on le voit, une
place importante dans l'histoire des poissons fossiles. Dans les
eaux de la période de transition, ce furent eux surtout et les
squales qui remplirent les fonctions de carnivores destinés à
poser des limites par leur voracité à l'accroissement excessif des
familles inférieures. Dans les couches secondaires jusqu'au
moment où commença la craie, les ichthyosaures et autres
sauriens marins prirent une part active à cette fonction importante. Dans les formations tertiaires, ces reptiles, ainsi que
les poissons sauroïdes qui s'en rapprochent par leur organisation, ont disparu tout à fait pour faire place à d'autres familles rapaces beaucoup plus voisines de celles de la création
actuelle **.

* Le genre macropome est le seul de cette même famille que l'on
ait jusqu'ici trouvé dans la craie de l'Angleterre.

** Les découvertes qui ont été faites par le professeur Sedgwick et par
M. Murchison dans le schiste bitumineux de Caithness (Transactions
géologiques de la Société royale de Londres, nouv. série, t. 5 première
partie), et celles du docteur Traile dans le même schiste à Orkney, ont
jeté beaucoup de lumières sur l'histoire des poissons du vieux grès
rouge des étages inférieurs de la série carbonifère. Le docteur Fleming
a fait aussi des observations importantes sur les poissons du vieux grès
rouge de Fifeshire. M. Murchison a découvert tout récemment des
poissons dans le même terrain à Salop et dans le comté d'Heresford.
Par les circonstances générales de leur histoire, ces poissons ressemblent à ceux de la série carbonifère; mais leurs détails d'organisation
offrent plusieurs particularités des plus intéressantes. M. Murchison
en fera figurer plusieurs dans son magnifique ouvrage intitulé *Illus-*

Poissons des couches de la série carbonifère.

Je choisirai le genre Amblyptère * comme exemple de poissons dont l'existence a été restreinte aux périodes les plus anciennes des formations géologiques, et qui se distinguent par des caractères d'organisation que l'on ne retrouve plus dans aucun animal de la même classe, passé l'époque où se déposa le calcaire magnésien.

Ce genre ne se montre que dans la série carbonifère ; on en a découvert quatre espèces à Saarbruck en Lorraine **, et il s'est également rencontré au Brésil. Le système dentaire des amblyptères ainsi que de la plupart des genres de cette période reculée fait voir qu'ils se nourrissaient de plantes marines déjà pourries, ou de substances animales désorganisées au fond des eaux. Ces dents sont petites, nombreuses et serrées les unes contre les autres comme les poils d'une brosse. La forme du corps n'est point disposée pour une progression rapide, ce qui est tout à fait en rapport avec de telles habitudes.

trations of the *Geology of the Border Counties of England and Wales.*

 * Pl. 27b.

** Les poissons que l'on trouve à Saarbruck sont ordinairement renfermés dans des masses arrondies d'un minerai de fer argileux qui constituent des nodules dans les couches d'un schiste houiller bitumineux. Lord Greenok a découvert tout récemment des échantillons pleins d'intérêt, tant du genre amblyptère que d'autres genres de poissons, dans la formation houillère à Newhaven et à Wardie, près de Leith. Le rivage de Newhaven est parsemé de nodules de minerai ferrugineux détachés par la mer des couches schisteuses de la formation houillère. Plusieurs de ces galets ont pour noyau central un amblyptère ou quelque autre poisson fossile ; et un beaucoup plus grand nombre contient des coprolites, provenant selon toute apparence d'une espèce vorace du genre pygoptère qui se nourrissait de poissons plus petits.

La colonne vertébrale se continue dans le lobe supérieur de la queue, lequel est beaucoup plus développé que le lobe inférieur. Cette disposition avait pour résultat de maintenir le corps dans une position inclinée avec la tête plus rapprochée du fond.

Parmi les poissons cartilagineux actuels, on voit dans les esturgeons et dans les squales la colonne vertébrale se prolonger pour former la nageoire caudale. Les esturgeons paraissent avoir spécialement pour fonction de nettoyer la mer de ses immondices. Leur bouche, molle et dépourvue de dents, est susceptible de s'alonger et de se raccourcir, et ils paraissent en tirer parti pour se nourrir de végétaux ramollis par la putréfaction et de débris animaux qu'ils trouvent sur le fond des mers. Ils ont donc continuellement occasion de donner à leur corps cette position inclinée que prenaient les poissons maintenant fossiles qui, à en juger par la faiblesse de leurs dents en velours et la disposition qu'elles affectent, se nourrissaient de même de substances molles placées dans des conditions analogues*.

Les squales emploient encore leur queue à un autre usage; ils s'en servent pour renverser leur corps, afin de mettre en contact avec la proie leur bouche située en dessous de la tête. C'est ainsi que nous trouvons dans chaque animal quelque disposition ayant pour but de donner à la tête la position où elle peut s'acquitter avec le plus d'aise et de promptitude de ses fonctions importantes dans l'acte de la nutrition **.

* Durant le siége de Silistrie, on observa que les esturgeons du Danube dévoraient avec avidité les corps putréfiés des soldats turcs et russes qui avaient été jetés dans le fleuve.

** On observe ce développement remarquable du lobe supérieur de la queue dans tous les poissons provenant du calcaire magnésien et des terrains situés au dessous. Mais dans les terrains supérieurs à ce calcaire, tous les poissons ont la queue régulière et symétrique. On voit dans quelques poissons osseux de la période secondaire le lobe supérieur

Poissons du calcaire magnésien ou zechstein.

Les poissons du *zechstein*, de Mansfeld et d'Eisleben, sont connus depuis long-temps et sont devenus communs dans toutes les collections. M. Agassiz en a figuré plusieurs espéces. Le professeur Sedgwick en a également décrit et figuré des échantillons trouvés dans le calcaire magnésien du nord de l'Angleterre [*]. Il établit dans son mémoire, à la page 99, que si l'on en juge d'après les polypiers et les encrinites ainsi que d'après quelques espèces de productus, d'arches, de térébratules, de spirifères, que l'on y rencontre, on peut prononcer que le calcaire magnésien se rapproche bien davantage de la série carbonifère par ses caractères zoologiques que des formations calcaires supérieures au nouveau grès rouge. Cette conclusion est tout à fait d'accord avec celle que M. Agassiz a déduite des caractères fournis par les poissons fossiles du terrain dont il s'agit.

Poissons du calcaire conchylien (muschelkalk), du lias, et de la formation oolitique.

Parmi les poissons du calcaire conchylien, il y en a qui appartiennent en propre à cette roche, et d'autres qui lui sont com-

de la queue en partie recouvert d'écailles : mais ce lobe est en même temps dépourvu de vertèbres. Les tégumens, dans tous les poissons organisés de cette sorte, sont formés par des écailles rhomboïdales osseuses recouvertes d'une lame d'émail.

On n'a encore trouvé jusqu'ici aucune espèce de poisson qui soit commune au groupe carbonifère et au calcaire magnésien ; mais il est des genres qui s'étendent à la fois à ces deux formations, tels que les genres palæonisque et polyptère.

[*] *Transact. geol. of London*, deuxième série, t. 5, p. 117, et pl. 8, 9 et 10.

muns avec le lias et l'oolite. La figure que nous donnons pl. 27c offre un exemple des caractères de l'une des familles de poissons qui abondent le plus dans la formation jurassique, ou oolite. Elle représente le genre gyrodus, de la famille des pycnodontes ou poissons à dents épaisses, famille qui s'est considérablement multipliée durant le moyen âge de la chronologie géologique. On reconnaît cinq genres de cette famille éteinte. Ils ont pour caractère principal l'armature particulière qui revêt tout l'intérieur de leur bouche comme d'une sorte de pavé formé par des dents épaisses, cylindriques et aplaties, dont les débris, connus sous le nom de bufonites, se rencontrent en abondance dans toute l'étendue de la formation oolitique *. Cet appareil singulier était destiné à écraser les petites coquilles et les petits crustacés, et aussi à broyer les herbes marines déjà putréfiées. On voit donc que les habitudes de cette famille des pycnodontes ont dû être celles de poissons omnivores, et les animaux qui la composent n'ont dû être doués que d'une progression lente **.

Les lépidoïdes sont une autre famille de ces poissons singuliers du monde ancien, qui abonde dans la série oolitique ou jurassique ; ils sont encore plus remarquables que les pycnodontes par leurs énormes écailles osseuses rhomboïdales,

---

* On voit, pl. 27c, fig. 3, une série formée de cinq rangs de ces dents palatines du pycnodus trigonus de Stonesfield, et la fig. 2 représente une série de dents palatines semblables fixées sur le vomer du gyrodus umbilicus de la grande formation oolitique de Durrheim, dans le duché de Bade.

** On rencontre un appareil semblable dans une famille actuellement existante de l'ordre des cycloïdes, chez l'espèce moderne omnivore le loup de mer (*anarrhicas lupus*), et chez d'autres poissons appartenant à des familles différentes. A ce sujet, M. Agassiz a fait observer que c'est un fait commun dans la classe des poissons que de voir se reproduire des conditions à peu près identiques du système dentaire dans des familles qui diffèrent par les autres points de leur organisation.

épaisses et recouvertes d'une forte couche d'émail. Le dapé-
dium du lias (pl. 1 , fig. 54) présente des écailles de cette
sorte bien connues des géologues. Elles offrent à leur bord
supérieur une apophyse rappelant la saillie du bord supérieur
d'une tuile, et destinée à se loger dans une cavité pratiquée
au bord inférieur de l'écaille qui la recouvre *. Tous les
poissons ganoïdiens de chacune des formations antérieures à la
craie étaient enveloppés d'une semblable cuirasse d'écailles
osseuses recouvertes d'une couche d'émail, et s'étendant depuis
la tête jusqu'aux rayons de la nageoire caudale **. On n'a découvert dans la série crétacée qu'une ou deux espèces recouvertes d'une semblable armure, et trois ou quatre dans les formations tertiaires. Les deux genres lépidostée et polyptère sont
les seuls parmi les poissons du monde actuel qui offrent ce
mode de conformation de l'enveloppe écailleuse.

Il n'est pas un seul genre de ceux que l'on a rencontrés dans
la série oolitique qui existe encore à l'époque actuelle. Au contraire, les poissons qui abondent le plus dans la formation
wealdienne font tous partie de genres qui prédominaient dans
la période oolitique***.

----

* Pl. 27, fig. 3 et 4. — Pl. 15, fig. 17.

** Les pycnodontes, aussi bien que les sauroïdes fossiles, ont des
écailles recouvertes d'émail ; mais c'est dans les lépidoïdes que les écailles de cette nature se montrent le plus développées. M. Agassiz a déterminé près de deux cents de ces espèces fossiles cuirassées. Cette armure,
qui entourait le corps d'une portion si considérable des poissons que
l'on rencontre dans les formations antérieures aux dépôts crétacés, dut
avoir pour utilité de protéger leurs corps contre l'action des eaux, alors
d'une température plus élevée, et sujette à des variations brusques que
ne pourraient supporter nos poissons actuels, recouverts, comme ils
le sont, d'une peau molle ou de tégumens sans continuité, tels que des
écailles membraneuses et cornées.

*** Les plus remarquables sont les genres lepidotus, pholidophorus,
pycnodus et hybodus.

Poissons de la formation crétacée.

Les derniers et les plus remarquables de tous les changemens qui ont eu lieu dans le caractère des poissons se sont accomplis à l'époque où ont commencé les formations crétacées. Les genres des deux premiers ordres (placoïdiens et ganoïdiens) qui ont rempli exclusivement toutes les formations jusqu'à la fin de la série oolitique, disparaissent subitement et sont remplacés par des genres appartenant à deux ordres nouveaux, les cténoïdiens et les cycloïdiens, qui apparaissent alors pour la première fois. Près des deux tiers de ces derniers sont aussi maintenant éteints, mais ils se rapprochent beaucoup plus des poissons de la série tertiaire que des espèces antérieures à la formation de la craie.

Si l'on compare les poissons de la craie avec ceux de la formation tertiaire du Monte Bolca, qui est, de toutes les formations tertiaires, la plus ancienne, on verra qu'aucune espèce n'est commune à ces deux terrains, mais que quelques genres existent à la fois dans l'un et dans l'autre *.

* Nous avons déjà dit dans le cours de cet ouvrage que le dépôt remarquable de poissons fossiles d'Engi, canton de Glaris, a été rapporté par M. Agassiz à la partie supérieure du système crétacé. Parmi les genres que l'on rencontre dans ce dépôt, il y en a plusieurs qui sont complètement identiques avec ceux de la craie inférieure de Bohême (*planer kalk*) et de la craie de Westphalie; d'autres s'en rapprochent beaucoup (*Voyez* Léonhard et Bronn, *Neues Jahrbuch*, 1834). Ainsi, quoique les caractères minéraux du schiste de Glaris semblent lui assigner une haute antiquité, cette formation est à peu près du même âge que le gault, ou *speeton clay* de l'Angleterre. Ce sont les mêmes altérations dans les caractères minéralogiques qui donnent à plusieurs formations secondaires et tertiaires des Alpes l'apparence d'une ancienneté qu'elles n'ont réellement pas.

Les poissons de la craie supérieure sont ceux que l'on connaît le mieux, et on en est redevable aux nombreux et magnifiques échantil-

Poissons de la formation tertiaire.

Dès que nous entrons dans l'étude des terrains stratifiés tertiaires, nous voyons s'accomplir, dans les caractères des poissons fossiles, d'autres changemens non moins considérables que ceux qui nous sont offerts par les coquillages fossiles.

Les poissons du Monte Bolca appartiennent à la période éocène : ils sont bien connus par les figures de l'*ictiologia veronese* de Volta, et par celles de l'ouvrage de Knorr. Une moitié de ces poissons environ appartient à des genres éteints, et il ne s'y rencontre aucune espèce qui existe maintenant à l'état vivant. Toutes sont marines, et les espèces dont elles se rapprochent le plus, par leur forme, vivent actuellement entre les tropiques [*].

C'est également à cette première période des formations tertiaires qu'appartiennent les poissons de l'argile de Londres. Beaucoup de ceux que l'on trouve à Sheppy, sans être identiques avec ceux du Monte Bolca, s'en rapprochent cependant beaucoup. Les poissons du Liban sont également de cette époque, à laquelle M. Agassiz rapporte aussi ceux du gypse de Montmartre qu'il regarde, contrairement à l'opinion

lons qui ont été découverts à Lewes par M. Mantell, et que ce savant a figurés dans ses ouvrages. Ces échantillons sont dans un état de conservation dont on n'a pas d'autres exemples. Il en est un (du genre macropoma) dans la cavité abdominale duquel se voient l'estomac et des coprolites conservés entiers et dans leur position naturelle.

[*] M. Agassiz a distribué de nouveau ces poissons dans 127 espèces toutes éteintes, formant 77 genres, dont 38 sont maintenant perdus, et dont 39 se retrouvent encore dans la création actuelle. Ces derniers genres comprennent 81 des espèces fossiles du Monte Bolca, et les premiers 46 espèces, et c'est dans cette dernière formation qu'apparaissent pour la première fois les 39 de ces genres qui existent encore à l'heure présente.

de Cuvier, comme appartenant tous à des genres détruits.

Tous les auteurs ont rapporté les poissons d'Œningen à quelque dépôt lacustre local d'une époque récente. M. Agassiz les regarde comme appartenant à la seconde période des formations tertiaires, contemporaine de la mollasse de la Suisse et du grès de Fontainebleau. Parmi les dix-sept espèces éteintes que l'on y rencontre, une seulement est d'un genre étranger à l'Europe, et toutes appartiennent à des genres actuellement existans.

On trouve dans le gypse d'Aix quelques espèces appartenant à l'un des genres perdus du gypse de Montmartre, mais elles font partie pour la plupart de genres que nous retrouvons dans la création actuelle. M. Agassiz regarde cette formation comme à peu près contemporaine des dépôts d'Œningen.

Ce que l'on connaît des poissons du crag de Norfolk et de la formation subapennine supérieure conduit à les regarder comme appartenant à des genres maintenant communs dans les mers tropicales, mais à des espèces détruites.

Famille des squales.

Cette famille, l'une des plus universellement répandues et l'une des plus voraces parmi celles qui peuplent les mers actuelles, n'occupe pas une place moins importante dans l'histoire de la géologie ; il n'est pas une période où l'on ne rencontre plusieurs formes qui la représentent *. Les géologues trouvent fréquemment des dents de plusieurs sortes qui se font remarquer par leur grandeur et la beauté de leur émail, et dont quelques unes rappellent par leur forme extérieure une sangsue contractée **. On les désigne ordinairement sous le nom d'os

* Pl. 27ᵉ, et 27ᶠ.
** Pl. 27ᵈ. C. 3. a.

palatins ou palais. Comme d'ailleurs ces dents sont presque toujours isolées, elles n'offrent que peu d'indices à l'aide desquels on puisse reconnaître de quels animaux elles proviennent.

Dans les mêmes couches on rencontre aussi de grandes épines osseuses armées de piquans sur un de leurs bords et ressemblant à des dents recourbées *. Long-temps on a regardé ces corps comme des mâchoires avec leurs dents, et c'est depuis peu seulement que l'on a constaté que c'étaient des rayons épineux dorsaux ; et comme on a été porté à penser qu'elles servaient d'armes défensives ainsi que les rayons dorsaux des genres baliste et silure, on les a désignées sous le nom d'ichthyodorulites.

M. Agassiz, après de longues recherches, rapporte tous ces corps à des genres éteints de la grande famille des squales qu'il partage en trois sous-familles dont chacune contient des formes d'existence propres à certaines époques géologiques et dont les changemens sont simultanés avec les autres grands changemens qui ont eu lieu dans les débris fossiles.

La première et la plus ancienne de ces sous-familles, celle des *Cestracions*, commence en même temps que les couches de transition, et ne manque dans aucune des formations suivantes jusqu'au commencement de la série tertiaire. Elle n'a plus qu'un seul représentant parmi les espèces actuelles, le *cestracion Philippi*, ou squale du Port-Jackson.

La seconde famille, celle des *Hybodons*, commence avec le *muschelkalk* et peut-être avec la formation houillère ; puis elle se montre dans tout le cours de la série oolitique pour ne disparaître qu'à l'époque où commence la craie.

Enfin la famille des *Squaloïdes* ou squales vrais commence

* Pl. 1. fig. 18.

avec la formation crétacée, traverse toute la période tertiaire pour arriver jusqu'à la création actuelle dans laquelle elle se continue *.

* Les *Cestracions* sont caractérisés par de grandes dents pourvues d'émail, polygonales et obtuses, qui recouvrent l'intérieur de la bouche comme une sorte de pavé en marqueterie (pl. 2ᵈ. A, 4, 3, 4, et B, 4. 2, 3, 4, 5). Il y a quelques espèces chez lesquelles chaque mâchoire ne porte pas moins de soixante de ces dents. La facilité avec laquelle se détruisent les os cartilagineux auxquels elles sont fixées est cause qu'on les rencontre rarement réunies à l'état fossile, et c'est ce qui fait aussi que les aiguillons et des dents isolées sont les seules preuves qui nous restent de l'existence passée de ces espèces éteintes. On en voit en abondance dans toutes les couches depuis la série carbonifère jusqu'à la craie la plus moderne.

Les figures 4 et 2 de la planche 27ᶜ représentent une série de dents du genre Acrodus, de la famille des cestracions, provenant du lias du comté de Sommerset; et on voit, pl. 27ᶠ, une série de dents appartenant au genre Ptychodus, de la même famille. Ce genre abonde dans la formation crétacée et y est exclusivement renfermé.

Dans notre planche 4, la figure 19 représente une dent d'un Psammodus, et la figure 19' celle d'un Orodus du calcaire carbonifère. 48 est une dent récente du Cestracion Philippi. Ce poisson, pl. 4, fig. 18, et pl. 27ᵈ A, est la seule espèce actuelle de la famille des squales, qui possède de semblables dents plates disposées en marqueterie, et c'est elle dont la connaissance nous permet de rapporter à cette même famille les nombreuses dents d'une construction pareille que nous rencontrons à l'état fossile. Dans cette même espèce, les petites dents tranchantes antérieures (pl. 27ᵈ A, fig. 4, 2 et 5) offrent le caractère des squales vrais, caractère que l'on n'a encore trouvé dans aucun cestracion fossile; ainsi la dentition de cette espèce actuelle est le seul lien connu qui rattache ces deux sous-familles appartenant à des créations diverses.

La seconde division de la famille des squales, celle des *Hybodons*, commença probablement avec la formation houillère; elle fut prédominante pendant le temps que dura le dépôt de toutes les couches secondaires inférieures à la craie. Les dents de cette division sont intermédiaires entre les dents émoussées, polygonales et propres à écraser, qui caractérisent la sous-famille des cestracions, et les dents polies et à bords tranchans des squaloïdes ou squales vrais, que l'on ne rencontre pas avant le commencement des formations crétacées. Elles se distinguent de ces dernières dents par les replis des deux surfaces externes de leur émail. (*Voyez* pl. 27ᵈ, B. fig. 8, 9, 40.) On voit, pl. 27ᵈ, C.

Rayons épineux fossiles ou ichthyodorulites.

Les rayons dorsaux du squale de Port-Jackson * jettent d'importantes lumières sur l'histoire des rayons épineux fossiles; c'est d'après eux en effet que nous pouvons rapporter à des genres et à des espèces éteintes de cestracions ces corps fossiles si communs et pourtant si mal expliqués, qui ont été désignés

1, un échantillon très rare offrant une série de dents de l'hybodus reticulatus, encore adhérentes aux mâchoires cartilagineuses de l'animal. Elles proviennent du lias de Lyme-Regis. On rencontre en abondance dans l'ardoise de Stonesfield et dans la formation wealdienne des dents striées qui proviennent de cette même famille.

Un autre genre de cette section des hybodons, le genre Onchus, se rencontre aussi dans le lias de Lyme-Regis. Nous en donnons les dents dans la planche 27ᵈ, B. 6, 7 de cet ouvrage.

Les poissons fossiles de la famille des *Squaloïdes* offrent tous les caractères des vrais squales. On commence à les trouver seulement dans les formations crétacées, et ils se continuent pendant toute la durée des dépôts tertiaires, jusqu'à notre époque actuelle (pl. 27ᵈ B, 11, 12, 13). Les dents de cette division sont constamment lisses à leur surface externe, et quelquefois plissées à leur surface interne; ce qui s'observe de même dans plusieurs espèces vivantes. En outre ces dents sont plates et taillées en forme de lancette, avec un bord tranchant qui, dans plusieurs espèces, est découpé en de fines dentelures. Cette sous-famille des squaloïdes est la seule dont les espèces abondent dans les formations tertiaires.

La solidité extrême et l'aplatissement des dents chez les deux sous-familles (cestracions et hybodons) qui prédominent dans les formations de transition et dans les formations secondaires inférieures à la craie, avaient très probablement pour but le broiement des enveloppes solides de crustacés et des écailles osseuses et garnies d'émail des poissons qui formaient leur pâture. A mesure que les poissons de la série crétacée et de la série tertiaire se revêtirent des écailles de plus en plus molles que nous voyons chez les poissons modernes, les dents des squaloïdes s'amincirent en ces bords tranchans qui caractérisent le système dentaire des squales actuels. On n'a pas encore rencontré jusqu'ici dans les formations tertiaires un seul de ces cestracions à dents émoussées.

* Pl. 1, fig. 18.

sous le nom d'ichthyodorulites. Quelques unes des espèces actuelles de squales ont à leur nageoire dorsale des épines *cornées* lisses. L'espèce que nous venons de citer est la seule qui ait une épine osseuse armée à son bord concave d'aiguillons ou de dents crochues semblables à celles que l'on observe sur les ichthyodorulites fossiles. Ces aiguillons formaient des points de suspension et d'attache à l'aide desquels la nageoire dorsale était attachée à l'épine osseuse qui lui imprimait un mouvement régulier d'élévation et d'abaissement propre à rendre plus facile le mouvement rotatoire du corps que doivent exécuter les squales. Cette épine remplissait ainsi les fonctions de ces mâts mobiles qui servent à élever et à abaisser les voiles de certaines petites barques.

Le squale épineux commun (*spinax acanthias.* Cuv.) et le centrine vulgaire (*centrina vulgaris*) ont à chacune de leurs dorsales une semblable épine destinée à les redresser, mais dépourvue de dentelures ou crochets. M. Mantell en a trouvé de pareilles d'une petite dimension dans la craie de Lewes. Ces petites épines dorsales leur servaient probablement aussi à se défendre contre certaines espèces voraces ou même contre les individus plus grands et plus puissans de leur propre espèce ; peut-être aussi s'en faisaient-ils des armes offensives *.

La grande variété de ces épines fossiles que l'on rencontre depuis la grawake jusqu'à la craie inclusivement nous fait

---

* Le capitaine Smith a vu à la Jamaïque un capitaine de vaisseau qui avait été grièvement blessé par les épines d'un squale dans la baie de Montego. (Voyez le *Règne animal* de Cuvier, publié par Griffith.)

Les épines du baliste et du silure ne sont pas seulement enfoncées à leur base dans la chair et mues par de puissans muscles, ainsi que cela a lieu chez les squales, mais elles s'articulent avec un os destiné à les soutenir. En outre, ces sortes de baguettes, dans le baliste, sont tenues droites par une seconde épine qui se trouve en arrière et à leur base, et qui agit à la manière d'un verrou ou d'un coin que fixe ou enlève la même action musculaire qui redresse ou abaisse l'épine principale.

connaître combien furent nombreux les genres et les espèces éteintes de la famille des squales qui habitèrent les eaux de la mer durant toutes ces périodes reculées. Les dents et les os palatins observés dans ces mêmes terrains ne sont pas de formes moins variées ; mais comme les squelettes cartilagineux auxquels ces dents appartenaient ont été en presque totalité détruits ; les dents et les épines sont ordinairement dispersées, et ce ne pourra être qu'en s'aidant des analogies anatomiques ou du hasard de juxtapositions accidentelles que la science parviendra à déterminer les espèces auxquelles ces débris appartiennent.

Raies fossiles.

Les raies constituent la quatrième famille de l'ordre des placoïdiens. La création actuelle comprend un grand nombre de genres qui appartiennent à cette famille ; mais on ne l'a pas encore rencontrée à l'état fossile dans un terrain plus ancien que le lias. Elle se montre dans le calcaire jurassique.

La famille des raies abonde dans toute l'étendue de la formation tertiaire ; on y a trouvé seize espèces du seul genre Myliobates : c'est de lui que proviennent les palais que l'on trouve en si grande abondance dans l'argile de Londres et dans le crag*. On rencontre également dans les formations tertiaires les genres Trygon et Torpille.

Conclusion.

Les divers faits qui viennent de passer sous nos yeux, empruntés à l'histoire des poissons, constituent une série non

---

* Pl. 27d, B. fig. 14.

interrompue de témoignages qui nous montrent cette importante classe, soit avec un squelette osseux, soit avec un squelette cartilagineux, comme prédominante dans toutes les périodes, depuis le moment où a commencé la vie sous-marine jusqu'à l'heure actuelle. La similitude des dents, des écailles et des os des plus anciens poissons sauroïdes de la formation houillère (le genre mégalichthys) avec ceux du genre lépidostée actuel, et les rapports étroits qui s'observent entre les dents et les épines osseuses du seul cestracion qui fasse encore maintenant partie de la famille des squales, et les nombreuses formes éteintes de cette même sous-famille des cestracions, qui abondent dans toute l'étendue des formations carbonifères et des formations secondaires, sont des faits qui réunissent les deux extrémités de cette grande classe de vertébrés par une chaîne plus régulière et plus étroitement unie qu'aucune autre à laquelle on ait été conduit jusqu'ici par les recherches géologiques.

Il résulte de ce coup d'œil que nous venons de jeter sur l'histoire des poissons fossiles que chacune des formes principales d'organisation que présentent ces animaux existait dès les âges les plus reculés de notre globe ; que toujours ils y ont rempli dans l'économie générale de la nature les mêmes fonctions importantes que nous voyons confiées à leurs représentans actuels dans nos mers modernes, dans nos lacs et dans nos rivières. La grande raison finale de leur existence paraît avoir été à toutes les époques de peupler les eaux d'animaux qui y jouissent de toute la somme de bien-être que comportent leurs conditions d'existence.

La stérilité et la solitude dont on a souvent fait l'attribut des profondeurs de l'Océan n'existent donc pas ailleurs que dans les fictions de quelque imagination poétique. Dans cette vaste masse d'eaux qui recouvre presque les trois quarts de la surface du globe, la vie se montre avec plus de luxe peut-être qu'au sein des airs ou sur la surface terrestre elle-même. Le fond des mers, jusqu'aux profondeurs où pénètre la lumière, est peuplé de légions sans nombre de vers et d'autres êtres rampans, les représentans de ces familles inférieures qui se traînent sur la surface terrestre.

Le but général de la création paraît avoir été de multiplier la vie à l'infini. Comme la nutrition des animaux a pour base le règne végétal, le lit des océans ne jouit pas d'un luxe de végétation moindre que celui qu'étalent à nos yeux les prairies verdoyantes et les majestueuses forêts qui recouvrent comme d'un vêtement la portion émergée de la surface du globe. Dans les eaux comme sur la terre, nous voyons l'accroissement excessif des espèces herbivores tenu en échec par la voracité des espèces carnivores, et nous retrouvons ici ce que nous avions déjà signalé dans une autre circonstance, que le but que s'est proposé l'intelligence suprême, lorsqu'elle a créé les animaux, a toujours été d'appeler le plus grand nombre d'êtres possible à prendre sa part de la plus grande somme possible de jouissances.

Il n'existe aucun point dans tout l'ensemble de la nature qui, plus que cette progression que nous avons tracée dans la classe des poissons, repousse la doctrine du développement graduel ou de la transmutation des espèces. Les sauroïdes, en effet, qui occupent dans l'échelle organique une place plus élevée que les formes ordinaires des poissons osseux, ne s'en montrent pas moins en nombre considérable dans les formations carbonifères et secondaires où elles atteignent une taille énorme, tandis qu'ils disparaissent pour être remplacés par des formes moins parfaites dans les couches tertiaires, et que deux genres seulement les représentent parmi les poissons actuellement existans.

Ici, comme dans plusieurs autres cas, ce que l'on observe,

c'est une sorte de développement rétrograde qui s'avance des formes [complexes aux formes simples. Il existait à ces époques reculées des espèces qui réunissaient plusieurs caractères organiques que l'on ne retrouve plus dans nos périodes modernes que répartis sur des familles séparées ; et ces faits semblent indiquer que la nature, dans la création successive des poissons, est plutôt partie des formes les plus parfaites en suivant les procédés de la division et de la soustraction, qu'elle n'a opéré par addition, en prenant pour point de départ les formes les moins parfaites.

L'étude de l'organisation chez les poissons actuellement existans fait voir que certains organes, chez les cartilagineux, tels que le cerveau, le pancréas, l'appareil de la génération, sont à un degré de développement plus élevé que chez les poissons osseux. Or, nous avons rencontré la famille cartilagineuse des squaloïdes en même temps que les poissons osseux dans les couches de transition, et nous avons vu ces deux groupes continuer d'exister simultanément jusqu'à l'époque actuelle, après avoir traversé toutes les périodes géologiques.

Ainsi parmi tous les groupes dont l'ensemble constitue la nature, il n'est pas un seul qui, moins que la classe des poissons, permette d'expliquer les changemens que la géologie démontre s'y être successivement accomplis, sans que l'on invoque l'intervention directe d'actes de création distincts et répétés.

CHAPITRE XV.

L'intelligence qui a présidé à la création est démontrée par les débris fossiles appartenant à l'embranchement des mollusques.

SECTION I.

COQUILLES FOSSILES UNIVALVES ET BIVALVES.

Nous n'avons que peu de moyens d'arriver à connaître la structure anatomique des nombreuses tribus éteintes appartenant au grand embranchement des mollusques. Leurs organes mous et périssables ont disparu presque complètement, et leurs coquilles' extérieures sont, avec un appareil interne de même nature qui n'existe que dans un petit nombre de cas, les seuls témoignages qui nous restent de l'existence de ces êtres dont les myriades occupaient les anciennes eaux.

Nous devons à la résistance qu'opposent à la destruction les enveloppes calcaires sécrétées par ces animaux de pouvoir asseoir notre étude des coquilles fossiles sur les bases mêmes de la conchyliologie actuelle; mais le plan que nous nous sommes imposé pour le présent essai nous défend d'entreprendre autre chose qu'une revue générale de l'histoire e de l'économ ie organique des créatures auxquelles ces coquilles ont appartenu.

Les couches de transition les plus anciennes où l'on rencontre quelques traces de vie renferment des coquilles univalves et bivalves de plusieurs formes différentes entre elles, en même temps que de nombreux débris d'animaux articulés et rayonnés. Parmi ces coquilles, il en est qui sont tellement pareilles à des espèces actuellement existantes qu'il nous est permis d'en conclure qu'elles ont dû être créées pour les mêmes fonctions, et qu'elles ont recouvert des animaux dont les formes et les habitudes étaient les mêmes que celles des animaux qui habitent les coquilles de nos mers dans lesquelles nous observons les mêmes modifications *.

Toutes les coquilles simples turbinées appartiennent à des mollusques d'un degré plus élevé que les conchifères, dont les coquilles sont bivales ; les premiers ont une tête et des yeux, les conchifères sont dépourvus de ces deux importans appareils, et ne possèdent, même à un degré inférieur, que les seuls sens du toucher et du goût. Ainsi, les mollusques qui habitent les coquilles de la patelle et du buccin sont des animaux d'un ordre plus élevé que le conchifère inclus entre les deux valves de la moule ou de l'huître.

Lamarck a divisé son ordre des Trachelipodes** en deux grandes sections : les *herbivores* et les *carnivores*. Ces derniers eux-mêmes se partagent en deux grandes familles dont l'une attaque et détruit les corps vivans, tandis que l'autre se repaît des cadavres d'animaux qui ont succombé à une mort naturelle ou accidentelle, de même que nous voyons certains genres de

---

* *Voyez* l'introduction de M. Broderip à son Mémoire sur quelques espèces nouvelles de brachiopodes, dans les *Transactions géologiques*, t. 1, p. 141.

** Ce nom est tiré de la position qu'occupent les pieds ou les appareils de la locomotion à la partie inférieure du cou ou au devant du corps. A l'aide de ces organes, les trachelipodes rampent à la manière du limaçon commun des jardins (Helix aspersa).

Cette même espèce offre en outre un exemple familier de la disposition que prennent les viscères principaux de ces mollusques à l'intérieur de leur coquille enroulée.

mammifères et d'oiseaux, tels que les hyènes et les vautours, se nourrir de préférence aux dépens des cadavres. Le même principe d'économie de la nature qui accélère la destruction des restes de tant d'herbivores terrestres, en les faisant servir à la nourriture de nombreuses légions de carnivores, se montre de même en vigueur parmi les habitans des mers les plus anciennes comme des mers actuelles. Partout nous voyons la destruction dans un groupe devenir un principe d'alimentation et de vie pour d'autres groupes.

Suivant Pline*, ainsi que l'observe M. Dillwyn, l'animal que l'on supposait fournir la pourpre de Tyr, pour obtenir sa nourriture, perçait les autres coquilles à l'aide d'une trompe alongée; et Lamarck établit que tous les mollusques qui ont à la base de l'ouverture de leur coquille une échancrure ou un canal, sont de même pourvus d'une trompe rétractile perforante** : ce sont ces trachélipodes qui, dans son *Système des animaux invertébrés*, forment la section des carnivores ou zoophages. Dans une autre section du même ordre, qu'il désigné sous le nom d'herbivores (phytiphages), l'ouverture de la coquille est entière, et la bouche est armée d'organes disposés pour la mastication des végétaux.

* *Voyez* son Mémoire lu à la Société royale de Londres, en juin 1825.

** La trompe dont se servent les trachélipodes carnivores pour perforer les autres coquilles est armée d'une infinité de petites dents disposées comme les dents d'une lime à la surface d'une membrane rétractile que l'animal applique sur la coquille, de façon à pouvoir mettre les dents en jeu, et traverser du dehors au dedans la substance calcaire dont cette coquille est composée ; c'est à travers ce trou qu'il peut extraire, pour s'en nourrir, les humeurs contenues dans le corps du mollusque destiné à lui servir de pâture. Un exemple familier de cet organe neu est fourni par la trompe rétractile du *buccinum lapillus* et du *buccinum undalum*, si communs sur nos côtes.

M. Osler a publié tout récemment sur ce sujet, dans les *Transactions*

D'après **M. Dillwyn**, toutes les coquilles turbinées fossiles des couches anciennes, depuis le calcaire de transition jusqu'au lias, appartiennent au groupe des herbivores, et ce groupe se maintient dans la série tout entière des formations géologiques jusqu'à nos jours, où nous le voyons conserver encore son importante place parmi les habitans des mers contemporaines. Quant aux coquilles des univalves carnivores, elles abondent dans les couches tertiaires supérieures à la craie, mais elles sont extrêmement rares dans les couches situées au dessous jusqu'à l'oolite inférieur, passé lequel on n'en rencontre plus aucune trace.

La plupart des personnes qui font des collections ont vu sur le rivage de la mer des milliers de coquilles vides que d'autres animaux rapaces ont perforées de petits trous circulaires pour parvenir jusqu'au mollusque qui les remplissait et se nourrir de sa substance. On observe de semblables perforations dans une foule de coquilles fossiles de ces mêmes couches tertiaires, où abondent aussi les restes de trachélipodes carnivores ; mais elles sont extrêmement rares dans les coquilles fossiles des formations antérieures. Dans la craie chloritée (*green sand*) et dans le calcaire oolitique, on en cite à peine quelques exemples, et les débris de mollusques carnivores qui les accompagnent sont également rares ; enfin dans le lias et dans les couches au dessous on ne rencontre plus ni coquilles perforées, ni coquilles

philosophiques (1832, 2e partie, page 497), un Mémoire intéressant dans lequel il a figuré la langue du *buccinum undatum* avec l'espèce de râpe dont cet organe est recouvert, et qui sert à l'animal pour la perforation des coquilles dont les habitans forment sa nourriture ; et ce savant a modifié les idées que l'on s'était faites sur ce point, en faisant voir que si d'une part il est en effet vrai que les coquilles à bouches échancrées annoncent dans les mollusques qui y séjournent des habitudes carnivores, il ne l'est pas également qu'une ouverture buccale entière soit constamment l'indice certain d'un régime herbivore.

offrant cette échancrure de la bouche qui n'appartient qu'aux espèces carnivores.

Ces faits nous conduisent à penser que, dans l'économie générale des êtres sous-marins, la grande division des trachélipodes carnivores remplissait le même rôle nécessaire durant le cours de la période tertiaire qu'elle remplit encore de nos jours. D'autres témoignages nous font voir qu'aux époques antérieures à la craie et durant le dépôt de cette formation elle fut suppléée dans ses fonctions importantes par d'autres mollusques carnivores, les céphalopodes testacés. Ces derniers, en effet, ne se montrent qu'en proportion faible dans les couches tertiaires et dans nos mers modernes · mais les terrains secondaires et les formations de transition, dans lesquels les trachélipodes manquent complètement ou sont extrêmement rares, sont remplies de nautiles, d'ammonites, et d'un grand nombre d'autres genres de coquilles polythalames, voisines des précédentes et d'une beauté remarquable. Les mollusques qui habitaient ces coquilles cloisonnées avaient probablement les mêmes habitudes rapaces que nous observons aujourd'hui dans les seiches ; et en dévorant, comme ces derniers animaux, les testacés et les crustacés tout jeunes, ils imposaient des limites au développement excessif de la vie animale au fond des mers les plus anciennes. Leur disparition soudaine et presque complète au commencement de la série tertiaire eût laissé un vide dans la police de la nature ; elle eût permis aux tribus herbivores de s'accroître à un excès qui fût devenu une cause de destruction pour la végétation marine et pour ces tribus elles-mêmes, si les carnivores détruits n'eussent été remplacés par d'autres appartenant à un ordre différent, et destinés à remplir ces mêmes fonctions que la destruction des ammonites et des genres analogues venait de laisser vacantes. C'est à cette même époque géologique, en effet, que recommencent à se montrer en abondance les débris des trachelipodes carnivores, et tout nous porte à adopter cette conclusion à laquelle est arrivé **M.** Dillwyn, que : « dans les formations supérieures à la craie, la disparition subite et presque complète qui a eu lieu d'une tribu rapace a été compensée par la création d'un grand nombre de nouveaux genres et de nouvelles espèces pourvues des mêmes appétits et organisées de manière à se procurer leur proie à l'aide de moyens tout différens de ceux qu'employaient les céphalopodes. »

Il paraît donc qu'il est entré dans les desseins du Créateur que la mer fût remplie à toutes les époques, et que la surface de la terre fût couverte du plus grand nombre possible d'êtres organisés et en possession de l'existence ; et que, depuis le moment où commença la vie jusqu'à l'heure actuelle, un seul moyen d'exécution a toujours été mis en œuvre, qui consiste à faire du règne végétal la base de la vie organique chez les animaux, et à centupler la somme de bien-être accordée à ces derniers, en livrant les espèces herbivores à la dent vorace des carnivores[*].

M. de la Bêche a publié récemment un tableau dans lequel il fait voir que le poids spécifique et la solidité des coquilles de plusieurs genres actuellement existans sont en rapport avec les habitudes et avec le séjour de l'animal pour lequel elles ont été construites ; et il en déduit des preuves d'un plan primitif pareilles à celles qui sont résultées

---

[*] M. Dillwyn fait encore observer que tous les trachélipodes herbivores marins des couches de transition et des couches secondaires étaient pourvus d'un opercule que l'on pourrait regarder comme destiné à les défendre contre les céphalopodes carnivores qui pullulaient à cette époque, mais que dans les formations tertiaires on rencontre une foule de genres herbivores dépourvus de cet appendice, comme si c'était en effet parce qu'un semblable bouclier était devenu inutile après que les ammonites et les genres voisins des céphalopodes carnivores avaient disparu à la fin de la période secondaire, c'est-à-dire après le dépôt de la craie.

pour nous de toutes les investigations auxquelles nous nous
sommes livrés avec soin sur les formes animales vivantes ou
éteintes*.

SECTION II.

DÉBRIS FOSSILES DE MOLLUSQUES NUS. — OSSELETS DORSAUX, ET SAC A ENCRE DE CALMARS.

On sait que la seiche commune et plusieurs autres espèces
de céphalopodes actuellement existantes **, dépourvues de co-

* « Un fait qui n'aura pas échappé à l'attention de nos lecteurs,
c'est que le poids spécifique des coquilles terrestres que nous avons
énumérées surpasse généralement celui des coquilles *flottantes*. La
raison de cette différence est aisée à saisir. Tout en demeurant d'un
transport facile, les coquilles terrestres devaient résister aux changemens de température et à l'action des agens atmosphériques ; c'est
pourquoi elles sont en même temps plus minces et d'une densité plus
grande. La coquille de l'argonaute, au contraire, ainsi que celle du
nautile et des mollusques qui ont les mêmes habitudes, doivent réunir
la légèreté à un degré de force suffisant, ce qui explique pourquoi ces
sortes de coquilles sont d'un poids spécifique moindre. La coquille la
plus dense que l'on ait observée appartient à une hélice ; celle de l'argonaute est la plus légère, et l'ianthine, mollusque flottant, est également-
ment au nombre de ceux dont la coquille est spécifiquement la moins
dense. Le poids spécifique de toutes les coquilles terrestres qui ont
été étudiées est supérieur à celui du marbre de Carrare, et à peu près
égal à celui de l'arragonite. Quant aux coquilles marines et d'eau douce,
elles surpassent toutes ce même marbre de Carrare, à l'exception des
genres argonaute, nautile, ianthine, lithodome, haliotide, et d'un
grand taret des Indes-Orientales, à coquille rayonnée cristalline. Le
poids spécifique de la coquille de l'haliotide est exactement égal à celui
du marbre que nous avons pris pour terme de comparaison » (De la
Beche, *Geolog. Researches*, 1834, fig. 376.)
** En jetant les yeux sur la figure du calmar commun (*loligo vulgaris*
Lamk.— Sepia loligo, Linné) pl. 28, fig. 1, on comprendra facilement
le motif qui a fait donner le nom de céphalopodes à une grande division

quille externe, trouvent une protection contre leurs ennemis dans une particularité interne de leur organisation. Ils sont pourvus d'un sac ou d'une sorte de vessie qui contient un liquide noir et visqueux ; et l'animal, en projetant cette sorte d'encre dans les eaux, s'enveloppe d'un nuage épais qui le dérobe aux poursuites de ses ennemis. La seiche commune et le calmar de nos mers offrent des exemples bien connus de cette disposition organique remarquable.

On n'eût guère osé se promettre de rencontrer parmi les débris animaux qui nous sont restés d'un ancien monde, et que nous ne restituons à la lumière qu'après qu'ils ont passé des siècles sans nombre ensevelis dans les profondeurs de l'écorce du globe, des traces d'un liquide pareil à l'encre que renfermait le corps de ces céphalopodes dont la destruction remonte à des époques d'une antiquité au delà de tous les calculs. C'est là cependant un fait hors de doute, depuis qu'on a découvert dans le lias de Lyme-Regis * des échantillons nombreux où sont conservés à l'état fossile les réservoirs d'encre, distendus comme s'ils faisaient encore partie de l'animal vivant, et conservant, par rapport à l'osselet dorsal, la même position relative que l'on observe entre ces or-

---

d'animaux mollusques dont les bras sont disposés autour de la tête. Ces bras sont garnis à leur face interne de plusieurs rangées de cupules cornées ou ventouses, à l'aide desquelles l'animal s'empare de sa proie et adhère aux corps extérieurs. La bouche ressemble, par sa forme et par la substance dont elle se compose, au bec d'un perroquet, et les bras forment un cercle tout autour; c'est à l'aide de ces bras et des ventouses qui les garnissent que le poulpe commun (*sepia octopus—polypus* des anciens) rampe, la tête en bas, sur le fond de la mer.

* Nous devons cette découverte au savoir et à la sagacité de mademoiselle Mary Anning. Elle s'est acquis en outre des droits à la reconnaissance du monde scientifique, en rendant à la lumière un grand nombre de restes précieux de reptiles fossiles du Lias de Lyme-Regis.

ganes dans les calmars, dont nous sommes à même d'étudier l'organisation à l'état vivant[*].

La conservation de cette encre à l'état fossile trouve du reste son explication dans la nature indestructible du carbone qui en est l'élément principal. D'après ce qu'en dit Cuvier, l'encre de la seiche commune est un liquide épais, de la consistance d'une bouillie, et tout à fait analogue à l'encre d'imprimerie, contenu dans les cellules d'un réseau lâche qui remplit la cavité du sac. On conçoit donc qu'une substance de cette nature ait pu passer à l'état fossile sans que son volume ait beaucoup diminué [**].

On voit représenté dans la planche 28, figure 5, le réservoir d'une seiche, renfermant l'encre desséchée : son volume diffère peu du volume primitif ; sa forme est exactement celle d'un grand nombre de réservoirs d'encre fossilisés (pl. 29, fig. 3-10), et l'encre solidifiée qu'elle renferme ne diffère de l'encre fossile que parce que cette dernière est imprégnée de carbonate de chaux.

[*] Pl. 28, fig. 1.

[**] On pourra juger par le fait suivant jusqu'à quel point l'encre fossile des céphalopodes conserve son caractère et ses propriétés. En 1826, je communiquai un fragment de cette encre à mon ami sir Francis Chantrey, afin qu'il eût à l'essayer comme substance propre à la peinture. Après l'avoir broyée, il s'en servit en effet pour exécuter un dessin au lavis ; et ce dessin ayant été mis sous les yeux d'un peintre célèbre sans qu'on lui eût fait connaître à l'avance la substance colorante que l'on avait employée, il dit immédiatement que c'était là une sepia d'excellente qualité, et pria qu'on voulût bien lui indiquer chez quel fabricant de couleurs on l'avait achetée. La sépia ordinaire dont on se sert pour la peinture provient d'une espèce de seiche de l'Orient. On assure que l'encre de seiche à l'état naturel n'est soluble que dans l'eau, et qu'elle s'y dissémine instantanément en y formant un nuage étendu ; ce sont là des propriétés qui la rendent éminemment propre à remplir, dans le seul fluide où elle soit versée naturellement, les fonctions auxquelles elle a été destinée.

Dans une communication que je fis à la société géologique, en février 1829, j'annonçai que ces réservoirs d'encre fossiles trouvés dans le lias de Lyme-Regis offraient des connexions avec certaines pièces cornées qui ressemblent aux osselets dorsaux des calmars modernes.

Les lames dorsales fossiles n'offrent aucune trace de nacre ; elles sont formées de lames minces d'une substance semi-transparente qui ressemble à de la corne. On les trouve si parfaitement conservées que l'on peut comparer leur structure intérieure jusque dans ses détails les plus minutieux avec celle du même organe chez les calmars modernes ; et il résulte de cet examen la même conséquence que nous avons vue ressortir déjà tant de fois de nos études des débris organisés fossiles, savoir que les espèces fossiles diffèrent de celles qui les représentent dans la création actuelle, mais que l'organisation a été fondée sur les mêmes principes dans les genres, et souvent même dans les familles tout entières dont ces genres font partie.

Les débris pétrifiés de calmars fossiles ajoutent donc un nouvel anneau à cette chaîne d'argumens que nous voulons faire servir à relier entre eux les systèmes divers de création qui se sont succédé sur notre planète comme des parties distinctes d'un seul plan vaste et uniforme. La réunion de ces deux organes, un réservoir d'encre et un osselet dorsal ressemblant à une penne, constitue dans les calmars modernes une disposition remarquable, et qui compense pour ces animaux l'absence d'une coquille externe comme moyen de défense contre les êtres qui habitent avec eux le fond des eaux. Or, nous trouvons une semblable association d'organes dans les débris pétrifiés de la même famille qui ont été conservés dans les couches marneuses et calcaires du lias. Cuvier a peint ses dessins anatomiques de la seiche moderne avec l'encre extraite du corps de ce mollusque ; or je possède aussi les débris d'espèces éteintes figurées avec l'encre de ces mêmes espèces , et je pourrais me servir de cette encre pour retracer les faits qui les concernent et pour exposer à quelles causes est due leur merveilleuse conservation.

On peut faire ressortir de la conservation de ces réservoirs d'encre les preuves d'une mort instantanée ; car nous y trouvons encore le liquide que le calmar répandait dans les momens d'alarme, et la forme qu'ont conservée les membranes distendues ensevelies aussitôt après la mort de l'animal. Or, ces réservoirs membraneux se fussent rapidement décomposés, et l'encre qu'ils contenaient se fût répandue, pour peu qu'ils fussent restés seulement quelques heures exposés à l'action destructive de l'eau. Ainsi donc les animaux auxquels ils appartenaient ont dû périr soudainement, et ils ont dû être immédiatement ensevelis dans le sédiment qui a donné naissance aux couches ou se sont conservés pétrifiés leur encre et le sac qui la contenait. Nous en pouvons dire autant de l'osselet dorsal qui accompagne ces débris. La conservation si parfaite de cette substance fragile, dans laquelle on retrouve jusqu'aux fibres d'accroissement les plus délicates, n'est pas moins remarquable que la fossilisation de l'encre elle-même ; et ces deux faits nous conduisent aux mêmes conclusions *.

---

* Déjà nous avons employé ailleurs le même raisonnement pour démontrer avec quelle promptitude ont été détruits et ensevelis les sauriens , dont les squelettes se retrouvent entiers dans le même lias où se rencontrent les débris de calmars qui font le sujet de ce chapitre.

D'un autre côté, l'existence d'intervalles entre le dépôt des diverses couches constitutives du lias nous est démontrée par ce fait que plusieurs lits de cette formation renferment en abondance des coprolites dispersés isolément et sans ordre, souvent fort distans entre eux, ainsi que de tout squelette de saurien auquel ils puissent devoir leur origine, et par cette autre circonstance encore que la surface de ces coprolites, qui était tournée en haut dans la position qu'ils avaient prise au fond de la mer, a souvent été en partie détruite par l'action de l'eau avant

D'après un ouvrage qui vient d'être publié en Allemagne*, on rencontre fréquemment de ces débris de céphalopodes dans le schiste jurassique d'Aalen et de Boll **. Ceci prouve que les mêmes causes ont produit des effets semblables, et à peu près aux mêmes époques, dans le lias de Lyme-Regis, et sur les points de l'Allemagne où l'on observe ces mêmes débris organiques si délicats avec une identité si grande dans les caractères et dans les diverses circonstances organiques ***.

que le coprolite eût été recouvert complètement et protégé par le sédiment vaseux à la surface duquel il était tombé. Nous en trouvons encore une autre preuve dans la multitude innombrable de coquilles de mollusques et de conchifères qui ont parcouru toutes leurs périodes d'accroissement au fond des mers, durant ces intervalles de repos qui partagèrent les irruptions d'eaux vaseuses où parurent et furent ensevelis les habitans des eaux partout et à toutes les époques où ces irruptions eurent lieu.

* *Versteinerungen Wurtembergs*, par Zeiten. Stuttgart, 1832, pl. 25 et pl. 57.

** Autant que l'on en peut juger d'après les divers traits et les lignes retracées dans la planche de Zeiten, notre espèce du lias de Lyme-Regis est la même qu'il désigne sous le nom de loligo Aalensis; mais parmi les échantillons trouvés en Angleterre, je n'en ai encore vu aucun qui ressemble à son loligo Bollensis.

*** La ressemblance extérieure qui existe entre les *pennes* des calmars et une plume d'oiseau ne s'étend aucunement à leur structure interne, et l'on pouvait s'y attendre d'après la différence qui existe entre les usages auxquels les unes et les autres sont destinées. Néanmoins, afin de pouvoir les décrire avec plus de facilité, nous considèrerons les premières comme composées des trois parties suivantes, désignées dans toutes les figures que nous en donnons par les mêmes lettres A, B, C. La lettre A (pl. 28, 29 et 50) indique les filamens externes de la *penne* que l'on peut comparer à ceux d'une plume ordinaire. Les extrémités intérieures de ces filamens sont rangées sur une ligne droite, et leur direction est d'ordinaire oblique avec le bord extérieur des *bandes marginales*. Ces deux bandes (B B) séparent la base des filamens de la *flèche* médiane. Leur surface offre d'ordinaire, dans les pennes les plus petites, des stries angulaires d'accroissement (pl. 28, fig. 6, et pl. 29, fig. 2). Ces stries, dans des échantillons plus grands, deviennent de plus en plus obtuses et finissent par se convertir en des courbes aplaties (pl. 29, fig. 4,

Paley, avec son bonheur ordinaire, a décrit admirablement l'unité et l'universalité de la Providence, qui veille à tout avec un égal souci; qui enveloppe Saturne d'un anneau de soixante-dix mille lieues de diamètre, jeté sur la tête des habitans de la planète comme l'arche d'un pont grandiose, et qui ajuste un mécanisme exprès pour enrouler les fibres qui constituent les plumes du colibri. Les géologues n'ont pas à décrire des agencemens moins curieux ni des mécanismes moins délicats, depuis l'enveloppe externe tout entière de notre planète jusqu'aux ondulations les plus minutieuses des moindres fibres qui constituent les lames dans les pennes du calmar fossile.

Ces osselets dorsaux, nous les retrouvons associés précisément de la même manière à ce même réservoir intérieur de l'encre qui est l'arme défensive des calmars habitans de nos mers actuelles, et nous en concluons qu'un ensemble d'arran-

et pl. 50). La troisième partie est la flèche élargie qui forme la portion médiane de la penne; une ligne droite, ou axe, C, la partage longitudi-nalement en deux parties égales. Cette flèche est formée de nombreu-ses lames minces d'une substance qui ressemble à de la corne, et qui se recouvrent mutuellement comme les feuilles de papier qui entrent dans la composition du carton. Ces lames sont alternativement formées par des fibres longitudinales et par des fibres transversales; les fibres lon-gitudinales (pl. 28, fig. 7, f. f) sont droites et à peu près parallèles à l'axe de la flèche; les fibres transverses (pl. 28, fig. 7, e. e) sillonnent la flèche d'une double série symétrique de courbes ondulées. Ces fibres transver-ses ne s'entrelacent pas avec les fibres longitudinales comme la trame du tisserand avec la chaîne, mais elles leur sont seulement juxta-posées, et adhérentes comme les feuillets du papyrus dans le papier que l'on fa-brique avec cette matière. La solidité d'un papier pareil est de beau-coup supérieure à celle du papier que l'on fait avec le lin ou le coton, et dont les fibres prennent toutes sortes de directions. Les fibres de l'une et de l'autre sorte se réunissent aussi de distance en distance, en des faisceaux cannelés (pl. 30 f et e). La surface d'une même lame offre par conséquent une succession de rides et de sillons, et les surfaces de deux lames consécutives s'ajustent l'une contre l'autre d'une façon qui réu-nit admirablement, dans l'ensemble qui en résulte, la force et l'élasticité.

gemens aussi parfaitement en rapport avec les besoins et la faiblesse des créatures qui les ont en partage n'a pu résulter du caprice d'un hasard aveugle, mais qu'il faut remonter pour en trouver l'origine, jusqu'à l'intelligence et aux prévisions du Créateur.

SECTION III.

Preuves d'un plan primitif, tirées du mécanisme des coquilles cloisonnées fossiles.

NAUTILE.

Ce sera la famille des coquilles multiloculaires ou cloisonnées qui nous fournira le petit nombre d'exemples que nous emprunterons à la conchyliologie fossile dans le but d'éclaircir certains points qui ont trait à la fin que nous nous proposons dans le présent ouvrage.

Ce qui nous dirige dans ce choix, c'est que d'abord nous trouverons dans ces coquilles des dispositions mécaniques plus évidemment créées pour un but déterminé que ne nous en offriraient des coquilles d'une organisation plus simple. Un second motif, c'est que l'usage de leurs diverses parties peut facilement se comprendre si on prend pour terme de comparaison l'économie et l'organisation des animaux actuels les plus voisins des espèces et des genres fossiles que nous allons choisir pour sujet d'études. En troisième lieu, c'est que nous pourrons démontrer que non seulement la plupart de ces coquilles cloisonnées ont rempli l'office des coquilles ordinaires comme armes défensives des animaux qui les habitaient, mais qu'elles étaient aussi des instrumens hydrauliques d'un travail fini, d'un agencement merveilleux et subordonnés dans les fonctions pour lesquelles ils ont été calculés à ces lois universelles et invariables qui paraissent avoir présidé de toute éternité aux mouvemens des fluides.

L'histoire des coquilles cloisonnées jette aussi de la lumière sur quelques uns de ces phénomènes de la conchyliologie fossile qui ont trait à la délimitation des espèces suivant les diverses formations géologiques *. Elle offre des preuves frappantes de ce fait curieux que des genres et même des familles tout entières ont été appelées à l'existence, puis complètement détruites durant les diverses périodes successives de la formation de l'écorce terrestre.

Enfin nous lui devons de précieux renseignemens sur un point d'une haute importance dans l'histoire de la vie. Elle nous fait voir en effet que ce n'a pas toujours été en s'élevant, par une gradation régulière, des degrés de l'organisation les plus inférieurs aux degrés les plu s élevés, que s'est opérée la marche progressive de la vie durant les temps anciens vers lesquels la géologie nous reporte. Car plusieurs des formes les plus simples ont conservé leur simplicité primitive en traversant tous les changemens qu'a subis la surface de notre globe, tandis que dans d'autres cas des formes d'un ordre plus élevé précèdent plusieurs des formes les plus inférieures de l'animalité; et que quelques unes de ces dernières n'apparaissent pour la première fois qu'après la destruction complète ** de plu-

---

* C'est ainsi que le nautilus multicarinatus ne se trouve que dans les couches de la formation de transition ; le nautilus bidorsatus, dans le muschelkalk; le nautilus obesus et le nautilus lineatus, dans la formation oolitique ; le nautilus elegans et le nautilus undulatus, dans la craie. Les divisions des formations tertiaires offrent également des espèces de nautiles qui leur sont particulières.

** Durant les périodes tertiaires, une classe d'animaux inférieurs en organisation, celle des trachélipodes carnivores, a pris la place qu'oc-

sieurs espèces et de plusieurs genres d'un caractère beaucoup plus complexe.

Le nombre prodigieux , la variété et la beauté des coquilles cloisonnées fossiles qui remplissent les terrains stratifiés de transition et ceux de la période secondaire, nous font un devoir impérieux de rechercher dans l'étude de la nature vivante l'histoire des caractères et des habitudes des êtres qui les ont construites et des fonctions que ces êtres remplissaient dans l'économie générale du monde des animaux ; or, si nous pouvons espérer de recueillir les élémens d'une pareille histoire, c'est surtout chez ces habitans des mers actuelles dont les coquilles offrent le plus d'analogie avec les fossiles éteints qui sont soumis à nos observations, et nommément chez

cupait durant les périodes secondaires l'ordre plus élevé des céphalopodes carnivores. Il y a dans cette substitution une *rétrogradation* qui nous semble devoir porter un coup mortel à cette doctrine de *progrès continu,* que défendent surtout ceux qui refusent d'admettre l'intervention réitérée de la puissance créatrice dans les changemens successifs qu'a subis l'animalité.

Il résultera de l'étude que nous allons faire des coquilles de nautiles fossiles , qu'elles ont conservé, dans les terrains stratifiés de tous les âges , la simplicité primitive de leur structure, et que cette structure est essentiellement dans le nautilus-pompilius ou nautile flambé des mers actuelles ce qu'elle était dans les espèces fossiles les plus anciennes des couches de transition. En même temps nous verrons la famille des ammonites , si voisine de la précédente et dont les coquilles sont d'un travail plus compliqué que celles des nautiles, commencer d'exister à la même époque reculée des formations de transition et s'éteindre dès la fin des formations secondaires. Les coquilles multiloculaires des genres voisins nous offriront des exemples plus récens de genres et d'espèces dont la création a été suivie de leur extinction périodique et complète , postérieurement à l'époque où ont disparu les ammonites , ou à cette époque-là même. Je citerai , parmi ces coquilles, les genres hamite, turrilite, scaphite, baculite et belemnite ; et je vais dans la présente section signaler quelques particularités de l'histoire de chacun de ces genres.

le *nautilus pompilius*, ou nautile flambé et chez la spirule*.

Je vais traiter avec quelques détails l'histoire de ces coquilles parce que les conclusions auxquelles m'a conduit l'étude longue et minutieuse que j'ai faite des espèces fossiles diffèrent de l'opinion qu'ont émise Cuvier et Lamarck sur la question de savoir si les ammonites sont des coquilles externes, et qu'elles diffèrent aussi des idées généralement reçues relativement à l'usage du siphon et des chambres aériennes, soit dans les nautiles, soit dans les ammonites.

Le nautile.

Le nautile n'existe pas seulement dans nos mers tropicales actuelles, mais c'est un des genres qui se rencontrent à l'état fossile dans les formations de tous les âges. Les mollusques, habitans de ces coquilles, se montrèrent des premiers dans les mers primitives, et ils se sont maintenus à travers tous les changemens qu'ont subis les habitans des océans.

C'est dans l'excellent mémoire de M. Owen, publié en 1832 seulement, que l'on trouve la première description scientifique de cet animal dont la coquille est connue depuis une antiquité reculée**. Ce mémoire est donc d'une haute importance pour la géologie, car nous lui devons de pouvoir affirmer, avec bien

* Pl. 31, fig. 1, et pl. 44, fig. 1, 2.

Je ne fais pas mention de la coquille plus connue de l'argonaute, ou nautile papyracé, parce que, n'étant pas une coquille cloisonnée, elle n'offre point un rapport aussi direct avec l'objet que je me propose ici, et aussi parce que l'on ne sait pas encore d'une manière certaine si la seiche que l'on y trouve l'a réellement construite, ou si ce n'est que le parasite d'une coquille appartenant à quelque autre animal encore inconnu. MM. Broderip, Gray et Sowerby l'attribuent à quelque mollusque voisin de la carinaire.

** C'est un fait curieux que, bien que la coquille du nautile ait été connue des naturalistes dès l'époque d'Aristote, et se trouve en abon-

plus de certitude que nous ne l'eussions pu faire jusqu'alors, que les animaux des nautiles fossiles faisaient partie d'une famille actuellement existante de mollusques céphalopodes, voisine de la seiche ordinaire. Nous pouvons conclure aussi que les ammonites, dont les espèces sont infiniment plus nombreuses, ainsi que d'autres genres voisins de coquilles multiloculaires, remplissaient dans l'économie des animaux qui les ont construites des fonctions analogues à celles que remplit de nos jours la coquille du nautilus pompilius. Aussi pensons-nous avec M. Owen que cette espèce, dont la connaissance est récemment entrée dans le domaine de la science, n'est pas seulement précieuse par ses rapports avec les céphalopodes de la création actuelle, mais qu'elle est en outre le type vivant d'un vaste groupe d'organisations que leurs débris fossiles nous attestent avoir existé à une époque reculée, et au sein d'un ordre de choses tout différent de celui que nous avons sous les yeux *.

dance dans toutes les collections, les seules données authentiques que l'on ait possédées jusqu'à ces dernières années sur l'animal qui l'habite se réduisent à ce qu'en a dit Rumphius dans son histoire d'Amboyne. Or la figure de cet auteur, bien qu'assez correcte dans le peu que l'on y voit, est tellement insuffisante dans les détails, qu'il est impossible d'en rien conclure relativement à l'organisation interne de l'animal.

Je suis heureux de cette occasion qui m'est offerte de rendre hommage au mémoire admirable et plein de philosophie dont M. Owen a enrichi la science. C'est une œuvre qui n'honore pas moins son auteur que le collége royal des chirurgiens, sous les auspices duquel s'est faite cette remarquable publication.

* Toutes les espèces de coquilles fossiles multiloculaires, telles que les orthocératites, les baculites, les hamites, les scaphites, les belemnites et autres, dont la dernière chambre ou chambre externe paraît trop petite pour avoir contenu le corps tout entier des animaux qui les ont formées, ont été placées dans un jour tout nouveau, par la découverte qu'a faite Peron d'une coquille cloisonnée bien connue, la spirule, laquelle est en partie renfermée dans l'extrémité postérieure du corps d'une espèce de seiche (p'. 44, fig. 1 et 2). Deux circonstances

Ce type, qui reproduit sous nos yeux l'organisation de tant de millions de créatures depuis long-temps balayées de la surface du globe, nous met à même d'étudier les usages auxquels servaient leurs coquilles cloisonnées fossiles, et de prouver l'existence d'un ordre et d'un plan disposant les mécanismes à l'aide desquels elles remplissaient leurs importantes fonctions. En voyant combien ces mécanismes sont semblables à ceux que nous offrent des animaux faisant partie de la création à laquelle nous appartenons, nous concluons que ces arrangemens si parfaits, ces admirables harmonies, malgré l'espace de temps énorme qui a séparé les époques où elles se sont manifestées, ont leur origine commune dans la volonté, dans les plans d'une seule et même intelligence.

Ainsi nous allons aborder l'étude de la structure et des usages des coquilles cloisonnées fossiles, en partant de la connaissance que nous avons, que les coquilles modernes du nautile et de la spirule appartiennent à des céphalopodes actuellement existans; et à l'aide de ce fait, nous espérons pouvoir mettre en lumière l'histoire de ces quantités immenses de coquilles fossiles semblablement construites, dont les usages et les fonctions sont demeurés jusqu'ici sans une explication satisfaisante.

Tous ces fossiles peuvent se partager en deux classes dis-

avaient jeté quelque doute sur l'authenticité de cette découverte; d'abord le peu d'accord qu'il y a entre les deux figures qui en ont été données, l'une dans l'Encyclopédie méthodique, l'autre dans le Voyage de Peron; puis la perte de l'échantillon lui-même, avant qu'il eût subi aucun examen anatomique; mais la rencontre qu'a faite depuis le capitaine King de la même coquille fixée à un fragment mutilé d'un céphalopode voisin de la seiche ne permet pas de douter que la spirule ne soit bien réellement une coquille interne dont la portion dorsale seule est externe, ainsi qu'on le voit dans chacune des figures qui en ont été faites d'après l'échantillon de Peron (pl. 44 , fig. 1).

tinctes. L'une comprend les coquilles externes, où le mollusque qui les habitait résidait, comme celui de la coquille du nautile, dans la cavité spacieuse de leur première chambre, ou chambre externe (pl. 31, fig. 1). L'autre classe comprend les coquilles qui furent en totalité ou en partie renfermées dans le corps d'un céphalopode, comme l'est aujourd'hui la coquille de la spirule (pl. 44, fig. 1, 2). Dans chacune de ces deux classes, les chambres de la coquille paraissent avoir rempli les fonctions de vessies aériennes, ou de *flotteurs*, qui permettaient à l'animal de s'élever dans les eaux et de venir flotter à leur surface, ou de s'enfoncer dans leurs profondeurs.

En jetant les yeux sur la fig. 1 de la pl. 31 *, on verra que, dans le nautile moderne, le seul organe qui établisse une communication entre les chambres aériennes et le corps de l'animal consiste dans un conduit ou *siphon* qui traverse les cloisons successives par une ouverture à laquelle s'adapte un tube court, et va se terminer dans la chambre la plus petite, située à l'extrémité interne de la spirule. Je vais essayer de faire voir comment, à l'aide d'un fluide particulier qu'il peut à volonté faire pénétrer dans ce conduit, l'animal peut diminuer ou accroître son poids spécifique, et par suite s'élever ou descendre dans le sein des eaux, comme nous voyons les ludions (*water balloon*), ces jouets si curieux, s'élever ou s'abaisser dans le tube qui les contient, suivant que l'on force l'eau d'y pénétrer, ou qu'on l'en laisse sortir.

Le nautile nage en arrière et les bras étendus, de la même manière que la seiche dépourvue de coquille, et ses mouvemens sont produits par la réaction de l'eau qui est rejetée de

---

* Cette planche a été copiée d'après la pl. 1 du mémoire de M. Owen; elle représente un échantillon de la magnifique collection de mon ami M. W. J. Broderip, dont j'ai pu mettre à profit les vastes connaissances en histoire naturelle.

l'entonnoir (κ) avec violence. Cette position est la plus favorable à la facilité des mouvemens de progression ; car elle place en avant la partie de la coquille qui rappelle le plus par sa forme la proue d'un bateau. Dans la figure que nous en donnons, les bras et les tentacules sont resserrés tout autour de la bouche, que par conséquent l'on ne peut apercevoir ; lorsque l'animal est en mouvement, ces bras s'étendent probablement en avant comme les rayons épanouis de l'anémone de mer.

Le bec corné dont est garnie la bouche du nautile * ressemble à celui d'un perroquet : chaque mandibule est armée en avant d'un tranchant calcaire dur et denté, qui a pour fonction d'écraser les animaux à coquilles et les crustacés ; et l'on a rencontré des fragmens de ces derniers animaux dans l'estomac de l'individu dont nous donnons la figure. Comme d'ailleurs ces débris appartenaient à une espèce velue de crustacé brachyure qui vit exclusivement au fond de la mer, ils sont une preuve que le nautile, bien qu'il se hasarde parfois à venir à la surface, va chercher au fond des eaux une partie de sa nourriture. Il a d'ailleurs un gésier tout à fait semblable à celui d'un oiseau, et ce nous est une preuve de plus de la faculté qu'il possède de digérer des coquilles dures**.

* Pl. 31, fig. 2, 3.

** On voit, pl. 31, fig. 3, la mandibule inférieure armée en avant, comme dans la figure 2, d'un tranchant dur et calcaire ; et la figure 4 représente la portion antérieure calcaire du plancher de la mandibule supérieure (fig. 2), lequel est formé de la même substance calcaire dont se compose sa pointe ; cette substance est de la nature de la coquille.

Ces portions calcaires qui terminent les deux mandibules sont d'une force suffisante pour broyer les crustacés et les mollusques à travers leurs enveloppes solides, et elles servent en outre à accroître considérablement la puissance du bec lui-même, qui n'est composé que d'une lame cornée mince et coriace.

J'ai examiné les substances contenues dans l'estomac de la seiche et du calmar ordinaire, et j'y ai trouvé de nombreuses coquilles de petits mollusques conchifères.

Les mollusques qui habitaient plusieurs espèces de nautiles et d'ammonites fossiles possédaient un appareil buccal tout semblable ; c'est ce que prouvent les rhyncholites ou becs pétrifiés appartenant à des animaux de ces deux genres, et qui se trouvent en si grande abondance dans plusieurs des terrains stratifiés où l'on en rencontre les coquilles fossiles, tels que l'oolite de Stonesfield, le lias de Lyme-Regis et de Bath, le calcaire conchylien de Lunéville.

De même que nous avons conclu de la structure des dents des quadrupèdes ou de celle du bec des oiseaux la nature des alimens que ces organes étaient destinés à saisir et à dépecer, nous pouvons conclure aussi de la ressemblance qu'offrent les rhyncholites avec le bec du nautilus pompilius, que la plupart de ces corps singuliers étaient des becs de céphalopodes qui habitaient les coquilles fossiles auxquelles nous les trouvons associés, et que ces céphalopodes remplaçaient, dans l'économie générale de la nature, le nautile et les trachélipodes carnivores de notre époque, en limitant dans de justes bornes l'accroissement excessif des crustacés et des mollusques qui habitaient le fond des mers durant les périodes secondaires et les périodes de transition.

Partant donc de la conséquence à laquelle nous conduisent ces analogies, que les animaux qui habitaient les coquilles des nautiles et des ammonites fossiles étaient des céphalopodes, d'habitudes pareilles à celles du mollusque qui construit la coquille du nautile flambé, nous allons essayer de conclure, de l'organisation et des habitudes de ce dernier, comment ces coquilles fossiles s'adaptaient aux besoins de créatures qui se tenaient dans certains temps au fond des mers et y prenaient leur nourriture, tandis que d'autres fois elles venaient flotter à la surface.

Les nautiles * forment un genre naturel de coquilles spirales discoïdales partagées à l'intérieur en une série de chambres séparées les unes des autres par des cloisons transverses ; ces cloisons sont percées à leur centre, ou près de leur face interne, pour laisser passer le tube membraneux que nous avons déjà mentionné sous le nom de siphon**.

La chambre externe, ouverte au dehors, offre une grande étendue, et le corps de l'animal y est contenu : les chambres intérieures sont fermées et ne contiennent que de l'air, et elles ne communiquent avec la chambre externe que par la petite ouverture pratiquée dans chaque cloison pour le passage du tube membraneux qui traverse toute la série des cloisons jusqu'à l'extrémité même de la coquille***. Ces chambres aériennes ont pour but de contrebalancer le poids de la coquille, et de donner à l'ensemble de l'animal un poids spécifique si rapproché de celui de l'eau que la différence résultant de l'admission du liquide dans le siphon, ou de son expulsion, suffise pour produire des mouvemens de descente ou d'ascension ****.

* Pl. 51, fig. 1 et pl. 32, fig. 1 et 2.
** Pl. 51, fig. 1, pl. 52, fig. 2 et pl. 33.
*** Pl. 51, *y*, *y*, *a*, *b*, *c*, *d*, *e*, et pl. 32, *a*, *b*, *c*, *d*, *e*, *f*.
**** Le siphon représenté pl. 51, fig. 1, fait bien voir la structure et les usages de cet organe. Dans les chambres les plus petites, à partir de *d*, il est entouré d'une enveloppe ou étui mince, d'une substance calcaire presque pulvérulente, et d'une consistance tellement molle qu'on peut facilement l'enlever avec le bec d'une plume ; cette gaîne est susceptible des mêmes mouvemens de contraction et de dilatation que le tube membraneux lui-même qui y est renfermé. On rencontre souvent conservé dans les nautiles fossiles un pareil étui calcaire formé (pl. 52 fig. 2 et 3, et pl. 53) par une série de tubes de carbonate de chaux étroitement fixés à l'espèce de collier qui entoure l'ouverture de chacune des cloisons transversales. Dans des chambres de la coquille récente figurée pl. 31 (fig. 1, *a*, *b*, *c*, *d*), cet étui est en partie séparé du tube membraneux, qui s'est desséché et a pris la forme d'une substance élastique noire rappelant le tube siphonculé continu et

Comme le siphon, non plus que la coquille, n'offre aucune ouverture à travers laquelle le fluide puisse pénétrer à l'intérieur des chambres*, il s'ensuit que ces cavités ne contiennent autre chose que de l'air, et qu'elles ont par conséquent à soutenir une forte pression toutes les fois qu'elles se trouvent au fond de la mer. C'est pour résister à cette pression que plusieurs dispositions ont été introduites dans la construction de la coquille.

D'abord ses parois externes sont construites d'après les mêmes principes que l'arche d'un pont **, et de telle sorte qu'elles

noir que l'on rencontre souvent conservé à l'état carbonisé dans les ammonites fossiles.

Des bords de l'ouverture pratiquée dans chacune des cloisons transversales pour le passage du siphon (Pl. 31, fig. 1, *y, y.*), s'élève une sorte de collier formé de la substance même de la coquille, lequel se projette en arrière, et s'étend jusqu'au quart environ de la distance des deux cloisons. Ce sont ces colliers qui impriment au siphon la direction qu'il doit prendre pour traverser les chambres successives ; et ils lui offrent en outre un appui ferme quand il est distendu par le liquide. On voit des colliers semblables sur les cloisons transversales d'un nautile fossile (pl. 52, fig. 2, *e*, et fig. 5, *e, i*, et pl. 55). En traversant cette suite de supports très rapprochés, le siphon, lorsqu'il est distendu, se partage en une série de compartimens courts, ou de petits sacs de forme ovale, dont chacun communique avec les sacs voisins par une ouverture ou goulot étroit qu'entoure et que soutient fixement le collier de chacune des cloisons transverses. (Pl. 52, fig. 2, 5, et planche 55.)

La force de chacun de ces sacs est accrue par la brièveté de l'espace qui existe entre ses deux extrémités ; et le tube membraneux tout entier, partagé ainsi en trente ou quarante compartimens distincts, tire de cette division même plus de force pour résister à l'expansion du fluide qui est introduit dans son intérieur.

* M. Owen nous apprend qu'il est impossible que l'eau pénètre dans les chambres aériennes par les ouvertures des cloisons que traverse le siphon ; car la circonférence du manteau, qui donne naissance au siphon, est solidement attachée à la coquille par une ceinture cornée imperméable à toute espèce de liquide. — *Mémoire sur le Nautilus Pompilius*, p. 47.

** Pl. 51, fig. 1 et pl. 32, fig. 1.

offrent dans tous les sens la plus grande résistance possible à tout effort tendant à les écraser.

En second lieu, cette sorte d'arcade tire une force nouvelle des nombreuses petites côtes qui parcourent sa surface, ainsi qu'on peut le voir sur l'échantillon fossile figuré planche 32 (fig. 1). Les stries d'accroissemens ondulées que l'on remarque à sa surface sont petites et faibles, si on les considère isolément ; mais leur ensemble est d'un effet puissant pour accroître la résistance de la coquille*.

En troisième lieu, la force de résistance de cette sorte de voûte s'accroît encore par la disposition des cloisons internes qui s'unissent aux parois externes de la coquille, en formant avec elles un angle presque droit**. La direction suivant laquelle les bords de ces cloisons transverses coupent les côtes ondulées de l'intérieur de la coquille est un autre principe de force. On emploie une disposition analogue dans la construction des vaisseaux destinés aux voyages des mers arctiques ; pour les préparer à soutenir la pression des blocs de glace, on arcboute leurs parois par un nombre extraordinaire de poutres transversales d'un volume énorme***.

* Pl. 52, fig. 1, de *a* en *b*.
** Pl. 52, fig. 1, de *b* en *c*.
*** Cette direction différente donnée aux courbures des côtes transversales extérieures ou des stries d'accroissement, et aux cloisons transversales de l'intérieur, est une combinaison des plus avantageuses pour augmenter la résistance de la coquille, soit chez les nautiles fossiles, soit dans l'espèce notre contemporaine. Comme les cloisons internes ont leur face convexe tournée en dedans (pl. 52 fig. 1, de *b* à *c*), tandis que les cannelures de la coquille externe ont la plus grande partie de leur convexité tournée vers l'extérieur, il en résulte que la circonférence des cloisons est coupée par les cannelures en un grand nombre de points, et forme avec ces dernières un grand nombre de parallélogrammes curvilignes, dont les côtés les plus courts sont formés par les cloisons transverses, et les plus longs par des portions des cannelures externes. Ce même principe de construction, que nous avons figuré dans notre

Nous mentionnerons encore une quatrième particularité d'organisation, au moyen de laquelle l'appareil qui donne à la coquille la faculté de flotter s'accroît dans une proportion exacte avec le volume du corps de l'animal et avec le poids toujours croissant de la chambre extérieure où il est contenu. Cet accroissement s'effectue par l'addition successive de nouvelles cloisons transversales en travers du fond de la chambre antérieure, de telle sorte que la partie de la coquille qui devient trop étroite pour contenir le corps se convertit en de nouvelles chambres aériennes. Cette opération, répétée à des intervalles en rapport avec les périodes successives d'accroissement de la coquille, la maintient dans la faculté de flotter à la surface des eaux, en la faisant passer par des accroissemens graduels et périodiques, jusqu'à ce que l'animal qu'elle contient soit arrivé à son état le plus complet *.

Nous trouvons, dans les distances qui séparent entre elles les cloisons successives, une cinquième particularité de structure digne d'attention par les résultats mécaniques qu'elle procure**. Si ces distances en effet se fussent accrues dans la même proportion que le diamètre des cavités aériennes, les portions de la coquille extérieure qui constituent les parois des cavités les plus grandes, et qui ont à supporter la pression la plus forte,

planche, d'après le nautilus hexagonus, s'étend à d'autres espèces de la même famille, dont plusieurs n'offrent que des cannelures beaucoup plus petites; et on la retrouve encore dans d'autres familles de coquilles cloisonnées fossiles, dans les ammonites, par exemple, planches 35 et 58; dans les scaphites, pl. 44, fig. 15, dans les hamites pl. 44, fig. 8-15; dans les turrilites pl. 44, fig. 14; et dans les baculites pl. 44, fig. 5.

* Il existe un jeune nautilus pompilius dans la collection de M. Broderip, qui ne présente que dix-sept cloisons: Le docteur Hook assure en avoir vu où il y en avait jusqu'à quarante. La pl. 42, fig. 1 représente un moule de l'intérieur des cavités aériennes du nautilus hexagonus.

** Pl. 31, fig. 1, et pl. 52, fig. 1 et 2.

n'eussent pas été suffisamment soutenues ; or c'est à quoi il a été pourvu par une disposition des plus simples, en rapprochant ces cloisons proportionnellement davantage à mesure que les cavités, en s'agrandissant, réclament plus de force dans les supports qui empêchent l'écrasement.

Enfin le dernier arrangement dont je veuille faire ici mention, c'est ce mécanisme du siphon qui a pour but de régulariser l'ascension et la descente de l'animal au sein des eaux. Jusqu'ici les fonctions de cet organe n'ont pas encore reçu une explication satisfaisante ; et le remarquable mémoire de **M.** Owen lui-même laisse sur ce point beaucoup de doute. Cependant si l'on rapproche certaines dispositions que cet organe présente quelquefois à l'état fossile * de la découverte

---

* Pl. 52, fig. 2 et 3 , et pl. 33.

La planche 52, fig. 2, représente un fragment brisé de l'intérieur du nautilus hexagonus , dans lequel les cloisons transversales (*c, c'*) sont encroûtées d'un spath calcaire. Le siphon est encroûté de la même manière, et les renflemens qu'il présente peuvent faire reconnaître le mode d'action de cet organe (Pl. 52, fig. 2, *a, a', a ², a ³, d, e, f,* et fig. 3 , *d, e, f*). La fracture qui existe dans la fig. 2 *b,* laisse voir que le diamètre du siphon, là où il passe à travers les cloisons transverses, est beaucoup moindre qu'aux points intermédiaires (en *d, e, f*). On voit dans les coupes transversales pratiquées en *a* et en *b* de la figure **2** , et dans les coupes longitudinales , en *d, e, f,* des figures 2 et 5, que l'intérieur du siphon est rempli d'une substance pierreuse de même nature que la roche dans laquelle on a trouvé la coquille. Ces matériaux terreux ayant pénétré à l'état mou et plastique dans l'intérieur du tube par son orifice, figuré en *a,* s'y sont moulés ; et ce moule, qui s'est conservé jusqu'à nous, prouve que l'intérieur du tube, lorsqu'il était distendu, ressemblait à un collier de grains ovales réunis par un col étranglé, dont le diamètre n'est guère que la moitié du diamètre qu'offrent ces renflemens dans leur milieu.

On voit un siphon renflé et rempli presque en entier par la matière pierreuse de la roche environnante, dans l'échantillon du nautilus striatus que nous avons figuré, pl. 33, et qui provient du lias de Whitby. La matière du lias qui remplit le siphon a dû y pénétrer à l'état de *boue liquide,* et en quantité à peu près égale à ce qu'il s'y trouvait de *fluide péricardial* au moment où cet organe agissait pour faire

qu'a faite **M. Owen** de sa terminaison en un vaste sac [*] où est renfermé le cœur de l'animal, on trouvera là, ce nous semble, des élémens suffisans pour décider cette question si long-temps controversée.

plonger l'animal. On ne trouve pas, dans une seule des chambres aériennes, la plus faible quantité de cette substance; elles sont toutes remplies d'un spath calcaire qui ne s'y est introduit que depuis, par une infiltration graduelle, et *à des périodes successives* reconnaissables aux changemens de couleur dans la substance du spath. Dans tous ces nautiles fossiles, l'ensemble des moules terreux contenus dans l'intérieur du siphon représente la masse liquide que cet organe pouvait contenir.

On voit en *d*, *e*, *f*, pl. 52 fig. 5, la coupe des bords de la gaine calcaire qui entoure les moules internes de trois des compartimens du siphon renflé. Peut-être cette gaine calcaire était-elle flexible comme celle qui entoure le siphon membraneux du nautilus pompilius de l'époque actuelle (pl. 51, fig. 1, *b*, *d*, *e*). La continuité de cette gaine dans l'intérieur des chambres aériennes (pl. 52, fig. 2 et 5 *d*, *e*, *f*, et pl. 53) prouve qu'il n'existait aucun point de communication pour le passage d'un fluide quelconque du siphon dans l'intérieur des chambres; s'il eût existé en effet quelque communication semblable, une portion de la substance terreuse déliée qui, dans les deux cas que nous étudions, s'est moulée à l'intérieur du siphon, eût dû nécessairement passer dans l'intérieur des chambres; or, on n'y trouve rien autre chose que le spath cristallisé qui pénétra par infiltration à travers les pores de la coquille, après que cette dernière eut été assez décomposée pour pouvoir être traversée par de l'eau tenant en dissolution du carbonate de chaux.

Ce raisonnement peut s'appliquer avec le même succès aux moules solides de carbonate de chaux pur cristallisé qui remplit complètement les chambres de l'échantillon de la pl. 52, fig. 4; et on peut l'étendre encore à tous les nautiles fossiles et aux ammonites, soit que leurs chambres aériennes soient entièrement vides, ou qu'elles soient remplies en tout ou en partie par du carbonate de chaux pur cristallisé. (Pl. 42, fig. 1, 2 et 3, et pl. 56.) Dans tous les cas semblables, il est évident qu'il n'a existé aucune communication par où l'eau pût passer du siphon dans l'intérieur des chambres aériennes; et toutes les fois que le tube a été rompu, ou que la coquille externe a été brisée, on voit que le sédiment terreux où étaient contenues ces coquilles brisées s'est introduit dans les chambres aériennes que l'on trouve remplies d'argile, de sable ou de chaux.

[**] Pl. 34, p, p, a, a.

Si nous supposons en effet que ce sac ou péricarde (*p*, *p*) contient un *fluide péricardial* qui peut passer de là dans le siphon (*n*), cet ensemble d'organes constituera un appareil hydraulique tout à fait propre à faire varier le poids spécifique de la coquille, de telle sorte qu'elle plongera quand l'animal forcera le fluide à pénétrer dans le siphon, tandis qu'au contraire, lorsque ce fluide rentrera dans le péricarde, la coquille devenue plus légère remontera vers la surface. Dans cette hypothèse, les chambres devaient être constamment remplies d'air seulement, dont l'élasticité permettait la dilatation et la contraction alternative du siphon, pour admettre ou rejeter le fluide péricardial.

Le principe d'après lequel, suivant cette explication, le nautile actuel s'élève ou descend au sein des eaux est, ainsi que nous l'avons déjà dit, le même auquel sont dus les mouvemens des ludions (*water balloon*). En forçant une certaine quantité d'air à pénétrer dans le petit ballon qui les surmonte, on accroît la masse de substance qui y est contenue sans en augmenter la capacité ; le poids spécifique s'en accroît donc, et l'instrument plonge. Si au contraire, en supprimant la pression, on permet à l'air contenu dans la chambre de reprendre l'équilibre qu'on lui a fait perdre et de chasser l'eau, son poids spécifique diminue, et le ludion vient flotter à la surface *.

Pour terminer cet essai où je me suis efforcé de mettre en lumière la structure et l'économie des nautiles fossiles par l'économie et la structure des espèces vivantes, je vais faire voir de quelle utilité furent pour les mouvemens du nautile flambé, soit au fond, soit à la surface même des eaux, des cavités que nous supposons remplies d'air *seulement*, et un siphon renfermant *seulement* un fluide qui peut pas-

---

* Voy. la note précédente.

ser de cet organe, un péricarde au gré de l'animal *.

L'animal que prit M. Benneth a été vu flottant à la surface des eaux ; la portion supérieure de la coquille dépassait le niveau ; et c'est à l'aide de l'air qui y était renfermé que l'animal pouvait conserver sa position verticale **. Cette position est la plus favorable aux mouvemens rétrogrades qu'exécutent les seiches, mouvemens produits par l'expulsion de l'eau au dehors de l'entonnoir (k). Ainsi donc, un premier usage des chambres aériennes, c'est de maintenir le corps de l'animal et sa coquille en équilibre *à la surface* des eaux.

En second lieu, nous examinons dans la note ci-jointe les fonctions du siphon et des chambres aériennes dans l'acte de plonger soudainement de la surface au fond ***.

Il nous reste en troisième lieu à considérer l'action de l'air

---

* Le siphon est formé d'une membrane mince et résistante, entourée d'une couche de fibres musculaires qui en produisent la contraction et la dilatation alternatives, pour admettre le fluide dans son intérieur ou l'en repousser (voyez le mémoire de M.Owen, p.10).C'est par erreur qu'il est dit dans notre première édition anglaise que cet organe n'offrait aucune apparence de fibres musculaires.

** Pl. 34, fig. 1.

*** D'après la figure de l'animal du nautile que j'ai donnée dans la planche 54, et que je dois à l'obligeance de M. Owen, l'extrémité supérieure du siphon, indiquée par l'introduction d'un stylet *b*, va se terminer dans la cavité du péricarde *p. p.* Comme cette cavité contient un liquide sécrété par certains follicules glanduleux, et que sa capacité suffit selon toute probabilité pour que ce liquide remplisse complètement le siphon, il est probable que c'est ce liquide lui-même qui est mis en circulation dans l'appareil, et qui, suivant qu'il passe dans le siphon ou dans le péricarde, produit les mouvemens d'ascension ou de descente de l'animal.

Lorsque les bras et le corps sont déployés, le fluide reste dans le sac péricardiaque ; le siphon est vide, contracté et entouré de l'air qui est constamment contenu dans chaque chambre aérienne. Dans cette situation, l'animal et sa coquille sont d'un poids spécifique tel qu'ils s'élèvent dans l'eau et viennent flotter à sa surface.

S'il survient quelque sujet d'alarme, les bras et le corps se contrac-

dans l'animal plongé *au fond* des eaux, étant admise l'hypothèse où cet air demeure constamment renfermé à l'intérieur des chambres. Si le nautile se meut en portant sa coquille à la manière des colimaçons, l'air qui y est contenu a pour effet de la maintenir

tent pour rentrer dans la coquille, et compriment le fluide du péricarde de manière à le faire rentrer dans le siphon ; et, comme le contenu de la coquille s'accroît ainsi sans que la capacité de cette dernière subisse aucun changement, le poids spécifique de l'ensemble s'augmente, et l'animal est entraîné au fond des eaux.

L'air contenu dans chaque chambre demeure ainsi comprimé aussi long-temps que le siphon continue d'être distendu par le fluide péricardial ; mais son élasticité lui fait reprendre son volume primitif aussitôt que la compression du corps cesse d'agir sur le péricarde ; elle concourt, avec la couche musculaire du siphon, à repousser le fluide dans ce dernier sac. La coquille, ayant ainsi perdu de son poids spécifique, tend à revenir vers la surface.

Le péricarde est donc le lieu qu'occupe naturellement ce fluide, si ce n'est lorsqu'il est chassé et maintenu dans l'intérieur du siphon par la rétraction du corps dans la coquille. Quand les bras et le corps sont développés, soit à la surface, soit au fond de la mer, l'eau a un libre accès dans les cavités branchiales, et les mouvemens du cœur s'exécutent en pleine liberté à l'intérieur du péricarde distendu. Ce dernier organe n'est jamais vide d'une partie du liquide qu'il contient, qu'au moment où le corps est contracté à l'intérieur de la coquille, et où par conséquent l'arrivée de l'eau sur les branchies se trouve arrêtée.

Les expériences suivantes font voir que la quantité de liquide à ajouter à la coquille du nautile, pour la faire plonger, est d'environ une demi-once.

J'ai pris deux coquilles complètes de nautile, dont chacune pesait environ six onces et demie dans l'air, et avait à peu près sept pouces dans son plus grand diamètre, et j'ai trouvé, après avoir bouché le siphon avec de la cire, que chaque coquille placée dans l'eau douce exigeait pour s'enfoncer l'addition d'une once et de quelques grains. Comme la coquille fraîche et fixée à l'animal vivant pouvait peser un quart d'once environ de plus que cette même coquille desséchée, et que d'ailleurs le poids du corps de l'animal contracté pouvait dépasser d'un autre quart d'once le poids de l'eau qu'il déplaçait, il reste une demi-once environ pour le poids du liquide qui devait être introduit dans le siphon pour que la coquille plongeât, et c'est là une quantité qui paraît tout à fait en rapport avec la capacité, soit du péricarde, soit du siphon.

élevée et flottant à l'aise au dessus du corps. Et comme cette coquille tend sans cesse à s'élever vers la surface, le mollusque se fixe et rampe sur le fond au moyen d'un disque musculaire puissant, employant ses tentacules en toute liberté pour saisir la proie dont il se nourrit*.

Hooke** pense que les chambres aériennes sont alternativement occupées par de l'air et par de l'eau ; Parkinson admet *** que ces chambres ne peuvent recevoir l'eau dans leur intérieur, et que les mouvemens d'ascension ou de descente sont dus à l'introduction alternative de l'air ou de l'eau dans l'intérieur du siphon. Mais il n'a pu indiquer l'origine de cet air au fond des eaux, et il n'a pas pu expliquer davantage par quel moyen l'animal modifie le tube et l'air qui y est contenu, et duquel dépendent les diverses circonstances de ses mouvemens de transport dans les eaux ****. La théorie d'après laquelle *les chambres de la coquille sont constamment remplies d'air seulement, tandis que c'est le siphon qui règle les mouvemens de l'animal par le déplacement du liquide péricardial*, paraît satisfaire à toutes les conditions de ce problème d'hydraulique qui est demeuré jusqu'ici sans solution satisfaisante.

---

* Si les chambres se remplissaient d'eau, la coquille ne serait plus soutenue que par une action musculaire, et au lieu de se tenir verticalement au dessus du corps, dans une position commode et sûre, elle serait continuellement entraînée à tomber sur le côté et, par conséquent, exposée à des frottemens sur le fond qui la détérioreraient en même temps que l'animal demeurerait exposé aux attaques de ses ennemis. D'après Rumphius, le nautile rampe avec assez de vitesse, la coquille en haut, la tête et les *barbes* (tentacules) contre le fond. L'auteur a observé lui-même que la coquille du planorbis-corneus occupe la même position verticale lorsque l'animal rampe au fond de l'eau.

** Hook's Experiments, in-8, 1726, p. 508.

*** Organic remains, t. 3, p. 102.

**** Les observations récentes de M. Owen prouvent qu'il n'existe pas de glande en rapport avec le siphon, pareille à celle qui, suivant l'opinion reçue, sécrète l'air de la vessie natatoire des poissons.

Je me suis étendu aussi longuement sur ce sujet à cause de l'importance dont il est pour expliquer la structure compliquée et les fonctions jusqu'ici incomplètement comprises de toutes çes familles de coquilles cloisonnées et pourvues d'un siphon, si nombreuses et si répandues. Si nous parvenons à y retrouver les mêmes principes mécaniques au milieu de toutes les modifications différentes qu'elles ont subies depuis l'origine de la vie jusqu'à l'heure présente, nous en déduirons, comme conclusion irrécusable, que cette unité dans les organisations prend son origine dans la volonté et l'action directe d'une cause première unique et intelligente ; et ces organisations elles-mêmes nous apparaîtront « comme des émanations de cette sagesse infinie qui se montre dans les formes extérieures et dans la structure intime de tous les autres êtres créés [*] . »

SECTION IV.

AMMONITES.

L'étude complète que nous avons faite du mécanisme de la coquille du nautile nous a préparés à la connaissance du même mécanisme dans la famille si voisine des ammonites. Les parties essentielles de ces dernières coquilles en effet ressemblent tellement à celles de la coquille du nautile que nous ne pouvons douter qu'elles n'aient rempli des fonctions toutes semblables dans l'économie des nombreuses espèces de céphalopodes qui les ont construites.

Distribution géologique des ammonites.

On rencontre les ammonites dans toute la série des formations fossilifères, depuis les couches de transition jusqu'à la craie

[*] Expériences du docteur Hook, p. 506.

inclusivement. M. Brochant, dans sa traduction du manuel de géologie de De la Bèche, en compte 270 espèces qui diffèrent suivant l'âge des couches où on les trouve *, et qui varient,

* Ainsi l'une des premières espèces que l'on rencontre, l'ammonite de Henslow (pl. 40, fig. 4) ne se montre plus après les formations de transition ; l'ammonite à nœuds (*A. nodosus*) commence et finit d'exister en même temps que le muschel-kalk. Il y a encore d'autres espèces et d'autres genres d'ammonites qui ont de même commencé et fini en même temps que certains terrains stratifiés des formations oolitiques et crétacées ; telle est l'ammonite de Buckland (pl. 57, fig. 6), qui appartient en entier au lias ; l'ammonite de Goodhall au sable vert, et l'*ammonites rusticus* à la craie. Il y a bien peu d'espèces, si même il en existe de telles, qui se montrent dans toute l'étendue de la période secondaire, ou qui soient passées de la période de transition dans la période secondaire.

Nous prenons dans un ouvrage du professeur Phillips (*Guide to Geology*, 1834, p. 77) le tableau suivant de la distribution des ammonites, dans les diverses formations géologiques :

Sous-genres d'ammonites.

ESPÈCES VIVANTES.	GONIATITES.	CERATITES.	ARIETES.	FALCIFERI.	AMALTHEI.	CAPRICORNI.	PLANULATI.	DORSATI.	CORONARII.	MACROCEPHALI.	ARMATI.	DENTATI.	ORNATI.	FLEXUOSI.
Dans les couches tertiaires. .... Dans le système crétacé.	..	..	..	2	4	..	..	..	..	9	14	15	2	5
Dans le système oolitique.	..	..	..	22	27	12	26	5	11	11	11	4	5	5
Dans le système salifère.	..	5	12											
Dans le système carbonifère.	7													
Dans les terrains stratifiés primaires (1). .	17													

(1) Nous désignons ici sous le nom de *primaires* les couches qui, dans notre planche 1, occupent la région la plus basse de la série de transition.

quant à leur taille, depuis une ligne jusqu'à plus de quatre pieds en diamètre *.

Il est inutile que nous nous livrions ici à des dissertations spéculatives sur les causes physiques ou sur les causes finales de ces curieux changemens dans les espèces de cet ordre le plus élevé des mollusques qui habitaient les mers aux époques les plus reculées, ou durant le moyen âge de la chronologie géologique ; mais la symétrie exquise, la beauté, la délicatesse de structure qui se montrent dans tous les arrangemens divers qu'offrent leurs quelques centaines d'espèces, ne nous permettent aucunement de douter qu'un plan primitif et une intelligence suprême n'aient présidé à leur construction, bien que nous ne puissions pas toujours rendre compte du rôle que joue en particulier chacun de leurs moindres détails dans l'arrangement que prennent des parties qui demeurent fondamentalement les mêmes.

Nous trouvons dans la distribution géographique des ammonites ce même fait de *diffusion universelle* qui se reproduit si fréquemment parmi les animaux et les végétaux appartenant à la condition ancienne de notre globe, et qui diffère d'une manière si remarquable de la *localisation*, qui est un fait prédo-

---

« On sentira facilement combien l'étude des ammonites est importante pour la solution des questions qui ont trait à l'antiquité relative des roches stratifiées, puisque chacun de leurs groupes caractérise quelque système de roches. » *Phillip's Guide to Geology*, in-8° 1854, sect. 82.

* Suivant M. Sowerby (Conchyliologie minérale, т. IV, p. 79 et p. 84), et suivant M. Mantell, les ammonites de la craie ont un diamètre de trois pieds. Sir T. Harvey et M. Keith Milnes ont tout récemment mesuré des ammonites de la craie des environs de Margate, d'un diamètre de quatre pieds, dans des circonstances où ce diamètre n'a pu être accru que très peu par la pression qui s'était exercée sur la coquille.

minant parmi les formes actuelles de la vie. Les mêmes genres, et, dans quelques cas, les mêmes espèces d'ammonites, se montrent dans des couches qui paraissent être du même âge, non seulement dans toute l'étendue de l'Europe, mais aussi sur des points éloignés de l'Asie et des deux Amériques [*].

Nous tirerons de là cette conclusion que, pendant la durée des périodes secondaire et de transition, les mêmes espèces se distribuaient d'une manière plus générale que de nos jours sur les points du globe les plus distans entre eux.

Une ammonite, de même qu'un nautile, se compose de trois parties essentielles : 1° d'une coquille externe, ordinairement de forme discoïdale aplatie et à surface renforcée, et ornée par des côtes (pl. 35 et 37); 2° d'une série de chambres aériennes internes, formées par des cloisons transversales qui partagent l'intérieur de la coquille (pl. 36 et 41); 3° d'un siphon ou tube, qui part du fond de la dernière chambre, et qui

---

[*] Le docteur Gérard a découvert dans les monts Himmalaya, à une hauteur de seize mille pieds, certaines espèces d'ammonites, telles que l'*A. Walcoti* et l'*A. communis*, qui sont identiques avec les mêmes espèces du lias de Whitby et de Lyme-Regis. Il a trouvé aussi sur les mêmes points de l'Himmalaya plusieurs espèces de bélemnites, en même temps que des térébratules et d'autres bivalves que l'on rencontre dans l'oolite de l'Angleterre. Il est donc établi que le lias et l'oolite existent dans ce point du globe si haut et si éloigné. Il a recueilli aussi dans les mêmes montagnes des coquilles des genres Spirifère, Productus et Terebratule, qui se rencontrent dans les formations de transition de l'Europe et de l'Amérique.

Le sable vert du New-Jersey, de même que celui de l'Angleterre, renferme des ammonites mêlées à des hamites et à des scaphites ; et le capitaine Beechey a trouvé, avec le lieutenant Belcher, des ammonites sur la côte du Chili, à 36° de latitude sud dans des falaises près de la Conception. On voit un fragment de l'une de ces ammonites conservé dans le musée de l'hôpital de Hasler, à Gosport.

M. Sowerby possède des coquilles fossiles du Brésil qui ressemblent à celles de l'oolite inférieur de l'Angleterre.

traverse toute la série des chambres aériennes (pl. 36, *d, e, f, g, h, i*). On trouve dans chacune de ces parties des preuves d'arrangemens mécaniques, disposés pour un but, et par conséquent de l'existence d'un plan ; et je vais essayer d'en esquisser quelques unes.

Coquille externe.

La place qu'occupaient les coquilles des ammonites, et l'utilité dont elles étaient à l'animal, sont des points qui ont grandement attiré l'attention des géologues et des conchyliologistes. Guidés par les analogies qui existent entre ces animaux et les spirules, Cuvier et Lamarck ont pensé que les ammonites étaient des coquilles internes *. Il y a pourtant d'excellentes

* Cuvier a cité la petitesse de la chambre extérieure, où l'animal a son domicile, comme confirmant l'opinion que les ammonites étaient, ainsi que les spirules, des coquilles internes ; mais cet argument repose probablement sur l'observation d'échantillons incomplets. Il est rare que l'on rencontre la chambre externe des ammonites dans un état parfait de conservation : mais lorsque cela a lieu, on voit qu'elle est au moins aussi vaste que celle du nautile par rapport à tout l'ensemble de la coquille. Elle occupe souvent plus de la moitié (pl. 56, *a, b, c, d*) du dernier tour de spire, et quelquefois même ce tour tout entier. Cette chambre ouverte à l'extérieur n'est pas mince et faible comme l'est, dans la spirule, la longue chambre antérieure qui est logée dans le corps de l'animal qui produit cette coquille ; mais son épaisseur est presque la même que celle des chambres fermées qui la précèdent.

En outre, le bord de l'ammonite adulte est, dans plusieurs espèces, roulé en une sorte de volute, de la même manière que le bord épaissi de la coquille du limaçon des jardins. Cette disposition paraît avoir pour but de donner à cette partie un surcroît de solidité, qui selon toute probabilité serait superflu dans une coquille interne (pl. 57, fig. 5, *d*).

L'existence d'épines dans certaines espèces (*A. armatus, A. Sowerbii*)

raisons de croire que ce sont là des coquilles entièrement externes, et dans lesquelles l'animal avait une position tout à fait analogue à celle qu'occupe dans la sienne le mollusque du nautilus pompilius (pl. 31, fig. 1).

Ainsi que l'a fait voir M. De la Bèche, il est démontré, par l'état minéral de la chambre antérieure chez plusieurs ammonites du lias de Lyme–Regis, que le corps tout entier de l'animal y était renfermé, et que ces mollusques furent détruits soudainement, et ensevelis dans le sédiment vaseux qui a formé le lias, avant que leurs corps fussent tombés en décomposition ou qu'ils eussent été dévorés par les crustacés carnivores qui abondaient à cette époque au fond des mers *.

Comme ces coquilles avaient à remplir le double office d'une

est un argument puissant contre l'opinion que c'auraient été des coquilles internes. Ces épines, qui sur une coquille externe eussent été d'excellens moyens de défense, nous paraissent sans utilité, et peut-être même nuisibles, dès que nous les supposons associées à une coquille interne; et nous n'en avons d'exemple dans aucune des organisations que nous avons été à portée d'étudier.

* Dans les ammonites dont il est ici question, la partie la plus antérieure de la première grande chambre qui servait de logement à l'animal n'est remplie de substance pierreuse que jusqu'à une profondeur peu considérable (pl. 36 , de *a* en *b*); le reste de la cavité de cette chambre, de *b* en *c*, est rempli par un spath calcaire brun, qui, d'après le docteur Prout, ne doit sa couleur qu'à la présence d'une matière animale, tandis qu'au contraire les chambres aériennes internes et le siphon sont occupés par du spath calcaire pur et blanc. Ainsi l'espace où se voit le spath calcaire brun dans la chambre antérieure représente celui qu'occupait le corps de l'animal après qu'il se fut retiré dans sa coquille au moment de sa mort, en laissant vide la portion de la chambre comprise depuis *a* jusqu'à *b*, où s'est introduit le sédiment vaseux dans lequel la coquille se trouva ensevelie.

J'ai en ma possession plusieurs échantillons de l'*A. communis* du lias de Whitby, dans lesquels la portion de la chambre externe ainsi remplie par le spath calcaire occupe presque le dernier tour de spire tout

armure défensive et d'un flotteur, elles devaient réunir la double condition de la légèreté et de la solidité. Elles devaient être légères pour venir flotter à la surface des eaux ; elles devaient être solides, pour supporter la pression à laquelle elles étaient soumises lorsque l'animal descendait au fond de la mer. Aussi trouvons-nous ces deux conditions remplies par la disposition admirablement calculée que prennent les matériaux qui entrent dans leur composition.

En premier lieu, la coquille entière forme une *arcade* ou une *voûte* continue et roulée en spirale autour d'elle-même, de façon que chaque tour externe s'appuie par sa base sur le sommet du tour intérieur qui le précède, et qu'ainsi la carène ou la face dorsale est calculée pour offrir à la pression extérieure la même résistance qu'offre la coquille d'un œuf à une pression agissant dans le sens de son plus grand diamètre.

Outre cette disposition en arcade continue, la coquille en offre une seconde, qui est pour elle un principe de solidité, dans l'existence de *côtes* ou arcades transversales qui donnent à plusieurs de leurs espèces leurs traits caractéristiques les plus importans, et qui les embellissent toutes de ce genre de beauté particulier qui résulte constamment de la répétition symétrique de courbes spirales en série (pl. 37, fig. 1-10).

L'accroissement de force que produit cette disposition des côtes à la surface de la coquille est une conséquence d'un prin-

entier, son extrémité la plus ouverte ayant seule admis la matière du lias. Nous pouvons conclure de la connaissance de ces sortes d'échantillons que l'animal qui habitait les ammonites ne possédait pas de réservoir d'encre: si en effet un tel organe eût existé, on eût retrouvé des traces de la couleur qu'il contenait, dans l'intérieur de la cavité où se retira le corps de l'animal au moment de sa mort. La protection qu'il trouvait dans sa coquille lui rendait probablement ce moyen de défense inutile.

cipe dont l'application est fréquente dans les œuvres de l'art humain. Je veux parler de ce principe d'après lequel une feuille mince de métal s'accroît considérablement en force et en résistance si on lui donne une surface ridée ou couverte de cannelures.

Un porte-crayon ordinaire cannelé offrira beaucoup plus de résistance qu'un tube simple où entrerait la même quantité de matière ; et les moules d'étain ou de cuivre qu'emploie l'art de la pâtisserie reçoivent un accroissement de force considérable des bosselures et des cannelures dont leur surface ou leurs bords sont couverts. On a employé depuis peu des lames minces de fer cannelé pour en construire des toitures se soutenant d'elles—mêmes, et où les cannelures du fer remplissent l'office de poutres et de chevrons ; c'est encore là une application du principe qui a présidé à la construction des coquilles voûtées des ammonites. Dans tous les cas que nous venons de citer, la combinaison des côtes, ou portions soulevées, avec les cannelures, ou portions enfoncées, donnent au métal ou à la coquille l'accroissement de force que la mécanique sait tirer des courbes bien calculées, sans que leur poids en soit beaucoup accru*.

* Pl. 37, fig. 1—10.
Les figures de cette planche offrent des exemples de diverses dispositions, qui ont pour objet d'ajouter à la solidité et à la beauté de la coquille externe. Le premier et le plus simple de ces arrangemens est celui que l'on voit figuré pl. 35, et pl. 37, fig. 1 et 6. Chacune des côtes est simple, et s'étend sur toute la surface, en s'élargissant graduellement, à mesure que l'espace s'agrandit et s'approche de la circonférence externe ou du dos de la coquille.

Un arrangement très analogue au précédent est représenté dans les figures 2, 7 et 9, de la même planche. Les côtes, après avoir pris naissance isolément sur le bord interne, se divisent en deux branches qui vont se terminer à la base de la carène dorsale.

Dans le troisième cas (pl. 37, fig. 4), les côtes naissent simples comme dans le cas précédent, puis se bifurquent bientôt, et leur bifurcation se continue tout autour du dos arrondi de la coquille. A l'intérieur de

Quant au principe qui a présidé à la division et à la subdivision des côtes, dans le but de multiplier les supports de la voûte à mesure que celle-ci prend de l'accroissement en surface, c'est le même qui guidait les architectes des monumens gothiques, lorsqu'ils soutenaient par des côtes saillantes les voûtes aplaties surbaissées qu'ils employaient dans leur sublime architecture.

Dans plusieurs espèces d'ammonites, on voit une autre disposition destinée à accroître encore leur solidité. Cette disposition consiste en ce que certaines portions des côtes se soulèvent en forme de petits dômes arrondis, de telle façon que, sur tous les points où se voient ces *tubercules* ou *bosselures**, la solidité du dôme s'ajoute à celle de la voûte simple. On voit de semblables dispositions dans les voûtes gothiques, sur les points d'intersection des côtes qui les parcourent ; mais celles des ammonites sont encore d'un effet beaucoup plus com-

chacune des bifurcations, s'interpose une troisième côte auxiliaire fort courte qui s'étend sur toute la face dorsale, c'est-à-dire sur la portion la plus élargie.

Dans une quatrième modification (pl. 37, fig. 3), les côtes, simples à leur départ du bord interne, se trifurquent, et embrassent toute la face dorsale. On voit la bouche complète de cette coquille dans la pl. 37, fig. 3, d.

La figure 5 représente un cinquième cas, dans lequel une côte d'abord simple se trifurque comme dans le cas précédent, et où une ou plusieurs côtes auxiliaires courtes s'interposent entre chacune des trifurcations. Ces subdivisions ne se maintiennent pas toujours rigoureusement en même nombre, dans les divers individus d'une même espèce, ni même dans toutes les parties de la surface d'une même coquille ; mais elles remplissent toujours les mêmes fonctions ; et ces fonctions consistent à rendre plus solides la partie de la surface de la coquille, qui, par suite de son accroissement en grandeur du centre à la circonférence, fût devenue trop faible si elle n'eût été secourue par quelque compensation pareille à celle dont il s'agit.

* C'est d'ordinaire précisément là, que les côtes se bifurquent ou se trifurquent, comme on peut le voir pl. 37, fig. 2, 7, 9, 10, et fig. 5.

plet pour produire un accroissement de force[*]. Ce sont en effet autant de petites voûtes ou de petits dômes ; et on les observe d'ordinaire sur les points extérieurs de la coquille qui ne sont pas supportés immédiatement par les cloisons transversales internes[**].

Plusieurs genres de coquilles cloisonnées, voisines des ammonites, offrent de semblables tubercules qui ont pour effet de les

[*] Dans les voûtes, c'est à la surface inférieure que s'observent les *côtes* et les *bosselures;* dans les ammonites au contraire, c'est à la surface supérieure et convexe.

[**] Pl. 37, fig. 8 ; pl. 42, fig. 5, *c*, *d*, *e*, et pl. 40, fig. 5.

Dans l'*Amm. varians*, figuré pl. 57, fig. 9, les côtes diffèrent pour la force, et les proportions des tubercules varient également ; mais ces grands tubercules qui naissent sur les côtes transversales constituent sur toute l'étendue de la coquille une triple série : chaque côte prend naissance dans un petit tubercule voisin du bord interne. A peu de distance, en dehors, se voit un second tubercule plus grand, à partir duquel la côte se bifurque, et chacune des branches va se terminer dans un troisième tubercule, sur la face dorsale de la coquille.

Plusieurs espèces ont en outre une crête (pl. 37, fig. 1, 2, 6) qui se prolonge dans toute la longueur du dos de la coquille, immédiatement au dessus du siphon, et qui dans plusieurs cas paraît destinée à remplir, par la manière dont elle fend les eaux, les fonctions d'une guibre, ou d'une quille (pl. 37, fig. 1 et 2). Dans certaines espèces, comme dans l'*ammonites lautus* (pl. 57, fig. 7, *a*, *c*), on voit une quille double, produite par un sillon profond qui règne sur la face dorsale ; et chacune de ces deux quilles est rendue plus solide par une série de tubercules placés à l'extrémité des côtes transversales. Dans l'*ammonites varians* (pl. 57, fig. 9, *a*, *b*, *c*,), où la quille est triple, les deux quilles latérales sont fortifiées, comme dans la figure 7, par des tubercules, et la quille centrale n'est qu'une simple arcade convexe.

La figure 8 de la même planche fait voir comment, dans l'*A. catena*, la faiblesse, qui serait une conséquence de la petitesse des côtes et de l'aplatissement des faces latérales de la coquille, est compensée par l'existence de dômes ou bosselures toutes semblables. Les diverses portions aplaties de la coquille sont supportées par les bords des cloisons transversales qni se distribuent dans tous les sens, tandis que les portions soulevées et renflées, tirant de cette construction même une force suffisante, n'ont reçu aucun autre support. Comme

rendre plus solides, aussi bien que d'ajouter à la beauté de leurs formes extérieures.

Dans tous ces exemples, nous voyons une sagesse pleine de luxe et de prodigalité, en même temps que de tempérance et d'économie, ne distribuer qu'avec épargne les supports internes aux portions qui tirent de leur forme extérieure une solidité suffisante, en même temps qu'elle les prodigue à celles qui, dépourvues de ces supports, n'eussent pas trouvé ailleurs des ressources contre l'écrasement.

Les formes et la sculpture de la coquille externe nous offrent des variations en nombre infini ; et les supports internes ne se distribuent pas suivant des arrangemens moins admirablement variés, et dans lesquels se combinent tout à la fois l'utilité et la beauté architecturales. Les côtes se multiplient aussi de mille façons diverses, à mesure que l'espace qu'elles occupent, en s'accroissant, exige des supports d'une force supérieure ; et elles s'ornent de tubercules et de dômes en plus grand nombre, à mesure qu'une force plus grande leur devient nécessaire.

Cloisons transversales. Chambres aériennes.

On comprendra mieux l'usage des chambres aériennes in—ternes en se reportant aux figures que nous en avons données. Notre planche 36 représente la coupe longitudinale d'une am-

le dos est également presque aplati (pl. 37, fig. 8, *b*, *c*), il est fortement soutenu par des ramifications des cloisons internes.

Dans la figure 6, où se voient trois quilles distinctes, dont une, celle du milieu, passe au dessus du siphon, ce triple repli est destiné à compenser la faiblesse qui eût été une conséquence de l'élargissement extrême et de l'aplatissement de la face dorsale. Ces trois quilles sont séparées par deux sillons ; et comme ces sillons sont les portions les plus faibles de la coquille, elles sont soutenues par les bords dentelés des

monite ; les cloisons transversales ont été partagées en deux parties égales par une section faite sur leur ligne médiane, là où leur courbure est la plus simple. A mesure qu'on s'éloigne de cette ligne de chaque côté, la courbure des cloisons devient de plus en plus compliquée ; et les bords par où elles se terminent dans la coquille extérieure offrent les mêmes découpures, la même structure foliacée que présente le limbe d'une feuille de persil (pl. 38). Je vais essayer de faire voir, en me servant de dessins, l'utilité de ces dispositions pour résister à la pression qui s'exerce à l'extérieur sur la coquille.

Nous voyons, dans la planche 35, de *d* en *e*, les bords de ces mêmes cloisons transversales qui, dans la coupe figurée planche 36, n'offrent qu'une courbure simple, s'unir avec la coquille extérieure par un bord foliacé, de manière à lui offrir des supports plus uniformément distribués dans ses diverses parties, que n'eussent pu le faire les courbures plus simples de la pl. 36, si elles se fussent continuées jusqu'au bord extrême des cloisons. Dans plus de deux cents espèces connues d'ammonites, les cloisons transversales offrent des modifications agréablement variées de cette expansion foliacée de leurs bords ; et dans toutes, il est facile de voir que ces dispositions ont un but constant, celui de multiplier la résistance sur un grand nombre de points de la surface interne. Nous savons que la pression des eaux de la mer, même à une profondeur peu considérable, peut faire rentrer un bouchon dans l'intérieur d'une bouteille remplie d'air ; qu'un cylindre ou une sphère creuse en cuivre mince y sont écrasés ; et, comme les chambres aériennes des ammonites ont à supporter des pressions pareilles au fond des eaux de la mer, il était d'autant plus nécessaire

cloisons qui se prolongent en dessous, de façon à opposer à la pression extérieure des lignes de support prolongées.

qu'elles fussent pourvues de quelque appareil spécial destiné à les en préserver *, que suivant la plupart des zoologistes ces mollusques ont vécu dans les grandes profondeurs des mers**.

Ici nous trouvons encore les procédés de l'art humain mis depuis long-temps en œuvre par la nature; ces supports, qui soutiennent en dedans l'effort extérieur de l'eau sur la coquille des ammonites, rappellent par leur disposition les étais transversaux qu'emploie l'ingénieur pour soutenir l'arche en bois qui doit supporter la voûte en pierre qu'il veut construire.

Dans toute la famille des ammonites, jamais ces supports n'offrent la courbure simple que l'on observe dans les cloisons transversales de la coquille du nautile; et nous trouvons une raison probable de cette différence dans la minceur comparativement plus grande de la coquille externe chez la plu-

---

* Le capitaine Smith a vu à deux reprises différentes un tube cylindrique en cuivre, rempli d'air, et fixé au plomb d'une sonde d'une construction particulière, écrasé et complètement aplati sous la pression d'environ trois cents brasses d'eau. Une bouteille ordinaire ne contenant que de l'air, et bien bouchée, est écrasée avant d'être parvenue à quatre cents brasses de profondeur. Le même observateur s'est assuré que si l'on remplit une bouteille avec de l'eau douce, le bouchon sera refoulé dans l'intérieur dès une profondeur d'environ cent quatre-vingts brasses. Dans ce cas le liquide refoulé est remplacé par de l'eau salée, et il arrive parfois que le bouchon, dont la résistance a été forcée, se trouve retourné dans une position contraire à celle qu'il avait auparavant.

Je tiens aussi du capitaine Beaufort qu'il a souvent plongé dans la mer, à plus de cent brasses, des bouteilles, les unes vides, et d'autres remplies d'un liquide. Les bouteilles vides étaient parfois écrasées; d'autres fois le bouchon était chassé à l'intérieur, et elles revenaient pleines d'eau de mer. Le bouchon de celles qui contenaient un liquide était constamment repoussé à l'intérieur; le liquide était remplacé par de l'eau salée, et le bouchon se trouvait toujours de retour dans le col de la bouteille, quelquefois retourné, mais non dans tous les cas.

** Voyez Lamarck, qui sur ce point cite en la confirmant l'opinion de Bruguières. — Anim; sans vertèbres, t. 7, pag. 635.

part des premières. Il résultait de cette minceur un besoin de supports internes que rendaient inutiles l'épaisseur et la solidité de la coquille du nautile.

Pour fournir ces supports, les bords des lames transversales, au lieu d'offrir une courbure simple, se sont repliés en une variété extrême de ramifications sinueuses et de sutures ondulées*.

Ces sinuosités et ces ondulations qu'offrent dans certaines espèces les cloisons à leur jonction avec la coquille externe sont d'une beauté remarquable; elles en ornent la surface d'un travail des plus gracieux, rappelant des festons de feuillage, ou toutes les délicatesses d'une élégante broderie. Il arrive parfois que ces cloisons minces se sont converties en pyrite; et l'on dirait d'un filigrane d'or se jouant au sein du spath transparent qui remplit les chambres de la coquille **.

---

* Pl. 38 et pl. 57, fig. 6, 8.

** L'A. heterophyllus (pl. 38) est ainsi nommée à cause des lignes qui semblent dessiner à sa surface deux formes distinctes de feuillages. Le système de découpure est le même que dans les autres ammonites, mais les *selles* secondaires ascendantes (Pl. 38, S, S.), toujours arrondies dans les autres ammonites, sont ici plus allongées que d'ordinaire, et attirent l'attention plus que ne le font les pointes descendantes des lobes. (Pl. 38, *d. l.*)

Les figures que dessinent les bords de l'une des cloisons transversales se montrent reproduites successivement par toutes les autres. Et comme l'animal, à mesure qu'il agrandit sa coquille, laisse derrière lui une chambre nouvelle plus vaste que la précédente, il en résulte que les bords des cloisons successives n'empiètent point les uns sur les autres, et ne s'enchevêtrent jamais.

Malgré la complication apparente des dessins que l'on observe dans cette ammonite, le nombre des cloisons n'est que de seize dans un seul tour de la coquille; et ici, comme dans presque tous les cas, la beauté et l'élégance de ces sortes de guirlandes ne reconnaissent pas d'autre cause que la répétition à des intervalles réguliers d'un seul système symétrique de formes, système qui n'est autre que celui que présente séparément le bord de chacune des cloisons transversales. Aucune

Cette coquille de l'a*ammonites heter ophyllus* est un exemple admirable de la manière dont la puissance mécanique de chacune des cloisons transversales varie dans un rapport exact avec la force ou la faiblesse des divers points de la coquille qui doivent être supportés[*].

trace de ces dessins ne se montre sur la surface externe de la coquille (pl. 58, *c*.)

Les figures de l'*ammonites obtusus* (pl. 35 et 56) font voir les relations qui existent entre la coquille extérieure d'une ammonite en général et les lames transversales internes de la coquille. On voit dans la planche 55 la forme extérieure de la coquille, où le corps de l'animal y occupait l'espace compris entre les lettres *a* et *c*, correspondant à celui qui sépare les mêmes lettres dans la planche 56.

On n'observe dans cette espèce qu'une seule série de côtes très fortes, qui passent obliquement en travers de la chambre la plus extérieure aussi bien que des chambres aériennes; depuis le point *c* jusqu'au sommet de la coquille, ces côtes coupent les bords sinueux des cloisons et s'y appuient. Ces bords ne s'aperçoivent pas si la coquille externe n'est pas enlevée (pl. 55, *e*). On voit encore une petite portion de cette coquille conservée, en *b* de la même figure.

Les lignes que l'on voit à partir du point *d* indiquent les sinuosités des diverses cloisons transverses, dans leurs points de jonction avec la coquille externe; ces sutures ne coïncident pas avec la direction des côtes, et il en résulte qu'elles contribuent plus efficacement à augmenter la force de la coquille, en fournissant une série de supports et d'arcs-boutans dirigés presqu'à angle droit contre sa surface interne.

[*] C'est ainsi que, sur le dos, ou carène de la coquille, de V en B, pl. 59, là où elle est étroite et où la voûte qu'elle forme est la plus puissante, les intervalles qui séparent les cloisons sont plus grands que partout ailleurs, et leurs sinuosités sont plus distantes entre elles; mais aussitôt que les parois aplaties de la même coquille, planche 58, viennent à prendre une forme qui offre moins de résistance à la pression du dehors, les sinuosités des cloisons internes se multiplient, de la même manière que dans une voûte gothique aplatie les côtes sont plus nombreuses, et se distribuent d'une manière plus compliquée que dans les voûtes en ogive, plus résistantes et plus simples de formes.

On voit se multiplier et s'étendre de la même manière les sinuosités suturales des cloisons internes dans plusieurs autres espèces d'ammonites, dont les faces latérales sont aplaties et exigent que leurs supports soient accrus d'une manière analogue, tandis que, dans les espèces qui

I.   20

On voit figuré dans la planche 41 un rare et bel exemple de la conservation des cloisons transversales dans une *ammonites giganteus*, qui s'est convertie en chalcédoine sans qu'aucune matière terreuse se soit introduite dans la cavité même des chambres aériennes. Nous l'avons représentée ouverte, pour faire voir les sinuosités qu'exécute chacune des lames transversales qui séparent les chambres aériennes successives. C'est à l'aide de ces cloisons sinueuses que la coquille externe, qui n'est elle-même qu'une voûte continue, reçoit une solidité nouvelle d'une série de voûtes secondaires qui traversent sa cavité interne, et dont chacun constitue un double tunnel : car elle n'est pas seulement voûtée à la partie supérieure ; mais du côté opposé se trouve également une série de voûtes disposées précisément en sens inverse.

Nous imaginerions difficilement un instrument plus merveilleusement disposé pour résister à toute pression du dehors, et dans lequel se combinât d'une manière plus complète la plus grande force avec la plus grande légèreté possible.

Les chambres aériennes des ammonites sont beaucoup plus compliquées que celles du nautile, par suite des sinuosités que présentent les bords foliacés de leurs cloisons transversales*.

tirent de la forme circulaire de leurs parois une solidité plus grande, ainsi qu'on le voit dans l'A. obtusus, pl. 35, les cloisons n'offrent comparativement que des sinuosités peu nombreuses.

Il est probable que l'on eût pu soutenir de la même manière le tube cylindrique à air de la sonde dont il a déjà été fait mention, destinée à descendre à de grandes profondeurs, en y introduisant des lames transversales construites d'après le même principe que les cloisons internes des nautiles et des ammonites, ou plutôt encore comme celles des orthocératites et des baculites (pl. 44, fig. 4 et 5).

*On voit, pl. 42, fig. 1, le moule intérieur de l'une des chambres aériennes du nautilus hexagonus, convexe à sa face postérieure, concave à sa face antérieure, et se terminant sur ses bords par des lignes

Siphon.

Il nous reste à étudier le mécanisme du siphon, de cet appareil hydraulique important à l'aide duquel les ammonites modifiaient à leur gré leur poids spécifique. Le mode d'action de cet organe, et la manière dont il admettait ou renvoyait le fluide, paraissent avoir été les mêmes que nous avons déjà eu occasion d'observer dans les nautiles[*].

d'une courbure simple. Dans quelques espèces de nautiles seulement le bord est ondulé (pl. 43, fig. 3 et 4), mais jamais il n'est échancré et dentelé comme on le verrait dans le moule interne des chambres aériennes d'une ammonite.

Dans ces dernières coquilles, les cavités aériennes offrent une double courbure. Leur partie centrale est convexe en avant (pl. 36, *d*, et pl. 39 *d*. Y). La planche 42, fig. 2 représente le moulage de l'une des chambres de l'*ammonites excavatus*, vu par devant : *d* est le lobe dorsal où est enfermé le siphon ; *e* et *f* sont les lobes ventraux auxiliaires, dans l'intervalle desquels est reçu le tour de spire qui précède. La figure 3 représente celui de trois des chambres de l'*ammonites catena*, dans l'intérieur duquel se trouvent renfermées deux des cloisons transversales. Les bords foliacés de ces cloisons ont modelé les contours des moulages intérieurs en substance calcaire ; et ceux-ci, après la destruction de la coquille, demeurent souvent engrenés les uns dans les autres comme les sutures des os du crâne.

La substance qui dans ces différens cas s'est moulée de la sorte est constamment du carbonate de chaux pur cristallin, qui a pénétré par infiltration à travers les pores de la coquille, pendant sa décomposition. Chaque espèce d'ammonite offre des chambres aériennes de formes diverses, et ces formes dépendent des formes spécifiques qu'offrent les cloisons transversales qui partagent les coquilles. On observe de semblables diversités de formes dans les cavités aériennes des différentes espèces qui composent la famille des nautiles.

[*] Le siphon, dans la famille des ammonites, est constamment situé au bord extérieur ou *dorsal* des cloisons transversales (pl. 36, *d*, *e*, *f*, *g*, *h*, *i*, et pl. 42, fig. 5, *a*, *b*) ; et dans le point où il les traverse, il est entouré d'un collier qui se projette *en avant*. On voit ce collier parfaitement conservé au bord externe des cloisons, dans la planche 36. Au contraire, dans les nautiles, ce même collier se projette constamment

Nous rencontrons donc en même temps dans toute cette famille des ammonites et des nautiles les mécanismes du siphon, si

en arrière; et sa place est tantôt au *centre*, tantôt au bord *interne* de ces mêmes cloisons. (Pl. 51, fig, 1, y et pl. 42, fig. 1.)

Le siphon représenté dans la planche 56 s'est conservé à l'état de matière charbonneuse noire et il se prolonge depuis le fond de la chambre la plus extérieure jusqu'à l'extrémité la plus interne de la coquille. Une coupe fait voir son intérieur en *e, f, g, h*, rempli, comme les chambres aériennes adjacentes, d'un noyau de spath calcaire pur. Dans la pl. 42, fig. 3, *b*, un noyau semblable remplit le tube du siphon et la cavité intérieure des chambres aériennes; et dans ce cas, comme dans celui de la planche 56, le diamètre de cet organe se contracte à son passage à travers le collier de chacune des cloisons successives; et cette contraction offre les mêmes avantages mécaniques que dans le nautile.

La coquille représentée figure 4 de la planche 42 est un échantillon trouvé par le marquis de Northampton dans le sable vert de Earl Stoke, près de Devizes; et les figures 5 et 6 en sont des fragmens. Cette pièce mérite l'attention par l'état de conservation remarquable de son siphon, lequel est distendu et vide, et fixé encore à la place qu'il occupait à l'intérieur de la coquille, et le long de son bord dorsal. Ce siphon, de même que la coquille et que les cloisons transversales, est converti en une chalcédoine mince, et le tube conserve, à l'intérieur des chambres demeurées vides, la forme et la position exactes qu'il occupait dans la coquille à l'état vivant.

La substance tout entière du siphon, conservée avec une perfection que l'on n'observe que bien rarement, prouve qu'il n'existait aucune ouverture à travers laquelle un fluide pût passer du siphon dans l'intérieur des chambres aériennes. On observe la même continuité du siphon dans la planche 42, fig. 5 et dans la planche 56, ainsi que dans beaucoup d'autres échantillons; et nous en tirons cette conclusion que rien ne passait en effet de l'intérieur du tube dans les chambres aériennes, et que le siphon avait pour fonction, comme dans le nautile, d'être plus ou moins distendu par un liquide, et de faire varier ainsi le poids spécifique de l'animal, de façon à ce qu'il pût s'enfoncer au sein des eaux ou venir flotter à leur surface.

Le docteur Prout a analysé une portion de la substance noire du siphon, que l'on trouve si fréquemment bien conservé dans les ammonites, et il a trouvé que ce n'était autre chose qu'une membrane animale pénétrée de carbonate de chaux. Pour expliquer la couleur noire qu'offrent ces tubes, il suppose qu'un procédé de décomposition qui favorisa

admirables par leur délicatesse, et la réunion invariable et systématique de la force et de la légèreté dans les cavités aériennes.
Ce sont là des preuves frappantes de l'existence d'un ordre et
d'un plan que nous offrent ces débris des races éteintes qui
habitèrent les océans anciens ; et il faudrait qu'un esprit fût bien
étrangement organisé pour qu'il pût contempler tant d'ordre
et de méthode dans les œuvres de la création sans remonter
à l'action directe, au commandement suprême d'une haute
Intelligence.

Théorie de M. De Buch.

Indépendamment des usages que nous avons attribués
aux sinuosités des cloisons transversales des ammonites, en les
considérant comme des supports qui permettent à la coquille
de soutenir l'effort extérieur des eaux, M. de Buch assigne
aux lobes qui, par suite de cette disposition, entourent la base
de la chambre extérieure, un autre usage. Il les considère
comme les points d'attache qui servent à l'animal pour se fixer
plus solidement à la coquille par le moyen de son manteau.
Les dispositions de ces lobes varient suivant les diverses espèces d'ammonites, et l'illustre savant a proposé d'établir sur
les modifications qu'ils présentent les caractères spécifiques de
toutes les coquilles qui font partie de cette grande famille *.

le dégagement de l'oxigène et de l'hydrogène de la membrane animale
favorisa en même temps la minéralisation du charbon, ainsi que cela a
dû se passer dans la conversion des végétaux en charbon minéral. La
chaux a remplacé l'oxigène et l'hydrogène qui entraient dans la composition de la membrane animale avant qu'elle se fût détruite.

* Le caractère le plus tranché qui sépare les ammonites des nautiles,
c'est la place qu'occupe le siphon dans ces deux genres : dans les premiers en effet, cet organe occupe constamment la *portion dorsale* de
la coquille, ce qui n'a jamais lieu dans les seconds. Cette première différence essentielle en entraîne plusieurs autres. L'animal du nautile

Les fonctions qu'assigne M. de Buch aux lobes des ammonites, lorsqu'il les considère comme servant à fixer la base du

ayant son siphon fixé d'ordinaire vers le *centre* (pl. 51, fig. 1), ou rapproché de la *face ventrale* des cloisons successives, se trouve fixé par conséquent au fond de la chambre extérieure (pl. 52, fig. 2, pl. 42, fig 1); ce fond est généralement concave, et la lame transversale qui le constitue n'offre d'ordinaire ni dentelures ni sinuosités. Dans les ammonites au contraire, le siphon étant proportionnellement étroit et toujours placé vers la *face dorsale* (pl. 56 *d*, et pl. 59 *d*), il suffit beaucoup moins que celui des nautiles à fixer le manteau en place au fond de la chambre antérieure; aussi cet organe trouve-t-il un autre mode de fixation dans les dépressions nombreuses qu'offre le bord de la cloison transversale, et d'où résulte une série considérable de lobes sur la jonction de cette cloison avec la surface interne de la coquille.

Le plus intérieur de ces lobes, ou *lobe ventral*, est placé sur le bord interne de la coquille (pl. 59, V); du côté opposé, et au bord externe, est placé le *lobe dorsal* (D) qui embrasse le siphon, et se trouve divisé par cet organe en deux bras divergens. En dessous des lobes dorsaux se voient les *lobes latéraux supérieurs* (L), sur chaque côté de la coquille; plus bas encore, à peu de distance au dessus du lobe ventral, les deux *lobes latéraux inférieurs* (*l*).

Les intervalles qui existent entre ces lobes constituent des échancrures, ou *selles*, où reposait et se fixait le manteau de l'animal au fond de la première chambre, et ces selles se distinguent de la même manière que les lobes eux-mêmes. Celle qui partage les deux lobes dorsal et latéral supérieur s'appelle selle *dorsale* (*S. d*); la selle *latérale* (*S. l.*) partage les lobes latéraux supérieurs et latéraux inférieurs; enfin la selle *ventrale* (*S. v*) est située entre les deux lobes ventral et latéral inférieur. On retrouve, dans toutes les formes que présentent les ammonites, cette disposition générale avec des modifications diverses; mais lorsque, comme cela se voit dans la planche 59, la spire de la coquille s'accroît rapidement en largeur, de telle façon que le dernier tour de spire recouvre complètement ou en partie les tours précédens, on voit s'y surajouter des lobes auxiliaires plus petits qui, suivant la taille de l'ammonite, sont jusqu'au nombre de trois, de quatre ou de cinq paires (pl. 59, *a*¹, *a*², *a*,³ *a*⁴, *a*⁵).

Ces divers lobes, à mesure qu'ils se rapprochent du centre, sont subdivisés eux-mêmes par des dentelures nombreuses qui fournissent des points d'attache au manteau de l'animal, et chacun se trouve ainsi flanqué d'une série de lobes accessoires qui eux-mêmes sont pourvus de dentelures symétriques, dont les extrémités produisent ces belles apparences d'un feuillage compliqué qui s'observent dans les

manteau le long du bord des cloisons transversales, ne contredisent en rien ce que nous avons dit de l'utilité de ces mêmes lobes comme supports de la coquille externe contre la pression des eaux à de grandes profondeurs. Ces deux bienfaits, qui résultent simultanément d'une seule et même disposition mécanique, ne font qu'ajouter à l'opinion que nous nous sommes faite de son excellence, et accroître notre admiration pour la haute Sagesse à laquelle elle doit son origine.

Conclusion.

En étudiant, comme nous venons de le faire, les preuves d'un plan et d'un dessein primitifs qui nous sont offertes par les débris testacés de la famille des ammonites, nous sommes arrivés à rencontrer dans chaque espèce des témoignages nombreux de l'existence de mécanismes délicats et spéciaux qui avaient pour but de faire de la coquille tout à la fois un flot-

ammonites, et dont la planche 58 nous présente un remarquable exemple.

L'origine de ces dentelures est constamment aiguë et a sa pointe dirigée en dedans vers la chambre aérienne précédente (pl. 58, *d. l*) : mais elles sont lisses et arrondies antérieurement, vers le corps de l'animal (pl. 58, *s. s*), de manière à offrir des sortes de crampons où s'attachait fortement la base du manteau, et où cet organe s'enracinait en quelque sorte sur le pourtour du plancher de la chambre extérieure.

On ne rencontre de semblables dentelures dans aucune espèce de nautile. M. Owen a vu, dans le nautilus pompilius, que la base du manteau adhère à la coquille extérieure, tout près de sa suture avec la cloison transversale, à l'aide d'une forte ceinture cornée ; et il est probable qu'une disposition toute pareille existait dans tous les nautiles fossiles. Les côtés du manteau, dans le nautilus pompilius, sont aussi fixés sur les flancs de la grande chambre externe, à l'aide de deux muscles puissans et larges, dont les empreintes se voient dans la plupart des échantillons de cette coquille.

teur qui soutenait l'animal au sein des eaux, et une demeure qui protégeait son corps contre les injures du dehors.

A mesure que l'animal s'accroissait en volume, et s'avançait vers l'orifice extérieur de la coquille, les espaces qu'il laissait derrière lui se convertissaient successivement en de nouvelles chambres aériennes, d'où résultait, pour la coquille considérée comme flotteur, un accroissement de puissance. Ce flotteur, que dirigeait dans ses mouvemens un tuyau traversant la série tout entière des chambres aériennes, était un instrument hydraulique d'une extrême délicatesse qui permet à l'animal de s'élever suivant son gré à la surface des eaux, ou de descendre dans les profondeurs les plus grandes.

Des êtres créés pour flotter parfois au sein des eaux ne pouvaient être chargés d'une coquille épaisse et lourde ; et comme, d'un autre côté, une coquille mince renfermant de l'air eût cédé à des degrés différens d'une pression souvent intense des eaux profondes, nous trouvons, soit dans la construction mécanique de la coquille externe, soit dans les cloisons intérieures qui constituent les chambres aériennes, un ensemble de dispositions tout à fait organisées pour la résistance la plus complète. En premier lieu, la forme même de la coquille qui est celle d'un tube recourbé sur lui-même et n'offrant à l'extérieur qu'une surface convexe ; puis l'accroissement de puissance qui résulte d'une série de côtes et de voussures formant à la surface convexe de ce tube enroulé un ensemble de voûtes et de dômes qui ajoutent à sa solidité. Enfin les lames tranversales qui forment les chambres aériennes y ajoutent encore une succession non interrompue de supports, dont les ramifications s'étendent sur tous les points de la coquille où plus de solidité était nécessaire.

Si toute disposition régulière démontre l'action d'une cause intelligente, et si plus de perfection dans un mécanisme est la preuve d'une puissance intellectuelle plus élevée dans celui qui l'a produit, tout admirable arrangement que nous offrent les débris pétrifiés de ces coquilles cloisonnées nous est une preuve aussi ancienne et aussi impérissable que les montagnes mêmes où nous allons les chercher qui nous atteste la haute Sagesse à laquelle ces mécanismes délicats doivent leur origine , en même temps que la Providence et la bonté du Créateur dans l'organisation de chacune des créatures sorties de ses mains.

SECTION V.

LE NAUTILE SIPHON ET LE NAUTILE ZIG-ZAG.

On a désigné sous le nom de nautile siphon* une coquille cloisonnée fort curieuse et d'une grande beauté, qui a été trouvée dans les couches tertiaires de Dax , près de Bordeaux , et le nautile zig-zag est une coquille de l'argile de Londres, très voisine de la précédente **. Ces deux coquilles offrent certaines déviations des caractères ordinaires des nautiles qui les rapprochent jusqu'à un certain degré de la structure des ammonites.

Ces déviations se compensent les unes par les autres, et il en résulte un ensemble d'arrangemens particuliers qui rendent la coquille propre à remplir ses doubles fonctions, soit comme organe de locomotion au sein des eaux, soit comme moyen de défense ou comme habitation pour l'animal qui l'a construite***.

---

* On a décrit à plusieurs reprises cette coquille sous les noms différens d'*ammonites atun*, de *nautilus sipho*, et de *nautilus zonarius*. Voy. M. de Basterot, *Mém. géol. de Bordeaux.*

** Pl. 45, fig. 1, 2, 3, 4.

*** Les cloisons transversales (pl. 43, fig. 1, *a*, *a*¹, *a*²) offrent une particularité remarquable de structure dans le *collier*, ou ouverture siphonale, lequel se prolonge dans toute l'épaisseur des cavités

Le siphon dans cette espèce, traversant le bord interne des cloisons *, ne fournissait au manteau de l'animal qu'un moyen

aériennes, de telle sorte que la série tout entière des cloisons se trouve comme réunie en une sorte de chaîne spirale continue. Cette réunion est produite par l'agrandissement et l'alongement du collier destiné au passage du siphon, lequel prend la forme d'un entonnoir long et élargi, dont l'extrémité s'engage dans le col de l'entonnoir voisin (*c*), tandis que son bord interne s'appuyant sur le tour du spire sous-jacent, transmet à la voûte que forme ce dernier une partie de la pression qui s'exerce de l'extérieur sur les cloisons transversales, dont il accroît ainsi la résistance.

Comme ce mode de structure rend impossible qu'un siphon extensible puisse se distendre dans l'intérieur même des cavités aériennes, ainsi que cela a lieu chez les autres espèces de nautiles et chez les ammonites, le diamètre du tube en entonnoir a été fort agrandi, et le siphon peut s'y dilater assez pour admettre la quantité de liquide nécessaire à faire plonger l'animal.

A chaque articulation des entonnoirs, le diamètre du siphon se contracte de la même manière que le siphon des ammonites et des nautiles se contracte dans son passage à travers les ouvertures des lames transversales qui cloisonnent ces coquilles.

Un autre point de l'organisation du siphon, que la coquille dont il s'agit nous fait connaître, c'est l'existence d'un étui calcaire de consistance molle (pl. 43, fig. 1, *b. c. d*), tout pareil à celui que nous avons déjà observé dans le nautile (pl. 51, fig. 1, *a. b. c. d*), et qui se trouve dans l'intervalle qui sépare chacun des entonnoirs, du siphon ou tube membraneux qui y est contenu. On voit (pl. 43, fig. 1, *b*) une coupe de ce fourreau qui enveloppe l'extrémité la plus petite de l'entonnoir a^1. De *c* en *d* il se continue à l'intérieur de l'entonnoir suivant, a^2, jusqu'à ce que ce dernier se termine lui-même en *e*. Au point *e* et au point *f* se voit l'origine de deux de ces fourreaux parfaitement conservés, et tout pareils à celui dont *b, c, d,* représentent une coupe. D'après la manière dont ce fourreau rattachait l'extrémité de l'entonnoir supérieur à la bouche de celui qui venait après, on peut conclure qu'il jouait le rôle d'un collier, et qu'il interrompait toute communication de l'intérieur du tube calcaire où était logé le siphon avec l'intérieur des chambres aériennes. La capacité de ce tube calcaire suffisait non seulement à contenir le siphon dans son état de dilatation, mais à contenir en outre un certain volume d'air qui avait pour effet de repousser par son élasticité le fluide contenu dans le siphon, comme nous avons supposé qu'agissait l'air contenu dans les chambres du nautilus pompilius.

* Pl. 43, fig. 2, b^1, b^2, b^3.

d'attache beaucoup moins puissant que ne le fait le siphon plus central du nautile ; aussi, pour compenser ce défaut d'un point d'appui complet, trouvons-nous une disposition toute pareille à celle que, suivant la théorie de M. de Buch, les ammonites auraient trouvée dans les lobes de leur manteau. C'est ce que l'on comprendra mieux, si l'on compare les lobes du nautile siphon (planche 43, figure 2) avec ceux tout semblables du nautile zig-zag (planche 43, figures 3 et 4) *.

L'importance et l'utilité de ces lobes dans l'une et dans l'autre des deux espèces que nous venons d'étudier nous sembleront encore plus grandes si nous considérons ces modifications des cloisons transversales sous le point de vue du support qu'elles offrent aux parois latérales de la coquille externe **. Elles en étançonnent en effet les portions les plus faibles et les plus minces, et leur donnent assez de solidité pour supporter une pression bien supérieure à celle qu'elles eussent supportée, si les lames internes n'eussent eu qu'une courbure simple comme dans le nautilus pompilius. La nécessité d'une disposition de cette nature est une conséquence de la largeur des intervalles qui partagent les cloisons entre elles. La faiblesse résultant de

* De chaque côté, dans les diverses cloisons transversales, se voit un enfoncement ou sinus, où peut se loger un lobe du manteau. (Pl. 43, fig. 2, a^1, a^2, a^3 ; fig. 3, a, et fig. 4, a et b.) On y aperçoit aussi un autre enfoncement profond en arrière, qui est celui où se logent les deux lobes ventraux (fig, 4, c, c). Ces divers lobes ont concouru probablement avec le siphon pour attacher le manteau fixément au fond de la chambre antérieure. La coquille de la figure 4 est brisée de telle sorte que l'on ne peut y apercevoir, dans la position où elle est vue, aucune trace de ces lobes latéraux. Dans la figure 2, nous voyons, en a^1, saillir ces lobes de chaque côté de la surface convexe interne de l'une des cloisons ; en a^2, l'intérieur de ces mêmes lobes vus du côté concave de l'une des autres cloisons ; et en a^3, les sommets d'une troisième paire de ces lobes fixés sur les côtés de la cavité aérienne la plus grande que ce fragment ait conservée.

** Voy. pl. 43, fig. 1, 2, 3, 4.

cet écartement des lames transversales se trouvait compensée par la présence d'un lobe unique remplissant les mêmes fonctions que les lobes beaucoup plus nombreux et plus compliqués des ammonites.

Le nautile siphon et le nautile zig-zag paraissent donc être des anneaux qui rattachent les deux grands genres nautile et ammonite, et dans lesquels se voient des dispositions mécaniques intermédiaires empruntées à l'organisation des ammonites pour être appliquées à celle du nautile. La présence de lobes analogues à ceux des ammonites a eu pour but de compenser les désavantages qui fussent résultés, dans tout autre système de construction, de la position marginale du siphon dans l'une et dans l'autre de ces deux espèces, et de la distance où sont entre elles leurs cloisons transversales *.

Il est curieux de voir que des dispositions pareilles à celles que l'on rencontre dans les formes d'ammonites les plus anciennes se retrouvent chez quelques unes des espèces les plus récentes de nautiles fossiles, et qu'elles y aient pour but de compenser la faiblesse qui eût été une conséquence des déviations qu'offrent ces espèces par rapport à la structure normale du genre nautile. C'est encore là un de ces faits qu'il faut renoncer à expliquer dans toute théorie où l'on se refuserait à admettre l'intervention d'une Intelligence régulatrice.

* Dans quelques unes des formes d'ammonites les plus anciennes que contiennent les couches de transition, telles, par exemple, que l'ammonites Henslowi, l'ammonites striatus, et l'ammonites sphœricus (pl. 40, fig. 1, 2 et 5), les lobes sont peu nombreux, et presque de la même forme que le lobe unique du nautilus sipho ou du nautilus zig-zag. Comme chez ces derniers aussi, les bords des lames transversales sont simples et dépourvus de franges. L'ammonites nodosus, espèce propre aux dépôts secondaires les plus anciens du muschel-kalk (pl. 40, fig. 4 et 5), offre l'exemple d'un état intermédiaire, dans lequel le bord frangé existe déjà en partie, mais seulement sur les portions inférieures ou internes des bords lobés des lames transversales.

SECTION VI.

COQUILLES CLOISONNÉES VOISINES DES NAUTILES ET DES AMMONITES.

De ce que le nautile est une coquille externe, nous sommes conduits à conclure que toutes les coquilles fossiles de la grande et ancienne famille des nautiles et de la famille encore plus nombreuse des ammonites étaient de même des coquilles externes dont la chambre antérieure servait de demeure à quelque céphalopode; de même, la coquille de la spirule étant, ainsi que l'a vu Péron, enfermée en partie dans l'intérieur du corps d'une sorte de seiche*, nous en tirerons cette conséquence que plusieurs genres de coquilles cloisonnées qui, comme la spirule, ne se terminent pas au dehors par une vaste chambre, étaient probablement des coquilles internes ou en partie enveloppées, construites pour les fonctions de flotteurs d'après le même principe que le flotteur de la spirule. Nous plaçons parmi les coquilles fossiles, dont la découverte de la spirule est venue ainsi nous révéler la nature et l'emploi, celles qui composent les familles éteintes suivantes qui se rencontrent à des positions diverses depuis les couches de transition les plus anciennes jusqu'aux formations secondaires les plus récentes,

---

* Pl. 44, fig. 1 et 2.

Le doute qu'avait jeté sur la découverte de Peron la disparition de l'échantillon rapporté par lui a été dissipé jusqu'à un certain point par la rencontre qu'a faite le capitaine King d'une autre coquille semblable, encore fixée à un fragment du manteau d'un animal d'espèce inconnue, ressemblant à une seiche. J'ai vu cette pièce entre les mains de M. Owen, au collége royal des chirurgiens de Londres.

les orthocératites , les lituites, les baculites , les hamites, les scaphites , les turrilites , les nummulites et les bélemnites *.

Orthocératites , pl. 44 , fig. 4.

Les orthocératites, ainsi nommées à cause de leur forme ordinaire qui est celle d'une corne droite, commencèrent à se montrer à peu près à la même époque reculée que les nautiles, dans les mers où se déposèrent les couches de transition ; et ils s'en rapprochent tellement par leur structure que nous pouvons prononcer que c'étaient des coquilles remplissant de même les fonctions de flotteurs à l'égard de quelques mollusques céphalopodes. Ce genre se compose d'un grand nombre d'espèces qui abondent dans les terrains stratifiés de la série de transition ; et c'est un de ceux qui, appelés l'un des premiers à prendre place sur la surface de notre planète, ont presque complètement disparu dès une époque très reculée **.

De même que les nautiles, les orthocératites *** sont des coquilles multiloculaires dont les cloisons transversales ont leur concavité tournée vers l'extérieur et sont percées à leur centre

---

* Dans les genres lituite, orthocératite et belemnite (pl. 44, fig. 5, 4 et 17), la courbure simple des lames transversales rappelle les caractères des nautiles ; dans les baculites, les hamites, les scaphites et les turrilites, au contraire, pl. 44, fig. 5, 8, 12, 13, 14 et 15, les cloisons offrent des sinuosités et des bords foliacés qui rappellent ceux des ammonites.

** Voy. d'Orbigny, *Tableau méthodique des céphalopodes.*
Il n'existe à ma connaissance que deux exceptions à ce fait général que le genre orthocératite s'éteignit avant le dépôt des terrains secondaires. Une petite espèce douteuse, trouvée dans le lias de Lyme-Regis, et une autre appartenant au calcaire alpin de la formation oolitique de Halstadt, dans le Tyrol, sont les deux plus récentes que l'on ait encore signalées.

*** Pl. 44, fig. 4.

ou près des bords pour le passage d'un siphon (*a*). Le tube destiné à loger ce dernier varie dans son diamètre plus que celui d'aucune autre coquille multiloculaire; car il atteint depuis un dixième jusqu'à la moitié du diamètre total de la coquille elle-même ; et souvent il prend une forme renflée qui dut permettre la dilatation d'un siphon membraneux. La base de la coquille, en avant de la dernière cloison, offre une cavité plus grande où le corps de l'animal paraît avoir été en partie contenu.

Les orthocératites sont de forme droite et conique, et offrent avec les nautiles les mêmes rapports que les baculites avec les ammonites. Les orthocératites, en effet, pourvues de cloisons transversales simples, ressemblent à des nautiles que l'on aurait redressés , tandis que dans les secondes ainsi que dans les ammonites les chambres aériennes sont formées par des cloisons transversales sinueuses. Les orthocératites varient considérablement dans leurs formes extérieures et dans leur taille ; il en est qui ont trois pieds de long avec un diamètre d'un demi pied ; et on a compté jusqu'à soixante-dix chambres aériennes dans un seul individu. L'animal, qui avait besoin d'un semblable flotteur pour se soutenir au sein des eaux, dut surpasser de beaucoup par ses proportions les plus gigantesques de nos céphalopodes actuels ; et le grand nombre d'orthocératites que l'on rencontre parfois dans un seul bloc de pierre prouve jusqu'à quel point ces mollusques abondaient dans les eaux des océans anciens. On en trouve des quantités considérables dans les blocs d'un marbre de couleur rouge-obscur appartenant au calcaire de transition de l'île d'OEland, et que l'on transporte depuis quelques années dans plusieurs parties de l'Europe pour l'employer dans les constructions architecturales *.

* Une portion du pavé de la cour du palais de Hampton, le pavé de la salle du collége de l'Université à Oxford, plusieurs tombeaux des

Lituites.

On trouve avec les orthocératites dans le calcaire de transition de l'île d'OEland un genre de coquilles cloisonnées qui en sont voisines et que l'on a désignées sous le nom de lituites *. Leur extrémité la plus petite est contournée en spirale, tandis que l'extrémité la plus grande se continue en un tube droit d'une longueur considérable partagé par des cloisons qui ont leur face concave en avant et sont traversées par un siphon (*a*). La grande ressemblance qui existe entre ces coquilles et celles de la spirule moderne (pl. 44, fig. 2) nous conduit à penser qu'elles ont dû remplir des fonctions analogues dans l'économie de quelque céphalopode perdu.

Baculites.

De même que dans certaines roches de transition le genre orthocératite nous représente pour ainsi dire les nautiles à l'état de redressement, nous rencontrons, dans la formation crétacée seulement, un genre que l'on pourrait considérer comme une ammonite redressée **.

rois de Pologne, à Cracovie, ont été exécutés avec ce marbre, dans lequel se montrent un grand nombre de coquilles d'orthocératites. Les plus grandes espèces que l'on connaisse se trouvent dans le calcaire carbonifère de Closeburn, près d'Edimbourg; elles sont à peu près de la grosseur de la cuisse. La présence de ces mollusques gigantesques paraît témoigner de la haute température qui régnait alors dans les régions septentrionales de l'Europe. Voy. M. Sowerby, *Min. conch.*, pl. 246.

* Pl. 44, fig. 5.
** Pl. 44, fig. 5.

Les baculites ont reçu ce nom à cause de leur ressemblance avec un bâton droit; ce sont des coquilles coniques alongées et symétriques, déprimées latéralement et partagées en des chambres nombreuses par des lames transversales sinueuses comme celles des ammonites, et terminées de même aussi à leur jonction avec la coquille externe par des dentelures festonnées qui les partagent en des lobes et en des selles dorsales, ventrales et latérales, toutes pareilles à celles des ammonites[*].

Un fait curieux dans l'histoire de cette forme, qui n'est pour ainsi dire qu'une modification de celle des ammonites, c'est qu'on ne la rencontre pas plus tôt que les derniers étages des dépôts secondaires, dépôts dans toute l'étendue desquels cette famille des ammonites occupe une place si importante; et qu'après une période d'existence comparativement courte, les baculites se sont éteintes en même temps que les dernières des ammonites, à l'époque où se termina la formation de la craie.

Hamites.

Si nous imaginons qu'une baculite se recourbe vers son milieu de manière à ce que ses deux extrémités deviennent à peu près parallèles, nous aurons la forme la plus simple du genre de coquilles cloisonnées voisines des précédentes, que leur courbure a fait désigner sous le nom de hamites. On voit, pl. 44,

---

[*] La chambre externe (*a*) est renflée et plus grande que toutes les autres; et une grande partie de l'animal pouvait y être contenu : la coquille extérieure est mince, et des côtés obliques la soutiennent comme chez les ammonites. Tout près du bord postérieur de chaque cloison se voit l'ouverture pour le passage du siphon (pl. 44, 5[b], *c*); et la position qu'occupait cet organe, en même temps que la forme sinueuse et dentelée des lames transversales, sont autant de caractères communs aux baculites et aux ammonites.

fig. 9 et 11 , des portions de hamites où ce mode de courbure se montre dans sa plus grande simplicité ; d'autres espèces de ce genre sont d'une forme beaucoup plus contournée , soit qu'elles constituent une spirale serrée comme l'extrémité postérieure de la spirule , pl. 44, fig. 2, ou que cette forme spirale soit beaucoup plus ouverte comme dans la figure 8 de la même planche *.

Il est probable que quelques unes de ces coquilles étaient en partie extérieures et en partie logées à l'intérieur du corps ; et que, dans celles qui offrent des épines, la portion armée de cette manière demeurait extérieure. On connaît neuf espèces de hamites dans la seule formation du gault ou *speeton clay*, faisant suite immédiatement à la craie dans les environs de Scarborough. Quelques unes des plus grandes espèces sont de la grosseur du poing **.

---

* Les hamites offrent avec les ammonites les mêmes rapports que les lituites avec les nautiles ; ce sont, en quelque sorte, des coquilles de l'un ou de l'autre de ces deux genres , qui n'auraient été qu'incomplètement déroulées. Voy. M. Phillip, *Geolog. of Yorkshire*, pl. 1, fig. 22, 29 et 30.

Les baculites et les hamites se rapprochent des ammonites par deux de leurs caractères : d'abord par la position qu'occupe leur siphon du côté dorsal ou postérieur de la coquille (pl. 44, fig. 5b, c. 8a, a. 10, 11, a. 12, a. 13, a.) ; puis par la construction foliacée des bords de leurs cloisons transversales, là où ces cloisons s'unissent à la coquille extérieure (pl. 44, fig. 5, 8, 12, 13). Cette dernière est fortifiée en outre par des replis ou côtes transversales, et qui sont construites exactement d'après les mêmes principes que nous avons déjà fait ressortir en parlant des ammonites (pl. 44, fig. 8, 9, 11, 12 et 13).

Certaines espèces de hamites , de même que certaines ammonites, ont leur siphon marginal logé dans un tube qui les surmonte à la manière d'une quille. Il en est d'autres dont la face dorsale est armée de chaque côté d'une série d'épines (pl. 44, fig. 9, 10).

** La hamites grandis (Sowerby, M. C. 593) qui se trouve à Hythe, dans le sable vert, atteint cette dimension.

Scaphites.

Ce nom désigne un genre de coquilles cloisonnées elliptiques d'une beauté remarquable et qui appartiennent presque exclusivement à la formation de la craie. Chacune de leurs extrémités est enroulée, tandis que leur portion médiane forme presque un plan horizontal, et elles rappellent ainsi la forme des bateaux chez les anciens. C'est cette particularité qui leur a fait donner le nom sous lequel on les désigne *.

Il est à noter comme un fait digne de remarque que ces deux modifications de la structure des ammonites, qui constituent les genres scaphite et hamite, n'apparaissent que très rarement, et seulement dans le lias et l'oolite inférieur, avant la période des formations crétacées, période pendant laquelle s'éteignit presque complètement, après une existence si long-temps prolongée, le type du genre ancien des ammonites **.

---

* L'extrémité postérieure des scaphites est enroulée à la manière des ammonites, en tours de spire qui s'enveloppent complètement (pl. 44, fig. 15, *c*, et fig. 16). La dernière chambre, ou chambre antérieure (*a*), est plus grande que toutes les autres ensemble ; et quelquefois (probablement dans l'âge adulte), elle se recourbe en arrière, jusqu'au point d'aller toucher la spire postérieure. Il en résulte que la bouche se comprime et devient plus étroite que la chambre elle-même (pl. 44, fig. 15, *b*). C'est ce caractère tiré de la chambre extérieure qui sépare les scaphites des ammonites ; car ces deux genres se ressemblent sous tous les autres rapports : dans l'un comme dans l'autre, les lames transversales sont nombreuses, et traversées par un siphon marginal situé vers la face dorsale de la coquille (fig. 16, *a*), et en outre les bords en sont lobés, entaillés profondément, et festonnés (fig. 15, *c*).

** On trouve dans le lias du Wurtemberg le scaphites bifurcatus, et le hamites annulatus dans l'oolite inférieur de la France.

Turrilites.

Le dernier genre voisin des ammonites dont je doive faire ici mention renferme des coquilles spirales d'une forme toute différente; elles sont enroulées autour d'elles-mêmes et représentent une sorte de tour en vis qui va en diminuant de la base au sommet*.

Les caractères essentiels et les fonctions des turrilites furent les mêmes que ceux des scaphites, des hamites, des baculites et des ammonites. Dans chacun de ces genres, c'est surtout la forme de la coquille extérieure qui varie; l'intérieur dans toutes est construit d'une façon semblable dans le but d'aider, à la manière d'un flotteur, les mouvemens de quelque mollusque céphalopode. Nous avons vu que les ammonites, qui commencèrent avec les couches de transition, se montrent dans toutes les formations qui suivent, jusqu'aux limites supérieures de la craie, tandis que les hamites et les scaphites sont extrêmement rares et que les turrilites et les baculites manquent complètement jusqu'à l'époque où ont commencé les formations crétacées. Ces dernières, après avoir ainsi commencé d'une manière tout à fait soudaine, disparurent soudainement aussi à la même époque que les ammonites, cédant la place qu'elles occupaient et les fonctions qu'elles remplissaient dans l'économie générale

---

* Pl. 44, fig. 14.

Les turrilites sont des coquilles extrêmement minces, et leur surface extérieure offre, comme celle des ammonites, des côtes et des tubercules qui leur sont un ornement, en même temps qu'elles en accroissent la résistance. Elles ressemblent, du reste, en tout aux ammonites, à leur mode d'enroulement près. Des lames transversales en partagent l'intérieur en des chambres nombreuses; ces lames ont leur bord festonné, et sont percées près de leur extrémité dorsale pour le passage d'un siphon (pl. 44, fig. 14, *a, u*). La chambre externe est grande.

de la nature à un ordre inférieur de mollusques carnivores qui les ont suppléées pendant toute la période tertiaire , et qui les suppléent encore dans nos mers actuelles.

Dans cette revue que nous venons de passer des mollusques à coquilles cloisonnées qui se rapprochent par leur organisation des nautiles et des ammonites , nous avons parcouru toute une série continue d'organes d'une délicatesse et d'un agencement admirables et tous en rapport avec les usages qu'ils remplissent dans l'économie des divers animaux auxquels ils appartiennent. Ce sont autant de preuves de l'unité du plan qui a présidé à ces applications si nombreuses et si variées d'un même principe ; et tous ces arrangemens merveilleux ne nous témoignent pas seulement de l'action d'une intelligence , mais d'une intelligence qui fut *la même* à toutes les époques différentes où ces races éteintes habitèrent les océans anciens.

SECTION VII.

Bélemnites.

Nous terminerons l'étude que nous venons de faire des coquilles cloisonnées par une courte notice sur les bélemnites , famille nombreuse que l'on ne rencontre plus qu'à l'état fossile et seulement dans cette série de terrains que nous avons désignés dans notre coupe sous le nom de terrains secondaires *. Ces corps singuliers ont des rapports intimes avec les autres familles de coquilles cloisonnées fossiles que nous avons déjà

---

* Le calcaire conchylien (Muschel-kalk) est la couche la plus basse où l'on ait rencontré des bélemnites, et l'on n'en trouve plus au dessus de la craie supérieure de Maestricht.

étudiées ; mais ils en diffèrent par l'étui fibreux conique qui enveloppe leurs chambres et dont la forme est celle de la pointe d'un fer de flèche.

M. de Blainville a donné dans son mémoire important sur les bélemnites (1827) une liste de quatre-vingt-onze auteurs qui, depuis Théophraste, se sont occupés de ce même sujet. Ceux d'entre eux dont l'opinion a le plus de valeur se sont réunis à l'hypothèse que ces corps ont été formés par des céphalopodes rapprochés de nos seiches modernes. MM. Voltz, Zeiten, Raspail et le comte Munster les ont pris successivement pour sujet de plusieurs mémoires importans. Les notices de M. Miller dans les transactions géologiques de l'année 1826 et celles de M. Sowerby dans le sixième volume de sa conchyliologie minérale, sont ce que l'on a publié en Angleterre de plus important sur les bélemnites.

Une bélemnite était une coquille interne composée qui renfermait trois parties essentielles, que l'on rencontre rarement toutes ensemble dans un état parfait de conservation.

D'abord une coquille ou étui extérieur conique fibro-calcaire s'ouvrant à son extrémité la plus large en un cône creux*.

---

* Pl. 44', fig. 17; pl. 44, fig. 7, 6, 10, 11, 12.

On désigne ordinairement sous le nom d'*étui* cette portion de la bélemnite. Elle se compose d'une série de cônes qui s'emboîtent, et dont le plus grand enveloppe complètement tous les autres (pl. 44, fig. 17). Ces cônes sont formés de carbonate de chaux cristallisé, disposé en fibres qui rayonnent d'un axe situé en dehors du centre. L'état cristallin de cette coquille paraît être le résultat d'infiltrations calcaires qui ont pénétré, après qu'elle fut enfouie, dans les intervalles des fibres rayonnantes calcaires dont elle était originairement composée. L'opinion qui veut que les bélemnites aient fait partie à cet état pierreux lourd et solide de l'organisation d'une seiche vivant et nageant dans les eaux, est en contradiction avec tout ce que l'étude de l'organisation interne des céphalopodes vivans nous a fait connaître d'analogies. L'odeur de corne brûlée que répand cette partie des bélemnites, lorsqu'on la soumet à l'action du feu, est due aux débris de mem-

Puis un mince étui conique ou sorte de coupe de substance cornée qui commence à la base de l'étui creux fibro-calcaire dont il vient d'être question, et qui s'agrandit rapidement en s'étendant à une distance considérable. (Pl. 44, fig. 7, *b*, *c*, *e'*, *e''*). C'est cette coupe cornée qui constitue la chambre antérieure où étaient contenus le réservoir d'encre, *c*, et quelques autres viscères *.

En troisième lieu, une coquille intérieure cloisonnée, mince et conique, que l'on désigne sous le nom d'*alvéole* et qui occupe l'intérieur du même cône creux calcaire. (Pl. 44, fig. 17, *a*; et pl. 44', fig. 7, *b b'*.)

Cette portion cloisonnée de la coquille se rapproche beaucoup des nautiles et des orthocératites (pl. 4, fig. 17, *a*, *b*, et fig. 4) par ses formes et par les principes de sa construction. Des cloisons transversales minces la partagent en une suite de chambres aériennes étroites ou *aréoles* qui ressemblent à une pile conique de verres de montre. Les cloisons sont concaves en avant, convexes en arrière, et un siphon continu les traverse à leur bord inférieur ou ventral. (Pl. 44, fig. 17, *b*.)

Nous avons déjà décrit, chapitre XV, section II, les pennes

branes cornées qui partagent les divers cônes successifs dont elle est composée.

Un argument qui vient confirmer l'idée que les bélemnites étaient des organes internes, c'est que leur surface conserve les impressions vasculaires qu'y a produites le manteau qui les renfermait. Dans quelques espèces, le dos de la coquille est granulé, de la même manière que le dos de la coquille intérieure de la seiche commune.

* L'étui corné lamelleux se trouve rarement conservé dans ses rapports avec l'étui fibro-calcaire qui fait partie de la coquille; mais on le rencontre fréquemment isolé dans le lias de Lyme-Regis. Il offre souvent certaines portions d'un nacré remarquable, tandis que d'autres parties du même étui sont demeurées à l'état corné.

cornées et les réservoirs à encre qui attestent l'existence des calmars dans le lias de Lyme-Regis. On a trouvé tout récemment dans la même localité, en connexion avec des bélemnites, des réservoirs tout semblables dont quelques uns ont près d'un pied en longueur. On peut conclure de là quelle était la taille des bélemno-seiches * auxquelles ces débris ont appartenu.

* Je communiquai en 1829, à la Société géologique de Londres, un mémoire sur les relations *probables* du genre bélemnite avec certains réservoirs d'encre fossile revêtus d'une brillante couleur nacrée, qui se rencontrent dans le lias de Lyme-Regis (Voy. le *Magasin philosophique*, nouv. série 1829, p. 388); et je fis exécuter à la même époque les dessins de la planche 44″, d'après les échantillons fossiles même qui m'avaient conduit à regarder ces restes comme provenant de céphalopodes en rapport avec les bélemnites. Mais j'en ajournai alors la publication, dans l'espoir qu'une démonstration de cette proposition me serait un jour offerte par quelque échantillon où le réservoir dont il s'agit aurait conservé ses connexions avec l'étui ou avec le corps de la bélemnite.

C'est en effet cette démonstration décisive qu'a rencontrée depuis (octobre 1834) M. Agassiz, dans deux pièces faisant partie du cabinet de mademoiselle Philpotts, à Lyme-Regis (pl. 44′, figures 7, 9).

Dans chacun de ces échantillons en effet, un réservoir pareil à ceux dont nous avons parlé se voit à la partie interne et antérieure du fourreau d'une bélemnite parfaitement conservée ; et cette découverte nous permet de rapporter avec certitude toutes les espèces de bélemnites à une famille de céphalopodes pour laquelle nous avons proposé, M. Agassiz et moi, le nom de bélemno-seiche (*belemnosepia*). On rencontre parfois de ces réservoirs en contact avec des traces isolées d'alvéoles de bélemnites, mais elles sont plus ordinairement revêtues seulement d'une couche mince d'une nacre brillante.

L'échantillon représenté pl. 44″, fig. 1, m'a été communiqué en 1829 par mademoiselle Marie Anning, qui le regardait comme provenant d'une bélemnite. On y voit en dessous les stries d'accroissement de l'étui corné antérieur ; mais il n'y reste aucune trace de l'étui calcaire : c'est à l'intérieur du premier qu'est renfermé le réservoir d'encre ; la forme conique de cette chambre antérieure paraît avoir été altérée par la pression. Elle est formée par une substance lamelleuse mince (pl. 44″ fig. 1, *d*) qui en certains points est d'une brillante couleur nacrée, tandis que sur d'autres elle offre simplement l'apparence de la corne. La surface postérieure de cette enveloppe

L'existence chez ces animaux d'un réservoir d'encre aussi grand rend très probable *à priori* qu'ils manquaient de coquille externe ; car cette arme défensive, d'après ce que nous en savons, est donnée exclusivement en partage aux céphalopodes nus et dépourvus de la protection que trouve dans sa coquille le nautile flambé. On n'a jamais rencontré ni encre, ni réservoir destiné à la contenir, dans aucune espèce de nautile ou d'ammonite fossile. Or si une substance semblable eût existé chez les animaux qui en occupaient la chambre antérieure, on en eût rencontré quelques traces dans ces couches du lias de **Lyme-Regis** où abondent les nautiles et les ammonites, et où se voit si parfaitement conservée l'encre des céphalopodes nus.

est parcourue transversalement par des ondulations légères, correspondant probablement aux diverses périodes d'accroissement. Mademoiselle Baker possède une bélemnite de l'oolite inférieur des environs de Northampton, dans laquelle, une moitié de cette enveloppe fibreuse se trouvant enlevée, la structure de la coquille conique de l'alvéole se montre imprimée sur une masse de minerai ferrugineux qui s'est moulé à l'intérieur ; et l'on y voit des stries onduleuses d'accroissement toutes pareilles à celles de l'extérieur de la coquille du nautile flambé.

M. de Blainville, bien qu'il n'eût vu aucun échantillon dans lequel la chambre cornée antérieure eût été conservée, avait été conduit à prononcer qu'un semblable organe devait exister dans ces coquilles fossiles, d'après l'étude qu'il avait faite des genres voisins, et l'échantillon que nous avons sous les yeux confirme la justesse de ses raisonnemens : — « Par analogie, elle était donc évidemment dorsale et terminale ; et, lorsqu'elle était complète, c'est-à-dire pourvue d'une cavité, l'extrémité postérieure des viscères de l'animal (très probablement l'organe sécréteur de la génération et partie du foie) y était renfermée. » — Blainv., *Mém. sur les Bélemnites* ; 1827, p. 28.

Le comte Munster (*Mém. géol.* par A. Boue ; 1832, t. 1, pl. 4, fig. 1, 2, 3, 15) a publié des figures de bélemnites très complètes, provenant de Solenhofen : et l'on voit dans quelques unes l'étui corné antérieur conservé dans une longueur égale à la portion solide calcaire elle-même de la bélemnite (pl. 44', fig. 10, 11, 12, 13) ; mais aucune n'offre de traces d'un réservoir d'encre.

La seiche commune, alors même qu'elle est encore renfermée
à l'intérieur de l'œuf transparent où elle se développe, possède déjà cet organe rempli de sa liqueur noire et prêt à
remplir ses fonctions dès que l'animal sera éclos ; et ce réservoir est revêtu d'une couche d'une nacre brillante toute pareille à celle qui recouvre certaines membranes internes dans
quelques poissons *.

* J'ajouterai ici quelques mots dans le but d'expliquer ce fait curieux
que, parmi les échantillons innombrables de bélemnites qui ont depuis
une époque si reculée fixé l'attention des naturalistes, il ne s'en est pas
rencontré un seul complet dans toutes ses parties, et qui eût son encre
encore contenue dans la chambre antérieure, soit que la gaine fibro-
calcaire fût séparée de l'étui corné et du réservoir d'encre, ou bien
que ce dernier fût constamment isolé de la gaine cornée et enveloppé
seulement dans la membrane cornée revêtue de nacre qui constitue la chambre antérieure. D'après l'état où se trouvent certaines
ammonites nacrées comprimées du lias schisteux de Watchet, il est évident que l'enduit nacré seul de ces coquilles s'est conservé, tandis que la
coquille elle-même s'est détruite. Ce fait nous explique pourquoi, dans
presque tous les échantillons de réservoirs d'encre que l'on rencontre à
Lyme-Regis, l'étui calcaire et la coquille manquent complètement, tandis
que ces échantillons conservent au contraire la nacre irisée qui les entourait, ainsi que cela a lieu également dans les ammonites de Watchet.
Il est à présumer que, dans chacun de ces cas, la matière où ces coquilles
ont été ensevelies eut la propriété de conserver la nacre ou la substance
cornée, tandis que la substance calcaire plus soluble y disparaissait,
dissoute peut-être dans quelque acide qui y était contenu.

Mais ce qu'il est plus difficile de déterminer, c'est la raison qui a fait
que parmi tant de millions de bélemnites qui sont dispersées indiffé-
remment dans presque toutes les couches de la série secondaire, et qui
recouvrent parfois complètement certains lits de schiste en rapport immédiat avec le lias et l'oolite, il s'en trouve si peu qui aient conservé
soit leur gaine cornée, soit leur réservoir d'encre. L'absence du fourreau
corné et nacré peut s'expliquer par l'hypothèse que la substance enve-
loppante ait été peu favorable à la conservation de cette membrane
cornée, en même temps qu'elle eût favorisé celle du fourreau calcaire ;
et l'absence des réservoirs à encre se conçoit avec une facilité égale si
l'on suppose qu'en général la décomposition des parties molles de l'a-
nimal fut cause que l'encre se dispersa avant que ses restes fussent

Si l'on compare la coquille des bélemnites avec celle du nautile, on trouve entre toutes leurs parties les plus importantes une analogie à peu près complète * ; et l'on peut étudier toute

ensevelis dans le sédiment terreux sur lequel ils étaient tombés.

On voit sur le rivage, au bas de la colline du Cap d'Or (*Golden Cap*), près de Charmouth, deux couches de marne pour ainsi dire pavées de bélemnites et séparées par une épaisseur de trois pieds seulement d'une autre marne où l'on n'en rencontre presque pas. Or, la plupart de ces bélemnites ont à leur surface des serpules et d'autres coquilles étrangères qui leur sont fixées ; et cette circonstance nous donne à connaître que le corps et les réservoirs à encre se sont détruits, et que les bélemnites ont reposé au fond des eaux un certain laps de temps avant que d'être recouvertes. Ces divers faits s'expliquent par l'hypothèse que la mer dans cette localité était très fréquentée par les bélemno-seiches durant les intervalles qui séparaient les divers dépôts du lias. On est conduit à une semblable conséquence par l'état où se montrent certaines bélemnites de la craie d'Antrim, qui ont été perforées par de petits animaux pendant le temps qu'elles ont reposé sur le fond, et dont les trous se sont remplis ensuite de substance calcaire ou siliceuse, lorsque la matière de la craie est venue à les recouvrir, à l'état de vase molle, ou dissoute dans les eaux. (*Voyez* le Mémoire de M. Allan, sur les bélemnites, dans les *Transactions de la Société royale d'Edimbourg*, et celui de M. Miller dans les *Transactions géologiques de Londres*, 1826, p. 53.)

C'est ainsi que le plus souvent, dans les millions de bélemnites qui remplissent les formations secondaires, l'étui fibro-calcaire et les alvéoles cloisonnées sont les seules parties qui se soient conservées tandis que dans certains lits de schistes cet étui et les alvéoles cloisonnées ont quelquefois entièrement disparu, et qu'ainsi la gaîne cornée ou nacrée et le réservoir d'encre, sont les seules parties qui aient persisté (*voyez* pl. 44", fig. 1—8). L'échantillon rare figuré pl. 44', fig. 7, et qui est venu offrir la solution de cette énigme jusqu'alors inexpliquée, offre réunies, et presque entièrement conservées en place, ces trois parties essentielles d'une bélemnite. Le réservoir d'encre est placé à l'intérieur de la gaîne cornée antérieure (*e, e', e''*) et l'alvéole cloisonnée (*b b'*), en dedans du cône creux de la coquille postérieure fibro-calcaire, ou de ce que l'on désigne communément sous le nom de bélemnite.

* Les chambres aériennes et le siphon sont dans ces deux familles des organes essentiellement les mêmes.

Dans les bélemnites, l'extrémité antérieure de la coquille fibro-cal-

la série successive des autres genres de coquilles cloisonnées
sans perdre un instant de vue ces mêmes analogies *.

caire, ou cette partie qui constitue un cône creux *droit* où sont renfermées les cloisons transversales de l'alvéole cloisonnée, représentent le
cône creux *contourné*, dans l'intérieur duquel sont distribuées les lames transversales qui cloisonnent l'alvéole du nautile.

La *coupe (cup)* cornée antérieure, ou chambre externe de la bélemnite,
où sont renfermés le sac à encre et d'autres viscères, représente la vaste
chambre antérieure, où l'animal du nautile se tient renfermé.

Toutefois la portion postérieure, ou l'étui qui se prolonge en arrière sous forme d'une *flèche* de substance fibreuse, nous offre une
modification du sommet du cône droit de la coquille qui ne paraît point
avoir d'analogue dans le sommet enroulé de la coquille du nautile. Cette
partie qui s'ajoute à ce que l'on observe d'ordinaire dans les coquilles
paraît avoir sa raison dans les usages spéciaux de cette *flèche* des bélemnites. Ces fossiles en effet, à titre de coquilles internes, remplissaient
les mêmes fonctions que la coquille interne de la seiche commune, et
servaient de même à supporter les parties molles des animaux qui les
contenaient. La structure fibreuse de cette *flèche* est la même que l'on
rencontre dans beaucoup de coquilles; et elle est des plus apparentes
dans la pinne marine.

* Si l'on compare la bélemnite, ou coquille interne d'une bélemno-
seiche, avec le sépiostaire (Blainville) ou coquille interne de la seiche
commune, on verra qu'elles ont entr'elles les analogies suivantes :
Dans le sépiostaire (pl. 44, fig. 2. *a e*, et figures 4, 4', 5), la petite
pointe conique (*a*) représente la pointe du fourreau postérieur calcaire
alongé de la bélemnite (fig. 7, *a*), et les lames alternativement calcaires
et cornées qui constituent le bouclier et la coupe évasée du sépiostaire
(pl. 44', fig. 2, *e*, et fig. 5, *e*), correspondent au cône creux fibro-calcaire,
ou *coupe*, dans lequel est contenue l'alvéole de la bélemnite.

Le bord des lames cornées qui séparent les lames calcaires du bouclier, ou *coupe* du sépiostaire (pl. 44', fig. 4, *e. e*, *e'*, *e''*), représente
la cavité marginale cornée du cône de la bélemnite, qui dépasse
la base du cône creux calcaire de cette coquille (pl. 44', fig. 7, *e*,
e', *e''*). Ce fourreau corné des bélemnites était formé probablement
par le prolongement des lames cornées qui séparaient entre eux les cônes
successifs de matière fibro-calcaire.

L'alvéole cloisonnée de la bélemnite est représentée par l'assemblage
de lames transversales minces (pl. 44', fig. 4, *b*) qui remplit l'intérieur
de la coupe aplatie du sépiostaire (*e*, *e'*.) Les lames sont composées d'une
substance cornée, pénétrée de carbonate de chaux.

Les espaces vides qui les séparent, et dont le nombre s'élève à près

On connaît déjà quatre-vingt-huit espèces de belemnites [*] et l'on peut juger à quel point ces mollusques se multiplièrent, par les milliers de leurs débris fossiles qui remplissent les formations oolitiques et crétacées. Si l'on observe que dans chacune de ces deux grandes formations, la famille éteinte plus nombreuse encore des ammonites coexista avec celle des bélemnites, et que chacune des espèces qui en font partie offre des dispositions plus compliquées et plus parfaites que celles que nous sommes à même d'observer dans le petit nombre de céphalopodes voisins des précédens en organisation et qui vivent encore, on arrivera à cette conclusion que ces familles eurent parmi les habitans des mers d'autrefois une prédominance numérique, et qu'ils y jouèrent un rôle dont se trouvent dépossédées le petit nombre de créatures qui les représentent dan s nos océans modernes.

Conclusion.

Il résulte du coup d'œil que nous venons de jeter sur les affinités zoologiques qui existent entre les espèces vivantes et les espèces éteintes de coquilles cloisonnées, qu'elles sont toutes

de cent dans l'animal adulte, ont pour but, de même que les chambres aériennes, de rendre tout l'ensemble de la coquille constamment plus léger que l'eau. Mais il n'existe pas de siphon destiné à en faire varier au gré de l'animal le poids spécifique ; et les chambres étroites qui forment l'intervalle entre les lames transversales sont remplies d'une infinité de petites cloisons sinueuses qui s'appuient à angle droit sur ces dernières (fig. 6', 6'', 6''') et leur fournissent de nombreux supports.

Cette absence du siphon fait du sépiostaire un organe d'une structure plus simple, et d'une utilité beaucoup moindre que la coquille plus complexe de la bélemnite.

[*] Voyez la table qui termine la traduction du Manuel de Géologie de De La Bèche, par M. Brochant de Villiers.

comprises dans un même plan unique d'organisation. Chacune de ces espèces constitue un anneau de la chaîne commune qui unit entre elles les espèces existantes et celles qui ont subi les conditions les plus anciennes de la vie à la surface de notre globe ; toutes, elles attestent l'unité du plan qui a présidé à l'emploi, pour des fins identiques, de cette infinie variété d'instrumens, dont la construction dans chaque espèce repose sur des principes essentiellement les mêmes.

Tout nous porte à croire que dans cette foule de coquilles cloisonnées vivantes et éteintes, et d'une organisation si variée, le siphon et les chambres aériennes ont rempli constamment un office identique, celui de modifier le poids spécifique de l'animal, de telle sorte qu'il puisse à son gré se précipiter au fond des eaux ou venir flotter à leur surface. Chaque fois qu'une cloison nouvelle s'ajoutait à l'intérieur de chacune de ces coquilles coniques, c'était une nouvelle chambre aérienne plus vaste que la chambre précédente, qui venait contrebalancer l'augmentation du poids résultant de l'accroissement de la coquille et du corps de l'animal.

Tous ces arrangemens si pleins de beauté n'ont encore maintenant et n'ont jamais eu qu'un seul objet commun, à savoir la construction *d'instrumens hydrauliques* d'une importance première dans l'économie de créatures qui ont été faites pour vivre dans les eaux à des hauteurs différentes, depuis le fond jusqu'aux couches les plus supérieures. La délicatesse des agencemens à l'aide desquels un principe se conserve le même dans tous les degrés que parcourt un même type, et dans toutes les modifications qu'il subit, nous démontre l'action de quelque Intelligence régulatrice. L'esprit, quand il recherche l'origine de tant de sagesse et de régularité unies à tant de variété, ne s'arrête pas qu'il n'ait dépassé toute la série subordonnée des causes secondaires pour s'élever jusqu'à la grande Cause première ; et cette Cause, il ne la trouve que dans la volonté et dans le pouvoir d'un Créateur commun de toutes choses.

SECTION VIII.

COQUILLES FORAMINÉES POLYTHALAMES.

Nummulites.

Si l'occasion nous était offerte de nous livrer à des recher‑ ches aussi minutieuses, nous rencontrerions, dans l'étude des diverses espèces connues de coquilles microscopiques, toute une série de dispositions non moins en rapport avec l'éco‑ nomie des petits céphalopodes qui habitent ces coquilles, que ne le sont tous les arrangemens que nous avons admirés dans les plus grandes coquilles de céphalopodes perdus. M. d'Orbigny a compté jusqu'à six à sept cents de ces espèces, dont cent ont été figurées par lui grossies, représentant tous les genres [*].

---

[*] M. d'Orbigny, dans sa classification des coquilles des céphalopodes, les répartit en trois ordres : Le premier comprend celles qui n'ont qu'une seule chambre ; telles sont la coquille de la seiche et la *penne* cornée du calmar. Le second ordre est formé des coquilles polythalames qui ont un siphon traversant toutes les chambres internes et qui se ter‑ minent en une vaste chambre, au delà de leur dernière cloison. C'est ce qu'on voit dans les nautiles, les ammonites et les bélemnites. Enfin il range dans le troisième les coquilles polythalames internes qui n'ont pas de chambre au delà de la dernière cloison. Ces coquilles n'ont pas de siphon ; mais leurs chambres communiquent entre elles au moyen d'un ou de plusieurs petits pertuis. Cet ordre des *foraminifères* a été partagé par M. d'Orbigny en cinq familles comprenant cinquante-deux genres.

Nous devons ajouter toutefois que l'opinion qui attribue à des cé-

La plupart de ces coquilles sont microscopiques , et abondent dans les eaux de la Méditerranée et de l'Adriatique. Leurs espèces fossiles se trouvent principalement dans les terrains tertiaires, et, jusqu'à ce jour, c'est en Italie qu'on les a surtout rencontrées [*] ; mais on en voit dans la craie de Meudon, dans le calcaire jurassique de la Charente-Inférieure , et dans l'oolite de Calne. Le marquis de Northampton en a découvert dans des silex de la craie des environs de Brighton.

Je ne m'occuperai dans ce chapitre que du genre nummulite, que M. d'Orbigny place dans sa section des nautiloïdes. Ces coquilles [**] sont ainsi appelées à cause de leur ressemblance avec une pièce de monnaie. Leur taille varie depuis celle d'un écu de six livres , jusqu'à une petitesse microscopique ; et elles occupent une place importante dans l'histoire des coquilles fossiles , à cause de leur quantité prodigieuse dans les étages supérieurs des terrains secondaires, et dans plusieurs des couches tertiaires. Souvent on les rencontre amoncelées , et serrées les unes contre les autres, comme les grains dans un tas de blé. Dans cet état , elles forment une partie considérable de la masse entière de plusieurs montagnes , comme on le voit dans les terrains calcaires tertiaires de Vérone et du Monte Bolca, et dans les terrains stratifiés secondaires des formations crétacées , dans les Alpes , par exemple, dans les monts Carpathiens et dans les Pyrénées. Quelques unes des Pyramides et le Sphynx de l'Egypte sont construites avec un calcaire rempli de nummulites.

phalopodes la construction de ces coquilles multiloculaires est encore un objet de doutes pour plusieurs d'entre elles, et qu'il y a des auteurs qui leur attribuent une origine toute différente.

[*] Pl. 44, fig. 6 et 7.

[**] Voyez Soldani , que nous avons déjà cité page 102.

Il est impossible que nous voyions ces masses montagneuses formées avec les coquilles d'une famille unique ainsi surajoutées aux matériaux solides qui constituent l'écorce du globe, sans qu'aussitôt cette idée frappe notre esprit, que chacune de ces coquilles en particulier a tenu une place importante dans l'organisation de quelque animal vivant, et sans que notre imagination se trouve ainsi reportée en arrière, jusqu'à ces époques reculées où les eaux de l'Océan, qui recouvrait alors notre Europe, étaient remplies par des bancs flottans de ces mollusques éteints, pareils à ces bancs de beroés et de clios, qui s'observent de nos jours dans les eaux des mers polairés *.

Les nummulites, de même que les nautiles et les ammonites, sont partagées en des chambres aériennes dont l'ensemble était destiné à remplir l'office d'un flotteur; mais on n'y voit point

---

* Cette population immense de nummulites qui fourmillait, suivant notre hypothèse, dans les anciennes mers, est représentée de nos jours par la fécondité prodigieuse de la mer du Nord. D'après ce que dit Cuvier, dans son Mémoire sur le clio borealis, la surface de ces mers, lorsque les eaux en sont tranquilles, fourmille de tant de millions de ces mollusques, qui plongent sans cesse et reviennent à la surface pour y respirer l'air atmosphérique, que les baleines peuvent à peine ouvrir leur énorme gueule sans engloutir des milliers de ces petites créatures gélatineuses, longues d'un pouce, et qui, avec les méduses et quelques autres animaux plus petits, forment la base de la nourriture de ces monstrueux habitans des mers. Nous trouvons un rapprochement tout pareil dans le fait suivant, que rapporte le journal de Jameson, tome 2, page 12: « Le nombre des petites méduses, dans certaines parties des mers du Groenland, est si grand, qu'un pouce cube pris au hasard n'en contient pas moins de 64; il y en a donc 110,592 dans un pied cube : et si l'on prenait un mille cube (or on ne peut douter que la mer ne soit chargée de ces petits êtres dans une étendue aussi considérable), on aura un nombre tellement effrayant, que si, supposé qu'un homme en puisse compter un million par semaine, il eût fallu employer 80,000 personnes depuis l'origine du monde pour arriver à en obtenir le compte. »—Voyez l'admirable leçon d'introduction faite par le docteur Kidd à son cours d'anatomie comparée, Oxford, 1824, p. 55.

une dernière chambre plus grande où ait pu être contenue quelque portion du corps de l'animal. Les chambres sont extrêmement nombreuses, et des cloisons transversales les partagent en petites subdivisions. Le siphon manque *. La forme des parties essentielles varie dans chaque espèce appartenant à ce genre; mais leurs principes de construction et le mode suivant lequel elles remplissent leurs fonctions paraissent avoir été les mêmes dans toutes.

Les nummulites ne sont pas les seuls débris animaux qui constituent les couches calcaires de l'enveloppe du globe. Il est d'autres coquilles, d'une taille encore plus petite, qui ont produit des résultats plus grands et plus surprenans. Lamarck**, en parlant des millioles, petites coquilles multiloculaires dont la grosseur n'excède pas celle d'un grain de millet, et qui remplissent les couches de plusieurs carrières des environs de Paris, a fait ressortir l'influence géologique qu'ont exercée ces petits corps, en raison de leur excessive abondance. A la vue de leur taille insignifiante, dit-il, on hésite à porter l'examen sur ces coquilles microscopiques ; mais on cesse de les regarder avec ce mépris, lorsque l'on considère que c'est à l'aide des objets les plus petits que la nature produit quelquefois ses plus remarquables, ses plus imposans phénomènes. Ce qu'elle semble perdre en volume, dans la création des êtres vivans, elle le regagne amplement par le nombre des individus qu'elle sait multiplier jusqu'à l'infini avec une admirable promptitude. Les restes de ces individus si petits ont grossi davantage la masse des matériaux qui constituent la croûte extérieure du

* On voit, pl. 44, fig. 6 et 7, des coupes de deux espèces de nummulites copiées d'après Parkinson. Ces coupes montrent de quelle manière es spirales s'enroulent les unes sur les autres, et comment elles sont partagées par des cloisons obliques.

** Animaux sans vertèbres. T. VII, p. 644.

globe que ne l'ont fait les ossemens des éléphans, des hippopotames et des baleines.

CHAPITRE XII.

*On trouve des preuves d'un plan primitif dans la structure des
animaux articulés fossiles.*

La troisième grande division établie par Cuvier dans son
système du règne animal, l'embranchement des articulés,
compte quatre classes.

1° Les annélides, ou vers à sang rouge;

2° Les crustacés, parmi lesquels les crabes et les écrevisses
sont les formes qui nous sont les plus familières;

3° Les arachnides, ou araignées;

4° Les insectes.

SECTION I.

Première classe des animaux articulés.

ANNÉLIDES FOSSILES.

Si nombreux qu'aient pu être jadis les espèces d'annélides
dépourvues d'une enveloppe pierreuse, ces vers nus n'ont pu
laisser que peu de traces de leur existence, si l'on en excepte

les trous qu'ils ont creusés , et les petits tas de sable ou les déjections vaseuses qu'ils ont rejetés à l'orifice de ces trous. Nous en avons déjà fait mention dans un des chapitres précédens *.

Les serpules fossiles, que l'on rencontre dans presque toutes les formations , depuis les périodes de transition jusqu'à l'époque actuelle , nous fournissent d'abondantes preuves de l'origine reculée et de la continuité d'existence non interrompue de l'ordre auquel appartiennent les annélides qui vivent dans des tubes calcaires.

SECTION II.

Seconde classe des animaux articulés.

CRUSTACÉS FOSSILES.

L'histoire des crustacés fossiles a été jusqu'ici presque entièrement délaissée par les palæontologues , et leurs rapports avec les genres actuellement existans de cette classe importante du règne animal sont encore trop peu connus pour que nous puissions les discuter en cet endroit. On peut juger toutefois quelle place importante occupent ces animaux dans certaines formations, par ce fait qu'il en existe dans le cabinet du comte Munster environ soixante espèces provenant d'une seule couche du calcaire jurassique de Solenhofen. Il y a donc là une riche moisson à recueillir pour les naturalistes qui voudront étudier ce sujet intéressant dans la série tout entière des formations géologiques.

* Voyez la note de la page 227.

Les belles recherches de **M.** Desmarest ont mis en lumière les analogies qui existent entre les espèces actuelles et certaines espèces fossiles de crustacés. Il a fait voir que toutes les inégalités extérieures de la coquille sont dans un rapport constant avec des dispositions distinctes de l'organisation intérieure. En appliquant ce mode d'investigation aux espèces fossiles, il en a déduit une méthode toute nouvelle pour les comparer avec les crustacés vivans ; et il est arrivé à établir d'heureuses analogies entre les membres éteints et les membres encore existans de cette classe nombreuse, même sur des échantillons où manquaient complètement les pattes, et les autres parties qui servent de fondement aux distributions génériques.

Je renverrai mes lecteurs à ces premiers essais d'une histoire des crustacés fossiles ; et, choisissant une famille des plus

* M H. Von Meyer a fait connaître tout récemment cinq ou six genres éteints de décapodes macroures, dans le calcaire conchylien (*muschel-kalk*) de l'Allemagne. (Leonhardt and Bronn Jahrbuch, 1835.)

L'histoire des astaciens (*écrevisses*) fossiles de l'Angleterre reçoit en ce moment même d'importans perfectionnemens entre les mains habiles du professeur Philipps.

M. Broderip, dans une communication qu'il a faite dernièrement à la société géologique (10 juin 1835), a décrit quelques débris fort intéressans de crustacés du lias de Lyme-Regis, qui font partie de la collection du vicomte Cole. Un de ces échantillons, d'après les lamelles de ses antennes externes, d'après la forme et la situation des yeux et plusieurs autres caractères, était évidemment un *décapode macroure* intermédiaire entre les palinures et les salicoques.

Un fragment d'un autre décapode macroure fait voir qu'il existait à cette époque reculée un crustacé voisin des palinures, et qui atteignait la taille de notre homard commun.

On voit dans deux autres échantillons les organes respiratoires d'une espèce délicate de crustacé. L'extrémité des quatre branchies les plus grandes et celle des quatre plus petites sont conservées; et elles se dirigent vers la région du cœur, ce qui prouve que ces crustacés fossiles appartenaient à la division la plus élevée des *Macroures*. Elles ont rappelé à M. Broderip certaines formes de crustacés décapodes macroures, qui vivent maintenant dans les mers arctiques.

remarquables, celle des trilobites , je vais les étudier avec l'in—
térêt auquel ces animaux nous semblent avoir des droits, pour
leur structure en apparence si anormale , et pour l'obscurité
même qui enveloppe encore leur histoire.

Trilobites.

La grande étendue qu'occupent les Trilobites dans les couches constituantes de l'écorce du globe, et leur abondance numérique dans toutes les localités où on les a rencontrés, sont
deux particularités remarquables de leur histoire. On les trouve
sur les points les plus éloignés des deux hémisphères austral et
boréal; et on en a constaté la présence dans toute l'Europe septentrionale et dans de nombreuses localités de l'Amérique du
nord; dans les Andes *, et au cap de Bonne-Espérance.

On n'a jamais rencontré de ces animaux singuliers dans les
terrains plus récens que le groupe carbonifère; et trois crustacés, faisant partie comme eux de la division des Entomostracés,

---

* Je tiens de M. Pentland que M. d'Orbigny a trouvé dernièrement
des trilobites en compagnie de strophomènes et de productus dans la
formation de schiste greywacke de la Cordillière de l'Est, république de
Bolivia. On trouve aussi dans ce même terrain des coquilles d'eau
douce, des mélanies, des mélanopsis, et probablement des anodontes, ce
qui est tout à fait en rapport avec la découverte que l'on a faite, il y a
peu de temps, de semblables coquilles fossiles dans les terrains de transition de l'Irlande, de l'Allemagne et des États-Unis. On rencontre,
près de Potosi , des coquilles d'eau douce fossiles jusqu'à une élévation
de 13,200 pieds.

Les échantillons qu'a recueillis M. d'Orbigny confirment aussi les
opinions de M. Pentland sur les analogies qui existent entre la grande
formation calcaire du district en question et les calcaires carbonifères
de l'Angleterre, et sur la grande étendue qu'occupent, dans l'Amérique
du Sud , les deux formations de la marne rouge et du nouveau grès
rouge.

sont les seuls articulés de cette classe qui se montrent dans des couches contemporaines de celles où se trouvent des débris de trilobites*. Ainsi, pendant toutes les périodes qui se sont écoulées depuis le dépôt des plus anciennes couches fossilifères jusqu'aux étages supérieurs de la formation houillère **, les trilobites paraissent avoir été les représentans principaux de toute une classe qui se développa en un grand nombre d'ordres et de familles, après la disparition de ces premières formes crustacéennes.

Les singularités étranges de configuration que présentent les animaux de cette famille ont attiré sur eux l'attention depuis fort long-temps. M. Brongniart, dans son estimable mémoire publié en 1822, en a mentionné cinq genres et dix-sept espèces ***; d'autres auteurs (Dalman, Wahlenberg, Dekay et Green) y ont ajouté cinq nouveaux genres, et ont porté le nombre des espèces à cinquante-deux; quatre de ces genres sont figurés dans la planche 46. On a long-temps confondu les trilobites fossiles avec les insectes, sous le nom d'entomolithus paradoxus; et ce n'est qu'après de nombreuses discussions sur

---

* On trouve en Ecosse, dans le calcaire d'eau douce situé au dessous du terrain houiller du Mid-Lothian, deux genres d'entomostracés, les genres eurypterus et cypris, le premier à Kirkton, près de Bathgate, et le second à Burdie House, près d'Edimbourg. (*Transact. de la société royale d'Edimbourg*, T. 13.) En outre, on a reconnu tout récemment le troisième genre, le genre limule, dans la formation houillère, et nous allons en donner bientôt la description. Ainsi les entomostracés paraissent avoir été les seuls représentans de la classe des crustacés, jusqu'après le dépôt des couches carbonifères.

** On a découvert dernièrement une nouvelle espèce de trilobites, dans le minerai ferrugineux, au milieu du terrain houiller, à Coalbrook-Dale. Lond. and Edimb. Phil. Mag. T. 4, 1834, p. 376.

*** Ce sont les genres calymene, asaphus, ogyges, paradoxus et agnostus. Plusieurs de ces noms ont été choisis précisément pour exprimer l'obscurité qui couvrait la nature des corps auxquels on les appliquait; ἀσαφής obscur; κεκαλυμμένη, caché; παράδοξος merveilleux; ἄγνωστος inconnu.

leur nature véritable que l'on est arrivé dans ces derniers temps à les ranger dans une section séparée de la classe des crustacés: et, bien que la famille tout entière paraisse avoir été anéantie dès une époque aussi reculée que le fut le terme des dépôts carbonifères, elle n'en présente pas moins certaines analogies de structure qui la rapprochent de très près des crustacés qui habitent nos mers actuelles *.

Le segment antérieur des trilobites constitue un grand bouclier semicirculaire ou en forme de croissant (p. 46, *a, passim*), auquel fait suite un abdomen ou corps composé de nombreux segmens, qui se recouvrent successivement comme ceux de la queue de l'écrevisse, et en outre partagé en général par deux sillons longitudinaux en trois séries de lobes, d'où leur est venu le nom de trilobites. Le corps se termine, dans plusieurs espèces, par une queue ou post-abdomen (*d*) triangulaire ou semilunaire, offrant des lobes moins distincts que le corps. Les espèces du genre calymène ont la faculté de se rouler en boule comme les cloportes **.

Parmi les animaux du monde actuel, les crustacés du genre serole *** sont ceux qui se rapprochent le plus de la famille des

* Voyez M. Audouin. — *Recherches sur les rapports naturels qui existent entre les trilobites et les animaux articulés.*

** Pl. 46, fig. 1, 3, 4 et 5.

*** Pl. 45 fig. 6 et 7.

Le docteur Leach a établi le genre Serolis sur des échantillons provenant du détroit de Magellan (ou mieux de Magalhaens, d'après le capitaine King), et sur un autre venu du Sénégal. Les premiers avaient été pris par sir Joseph Banks pendant son voyage avec le capitaine Cook, et donnés par lui à la Société linnéenne. M. le docteur Leach tenait le second de M. Dufresne. C'est d'après ces échantillons qu'a été décrite et nommée l'espèce représentée dans notre planche ; la description de M. Leach a été publiée dans le Dictionnaire des sciences naturelles, t. 12, p. 340. Le capitaine King a tout récemment recueilli, au moyen de la drague, des échantillons nouveaux du même genre, sur la côte est de la Patagonie, à quarante-cinq degrés de latitude sud, et à

trilobites. La différence la plus importante qui sépare ces deux groupes consiste dans la série nombreuse de pattes et d'antennes crustacées que possède le premier, tandis que l'on n'a rencontré jusqu'ici aucun vestige de ces organes en connexion avec des débris ayant appartenu au second. M. Brongniart explique l'absence de ces organes par l'hypothèse que les trilobites formaient, dans la série des crustacés, un groupe à antennes très petites ou même nulles, et dont les membres, transformés en des lames ou pattes molles et facilement destructibles, supportaient des branchies ou des organes filamenteux destinés à la respiration aquatique, et non susceptibles de conservation.

Les limules *, ou crabes des Moluques, sont, après les précédens, ceux qui se rapprochent le plus des trilobites. Ce sont des crustacés qui abondent maintenant dans les mers des climats chauds, et surtout dans les mers de l'Inde, et sur les côtes de l'Amérique **. Leur histoire est importante à cause du passage qu'établissent ces animaux entre les formes éteintes de la classe des crustacés et les formes actuellement existantes. On en a rencontré à l'état fossile dans le groupe carbonifère des comtés de Strafford et de Derby, et dans le calcaire jurassique d'Aichstadt, près de Pappenheim, en même

trente milles des côtes, à une profondeur de quarante brasses ; il en a trouvé aussi au port Famine, dans le détroit de Magellan, qui avaient été rejetés par la marée, et le rivage, dit-il, était littéralement recouvert de leurs petits cadavres. Cet observateur s'est assuré en outre que, pendant leur vie, ces crustacés nagent tous contre le fond de la mer, parmi les plantes marines. Leurs mouvemens sont lents et graduels, et ne ressemblent en rien à ceux d'une chevrette ; jamais il ne les a vus venir à la surface ; et leurs membres lui ont paru conformés d'une manière spéciale pour nager et ramper au fond des eaux.

* Lamarck, T. 5, p. 145.
** Pl. 45 fig. 1, 2.

temps que plusieurs autres crustacés marins d'un ordre plus élevé *.

Dans cette même classe des crustacés, il est un animal dont les membres offrent une disposition tout à fait analogue ; c'est le branchippe des étangs **, si commun dans nos eaux douces stagnantes. Toutes les pattes sont réduites chez cet animal à l'état de lames membraneuses, et ce sont des organes remplissant en même temps les fonctions de la respiration et de la locomotion.

Cette comparaison que nous venons d'établir entre quatre familles différentes de crustacés, dans le but d'illustrer, par les analogies qui en ressortent, l'histoire de cette famille des

* Dans le genre limule (pl. 45, fig. 1, 2) on ne voit que de faibles traces d'antennes, et le bouclier (a) qui recouvre la partie antérieure du corps s'étend de façon à recouvrir entièrement une série de petits membres crustacés (fig. 2, a). En dessous de la seconde portion, ou portion abdominale du test (c), se voit une série de lames cornées transversales minces (fig. 2, e, 2, e' et 2, e") qui supportent les fibres branchiales, en même temps qu'elles remplissent les fonctions de rames destinées à la natation. On voit cette même disposition de branchies lamelleuses, chez les seroles (fig. 7, e). La figure 8 représente une de ces lamelles branchiales amplifiée, ressemblant beaucoup à celles des fig. 5, e, et 5 e.

Ainsi, pendant que nous trouvons dans les seroles (fig. 7) des antennes et des pattes crustacées en même temps que des pattes molles qui remplissent les fonctions de branchies, les limules nous offrent la même disposition des membres et des appendices branchiaux, mais seulement avec de faibles traces d'antennes, et les branchipes (fig. 5 et 5) nous présentent des antennes et point de pieds crustacés. Les trilobites, dépourvues d'antennes, et dont *tous les membres*, de même que ceux des branchipes, sont représentés par des lames membraneuses, sont donc des formes extrêmes qui viennent après ces derniers, dans la série des crustacés entomostracés, de l'ordre des branchiopodes, ordre dans lequel les pieds sont représentés par des lames ciliées réunissant les fonctions de la respiration et de la natation. Les figures 5 e, 4 e et 5 e de la pl. 45 représentent les branchies molles des branchipes, lesquelles sont tout à la fois des organes de locomotion et de respiration.

** *Cancer stagnalis*, Lin. — *Voyez* pl. 45, fig. 5 e, 4 e, 5 e.

trilobites , éteinte depuis un temps si long , est un exemple frappant qui nous fait voir jusqu'à quelle époque reculée des temps géologiques remonte cet arrangement systématique et uniforme d'après lequel ont été établis les rapports étroits qui rattachent entre elles les diverses familles du règne animal. Trois de ces familles font partie des habitans actuels de notre globe, tandis que la quatrième, éteinte depuis longtemps, ne se rencontre plus qu'à l'état fossile. Lorsque nous voyons ainsi les trilobites les plus anciens se placer immédiatement à côté de nos crustacés actuels, nous ne pouvons nous refuser à reconnaître en eux un détail d'un grand système de création dont toutes les parties sont reliées entre elles par l'unité de plan la plus parfaite, et dont les plus minutieux détails se rattachent les uns aux autres par des harmonies d'organisation non interrompues.

Les trilobites offrent un exemple de cet état particulier, et, comme on l'appelle souvent, rudimentaire, des organes de locomotion, dans lequel les membres remplissent à la fois des fonctions locomotrices et respiratoires. Ceux qui soutiennent la théorie que les espéces plus parfaites dérivent de formes plus simples par une série non interrompue de changemens, pourront voir dans les trilobites la souche éteinte d'où sont dérivées dans la suite des âges, par des séries de développemens successifs, les diverses formes crustacéennes les plus élevées; mais une conséquence de cette hypothèse, c'est que nous ne devrions plus retrouver dans le branchippe actuel des conditions organiques tout aussi simples que celles qui nous sont offertes par la famille des trilobites; c'est que le limule, dont l'apparition date des premiers âges, n'eût pas dû conserver ses caractéres intermédiaires, n'eût pas dû demeurer à un degré si inférieur dans l'échelle organique, depuis le moment où il apparut pour la première fois dans la

série carbonifère, jusqu'à l'heure actuelle, après avoir traversé les périodes *moyen-âge* des formations tertiaires *.

Yeux des Trilobites.

Outre les analogies que nous venons de mentionner entre
les trilobites et certaines formes actuelles de crustacés, il
nous en reste à étudier, dans la structure des yeux, de nouvelles et de plus importantes encore. Ce qui appellera sur ce
point de notre part une attention toute spéciale, c'est que nous
y trouvons le plus ancien, le seul exemple peut-être qui nous
soit parvenu du monde fossile, de la conservation de parties
aussi délicates que l'étaient les organes visuels d'animaux qui
ont cessé de vivre il y a des milliers et peut-être des millions
d'années. Nous les étudierons avec un intérêt plus qu'ordinaire, si nous avons présent à l'esprit que ce que nous soumet-
trons à notre étude n'est autre chose que les mêmes instrumens

* Le fossile très rare figuré par Martin dans son *Petrificata Der-
biensia* (pl. 45, fig. 4), sous le nom d'entomolithus monoculatus
(*lunatus*), paraît n'être autre chose qu'un limule. Il a été trouvé dans
un minerai ferrugineux de la formation carbonifère des confins du
comté de Derby.

Notre planche 46", fig. 3, représente un fossile semblable, de la
collection de M. Anstice, de Madely.

Aux époques secondaires, pendant que se déposait le calcaire jurassique, les limules abondent dans les mers qui recouvraient alors l'Allemagne centrale ; et nous retrouvons dans notre limule actuel les mêmes
formes que ce genre présentait alors.

Mon ami M. Stokes a découvert à la face inférieure d'un trilobite
fossile du lac Huron (pl. 45, fig. 12) une lame crustacée (*f*) garnissant
l'entrée de l'estomac, et ressemblant par sa forme et sa structure à
certaines parties analogues des crabes modernes. Cet organe est donc
un nouvel anneau qui réunit les trilobites et les crustacés nos contemporains. — *Transactions géologiques*, nouvelle série, t. 4, p. 208,
pl. 27.

de vision que traversait la lumière pour produire la sensation de la vue chez quelques uns des plus anciens habitans de notre planète.

La découverte de ces instrumens si parfaitement conservés, après avoir été ensevelis pendant un nombre d'années incalculable dans les étages les plus anciens de la formation de transition, est un des résultats les plus curieux des recherches géologiques ; et la structure de ces yeux nous fournit un argument d'une haute importance lorsqu'il s'agit de rapprocher les points extrêmes de la création animale. Si les dispositions mécaniques qui constituent les appareils visuels sont les mêmes qui entrent de nos jours dans la construction des yeux chez les insectes et les crustacés, il y a là une coïncidence, un accord, qu'il nous paraît tout à fait impossible d'expliquer, à moins d'invoquer l'intervention active d'une Puissance Créatrice unique et intelligente.

Le professeur Muller et M. Strauss ont fait connaître avec habileté, et d'une manière complète, comment, chez les crustacés et chez les insectes, la vision distincte est produite par le moyen d'un grand nombre de petites facettes ou de lentilles placées à l'extrémité de tubes coniques, ou de microscopes, dont le nombre s'élève parfois, comme dans le papillon, jusqu'à 35,000, ou jusqu'à 14,000, comme dans la libellule ordinaire.

Il paraît que, dans des yeux construits sur ce principe, l'image est d'autant plus distincte que les petits cônes sont plus nombreux et plus longs, à surface égale, et que, chacun des petits tubes en particulier ne saisissant que les objets qui sont placés sur son axe, les limites du champ de la vision sont d'autant plus étendues ou plus restreintes que la surface de l'œil est elle-même d'une forme plus ou moins hémisphérique.

Si nous étudions les yeux des trilobites sous le rapport des principes qui ont présidé à leur construction, nous trouverons dans leur forme et dans l'arrangement de leurs facettes des particularités propres à en favoriser l'emploi comme instrumens d'optique.

Dans l'asaphus caudatus * chacun des yeux contient au moins quatre cents lentilles presque sphériques, qui forment sur la surface de la cornée des compartimens distincts **. L'ensemble de la cornée offre une forme en rapport avec les besoins d'un animal destiné à vivre au fond des eaux. Dans cette condition d'existence voir en dessous était aussi impossible qu'inutile; mais pour la vision dans le sens horizontal, les arrangemens que l'on observe sont pleins de perfection***. Chaque œil offre à peu près la forme d'un tronc de cône, incomplet seulement sur la face qui regarde l'œil du côté opposé, et là où des facettes, si elles eussent existé, eussent été rendues inutiles par leur position même relativement à la partie de la tête vers laquelle elles se fussent trouvées tournées. La partie extérieure de chaque œil constitue une sorte de bastion circulaire comprenant environ les trois quarts du cercle, et disposé, par rapport à l'horizon, de telle manière que là où se termine le champ visuel de l'un des yeux, là aussi commence le champ visuel de l'œil voisin, de telle sorte que l'ensemble des deux yeux embrassait dans sa portée horizontale un panorama tout entier.

* Pl. 45, fig. 9 et 10.

** Le cristallin des poissons est sphérique; les cristallins des trilobites offrent aussi à peu près cette forme, ce qui nous porte à la regarder comme en rapport avec le milieu aquatique dans lequel ces organes sont destinés dans l'un et dans l'autre cas à remplir leurs fonctions. Aussi présumons-nous qu'une forme semblable est celle des cristallins dans les yeux des crustacés marins, et que cette forme diffère probablement de celle du même organe chez les insectes qui vivent dans l'air.

*** Les yeux des abeilles sont disposés de la manière la plus favorable pour la vision horizontale et en bas.

Si nous comparons cette disposition des yeux avec celle que l'on observe dans les trois genres voisins de crustacés dont l'étude nous a servi à mettre en lumière la structure générale des trilobites, nous voyons que c'est le même mécanisme chez tous, modifié de diverses façons, dans le but de le mettre en rapport avec la situation et les habitudes de chacun de ces êtres. C'est ainsi que, chez le branchippe (pl. 45, fig. 3, *b, b'*) qui se meut dans les eaux avec rapidité suivant toutes les directions, et qui avait besoin de voir dans tous les sens, chaque œil est à peu près hémisphérique, et porté sur un pédoncule qui l'éloigne assez de la tête propre pour qu'il puisse remplir complétement toutes ses fonctions.

Chez les seroles (pl. 45, fig. 6 *b'*) la disposition des yeux et l'étendue de la vision sont pareilles à ce que l'on voit chez les trilobites; mais ces organes ont leur sommet moins élevé, et le dos aplati de l'animal ne s'oppose que fort peu à l'arrivée d'une portion des rayons de lumière qui proviennent des corps environnans *.

Chez le limule, les yeux latéraux sont sessiles (pl. 45 fig. 1 *b, b'*), et leur portée n'embrasse pas l'espace situé immédiatement en avant de la tête; mais le front porte deux autres yeux simples (*b″*), qui suppléent ce qui manque à l'étendue de la vision par les yeux composés **.

---

* Les figures 4 *b'*, 5 *b'* et 6 *b'* représentent grossis les yeux appartenant aux échantillons figurés à côté. Les figures 10 et 11 représentent, à des grossissemens différens, les yeux de l'asaphus caudatus que l'on voit représenté de grandeur naturelle dans la figure 9. Quelques unes de ces lentilles sont demi-transparentes ; on les voit encore dans leur cadre primitif formé par la cornée , tout l'ensemble étant converti en spath calcaire.

** Ces yeux sont tellement rapprochés que c'est parce qu'ils ont été regardés comme constituant un œil unique que Linnée a donné à cet animal le nom de Monoculus Polyphemus.

Dans cette comparaison que nous venons d'établir entre les yeux des trilobites et ceux du limule, des seroles et des branchippes, nous avons étudié les yeux, ces organes de tous les plus délicats et les plus complexes, dans des animaux qui ont vécu à toutes les périodes extrêmes et intermédiaires de la série des créations progressives. Les trilobites des roches de transition, animaux que nous devons compter au nombre des formes les plus anciennes que la vie ait revêtues, offrent dans ces organes les mêmes modifications que nous voyons encore de nos jours s'adapter aux mêmes fonctions dans le genre serole de la création actuelle ; et les mêmes formes dans les mêmes instrumens se montrent également pendant la durée de ces périodes intermédiaires de la chronologie géologique, pendant lesquelles les couches secondaires se déposèrent au fond des mers chaudes qu'habitaient les limules, dans les régions de l'Europe qui constituent maintenant les plaines élevées de l'Allemagne centrale.

Les conséquences auxquelles ces faits nous conduisent n'intéressent pas seulement la physiologie animale ; elles nous instruisent aussi sur la condition des mers et de l'atmosphère des temps anciens, et sur les rapports de la lumière avec l'un et l'autre de ces deux milieux, à cette époque reculée où les animaux marins les plus anciens étaient pourvus d'organes de vision, dont les arrangemens optiques les plus minutieux étaient les mêmes qui servent encore maintenant à transmettre la sensation de la lumière aux crustacés du fond de nos mers actuelles.

Relativement à la nature des eaux où vivaient les trilobites pendant la période de transition tout entière, nous arrivons à cette conclusion que ce n'était pas ce liquide imaginaire trouble, et formé d'un chaos d'élémens en désordre dont les précipitations, au dire de certains géologues, auraient produit les matériaux constituans de l'écorce du globe. Car le liquide, au

fond duquel les yeux de ces animaux remplissaient leurs fonctions, quel qu'il fût, devait être assez pur et assez transparent pour livrer passage à la lumière jusqu'à ces organes visuels que nous retrouvons aujourd'hui dans un état si parfait de
conservation, et dont la nature nous est si bien connue.

Quant à ce qui concerne l'atmosphère, les mêmes faits nous
conduisent de même à penser que, si la condition d'alors eût dif-
féré essentiellement de la condition actuelle, les rayons lumineux
eussent dû en être modifiés, et que des modifications correspondantes devaient nous apparaître dans les organes qui étaient
donnés aux crustacés pour recevoir par leur entremise l'impression de ces rayons lumineux.

Nous pouvons arriver à des conclusions analogues relativement à la lumière elle-même; car cette ressemblance entre
l'organisation des yeux aux âges primitifs et à l'époque actuelle
nous est une preuve que les relations mutuelles de ces organes
et des rayons qui leur transmettaient l'impression des objets
extérieurs étaient au fond des mers primitives ce qu'elles sont
au fond des mers actuelles.

Ainsi nous rencontrons parmi les débris organiques les plus
anciens un appareil optique de l'organisation la plus curieuse,
destiné à produire le sens de la vision sur les animaux qui
représentaient à cette époque toute une grande classe de l'embranchement des articulés. Depuis cette époque, ces organes
ne sont point passés, par une série de changemens, des formes
les plus simples aux formes les plus compliquées; ils furent
créés dès leur première origine, et sans tâtonnement, dans une
harmonie parfaite avec les usages et la condition de la classe
d'animaux qui a toujours été, comme elle nous apparaît maintenant, en possession d'yeux construits sur ce principe.

Si nous trouvions un microscope ou un télescope entre les
mains d'une momie égyptienne ou au sein des ruines d'Her-

culanum, il ne nous viendrait pas à l'esprit de nier que l'auteur de cet instrument ait ignoré les principes de l'optique. Nous devons arriver à la même conséquence, mais avec une conviction bien plus grande encore, quand nous voyons quatre cents lentilles microscopiques ajustées bord à bord dans l'œil composé d'un trilobite fossile. Mais la puissance de ce raisonnement est centuplée si nous l'appliquons à l'infinie variété des modifications qu'ont subies ces instrumens dans les genres et les espèces, en quantités innombrables, qui se sont succédé à partir des périodes de transition et de la famille depuis si long-temps perdue des trilobites, en passant par les crustacés éteints des périodes secondaires et tertiaires, jusqu'aux crustacés et aux innombrables essaims d'insectes du monde actuel.

Il paraît donc impossible de se refuser à admettre un plan primitif unique tirant son origine d'un souverain auteur commun de toutes choses, attesté comme il nous l'est par tant de preuves réunies d'une intelligence et d'un pouvoir créateur qui surpassent les facultés les plus élevées de l'esprit humain, à un degré aussi infini que les mécanismes de la nature, lorsque nous les étudions dans leurs minutieux détails, et en aidant nos yeux du secours des instrumens les plus puissans, nous apparaissent au dessus des œuvres les plus parfaites de l'art humain.

SECTION III.

Troisième classe de l'embranchement des articulés.

ARACHNIDES FOSSILES.

Dans les relations générales qui subsistent maintenant entre les deux règnes animal et végétal, les plantes terrestres ont

avec les insectes de telles connexions que chaque espèce des
premières peut être considérée comme une nourriture prépa-
rée pour trois ou quatre espèces d'insectes. Nous serions donc
déjà conduits à conclure, *à priori*, et avec un haut degré de
probabilité, en vertu de ce principe dont nous avons esquissé
l'influence durant les périodes secondaires et tertiaires, et dont
l'action tend sans cesse à maintenir à la surface du globe la plus
grande somme de vie possible, que cette masse énorme de végétaux terrestres que nous trouvons conservée dans les couches
carbonifères offrait les mêmes relations, comme base d'alimentation avec les insectes de cette époque reculée, qu'ont encore
les végétaux modernes avec cette classe, la plus nombreuse
parmi les animaux terrestres actuellement existans.

Si de même nous étudions les lois de coordination qui dirigent
à l'époque actuelle l'accroissement numérique des insectes, en
lui donnant pour régulateur l'action des arachnides carnivores,
nous serons conduits à penser que des araignées et des scorpions furent employés à remplir les mêmes fonctions pendant
toute la durée des époques géologiques où nous trouvons des
preuves d'un grand développement des végétaux terrestres.

Quelques découvertes récentes sont venues confirmer ces
analogies de toute la valeur d'une observation actuelle. L'ordre le plus élevé des arachnides, celui des arachnides pulmo-
naires, se partage en deux grandes familles, celle des araignées et celle des scorpions ; et nous avons des preuves certaines
que des débris appartenant à l'une et l'autre se rencontrent dans
des terrains stratifiés d'une très haute antiquité.

Araignées fossiles.

Bien que l'on n'ait jusqu'ici rencontré d'araignées dans
aucun terrain aussi ancien que la série carbonifère, l'existence

d'insectes dans cette série en même temps que de scorpions rend fort probable qu'à ces derniers fut associée la famille des araignées, qui en est si voisine, dans les fonctions de réduire à de justes limites les tribus d'insectes qui existaient à cette époque, et que l'on y en découvrira des restes fossiles avant qu'il soit long-temps *.

La découverte qu'a faite le comte Munster de deux espèces d'araignées dans le calcaire lithographique de Solenhofen prouve que cette famille existait aux époques jurassiques des formations secondaires. M. Murchison et M. Marcel de Serres ont aussi rencontré des araignées fossiles dans les terrains tertiaires d'eau douce des environs d'Aix en Provence. (Pl. 46'', fig. 12.)

---

* L'animal trouvé par M. W. Anstice, dans le minerai ferrugineux de Coalbrook Dale, avait été désigné par M. Prestwich, comme étant, selon toute apparence, une araignée (Magas. Phil. mai 1834, t. 4, p. 576). Je l'ai observé depuis, et j'ai fait voir que c'était un insecte de la famille des curculionides (pl. 46'' fig. 1). A l'époque où il fut figuré, et où on le regardait comme une araignée, la tête et le corps étaient encore recouverts par du minerai ferrugineux, et son apparence extérieure avait en effet beaucoup de rapports avec un animal de cette famille. M. Prestwich annonce aussi avoir découvert dans la même formation un insecte coléoptère que nous ferons connaître dans la section suivante, comme devant être également rapporté à cette même tribu des curculionides. Il n'est guère possible de déterminer avec certitude la nature des animaux du schiste carbonifère, qui ont été grossièrement figurés comme des araignées et des insectes, par Lhwyd (Ichnograp. pl. 4), et copiés par Parkinson (Organic Remains, t. 3, pl. 17, fig. 3, 4, 5 et 6); mais les découvertes récentes que l'on a faites à Coalbrock-Dale donnent beaucoup de probabilité à l'opinion de ces deux auteurs : « *Scripsi olim suspicari me araneorum quorundam icones, unà cum lithophytis in schisto carbonarià observasse : hoc jam ulteriore experientià edoctus apertè assero. Alias icones habeo, quæ ad scarabæorum genus quam proximè accedunt. In posterum ergo non tantùm lithophyta, sed et quædam insecta in hoc lapide investigare conabimur.* » Lhwyd Epist. 3 ad finem.

Scorpion fossile.

Une communication faite par mon ami le comte Sternberg aux membres du musée national de Bohême (Prague 1835) renferme la description d'un scorpion fossile qu'il a découvert dans l'ancienne formation houillère du village de Chomle, près de Radnitz, au sud-ouest de Prague. Ce fossile important, le premier de cette sorte que l'on ait découvert, le fut en juillet 1834 dans une carrière située vers la lisière de ce terrain, près d'un endroit où l'on extrait de la houille depuis le 16e siècle. On a rencontré dans cette même carrière quatre troncs d'arbres dressés, et de nombreux débris végétaux de la même nature que ceux qui se voient dans la grande formation houillère de l'Angleterre.

Plusieurs dessins de ce scorpion furent mis sous les yeux d'une commission, lors de l'assemblée des naturalistes et des médecins de l'Allemagne à Stuttgard, en 1834 ; nous empruntons au rapport qui en fut fait les diverses particularités qui suivent, et c'est aussi d'après les figures jointes à ce rapport[*] que nous avons copié celles de notre planche 46'[**].

[*] *Transactions du Musée de Bohême*, avril 1835.

[**] Le scorpion fossile diffère des espèces actuelles, moins par sa structure générale que par la position de ses yeux. Par rapport à ces derniers organes, le genre *androctonus* est celui dont il se rapproche davantage. Ce genre a aussi douze yeux, mais disposés autrement que dans l'espèce fossile. C'est à cause de la disposition à peu près circulaire qu'affectent ces organes chez ce dernier animal que l'on en a fait un genre nouveau sous le nom de *cyclophthalmus*.

Les orbites où étaient contenus ces douze yeux sont dans un état parfait de conservation (pl. 46', fig. 3). Un des petits yeux et le grand œil du côté gauche ont encore conservé leur forme, en même temps que leur cornée qui est plissée. L'intérieur est rempli d'une substance terreuse.

Les mandibules sont également très distinctes, mais elles sont dans

Toutes les analogies déduites des espèces actuelles nous permettent de poser en fait que la présence de grandes espèces de scorpions est un indice certain de la température élevée du climat sous lequel ils habitent; et cette conséquence est parfaitement en harmonie avec l'aspect tropical des végétaux auxquels le scorpion est associé dans le terrain houiller de la Bohême.

une position renversée (pl. 46', fig. 2 *a*). Chacune offre trois dents saillantes ; et si l'on examine l'une d'elles sous un grossissement convenable, on y voit les poils qui recouvrent la lame cornée dont elle est revêtue (figures 4 et 5).

Les anneaux thoraciques, qui paraissent être au nombre de huit, et ceux de la queue, sont trop disloqués pour que l'on en puisse facilement distinguer le nombre ; mais ils diffèrent de ce que l'on observe dans toutes les espèces connues. La vue de la face dorsale (pl. 46', fig. 1) a été obtenue en taillant la pierre par la face postérieure.

On voit très bien dans la figure 2 l'animal par sa face inférieure, et le palpe droit terminé par les pinces qui caractérisent ce genre. Cette pince et l'abdomen sont séparés par une graine fossile carbonisée d'une espèce commune dans la formation houillère.

L'enveloppe cornée de ce scorpion est dans l'état de conservation le plus extraordinaire ; car elle n'est ni décomposée ni carbonisée. La substance propre (*chitine* ou *elytrine*) qui composait probablement cette enveloppe, comme les élytres des scarabés, a résisté à la décomposition et à la minéralisation. Elle se détache facilement, et elle est élastique, translucide et cornée ; deux couches la constituent, dont chacune a conservé la structure qui lui est propre. L'extérieure (fig. 6 *a*) est rugueuse, presque opaque, flexible et d'une couleur noir-brun ; la couche interne au contraire (pl. 46', fig. 6 *b*) est plus molle, de couleur jaune, moins élastique ; elle est organisée du reste comme la lame externe. On voit, à l'aide du microscope, que chacune de ces deux lames est formée de cellules hexagonales séparées par de fortes cloisons. D'espace en espace, elles sont traversées par des pores toujours ouverts, et qui présentent chacun une aréole enfoncée, ayant à son centre une petite ouverture qui sert d'orifice à une trachée. On voit dans la figure 7 l'impression des fibres musculaires destinées à mettre les pattes en mouvement.

SECTION IV.

Quatrième classe de l'embranchement des articulés.

INSECTES FOSSILES[*].

Bien qu'à l'époque actuelle le plus grand nombre des habitans de notre globe appartienne à la classe des insectes, cette importante division du régne animal n'a laissé dans les couches de la terre que peu de traces de son existence. Cette circonstance est due, selon toute probabilité, à ce que la plus grande partie des débris animaux fossilisés doivent leur origine à des êtres qui ont habité l'eau salée où l'on ne croit pas qu'il se rencontre, dans la création dont nous faisons partie, plus d'une ou de deux espèces d'insectes.

Mais, alors même qu'aucune rencontre n'aurait été faite de ces articulés à l'état fossile, la présence dans certaines couches de scorpions et d'araignées, familles organisées l'une et l'autre pour se repaître d'insectes, nous fournirait un puissant argument *à priori* en faveur de l'opinion qu'à la même époque existait déjà cette classe si nombreuse d'animaux aux dépens desquels nous voyons que les arachnides se nourrissent. Cette probabilité a reçu une confirmation complète de la découverte de deux coléoptères appartenant à la famille des curculionides, dans le minerai de fer de Coalbroock Dale[**] et d'une aile de Corydale, dont nous ferons mention dans notre description de la planche 46".

[*] Pl. 46", fig. 1 et 2, et fig. 4 — 11.
[**] Ces insectes fossiles sont figurés de grandeur naturelle, pl. 46", fig. 1 et 2. Pour des détails plus circonstanciés, nous renvoyons à l'explication de cette planche.

Cette rencontre, dans la même formation carbonifère, de débris fossiles qui nous attestent l'existence, à ces époques reculées, de la grande classe insectivore des arachnides en même
temps que des insectes qui ont dû former leur nourriture, est
un fait plein tout à la fois d'intérêt et d'importance. En l'absence de cette remarquable découverte, nous eussions pu conclure de l'abondance des plantes terrestres l'abondance probable
des insectes, et cette dernière probabilité entraînait celle de
l'existence à la même époque d'arachnides créées pour circon-
scrire dans de justes limites l'accroissement excessif des premiers. Mais ce qui n'eût été qu'une probabilité est devenu pour
nous une certitude, et nous pouvons maintenant remplir une
importante lacune dans l'histoire de la vie animale depuis l'é-
poque où se déposèrent les couches carbonifères.

Les couches de la série carbonifère de Coalbrook-Dale, et
d'autres bassins houillers qui renferment des coquilles d'unio,
se sont formés dans les eaux saumâtres ou dans les eaux douces,
ce qui rend facile d'expliquer pourquoi l'on y rencontre des
insectes et des arachnides. Ces articulés en effet ont pu y
être entraînés des terres circonvoisines par les mêmes torrens
qui y ont transporté les végétaux terrestres auxquels nous devons la production des lits de la houille.

Depuis long-temps déjà, dans le schiste oolitique de Stonesfield, l'un des étages de la série secondaire, on a reconnu des
élytres d'insectes. Ces débris appartiennent tous à des coléoptères ; et plusieurs, d'après M. Curtis, sont fort voisins des
buprestes, genre qui abonde maintenant dans les latitudes
chaudes *.

____

* Pl. 46", fig. 4—10.

D'après M. Aug. Odier, les élytres et les autres parties de l'enveloppe
cornée des insectes renferment une substance particulière, la *chitine* ou
élytrine, qui se rapproche beaucoup du principe végétal connu sous le

Le comte Munster possède dans sa collection vingt-cinq espèces d'insectes fossiles trouvés dans le calcaire jurassique de Solenhofen, dont cinq appartiennent à la famille actuelle des libellules *. On y voit en outre une grande ranatre et quelques coléoptères.

On a récemment découvert de nombreux insectes fossiles, dans le gypse tertiaire de la formation d'eau douce d'Aix en Provence. M. Marcel de Serres en mentionne soixante-deux genres appartenant surtout aux ordres des diptères, des hémiptères et des coléoptères ; et M. Curtis rapporte tous les échantillons provenant de cette localité qu'il a eu occasion de voir à des formes que l'on retrouve en Europe, et pour la plupart à des genres qui existent encore maintenant **. On rencontre aussi des insectes dans la lignite (*Brown coal*) d'Orsberg, sur le Rhin.

nom de *lignine*. Ces parties des insectes brûlent sans se fondre et sans se boursoufler comme la corne, et aussi sans répandre l'odeur de matière animale, et en laissant après elles un charbon qui en conserve la forme.

M. Odier a observé que les poils du scarabé nasicorne conservent leur forme après qu'on les a brûlés, et il en conclut que ces poils diffèrent de ceux des animaux vertébrés. Cette circonstance explique comment les poils se sont conservés sur l'enveloppe cornée du scorpion de Bohême.

D'après le même auteur, les nervures des scarabés sont composées de chitine, et il en est de même des lames molles que l'on retire de l'enveloppe crustacée d'un crabe, après en avoir séparé la chaux.

Cuvier fait observer que les tégumens des entomostracés sont plutôt cornés que calcaires, et que sous ce point de vue ces animaux se rapprochent beaucoup de la nature des insectes et des arachnides. *Voyez* le *Journal zoologique*. Londres, 1825 ; t. 1, p. 101.

* Pl. 1, fig. 49.

** Voyez l'*Edimburgh New. Phil. Journal*, oct. 1829.

Conclusions générales.

Les faits que nous venons de réunir dans les quatre sections précédentes nous font voir que les quatre grandes classes maintenant existantes de l'embranchement des articulés, ainsi que plusieurs des ordres qui constituent ces classes, ont pris leur place dans l'univers pour y remplir leurs fonctions respectives, dès l'époque reculée des formations de transition. Des témoignages nous attestent que des changemens se sont accomplis dans les familles dont ces ordres se composent, à diverses époques, très éloignées entre elles, des séries secondaire et tertiaire ; enfin nous avons vu chaque famille diversement représentée durant des périodes différentes par des genres dont quelques uns ne nous sont connus qu'à l'état fossile, tandis que d'autres genres, surtout des classes inférieures, sont parvenus jusqu'à nous en traversant toutes les périodes géologiques.

Ces faits nous conduisent à des conclusions d'une haute importance dans l'investigation de l'histoire physique de notre globe. Si les classes, les ordres, les familles actuelles d'animaux articulés, marins et terrestres, occupent ainsi des périodes géologiques différentes depuis le moment où la vie apparut à la surface de notre globe, il nous est permis d'en conclure que l'état de la terre et des eaux, aussi bien que de l'atmosphère pendant la durée de toutes ces époques, ne différait pas autant de leur condition actuelle que l'ont supposé plusieurs géologues. Nous en tirons encore cette conséquence que pendant ces époques diverses, et au sein des changemens qui s'y sont accomplis, les fonctions relatives des êtres qui ont représenté successivement les deux règnes animal et végétal

ont toujours été les mêmes que remplissent leurs représentans
de l'époque actuelle ; et c'est ainsi que nous relions toute la série
des formes organiques passées et présentes comme des parties
d'un grand Tout, merveilleusement plein d'ensemble et d'harmonie.

CHAPITRE XVII.

Le même plan primitif se montre dans la structure des animaux rayonnés ou zoophytes fossiles.

Les mêmes difficultés que nous avons éprouvées à choisir
dans les autres grandes divisions du règne animal des points
qui pussent nous servir à établir la comparaison entre les
formes éteintes et les formes actuellement existantes des diverses classes qui les composent, nous les retrouvons encore
dans ce groupe des zoophytes, le dernier qui nous reste
à étudier. On remplirait de nombreux volumes avec les
descriptions seulement des espèces fossiles appartenant à tous
ces beaux genres d'animaux rayonnés, dont les représentans fourmillent à l'heure qu'il est dans les eaux de nos mers
modernes.

La comparaison des espèces vivantes avec les espèces fossiles conduirait à ce résultat, que presque jamais elles ne sont
les mêmes, mais qu'elles ont été constamment établies sur
un seul et même type général, et qu'au milieu des formes

infiniment variées sous lesquelles elles remplissent les fonctions qui leur ont été assignées, on voit ressortir une unité de plan tellement parfaite, qu'il est impossible d'expliquer cette uniformité mystérieuse autrement qu'en invoquant l'action directe d'une Intelligence créatrice unique et toujours la même.

SECTION I.

ECHINODERMES FOSSILES.

Les animaux de cette classe la plus élevée des rayonnés, savoir les échinidiens, les stelléridiens et les crinoïdiens, ont été considérés jusqu'ici comme formés de parties *semblables*, disposées en rayons autour d'un centre commun. Mais M. Agassiz a fait voir tout récemment * que ces êtres n'offrent point le caractère qui a fait donner aux *rayonnés* le nom sous lequel on les désigne ; que leurs rayons sont *dissemblables*, et ne sont pas toujours en relation avec un centre unique ; mais que, dans ces familles des oursins, des astéries et des crinoïdes, il est des espèces qui offrent une disposition symétrique *bilatérale* tout à fait analogue à celle que l'on observe dans les classes animales les plus parfaites.

ECHINIDIENS ET STELLÉRIDIENS.

Le professeur Goldfuss, dans les planches de son ouvrage sur les fossiles (*Petrefacten*), a présenté d'une manière remarquable l'histoire des espèces fossiles d'échinidiens et de stelléridiens.

*Lond. and Edimb. Phil. Mag. novembre, 1834, p. 569.

Bien que ces débris proviennent de couches d'époques différentes, cet auteur les regarde comme appartenant pour la plupart à des genres qui existent encore à l'époque actuelle.

La famille des échinidiens paraît avoir traversé toutes les formations depuis la série de transition jusqu'à nos jours*.

Aucun stelléridien n'a été signalé jusqu'ici dans des couches plus anciennes que le calcaire conchylien (*muschel-kalk*).

Comme la structure des espèces fossiles de l'une et de l'autre de ces deux familles est à peu près identique avec celle des oursins et des étoiles de mer, qui font partie de la création actuelle, nous réservons toute la place dont nous pouvons disposer en faveur de la classe des échinodermes, pour une famille que l'on ne rencontre guère qu'à l'état fossile, et qui paraît avoir été des plus abondantes dans les formations fossilifères les plus anciennes.

CRINOÏDIENS.

Parmi les familles fossiles de la division des rayonnés, les géologues en ont découvert une à laquelle on ne connaît encore que peu d'analogues à l'état vivant, et qui mérite une attention spéciale, soit pour son importance numérique, soit pour son extraordinaire beauté.

On rencontre souvent des successions de couches dont chacune est épaisse de plusieurs pieds, et offre plusieurs milles en étendue, dans la composition desquelles les débris calcaires d'encrinites entrent pour plus de moitié. Le marbre à entro

---

*J'ai trouvé, il y a déjà plusieurs années, des échinidiens fossiles dans le calcaire carbonifère d'Irlande, près de Donegal. Ces animaux toutefois sont rares dans les formations de transition, ils deviennent plus fréquens dans le calcaire conchylien et dans le lias, et ils abondent dans les formations oolitiques et crétacées.

ques du comté de Derby, et la roche noire des buttes de calcaire carbonifère des environs de Bristol, sont des exemples
bien connus de terrains stratifiés ainsi composés; et ces
exemples font voir quelle large part ont eue parfois les débris
animaux dans l'accroissement de volume des matériaux qui composent l'enveloppe minérale du globe.

Les débris fossiles dont il s'agit ont été long-temps connus
sous le nom de *pierres liliformes* (*stone lilies*), ou *encrinites*. On
les a dernièrement réunis en un ordre sous le nom de crinoïdes.
Cet ordre comprend plusieurs genres et un grand nombre d'espèces, que Cuvier place après les astéries, dans l'embranchement des zoophytes. Presque tous paraissent avoir été fixés
soit sur le fond de la mer, soit sur des corps flottans étrangers*.

Les deux genres les plus remarquables de cette famille
sont connus depuis long-temps des naturalistes sous les
noms d'*encrinite* et de *pentacrinite*. Le premier ** est celui
dont les espèces rappellent le plus la forme d'un lys; elles sont

---

* Ces animaux font le sujet d'un excellent travail de M. Miller, intitulé: *Natural History of the Crinoïdea, or Lilyshaped animals.* On voit
représentée, pl. 48 et 49, fig. 1, une des espèces les plus caractéristiques
de cette famille, celle même à laquelle on a donné la première le nom
de *pierres liliformes* (*lily-stone*), et deux autres espèces, pl. 47, fig. 1,
2 et 5. Ces figures feront mieux comprendre la description suivante,
qu'en donne M. Miller:

« Cet animal offre une colonne ronde, ovale ou angulaire, formée de
nombreux articles, et supportant à son sommet une série de lames ou
d'articles qui forment un corps cupuliforme, où sont contenus les viscères, et donnant naissance, à son bord supérieur, à cinq bras articulés
qui se divisent en des doigts tentaculiformes plus ou moins nombreux,
rangés tout autour de l'ouverture de la bouche (pl. 47, fig. 6, x et 7, x).
Cette bouche est située au centre d'une voûte composée de plaques, et
s'étendant au dessus de la cavité abdominale; et elle est susceptible
de prendre par certaines contractions la forme d'une trompe ou d'un
cône.

** Pl. 49, fig. 1, et pl. 47, fig. 1, 2 et 5.

portées sur une tige cylindrique. Les espèces du second genre *
ont avec les encrinites des analogies générales de structure ;
mais la forme pentagonale de leur tige leur a valu le nom de
pentacrinites. Un troisième genre, désigné sous le nom d'*apiocrinite* ou *encrinite poire (pear encrinite)* **, fait voir, sur une
grande échelle, les parties constituantes du corps dans cette
famille, et il a été placé par **M.** Miller en tête de son ouvrage
important sur les crinoïdiens, ouvrage où nous prendrons plusieurs des descriptions qui suivent, ainsi que les planches qui
les accompagnent.

Deux espèces récentes ont servi à mettre en lumière la nature de ces débris fossiles ; ce sont la *pentacrinite tête de Méduse*, des Indes occidentales ***, et la *comatule frangée (coma-
tula fimbriata)* **** figurées par **M.** Miller dans la première
planche de son ouvrage sur les crinoïdiens.

Nous allons étudier les arrangemens mécaniques que nous
offre la structure de deux ou trois des espèces fossiles les plus
importantes de cette famille, dans leurs rapports avec les
fonctions de zoophytes destinés à s'emparer de leur nourriture
à l'aide de filets tendus, soit que, fixés au fond de la mer,
ils soient réduits aux mouvemens limités que leur corps peut
exécuter autour d'un point déterminé ; soit qu'ils se servent des
mêmes organes en flottant dans les eaux, libres ou fixés,
comme les anatifes de l'époque actuelle, à des pièces de bois
flottantes.

* Pl. 51 et pl. 52, fig. 1 et 3.
** Pl. 47, fig. 1.
*** Les comatules offrent avec les pentacrinites une conformité de
structure presque parfaite dans les parties essentielles, à l'exception de
la tige qui manque, ou qui est réduite au moins à une simple plaque.
D'après Péron, les comatules se suspendent par leurs bras aux fucus et
aux polypiers, guettant leur proie dans cette position, pour la saisir à
l'aide de leurs bras et de leurs doigts développés. — Miller, p. 182.
**** Pl. 52, fig. 1.

Malgré la rareté des espèces qui représentent les crinoïdiens dans la création dont nous faisons partie, cette famille occupait, sous le point de vue numérique, une place importante parmi les habitans des anciennes mers *. On en peut juger par ce fait que ceux que l'on a déjà découverts ont été répartis en quatre divisions comprenant neuf genres, dont la plupart renferment plusieurs espèces. A voir la construction admirable de chacune des petites pièces osseuses au nombre de plusieurs milliers qui entrent dans la composition du corps, on reconnaît qu'elles appartenaient à un instrument d'un fini merveilleux, et renfermant de remarquables arrangemens mécaniques. Chacune de ces pièces, dans son action, conservait une harmonie parfaite avec tout le reste; et elles s'ajustaient entre elles de manière à ce que leur ensemble remplît de la manière la plus complète possible certaines fonctions spéciales dans l'économie de l'animal dont il faisait partie.

Les osselets qui constituent le squelette de tous ces animaux ressemblent aux pièces solides de l'étoile de mer. Ils ont pour usage, ainsi que le squelette osseux des animaux vertébrés, de constituer dans l'organisation une charpente solide destinée à protéger les viscères, et à fournir des points d'appui aux fibres contractiles qui traversent l'enveloppe gélatineuse dont toutes les portions du corps de l'animal sont revêtues ***.

* La monographie de M. Miller, où sont décrites, jusque dans leurs détails les plus minutieux, les diverses variations de structure de chacune des parties constituantes du squelette dans les divers genres de la famille des crinoïdes, est un admirable exemple de la régularité avec laquelle un même type fondamental se maintient rigoureusement au milieu des modifications variées, qui en constituent les nombreuses formes éteintes, génériques et spécifiques.

**Ces osselets ne sont pas de véritables os; mais ils tiennent à la fois de la nature des plaques de la coquille des oursins et des articles calcaires de l'enveloppe des astéries.

*** Les fibres contractiles des animaux rayonnés ne se réunissent

De même que dans les astéries, ce sont les pièces solides qui constituent la plus grande partie du volume de l'animal. La substance calcaire de ces osselets est sécrétée probablement par un périoste ; et il paraît que ce périoste possède la faculté de remplacer par un nouveau dépôt de substance les injures accidentelles auxquelles sont exposés ces animaux si délicatement construits, au sein de l'élément turbulent où ils vivent. On voit dans l'ouvrage de M. Miller de nombreux exemples de semblables réparations chez diverses espèces fossiles de crinoïdiens; et, dans notre planche 47 (fig. 2 a), il en existe une à la partie supérieure de la tige d'un *apiocrinites rotundus*.

Dans l'espèce moderne du genre pentacrinus, que nous avons figurée, pl. 52, fig. 1, un des bras est en marche de se reproduire, de la même manière que les écrevisses et les crabes reproduisent les pattes et les doigts qu'ils ont perdus, ou les lézards leurs pattes ou leur queue. Les bras des étoiles de mer se reproduisent également lorsqu'ils ont été arrachés.

Ces exemples nous font voir que cette puissance de reproduction est d'autant plus grande que les animaux sont d'ordres plus inférieurs ; et que les forces ainsi destinées à porter remède aux injures qui menacent un animal croissent ou diminuent suivant qu'il y est plus ou moins exposé, ce qui est une conséquence de la condition dans laquelle se trouvent placées les diverses créatures douées de cette faculté à un plus haut degré.

pas en des masses complexes, comme dans les muscles véritables des animaux des ordres plus élevés ; et le mot *muscle* ne peut pas s'employer dans sa stricte signification, à propos des crinoïdiens: mais comme plusieurs auteurs ont désigné ainsi les fibres contractiles les plus simples qui mettent en mouvement les petites pièces du squelette de ces animaux, nous croyons devoir le conserver de même dans nos descriptions.

I.

Encrinite moniliforme.

La méthode la plus sûre, pour arriver à expliquer l'économie générale des crinoïdes, c'est d'étudier avec quelques détails l'anatomie d'une espèce en particulier. Je choisis dans ce
but l'espèce fossile qui forme le type de l'ordre, l'encrinite
moniliforme[*]. Parkinson et Miller en ont donné des descriptions complètes et détaillées, et ils ont fait voir qu'elle offre une
réunion d'agencemens mécaniques destinés à mettre chaque
organe en harmonie avec les fonctions qu'il est appelé à remplir,
et surpassant jusqu'à l'infini, en perfection et en délicatesse,
les dispositions les plus parfaites que nous trouvions dans les
mécanismes sortis de la main de l'homme.

Nous lisons dans l'ouvrage de M. Parkinson [**] que cet auteur s'est assuré, par une observation attentive, qu'indépendamment des pièces qui peuvent être contenues dans la colonne
vertébrale, et qui, en raison de la longueur probable de cet
organe, durent être fort nombreuses, le squelette de la partie
supérieure de l'encrinite lys (*encrinites moniliformis*) en renferme au moins 26,000 bien distinctes [***].

[*] Pl. 48, 49 et 50.
[**] Organic remains, t. 2, p. 180.
[***] Pl. 50, fig. 1, 2, 3, 4, etc.

Os du bassin (*pelvis*).	
Pièces costales (ribs).	
Pièces claviculaires (*clavicles*).	
Pièces scapulaires (*scapulæ*).	
Dix bras ou rayons (arms), composés chacun de six articles.	6
Mains (hands). Chacune se compose de deux doigts, en tout	
2 doigts, dont chacun renferme au moins 40 osselets. . .	80
Tentacules. Chacun des six articles qui entrent dans la compo-	
sition de chacun des dix bras en supporte 30, en tout. . .	1,8..
sont également, terme moyen, de chacun	
des 800 os des doigts, en tout	24,00
	26,00

M. Miller fait observer que ce nombre s'accroîtrait d'une manière encore plus surprenante si l'on y faisait entrer celui des petites lames calcaires dont se compose l'enveloppe qui recouvre la cavité abdominale et la surface interne des doigts et des tentacules* .

Nous examinerons d'abord les dispositions des articles qui constituent la colonne vertébrale, et qui sont disposés pour que la flexion puisse s'opérer dans tous les sens ; puis nous partirons de là pour étudier l'arrangement de toutes les autres parties du corps.

Ces pièces sont empilées les unes au dessus des autres, comme les pierres d'une svelte colonnette gothique. Mais comme chaque articulation devait conserver un certain degré de flexibilité, et que le résultat total de ces flexions isolées devait varier sur les différens points de la colonne, être moindre à la base et plus grande au sommet, nous voyons varier suivant la même proportion la forme externe et interne, ainsi que les dimensions de chacune de ces parties**. Ces variations, dans

*Bien que les noms dont nous nous servons soient empruntés au squelette des animaux vertébrés, et ne puissent s'appliquer rigoureusement aux échinodermes rayonnés, il est bon de les conserver, jusqu'à ce que l'anatomie de ces animaux ait été mise plus en rapport avec leur organisation.

** Le corps (pl. 49, fig. 1) est supporté par une longue colonne vertébrale, laquelle s'attache au fond par une base élargie (pl. 49, fig. 2). Cette colonne se compose d'une suite de pièces cylindriques épaisses, solidement articulées les unes avec les autres, et percées d'un canal à leur centre, de la même manière que le canal spinal est percé dans les vertèbres d'un quadrupède. Une petite cavité alimentaire descend dans ce canal, depuis l'estomac jusqu'à la base de la colonne. (pl. 46, fig. 4, 6, 8 et 10). Cette dernière offre à sa base la forme la plus avantageuse sous le rapport de la solidité, la forme cylindrique. D'espace en espace, et d'autant plus fréquemment qu'il s'agit de portions plus rapprochées du sommet, elle est interrompue par des anneaux d'un diamètre plus grand, et d'une forme globuleuse déprimée (pl 49, fig. 1, et fig. 3 et 4, a, a, a. a). Vers le sommet de la colonne (pl. 49, fig. 3 et 4), chaque anneau

les formes et dans la disposition des pièces d'une espèce particulière d'encrinite, peuvent être prises pour exemples des arrangemens analogues que présente la colonne dans d'autres espèces de la famille des crinoïdiens *.

le plus grand est immédiatement accompagné en dessus et en dessous
de deux anneaux plus minces et d'un plus petit diamètre (*c*, *c*, *c*), et les
anneaux de cette dernière série sont séparés entre eux par des anneaux
d'une troisième série (*b*, *b*, *b*) d'un diamètre intermédiaire. Ces différences
dans la grandeur des anneaux qui se superposent ainsi avaient pour
but d'accroître la flexibilité de cette portion de la colonne qui, plus voisine du sommet, exigeait une flexion plus grande.

Les figures 6, 8 et 10 de la planche 49 représentent des coupes verticales des anneaux 5, 7 et 9, choisis aux environs de la base. On y voit
que la cavité interne de la colonne est constituée par une série de doubles
cônes creux, de la même manière que la série des cavités intervertébrales de la colonne dorsale d'un poisson; et que cette disposition a, de
même encore que dans les poissons, pour but de rendre plus facile
la flexion de la colonne : probablement aussi ce conduit constituait un
réservoir destiné à contenir les fluides nutritifs de ces animaux.

Les diverses espèces de pierres en vis (*screw stone*) si fréquentes dans
le silex corné (*chert*) du comté de Derby, et généralement dans le calcaire de transition, sont des masses qui se sont moulées dans les cavités
internes des colonnes d'autres espèces d'encrinites, qui ont ordinairement leurs cônes plus comprimés que l'encrinite moniliforme.

    * (Pl. 47, fig. 1, 2, 5, et pl. 49, fig. 4-17). La fig. 4 de la pl. 49 est
une coupe verticale de la portion représentée fig. 5 ; ce sont des pièces
prises à peu de distance du sommet de la colonne, là où plus de
force et plus de flexibilité sont nécessaires, et où il y a aussi le plus de
chances de fracture et de dislocation. Aussi l'arrangement de ces articles est-il plus complexe qu'il ne l'est vers la base; et voici en quoi
cet arrangement consiste. Les articles (*a*, *b*, *c*, fig. 4) sont alternativement plus larges et plus étroits. Les bords des plus étroits, *c*, sont
reçus et enfermés dans le rebord épaissi de ceux qui sont les
plus larges, et le bord crénelé extérieur des premiers s'articule avec la
face interne du bord crénelé des seconds, de manière à en être enveloppé comme d'un collier. Cette disposition des articles du sommet permet une flexion plus étendue que ne peuvent le faire les surfaces planes
crénelées des articles de la base, fig. 9 et 10, et elle en rend en même
temps la dislocation presque impossible.

    Une troisième disposition, qui ajoute encore à la flexibilité et à la puis-
sance de cette portion de la colonne, c'est que les articles intermé-

Le nom d'entroque (*entrochi*), ou *pierres en roues*, a été donné avec justesse à ces articles isolés. Le trou dont leur centre est percé rend facile de les réunir en chapelets ; aussi s'en servait-on à une époque déjà reculée comme d'un rosaire , et, dans le nord de l'Angleterre, ils conservent encore le nom de chapelets de St-Cuthbert.

> Sur un rocher près de Lindisfarn, saint Cuthbert est assis, et il travaille ces grains de mer qui portent son nom.
>
> MARMION.

Chacune de ces entroques offre une semblable série d'articulations différentes entre elles, suivant qu'on les prend à des hauteurs différentes du corps, et qui s'adaptent les unes aux autres, de façon à réunir tout ce qu'il fallait à l'animal de force et de flexibilité. D'une extrémité à l'autre de la colonne vertébrale, aussi bien que dans toute la longueur des mains et des doigts *, la surface de chaque osselet dans son articulation avec la surface adjacente montre une régularité et une délicatesse d'ajustement parfaites. Telle est la précision , telle est la

diaires, *b*, *b*, sont considérablement plus minces que les articles en collier les plus larges, *a*, *a*.

Les figures comprises de 11 à 26 inclusivement représentent des articles pris sur des points différens de la colonne de l'encrinite moniliforme. Ceux qui sont représentés fig. 11, 13, 15, 17, 19, 21, 23 et 25, le sont avec leur grandeur naturelle, et aussi dans leur position naturelle horizontale; et nous y voyons, sur le bord de chacun, une crénelure dont chaque dentelure s'articule avec un sillon correspondant du bord de l'article adjacent. Les figures étoilées (12, 14, 16, 18, 20, 22, 24, 26), placées au dessous des articles horizontaux auxquels elles font respectivement suite, représentent agrandis les divers dessins internes qui en ornent les surfaces articulaires, couvertes d'une série alternative de replis et de sillons, s'ajustant dans les sillons e dans les replis de l'article correspondant comme s'engrènent entre elles les dents de deux roues qui se correspondent.

* Pl. 47, fig. 1, 2, 3, et pl. 50 fig. 1, 2, 3.

perfection admirable des arrangemens qui s'observent jusque dans l'extrémité des tentacules les plus déliés, qu'il ne serait pas plus absurde de supposer que ce sont les métaux eux-mêmes qui ont calculé le nombre et la forme des dents que devait avoir chacune des roues d'un chronomètre, que ce sont ces roues qui ont pris d'elles-mêmes la place précise qu'elles devaient avoir dans l'ensemble pour l'effet qui résulte de leur action combinée, qu'il ne le serait de croire que ces centaines et ces milliers d'osselets dont se compose une encrinite ont pris d'eux-mêmes ces dispositions calculées pour l'effet d'ensemble de leurs mécanismes, dispositions dans lesquelles chaque osselet a son rôle à part, dans une subordination harmonieuse avec le tout, et où le tout produit des résultats que n'eût produit peut-être aucune des séries en particulier, livrée à son action isolée.

Dans la planche 50, nous avons figuré, d'après Goldfuss, Parkinson et Miller, les détails de la structure du corps et des extrémités supérieures de l'encrinite moniliforme. Les diverses parties qui entrent dans la composition de cette encrinite sont indiquées par des lettres dont nous donnons l'explication dans la note ci-jointe *,

* Au sommet de la colonne vertébrale sont placées des séries successives d'osselets (pl. 50, fig. 4) que leur position et leurs usages ont fait désigner sous les noms de bassin (*pelvis*, E), de pièces scapulaires (*scapula*, H), de pièces costales (*costal*, F), et qui forment, avec les plaques *pectorales* et *capitales*, une sorte de corps sub-globuleux (pl. 48 et 49, fig. 1, pl. 50, fig. 1 et 2) s'ouvrant par une bouche à son centre, et contenant à son intérieur les viscères et l'estomac, d'où partent les fluides nourriciers qui remplissent la cavité alimentaire de l'intérieur de la colonne, et se distribuent dans les bras et dans les doigts tentaculiformes. Les pièces scapulaires, H, donnent naissance à cinq bras (pl. 50, fig. 1, K), lesquels, à mesure qu'ils s'éloignent de leur insertion, se divisent eux-mêmes en mains (M) et en doigts (N) subdivisés eux-mêmes en des tentacules déliés (pl. 50, fig. 2 et 3), dont le nombre s'élève jusqu'à plusieurs milliers ; les mains et les doigts sont représentés fermés,

et nous renverrons aux auteurs ci-dessus ceux qui désireraient une description plus minutieuse des formes particulières et des usages de chacune des séries successives d'articles.

L'analyse que nous donnons, dans la note précédente, des diverses parties qui constituent le corps de l'encrinite moniliforme, fait voir que cet animal peut se décomposer en quatre séries de plaques, dont chacune est formée de cinq pièces et offre une analogie éloignée avec les pièces du squelette des

ou à peu près fermés (planche 48 et 49, fig. 1, et pl. 50, fig. 1 et 2.) Dans la restauration que nous devons à M. Miller de l'encrinite-poire (pl. 47, fig. 1), ces organes sont représentés ouverts comme ils le sont quand l'animal est à la recherche de sa nourriture. Ces doigts tentaculiformes ainsi épanouis constituent un filet d'une grande délicatesse, et merveilleusement propre à saisir des acalèphes ou de petits mollusques flottans dans la mer, qui faisaient probablement partie de la nourriture des crinoïdes. Au centre de ces bras était placée la bouche (pl. 47, fig. 1), laquelle pouvait s'alonger en une trompe. Les figures 6, x, et 7, x, de la planche 47 représentent le corps d'une crinoïde dont les bras ont été enlevés.

On voit (pl. 50, fig. 1) la partie supérieure de l'animal, avec les vingt doigts rapprochés comme les pétales d'un lys fermé. La fig. 2 représente la même espèce en partie ouverte, avec les tentacules encore repliés. La figure 3 offre, vu de profil, un des doigts garni de ses tentacules, et la figure 4, la cavité intérieure du corps, où étaient contenus les viscères. La figure 5 est celle de l'extérieur de ce même corps, et de la surface par où sa base s'articule avec la première pièce de la colonne vertébrale. On voit (figures 6, 7, 8 et 9) une décomposition des quatre séries d'anneaux qui constituent le corps, et qui en forment successivement les pièces scapulaires, les pièces costales supérieures et inférieures, et le bassin. La fig. 10 représente l'extrémité supérieure de la colonne vertébrale, et la figure 11 les surfaces supérieures des cinq pièces scapulaires, pour faire voir leur mode d'articulation avec les premiers osselets des bras. Dans la figure 12, ce sont les surfaces inférieures de la même série de plaques scapulaires, pour faire voir comment ces surfaces s'articulent avec les surfaces supérieures de la deuxième série des plaques costales que l'on voit dans la fig. 13. La fig. 16 est celle de la surface inférieure de la fig. 15, et cette surface s'articule avec la surface supérieure des pièces du bassin (fig. 17) dont la face inférieure se voit dans la fig. 18 et s'articule avec le premier article de la colonne vertébrale, fig. 10.

animaux supérieurs dont on leur a donné le nom. Dans toute la famille des crinoïdiens, on retrouve ce même système de pièces, variant quant au nombre, mais occupant la même place dans l'intervalle qui sépare la colonne et les bras de l'animal. Les détails de toutes ces variations spécifiques ont été admirablement exposés par M. Miller, et je renverrai à son excellent ouvrage tous ceux qui seraient désireux de le suivre dans l'analyse si hautement philosophique qu'il a faite de la structure des animaux de cette famille curieuse *.

* On voit figurée, dans notre planche 47, la restauration faite par M. Miller de deux autres genres. La figure 1 représente l'apiocrinites rotundus, ou encrinite-poire, avec ses racines ou la base par où elle se fixe, et les bras épanouis. La figure 2 représente la même espèce avec les bras contractés. On voit fixés sur la base, ou racine de ces deux grands individus, deux autres individus jeunes, et les troncs brisés de deux autres également jeunes; c'est ainsi que ces racines se trouvent fixées à la face supérieure de la grande roche calcaire de Bradford, près de Bath. Durant la vie de ces beaux zoophytes, leurs racines étaient confluentes, et recouvraient le fond de la mer, dans cette localité, d'un pavé mince, au dessus duquel leurs tiges et leurs branches étalées constituaient une forêt sous-marine d'une grande beauté. On rencontre quelquefois la tige et le corps reunis, comme ils l'étaient pendant la vie; les bras et les doigts sont au contraire presque toujours séparés : mais on en retrouve les fragmens dispersés sur l'espèce de pavé formé par les racines à la surface de la roche oolitique sous jacente.

La couche formée par ces débris si beaux a été recouverte par une épaisse couche d'argile. La figure 3 représente l'extérieur du corps et les articles supérieurs de la colonne, aux deux tiers environ de leur grandeur naturelle. La figure 4 est une coupe longitudinale des mêmes parties, destinée à faire voir la cavité viscérale et les grands espaces où sont admis les alimens entre les articles supérieurs plus élargis de la colonne.

La figure 5 est celle d'un actinocrinite à trente doigts, du calcaire carbonifère des environs de Bristol. D représente les bras latéraux auxiliaires qui sont fixés à la colonne dans cette espèce. On voit en B la base et les fibres qui servaient à la fixer au fond. Le corps est représenté (fig. 6) avec les doigts enlevés, pour faire voir les plaques pectorales, Q, et les plaques capitales, R, lesquelles forment une enveloppe au dessus de la cavité abdominale, et se terminent en une bouche, X, susceptible

Ces détails sur l'organisation des encrinites, que j'ai empruntés aux auteurs les plus estimés, prouvent que l'on pourrait étendre presque à l'infini de semblables observations, si l'on voulait étudier jusque dans les moindres détails chacune des nombreuses espèces de cette famille. Nous pouvons apprécier quelle fut leur importance numérique parmi les premiers habitans du globe, par les myriades sans nombre de leurs débris pétrifiés qui remplissent de si nombreux lits de calcaire des formations de transition, et qui constituent de vastes couches de marbre à entroques occupant des contrées étendues de l'Europe septentrionale et du nord de l'Amérique. La substance de ce marbre se compose souvent presque en entier d'osselets pétrifiés d'encrinites, comme un tas de blé se compose d'épis. Les hommes s'en servent pour construire leurs palais et pour décorer leurs tombeaux ; mais combien peu soupçonnent, combien peu surtout apprécient à sa juste valeur ce fait surprenant qu'une grande partie de la substance de ce marbre est formée par les squelettes de millions d'êtres organisés qui, à une certaine époque, ont eu toutes les jouissances de la vie compatibles avec leurs conditions d'existence, et qui, après avoir rempli l'emploi qui leur était assigné pour un temps dans l'économie générale de la nature vivante, ont contribué de leurs débris à grossir les masses montagneuses de la surface du globe *.

de s'alonger en trompe par la contraction de ses tégumens cuirassés. On voit, dans la figure 7, le corps d'une encrinite appartenant au Muséum britannique, et que Parkinson a figurée tom. II, planche 17, fig. 5, sous le nom de *nave-encrinite*. La bouche, dans cet échantillon, se voit également en x, et est séparée de la base des bras par une série de plaques qui constituent les tégumens extérieurs et supérieurs de l'estomac.

* On rencontre aussi des fragmens d'encrinites disposés irrégulièrement dans tous les dépôts de la période de transition, mêlés à des débris d'autres animaux marins contemporains.

Sur les espèces de crinoïdiens au nombre de plus de trente qui se sont si énormément développées pendant la période de transition, presque toutes se sont éteintes avant le dépôt du lias, et il n'y en a qu'une seule qui offre la colonne anguleuse des pentacrinites. A cette seule exception près, les crinoïdiens à colonne pentagonale commencent seulement d'abonder au commencement du lias, et elles ont continué d'exister sans interruption depuis lors jusqu'au moment actuel. Leurs diverses espèces, et même leurs genres, sont également limités quant à leur étendue. Ainsi la grande encrinite-lys (*E. moniliformis*) appartient au muschel-kalk, et l'apiocrinite aux étages moyens de la formation oolitique.

L'histoire physiologique de la famille des encrinites est d'une haute importance. Cette famille était représentée par de nombreuses espèces parmi les ordres les plus anciens de la création ; et leur organisation à ces époques reculées se montre élevée à un degré de perfection tout aussi haut, s'il ne l'est davantage, que celle des pentacrinites qui font partie avec nous de la création actuelle. Et, bien que la place qu'occupent ces êtres, à titre de zoophytes, soit l'une des dernières de la série animale, ils n'en sont pas moins organisés dans une harmonie parfaite avec cette condition inférieure, et cette perfection n'en est pas dans une opposition moins formelle avec la doctrine qui veut que la vie chez les animaux ait progressé depuis ses rudimens les plus simples jusqu'aux formes les plus élevées que nous lui voyions dans les espèces actuellement existantes, en passant par un développement continu de formes intermédiaires s'avançant de plus en plus vers la perfection. Ainsi toutes les fois que l'on comparera l'une des formes les plus anciennes du genre pentacrinite, la pentacrinite briarée du lias[*], avec les espèces fossiles de formations

[*] Pl. 51, 52, fig. 5, et pl. 53.

plus récentes, ou avec la pentacrinite tête de Méduse, qui vit actuellement dans la mer des Antilles [*], on verra ressortir dans l'organisation de cette espèce si ancienne un degré de perfection tout aussi grand, et un fini de combinaisons plus admirable encore dans les organes analogues, que l'on n'en observe chez aucune des espèces qui la représentent, soit parmi les fossiles d'une date plus récente, soit parmi les espèces qui vivent encore. /

Pentacrinites.

L'histoire de ces corps fossiles qui abondent dans les couches inférieures de la formation oolitique, et surtout dans le lias, a été éclairée d'une lumière toute nouvelle par la découverte de deux espèces de ce genre actuellement existantes, la pentacrinite tête de Méduse [**], et la pentacrinite d'Europe [***]. Quelques échantillons seulement de la première espèce ont été recueillis à de grandes profondeurs de la mer, aux Indes occidentales, et ils ont leur extrémité inférieure brisée comme si on les avait arrachés du point où ils étaient fixés sur le fond de la mer. Quant à la pentacrinite d'Europe [****], on l'a trouvée attachée à diverses espèces de sertulaires et de flustres, dans la baie de Cork, et en d'autres points des côtes de l'Irlande.

Les pentacrinites paraissent voisines de la famille actuelle des étoiles de mer; et elles semblent se rapprocher surtout de la comatule [*****]. Leur squelette constitue la plus grande partie de

[*] Pl. 52, fig. 2 et 2'.

[**] *Voyez* le Mémoire de M. T. W. Thompson sur le Pentacrinus europæus (1827). Cet auteur a reconnu depuis que c'est le jeune de la comatule.

[***] *Voyez* M. Miller, *Crinoïdea*, pl. 4 et p. 127.

[****] Pl. 52, fig. 4.

[*****] Pl. 52, fig. 4. — *Voyez* l'ouvrage de M. Miller, *Crinoïdea*.

la masse de leur corps. Dans les espèces actuelles, cette charpente solide est revêtue d'une enveloppe gélatineuse accompagnée d'un système musculaire destiné à déterminer les mouvemens de chacun des osselets; et, bien que ces parties molles aient entièrement disparu dans les espèces fossiles, leur existence nous est attestée par l'appareil qui se voit sur chacun des osselets pour l'insertion des fibres musculaires *.

Les phalanges calcaires qui constituent les doigts dans la pentacrinite d'Europe sont, de même que les tentacules, susceptibles de se contracter et de s'étendre dans tous les sens; parfois elles s'épanouissent comme les pétales d'une fleur; et d'autres fois elles s'enroulent et enveloppent la bouche comme les diverses pièces d'un bourgeon non encore ouvert. Ces organes ont pour but de saisir la proie et de la conduire à la bouche. Ainsi les habitudes des animaux actuellement existans nous font connaître les mouvemens et la manière de vivre des nombreux membres fossiles de cette famille; et nous y trouvons une preuve de plus de la validité du mode de raisonnement auquel nous sommes obligés d'avoir recours dans nos études sur les débris des espèces éteintes. Nous concluons en effet du temps présent aux temps passés et des dispositions mécaniques que nous observons dans les squelettes fossiles, nous concluons la nature et les fonctions des muscles destinés à imprimer à chaque os ses mouvemens.

Parmi les nombreuses espèces fossiles du genre pentacrinite, je vais choisir celle que le nombre extraordinaire de rayons auxiliaires ou bras latéraux que l'on voit le long de la colonne vertébrale a fait désigner sous le nom de pentacrinite briarée, et dont nos figures donneront une idée plus complète et plus

---

* *Voyez* les tubercules et les sillons qui existent à la surface des osselets, pl. 52, fig. 7, 9, 11, 13, 14, 15, 16, 17.

juste que ne pourraient le faire les descriptions verbales les plus étendues *.

Tige ou colonne vertébrale.

Les principes d'après lesquels est construite la partie supérieure de la tige des pentacrinites sont tout à fait analogues à ceux que nous avons décrits à propos de la même partie de la tige des encrinites **.

* *Voyez* pl. 51, fig. 1 et 2; pl. 52, fig. 5, et pl. 53.
La pl. 51 représente un échantillon isolé de la pentacrinite briarée, qui apparaissait en relief très saillant sur la surface d'une table du lias de Lyme-Regis, presque entièrement composée d'un amas d'individus de la même espèce. Les bras et les doigts sont très épanouis, et se rapprochent de la position que ces organes devaient prendre pour la recherche de leur nourriture. On ne voit des rayons accessoires qu'à la partie supérieure de la colonne vertébrale.
Les figures 1 et 2 de la pl. 53 représentent deux autres échantillons de la même espèce, qui forment de même un beau relief à la surface d'une table composée d'une masse de fragmens d'individus semblables. On voit, sur les tiges de ces deux échantillons, les rayons accessoires naître, dans leur position naturelle, des sillons qui séparent les arêtes de la tige pentagonale. Dans la pl. 52, fig. 1, les lettres $\frac{a}{F}$, $\frac{b}{F}$ désignent les pièces costales qui entourent la cavité du corps; H indique les pièces scapulaires avec les bras, les doigts et les tentacules qui en naissent.
Dans la figure 3 de la pl. 53, on voit les bras latéraux naître de la partie inférieure de la tige, et l'envelopper entièrement. La fig. 4 représente une autre tige sur laquelle, les bras latéraux étant enlevés, on aperçoit les sillons où ces appendices s'articulent dans l'intervalle des vertèbres. La figure 5 est celle d'une portion d'une autre tige légèrement tordue.
** Les vertèbres de la pentacrinite briarée sont des plaques alternativement plus épaisses et plus minces, séparées entr'elles par d'autres plaques encore d'un diamètre plus petit (pl. 53, fig. 8, et fig. 8ª, *a*, *b*, *c*). Les bords de ces dernières n'apparaissent au dehors que sur les arêtes de la colonne pentangulaire. Elles prennent à l'intérieur une épaisseur plus grande, et y forment une sorte de collier intervertébral, *c*, *c*, *c*.
On voit (pl. 52, fig. 4 et 5) une semblable alternance dans les plaques vertébrales du *pentacrinites subangularis*.

C'est parce que les articles qui constituent la tige présentent, vus de face, diverses modifications de la forme pentagonale et étoilée, que l'on a donné à ces êtres le nom d'astéries ou pierres étoilées (*star-stones*).

Ces surfaces horizontales offrent des séries variées de dentelures serrées, et qui sont reçues dans des sillons correspondans de la vertèbre suivante; et ces dispositions ont pour but de permettre la flexion de la colonne en tous sens, sans qu'il y ait risque de dislocation [*].

La racine de la pentacrinite briarée paraît avoir été faible, et facile à détacher du point où elle était fixée [**]. L'absence de

[*] Les rangées de tubercules que l'on voit à la surface extérieure de chacun des articles, dans les fragmens de colonnes représentés pl. 52, fig. 7, 9 et 11, indiquent l'origine et l'insertion des fibres musculaires qui imprimaient le mouvement à ces pièces osseuses; et, dans toutes les articulations, la manière dont les vertèbres s'ajustent par leurs bords crénelés est un principe de force et de flexibilité tout à la fois. Dans les fig. 11 et 13 de la planche 52, ces anneaux vertébraux (*d*) offrent cinq surfaces latérales d'articulation; et c'est par ces surfaces que les bras latéraux se fixent à la colonne vertébrale à de certaines distances les uns des autres, comme cela se voit dans la pentacrinite tête de Méduse, pl. 52, fig. 1.

Les doubles séries de stries, qui s'étendent du centre au sommet de chacun des cinq rayons de ces vertèbres stelliformes (pl. 52, fig. 6, 17 et pl. 53, fig. 9, 15), présentent des dispositions fort agréables, et qui diffèrent, non seulement dans les différentes espèces, mais aussi dans les différens points de la colonne vertébrale d'une même espèce; et c'est de ces dispositions que résulte le degré différent de flexibilité dont jouissaient séparément ces diverses parties.

[**] M. Miller décrit un nouvel échantillon de la pentacrinite tête de méduse, dans lequel les vertèbres des environs de la base sont en partie soudées, et ne jouissent que d'une flexibilité très faible en ce point où presque aucune flexion n'était nécessaire; mais plus haut les vertèbres s'amincissent, et on les voit prendre cette disposition dont nous avons déjà parlé, de pièces alternativement plus minces et plus épaisses, plus étroites et plus larges, et cette disposition devient de plus en plus sensible, à tel point que, vers le sommet, les vertèbres les plus minces ne paraissent plus que des sortes de lames membraneuses destinées à réunir entre

larges sécrétions solides, telles que celles de l'apiocrinite, par où cette espèce pût se fixer au fond d'une manière permanente, et ce fait qu'on la rencontre fréquemment en contact avec des masses de bois flotté converti en jais (pl. 52, fig. 3), nous conduit à penser qu'elle devait être douée de locomotion, et qu'elle pouvait s'attacher d'une manière temporaire à des corps flottans étrangers ou aux rochers du fond de la mer, soit à l'aide de ses bras latéraux, soit en se servant d'une petite racine articulée mobile *.

elles les vertèbres les plus développées. Le même auteur a remarqué, à la surface interne de chaque vertèbre, des traces produites par l'action de fibres musculaires contractiles.

    * L'échantillon figuré (pl. 52, fig. 5) provient du lias de Lyme-Regis ; il est fixé sur le côté d'une pièce d'un jais imparfait, qui faisait partie d'une couche mince de lignite contenue dans la marne liassique, entre Lyme-Regis et Charmouth.

    Dans presque toute l'étendue de cette couche, mademoiselle Anning a observé, d'une manière à peu près constante, les faits curieux que voici : La surface inférieure *seule* est recouverte d'une couche entièrement composée de pentacrinites, et d'une épaisseur qui varie de un à trois pouces. On trouve ces zoophytes dans une position à peu près horizontale, avec le pied dirigé vers la partie supérieure, et par conséquent vers la lignite elle-même. La plupart de ces pentacrinites sont si parfaitement conservées, qu'elles ont dû évidemment être ensevelies dans l'argile qui maintenant les enveloppe, avant que leur décomposition eût commencé. Il n'est pas rare de trouver de grandes tables longues de plusieurs pieds, à la surface *inférieure* desquelles seulement se voient des bras et des doigts de ces animaux fossiles, épanouis comme les plantes d'un herbier, tandis que la surface *supérieure* ne présente qu'un amas de tiges en contact avec la face inférieure de la lignite. Le plus grand nombre de ces tiges sont ordinairement parallèles entre elles, comme si elles avaient été entraînées dans une direction commune par le courant où elles ont flotté en dernier lieu.

    Ce fait de débris rassemblés immédiatement en *dessous* de la lignite, et jamais à sa surface supérieure, semble montrer que ces créatures se réunissaient par groupes nombreux, et se fixaient, comme nos anatifes modernes, à des masses de bois flottantes qui ont été ensevelies soudainement, ainsi que les animaux qu'elles portaient, dans la vase dont l'accumulation a produit la marne où se trouve enveloppé cet amas curieux de

Rayons accessoires ou bras latéraux.

Les bras latéraux deviennent de plus en plus petits à **mesure** qu'ils se rapprochent de l'extrémité supérieure de la colonne. **Dans** la pentacrinite briarée *, on en compte près de mille,

débris animaux et végétaux. On rencontre aussi dans le lias des fragmens de bois pétrifiés où sont fixés de nombreux groupes de moules, dans la position que prennent les moules modernes sur les pièces de bois flottant.

* Si nous supposons la portion inférieure de l'échantillon, pl. 53, fig. 2, *a*, réunie à la partie supérieure de la tige fracturée, fig. 3, nous aurons une idée exacte de la disposition que prenaient autour de la colonne les mille bras latéraux de cet animal, dont chacun n'avait pas moins de cinquante à cent articles, pl. 53, fig. 14. Le nombre des articles diminue graduellement à mesure que les bras sont plus voisins du sommet de la colonne vertébrale. Mais comme il y en a plus de cent dans un seul des bras les plus grands et les plus inférieurs (pl. 53, fig. 14), on peut, sans crainte d'exagération, prendre cinquante pour moyenne du nombre de ces pièces dans tout l'ensemble des bras.

Chacune de ces pièces s'articule avec la pièce adjacente par des moyens analogues aux tenons et aux mortaises qu'emploie l'art de la charpente, mais doués de mobilité; et les surfaces articulaires varient dans leur forme ainsi que les articles eux-mêmes, de façon à rendre d'autant plus facile le mouvement en tous sens, qu'ils se rapprochent davantage de l'extrémité du bras où le diamètre est le plus petit, pl. 53, fig. 14, *a*, *b*.

Tout l'ensemble de ce mécanisme délicat, que nous voyons se reproduire dans chacun des bras latéraux en particulier, nous semble disposé pour un double but, d'abord celui de fixer l'animal aux corps étrangers, puis celui de saisir la proie. Chacun des articles les plus grands qui entrent dans la composition de la colonne vertébrale donne naissance à cinq de ces bras; et l'on voit, dans la pl. 53, fig. 7, les bases où les premières phalanges de ces bras s'articulent avec la grande vertèbre qui les porte, en se dirigeant alternativement à droite et à gauche, afin d'y trouver une position plus commode pour les mouvemens qu'ils exécutent, sans se gêner mutuellement, et sans nuire à la flexion de la colonne elle-même.

Dans la pentacrinite tête de Méduse de l'époque actuelle (pl. 52, fig. 1), les bras latéraux (*d*) sont disposés d'espace en espace le long de la colonne vertébrale.

et ces organes si nombreux remplissaient, lorsqu'ils étaient épanouis, les fonctions de filets auxiliaires pour retenir la proie de l'animal, en même temps qu'ils lui servaient probablement aussi comme de grappins, pour se tenir amarré au fond, ou à des corps étrangers. Lorsque les eaux étaient agitées, ces bras se refermaient sans doute, et se tenaient couchés contre la colonne dans une position à exposer à l'action de l'élément le moins possible de leur surface; et il est probable qu'ils se fléchissaient, ainsi que la colonne et les bras, dans le sens du courant.

Estomac.

La cavité abdominale, ou estomac des pentacrinites*, se voit rarement conservée à l'état fossile; elle se composait d'une poche en forme d'entonnoir, d'un volume considérable, formée d'une membrane contractile que recouvraient extérieurement plusieurs centaines de petites plaques calcaires anguleuses. Cet entonnoir se terminait à son sommet par une petite ouverture qui constituait la bouche, et qui était susceptible de s'alonger en une trompe pour saisir la nourriture **. Cet organe est placé sur l'axe du corps, et entouré par les bras.

Corps, bras et doigts.

Le corps des pentacrinites, compris entre le sommet de la colonne et la base des bras, est petit, et composé du bassin et des articles costaux et scapulaires ***. Les bras et les doigts sont longs et étalés, et présentent des appendices ou tentacules

---

* Pl. 51, fig. 2.
** L'échantillon unique que nous avons figuré fait partie de la magnifique collection de sir James Johnson, à Bristol.
*** Pl. 51, pl. 52, fig. 1 et 3 ; pl. 53. fig. 2 et 6. E. F, II.

en grand nombre. Chacun des articles qui les composent est armé à son bord d'un petit tubercule ou crochet *, dont la forme varie, et qui était destiné à agir comme organe de préhension. Ces bras et ces doigts, lorsqu'ils étaient épanouis, devaient former un filet d'une étendue bien supérieure au filet des encrinites **.

Nous avons déjà vu que Parkinson a calculé que le nombre des osselets dans l'encrinite lys excède vingt-six mille. Ce même nombre dans les doigts et dans les tentacules de la pentacrinite briarée doit s'élever au moins à cent mille ; et si l'on y ajoute cinquante autres mille pour les osselets des bras latéraux, nombre de beaucoup trop petit, le nombre total des osselets sera de plus de cent cinquante mille. Et comme chaque os était muni de deux faisceaux de fibres musculaires au moins, l'un pour l'extension, l'autre pour la contraction, nous arriverons à ce résultat que l'organisation d'une seule pentacrinite renfermait cent cinquante mille pièces osseuses, et trois cent mille faisceaux fibreux, remplissant les fonctions de muscles, et constituant un appareil musculaire destiné à régler les mouvemens des pièces solides du squelette, ce qui surpasse en développement numérique tout ce que l'on connaît jusqu'ici dans la création tout entière ***.

Si nous observons avec quel soin, avec quelle exquise dé—

* Pl. 55 , fig. 17.

** La place qu'occupent les pentacrinites, dans la famille des échinodermes, nous conduit à penser que nous trouverons à la surface interne des doigts de petits pores analogues à ceux beaucoup plus visibles des ambulacres des oursins. Guettard les avait vus sans doute, car il parle d'orifices percés sur les phalanges terminales des doigts et des tentacules.

Lamarck dit aussi, en décrivant les caractères génériques des encrines : « Les branches de l'ombelle sont garnies de polypes ou de suçoirs disposés par rangées.

*** Tiedeman, dans sa Monographie des holothuries, des oursins et des astéries, fait voir que, dans l'étoile de mer, il existe plus de trois mille petits osselets.

licatesse a été construite l'organisation dans chacun des individus de cette espèce de pentacrinites, qui n'est elle-même
qu'un membre isolé parmi les espèces nombreuses de la famille
presque éteinte des crinoïdiens ; si nous comprenons dans ce
même coup d'œil tout l'ensemble des mécanismes analogues
qui caractérisent les autres genres et les autres espèces de cette
famille curieuse, nous nous sentirons pénétrés d'un étonnement sans bornes, en voyant que tant de soins minutieux ont
été accordés au bien-être de ces créatures qui n'occupaient
qu'une place si infime parmi les habitans des mers anciennes [*] ;
et l'étude de ces degrés inférieurs de l'animalité ne nous con-
vaincra pas moins irrésistiblement de la présence universelle et
de l'action directe d'une Puissance Créatrice, que ne le fait la
contemplation des combinaisons les plus élevées qu'il y ait dans
les mécanismes animaux, et dont l'ensemble nous est offert
dans le corps humain, ce chef-d'œuvre de la Création animale.

SECTION II.

DÉBRIS FOSSILES DE POLYPES.

Nous avons déjà dit, dans notre chapitre sur les couches de
la série de transition, que les polypiers sont au nombre de
leurs débris fossiles les plus abondans. Ces débris proviennent d'animaux que l'on a long-temps considérés comme
ayant des affinités avec les plantes marines, et qui ont été désignés pour cette raison sous le nom de zoophytes. Ordinairement ils sont fixés à la manière des plantes, et ils recouvrent
toutes les parties du fond des mers chaudes assez peu profondes pour que l'influence de la chaleur et de la lumière solaire puisse s'y faire sentir. Plusieurs espèces présentent des
ramifications dont la forme et l'aspect sont ceux de végétaux.
Ces corps coralliformes sont produits par des polypes très

----

[*] Voyez une note supplémentaire à la fin du volume.

voisins de l'actinie commune ou anémone de mer de nos côtes*. Il en est quelques uns, tels que les caryophyllies**, qui vivent isolés, et dont chaque individu se construit à lui-même une base et un support indépendant ; d'autres sont agrégés ou confluens, et vivent en commun sur une même base ou polypier, recouvert d'une mince couche gélatineuse, à la surface de laquelle sont disséminés les tentacules correspondant aux trous étoilés de la surface du polypier.

D'après Lesueur, qui les a observés dans les Indes occidentales, ces polypes, lorsqu'ils sont épanouis au fond de la mer, dans le calme des eaux, revêtent leurs demeures pierreuses d'une enveloppe nuancée des plus brillantes couleurs.

Leur corps gélatineux possède la faculté de sécréter le carbonate de chaux qui compose la base par où ils se fixent et les cellules où ils sont logés. Ces cellules calcaires ne persistent pas seulement pendant la vie des polypes qui les ont sécrétés, mais leur composition chimique est tellement analogue à celle du calcaire qu'elles continuent d'adhérer au fond de la mer après la destruction de l'animal qui les habitait. Ainsi une génération construit la base sur laquelle sera portée la génération qui doit suivre, et celle-ci à son tour doit fournir en quelque sorte les fondemens d'une construction nouvelle qu'élèvera une nouvelle génération, jusqu'à ce que, par une succession continue de constructions semblables, la masse tout entière atteigne la surface des eaux, et qu'une limite se trouve ainsi imposée à des accroissemens subséquens.

La tendance des polypes à se multiplier dans les eaux des climats chauds est telle, que le fond de toutes les mers tropicales fourmille de myriades sans nombre de ces petites créatures travaillant sans cesse à la construction de leurs habi-

* Pl. 54, fig. 4.
** Pl. 54, fig. 9 et 10.

tations si petites, mais en même temps si durables. Il n'y a presque pas, dans toutes ces latitudes, de roche sous-marine ni de cône ou de chaîne volcanique sous-marine qui ne constituent le noyau et les fondemens de quelque colonie de polypes appartenant surtout aux genres madrépore, astrée, caryophyllie, méandrine et millepore. Les sécrétions calcaires de ces petits animaux sont accumulées en d'énormes bancs ou *récifs de corail*, qui ont quelquefois jusqu'à plusieurs centaines de milles d'étendue ; souvent ils s'élèvent rapidement jusqu'à la surface, en des points où jusque là on n'en avait jamais soupçonné l'existence, et ils rendent ainsi dangereuse la navigation de plusieurs parties des mers tropicales *.

Si nous recherchons quelles sont dans l'économie actuelle de la nature les fonctions assignées aux polypes, nous voyons bientôt que c'est à eux, la classe la plus inférieure du règne animal, qu'a été départi l'office de nettoyer les eaux de la mer, et de les purger de toutes les impuretés les plus déliées qui auraient échappé même aux plus petits des crustacés. C'est ainsi que certaines tribus d'insectes, à leurs degrés divers d'accroissement, ont pour mission de trouver leur nourriture dans les impuretés qui résultent sur la surface terrestre de la décomposition des matières animales et végétales **. Ce système

---

* On trouve, dans les Voyages de Peron, de Flinders, de Kotzebue et de Beechy, des observations intéressantes sur l'étendue et le mode de formation de ces récifs de corail ; et le docteur Kidd, dans son *Geological Essay*, ainsi que M. Lyell, dans ses *Principles of Geology* (3ᵉ édit., t. 3), ont fait une application admirable de ces particularités de l'histoire des polypiers modernes à l'illustration des phénomènes géologiques.

** M. de La Bèche fait observer que les polypes de la caryophyllie de Smith (pl. 54, fig. 9, 10 et 11) dévorent des débris de poissons et de petits crustacés ; et il en a nourri ainsi quelques individus à Torquay. Les polypes saisissaient ces alimens avec leurs tentacules, et la digestion s'opérait dans le sac central qui constitue leur estomac.

paraît avoir été suivi sans interruption depuis que la vie a commencé dans les mers les plus anciennes, et pendant toute cette longue série d'âges dont la durée nous est attestée par les successions diverses d'animaux et de végétaux dont les dépouilles sont ensevelies dans les couches de l'écorce du globe. Dans toutes ces couches en effet les habitations calcaires des polypes, de ces créatures en apparence si petites et de si peu d'importance, se sont accumulées en de vastes et puissantes masses qui ont grossi l'ensemble des matériaux solides du globe; et elles nous offrent un exemple frappant de l'influence qu'ont eue les animaux sur la condition minérale de notre planète*.

Si, dans l'investigation des phénomènes naturels, il pouvait se rencontrer un fait qui fût plus digne d'admiration qu'un autre fait, ce serait peut-être cette étendue infinie, cette importance immense de choses en apparence si petites et si dépourvues de toute valeur. Si j'entreprends de décrire l'insecte plus petit qu'une mite que je vois courir à la surface de cette

---

* Plusieurs des genres actuels de polypiers se rencontrent dans la série de transition, et M. de La Bèche a remarqué avec justesse (*Manuel de Géologie*, p. 458 de la traduction française) que partout où se trouve un amas de polypiers assez considérable pour justifier le nom de *banc* ou de *récif de corail*, les deux genres astrée et caryophyllie en font partie, et que ces genres sont encore au nombre des architectes les plus actifs des bancs de corail dans les mers actuelles.

Une grande partie du calcaire que l'on désigne sous le nom de calcaire à polypiers (*coral rag*), et qui forme les plaines élevées de Bullington et de Cunmer, ainsi que les collines de Wytham, sur trois des côtés de la vallée d'Oxford, est rempli par des lits continus, et des amas de polypiers pétrifiés de diverses espèces, conservant encore la position dans laquelle leur accroissement a eu lieu au fond de quelque mer ancienne, de la même manière que se forment maintenant les bancs de coraux dans les régions intertropicales des océans modernes.

Les mêmes couches de polypiers fossiles remplissent les montagnes calcaires du nord-ouest de Berkshire, et du nord de Wilts, et on les voit encore autant ou plus puissantes dans le Yorkshire, et sur les sommets élevés de l'ouest ou du sud-ouest de Scarborough.

feuille de papier où j'écris, il m'est tout aussi impossible de me faire une idée juste de la délicatesse de ses fibres musculaires, ou des petits vaisseaux qui servent à sa nutrition, qu'il m'est impossible d'embrasser dans ma pensée l'immensité de l'univers *. L'organisation du plus petit des infusoires résiste plus aux efforts de notre intelligence pour la comprendre que ne le

* D'après Ehrenberg, les infusoires, que jusqu'à lui on avait regardés comme à peine organisés, possèdent une structure interne qui rappelle celle des animaux les plus élevés. Il leur a trouvé des muscles, des intestins, des dents, des glandes de diverses sortes, des yeux, des nerfs, des appareils de reproduction mâle et femelle. Il a vu qu'il y en a dont les petits naissent vivans, d'autres qui se reproduisent par des œufs, et quelques uns par une division spontanée de leur corps en deux ou plusieurs animaux distincts. Ils ont une puissance de reproduction telle qu'un seul individu (hydatina senta) en a produit un million en dix jours, quatre millions en onze jours, et seize millions en douze jours. Le résultat le plus étonnant de ses observations, c'est que les plus petites taches colorées du corps du *monas termo* (lequel n'a en diamètre que $\frac{1}{2000}$ de ligne) n'ont qu'un 48000 de ligne, et que l'épaisseur de la membrane stomacale doit être comprise entre $\frac{1}{4800000}$ et $\frac{1}{6400000}$ de ligne. Or cette peau elle-même doit contenir des vaisseaux d'un diamètre encore moindre, et dont il devient impossible de calculer les dimensions. (*Abhandlungen der Academie der Wissenschaften zu Berlin, 1831.*) Ehrenberg a décrit et figuré plus de 500 espèces de ces animalcules : la plupart ne se rencontrent que dans certaines infusions végétales déterminées ; quelques unes seulement se montrent dans presque toutes les infusions. Un grand nombre de végétaux en produisent à la fois plusieurs espèces, dont quelques unes se propagent avec plus de rapidité que les autres dans certaines de ces infusions. Tout le monde sait avec quelle promptitude apparaissent et se propagent les animalcules dans l'infusion de poivre, et ce cas suffit à donner une idée de tous les autres.

Ces observations des plus curieuses jettent d'importantes lumières sur la question des générations équivoques, question si obscure et depuis si long-temps en litige. Ce fait bien connu que des animalcules de caractères déterminés apparaissent dans les infusions animales et végétales préparées avec de l'eau distillée en reçoit une explication probable; et les infusoires ne paraissent pas différer beaucoup des autres animaux quant aux principes qui président à leur propagation. Ce qu'ils offrent sous ce point de vue de plus remarquable, c'est qu'ils présentent, réu-

fait celle de la baleine ; et un résultat auquel nous sommes conduits, comme terme de tous nos travaux , c'est la conviction que les opérations les plus grandes et les plus importantes de la nature sont produites par l'action d'atomes trop petits pour que l'œil de l'homme puisse les saisir, ou pour que son intelligence elle – même puisse y atteindre.

Nous ne pouvons mieux terminer ce coup d'œil jeté à la hâte sur l'histoire des polypiers fossiles qui se montrent

nis dans une seule famille, les trois modes de reproduction vivipare, ovipare ou scissipare.

Ce qu'il est difficile d'expliquer, c'est comment les œufs ou le corps d'individus , déjà précédemment existans , peuvent trouver accès dans chaque infusion ; mais cette explication est déjà facilitée par les faits analogues que présentent plusieurs champignons que l'on voit naître , sans aucune cause apparente , partout où une matière animale ou végétale se trouve exposée à la décomposition sous certaines conditions de température , d'humidité. Fries explique la production subite de ces végétaux par l'hypothèse que des sporules légers et presque invisibles , dont il a compté plus de 10 000,000 dans un seul individu, sont continuellement en suspension dans l'air, et vont se déposer sur tous les points. La plus grande partie de ces corpuscules demeure stérile , parce qu'elle ne rencontre pas des conditions convenables ; ceux au contraire qui trouvent ces conditions se développent avec rapidité, et donnent eux-mêmes naissance à d'autres sporules destinés à remplir les mêmes fonctions.

On peut expliquer de même la reproduction des infusoires. L'excessive petitesse des œufs et du corps de ces animalcules leur permet sans doute de flotter dans l'air de la même manière que les sporules invisibles des champignons, après que diverses causes, et peut-être l'évaporation elle-même , leur ont fait quitter la surface des liquides où ils se sont formés. Chaque goutte d'eau qui s'évapore d'un étang ou d'un fossé, pendant l'été, entraîne peut-être avec elle des millions de ces œufs ou de ces corps desséchés , pour les dissiper dans l'atmosphère, comme les atomes qui constituent la fumée. Puis ces corpuscules reprendront vie dès qu'ils seront tombés dans quelque milieu qui leur transmette l'excitation nécessaire. M. Ehrenberg en a trouvé dans le brouillard, dans l'eau de pluie, dans la neige.

Si le grand océan aérien qui entoure le globe est ainsi chargé de principes de vie flottant continuellement en compagnie des atomes que

depuis les roches de transition les plus anciennes jusque dans nos mers actuelles, que par les paroles suivantes dans lesquelles M. Ellis a exprimé les sentimens que firent naître dans son esprit ses belles recherches sur l'histoire des polypes vivans.

« Et maintenant, tout cela une fois posé comme vrai, à quelle conclusion tous ces travaux doivent-ils nous conduire? Tout ce que je puis répondre, c'est que, dans ces recherches auxquelles je viens de me livrer, des scènes toutes nouvelles se sont déroulées sous mes yeux, qui ont ravi mon esprit d'admiration et d'étonnement à la contemplation de cette diversité, de cette étendue avec laquelle la vie est distribuée dans l'univers. Or si tels ont été les sentimens qu'ont excités en moi les faits que je viens de rapporter, et ces merveilles de la nature animée sur des points dont on n'avait pas même jusqu'ici soupçonné l'existence, sans doute ils exciteront dans d'autres esprits que le mien des idées agréables, sans doute des esprits plus savans et d'une pénétration plus irrésistible y trouveront plus tard encore de nouveaux faits à reconnaître, et de nouvelles preuves à découvrir, s'il en était besoin, d'une Volonté

nous voyons scintiller dans un rayon de lumière, et prêts à se ranimer aussitôt qu'ils auront rencontré un milieu favorable à leur développement, cette condition de l'atmosphère constitue un ensemble de dispositions calculées pour la dissémination presque indéfinie de l'élément vital dans les liquides de la surface actuelle du globe ; et cet ensemble de dispositions se trouve en harmonie avec la population qui fourmillait dans les eaux de l'ancien globe, population qui nous est attestée par les myriades de débris microscopiques auxquels nous avons déjà eu l'occasion de faire allusion (section VIII, p. 338).

M. Lonsdale a tout récemment découvert que la craie de Brighton, de Gravesend, et des environs de Cambridge, est remplie de coquilles microscopiques. On peut en détacher des milliers d'un seul petit bloc, en le grattant sous l'eau avec une brosse à ongles. Le même observateur a reconnu, parmi ces coquilles, des quantités immenses de valves de cypris marins (cytherines), et seize espèces de foraminifères.

unique, infinie, d'une Toute-Puissance qui a créé, et qui maintenant conserve ce Grand Tout dans sa beauté et dans sa perfection. De là nous conclurons que si des créatures d'un degré aussi inférieur dans la grande échelle de la nature ont été ainsi douées de facultés qui leur permettent de remplir leur sphère d'action d'une manière aussi complète, nous pareillement, qui avons été placés à tant de degrés plus haut, nous nous devons, et à LUI qui nous a faits, nous et tout ce qui existe, de tendre sans cesse et de tous nos efforts vers ce degré de rectitude et de perfection auquel nos facultés nous donnent le pouvoir d'atteindre.» — Ellis, *on Corallines*, p. 103.

CHAPITRE XVIII.

Preuves d'un plan primitif, tirées de la structure des végétaux fossiles.

SECTION I.

HISTOIRE GÉNÉRALE DES VÉGÉTAUX FOSSILES.

L'histoire des végétaux fossiles, dans ses rapports avec l'objet du présent ouvrage, demande à être considérée sous un double point de vue. Le premier se rapporte à l'influence qu'exercent sur la condition actuelle de l'espèce humaine les plantes maintenant converties en charbon fossile, qui revêtirent la surface ancienne du globe* : nous avons déjà exposé briè-

* *Voy.* chap. VII, p. 55.

vement ce sujet dans un des chapitres précédens ; le second a trait à l'histoire et à la structure des espèces qui constituaient anciennement le règne végétal.

Il paraît que vers les mêmes époques de l'histoire des stratifications où se sont accomplis les changemens les plus remarquables dans l'ensemble du règne animal, des changemens correspondans se sont manifestés dans les caractères des végétaux fossiles.

Si nous comparons les lois qui ont dirigé les divers systèmes de végétation qui se sont succédé sur les surfaces anciennes de notre globe avec celles dont l'influence règle et coordonne la végétation actuelle, nous verrons s'ouvrir à notre activité tout un vaste et nouveau champ de recherches à faire. S'il résultait de cette investigation que les familles dont se compose notre Flore fossile furent organisées d'après des principes identiques avec ceux qui règlent le développement des plantes actuelles, ou tellement analogues, que leur ensemble ne constitue qu'un seul et même grand code de lois destinées à la coordination universelle de la vie ; nous y trouverions un anneau de plus de cette chaîne d'argumens que nous fournit l'étude de l'intérieur du globe, pour démontrer l'unité de l'Architecte intelligent et puissant qui présida à la construction du monde matériel tout entier.

Nous avons vu que les premiers débris animaux que l'on ait observés jusqu'ici ont appartenu à des espèces marines : et comme l'existence d'une espèce animale quelconque implique l'existence antérieure ou au moins contemporaine d'espèces végétales destinées à lui fournir un principe d'alimentation, nous pouvions *à priori* poser comme probable cette conclusion qu'est venue confirmer l'observation, que des plantes marines devaient exister dans les couches où se rencontrent ces animaux les plus anciens, et se continuer depuis cette époque dans toutes les formations d'origine marine. M. Adolphe Brongniart a fait voir, dans son admirable *Histoire des végétaux fossiles*[*], que la *végétation sous-marine* actuelle semble se partager en trois grandes divisions, en rapport jusqu'à un certain point avec les trois zones glaciale, tempérée et torride ; et qu'une distribution analogue se fait remarquer dans les algues submergées fossiles, d'après laquelle on trouve dans les formations géologiques les plus basses et les plus anciennes des genres voisins de ceux qui abondent maintenant dans les climats les plus chauds, tandis que les formes de la végétation sous-marine qui se succèdent les unes aux autres dans les périodes secondaire et tertiaire semblent se rapprocher davantage de celles de nos climats actuels à mesure qu'elles appartiennent à des couches d'une formation plus récente [**].

Une revue générale des débris de végétaux terrestres qui

---

[*] In-4. Paris, 1828.

[**] *Voy.* M. Ad. Brongniart, *Histoire des végétaux fossiles*, t. I, p. 47. — Le docteur Harlan, dans le Journal de l'Académie des sciences naturelles de Philadelphie, 1831, et M. R. C. Taylor, dans le Magasin d'Histoire naturelle de Loudon, janvier 1834, ont fait connaître de nombreux dépôts de *fucoïdes* qui se montrent par couches minces fréquentes dans les terrains de transition de l'Amérique du Nord, et qui s'étendent sur une longue étendue du flanc-est de la chaîne des Alleghanys. L'espèce la plus abondante est celle que le docteur Harlan a désignée sous le nom de *fucoïdes alleghaniensis*. M. R. C Taylor a trouvé des dépôts étendus de fucus fossiles dans la grawacke de la Pensylvanie centrale. On a trouvé, dans une localité, sept couches de végétaux différens dans une épaisseur de quatre pieds ; et sur un autre point, on en a rencontré jusqu'à cent dans une épaisseur de vingt pieds seulement (*Journal de Jameson*, juillet 1835, p. 185). J'ai vu aussi des fucoïdes en grande abondance dans le schiste traumatique (*grawacke-slate*) des Alpes maritimes, sur plusieurs points de la nouvelle route de Nice à Gênes ; et j'ai rencontré une fois, et cela dans un puits, à Cheltenham, de petits fucoïdes dispersés en grande abondance dans du schiste de la formation liassique. Le *fucoïdes granulatus* se voit dans le lias de Lyme-Regis, et à Boll dans le Wurtemberg ; et le *fucoïdes Targionii* dans le sable vert supérieur des environs de Bignor, dans le comté de Sussex.

peuplent les trois grandes divisions des formations géologiques stratifiées nous fait voir qu'ils se partagent en des groupes dont chacun indique que la surface de la terre a subi la même diminution progressive de température que la végétation sous-marine nous annonce s'être accomplie au fond des mers. Ainsi, dans les couches de la série de transition, nous voyons s'associer quelques unes des formes *actuelles* de plantes *endogènes**, et particulièrement des fougères et des équisétacées, avec certaines familles *éteintes d'endogènes* et *d'exogènes* que quelques botanistes modernes ont considérées comme indiquant un climat plus chaud que ne l'est de nos jours celui des tropiques.

Dans les formations secondaires, les espèces de ces familles les plus anciennes sont devenues beaucoup moins nombreuses ; et un grand nombre de genres et même des familles ont entièrement disparu. En même temps deux familles qui comprennent plusieurs des formes végétales actuellement existantes, et qui étaient rares dans la formation carbonifère, les *cycadées* et les *conifères*, prennent un accroissement considérable. L'ensemble de caractères qu'offrent les groupes qui constituent ces deux séries indiquent un climat dont la température était à peu près la même que celle qui règne maintenant entre les tropiques.

Dans les dépôts tertiaires, la plus grande partie des familles de la première série disparaissent, ainsi que plusieurs de celles de la seconde; et une végétation *dicotylédone ** plus com-

---

* On désigne sous le nom d'*endogènes* les plantes dont les tiges s'accroissent par une addition de parties se faisant de l'intérieur à l'extérieur. Les *exogènes*, au contraire, sont celles dont l'accroissement se fait par des parties qui s'ajoutent à l'extérieur de la plante.

** On désigne sous le nom de plantes monocotylédones celles dont l'embryon n'offre qu'un seul cotylédon ou lobe; telle est la graine du lys ou de l'ognon. Les plantes dicotylédones sont celles dont l'embryon

pliquée prend la place des formes plus simples qui avaient prédominé pendant la durée des deux périodes précédentes. Aux calamites gigantesques ont succédé des équisétacées plus petites ; les fougères sont réduites aux proportions numériques faibles et à la petite taille que nous leur voyons sur les limites méridionales de nos climats tempérés. La présence des palmiers nous atteste que la température ne descendait jamais jusqu'à un froid de quelque intensité ; et tout l'ensemble des caractères généraux s'accorde à nous indiquer un climat très approchant de celui des bords de la Méditerranée.

Nous devons aux travaux de Schlotheim, de Sternberg et d'Ad. Brongniart, d'avoir posé les fondemens d'un arrangement systématique des plantes fossiles, grace auquel, en nous aidant des analogies que nous offrent les plantes récentes, nous pourrons aborder la question ardue de la nature de l'ancienne végétation du globe , durant les périodes où se formaient les couches qui constituent son enveloppe.

Il est peu de personnes qui soient au courant des témoignages qui nous ont conduits , après une longue incertitude, à une solution certaine de la question si long-temps en litige de l'origine végétale de la houille. Il n'est pas rare que nous rencontrions parmi les cendres qui tombent des grilles où nous brûlons de la houille , des traces de plantes fossiles dont toute

présente deux lobes, comme une fève ou une graine de café. Les tiges des plantes monocotylédones sont toutes des tiges endogènes, c'est-à-dire qu'elles s'accroissent de l'intérieur à l'extérieur par des faisceaux vasculaires contenus dans une masse de tissu cellulaire, et que leur volume s'augmente par une addition de substance qui a lieu du centre à la circonférence : tels sont les palmiers, les cannes , les liliacées. Les tiges des plantes dicotylédones sont toutes exogènes , c'est-à-dire qu'elles s'accroissent par addition de couches concentriques se formant vers l'extérieur. Ces couches constituent des anneaux dont chacun indique l'accroissement total d'une année : c'est ce qui a lieu dans le chêne et dans les autres arbres forestiers de nos climats.

la substance a été pénétrée par de la vase, à l'époque où elles sont tombées dans la masse végétale à laquelle la houille doit son origine, et dont les formes sont reproduites par l'argile ou le sable qui s'y est introduit, de la même manière que les formes intérieures d'un moule sont reproduites par la matière que l'on y verse.

M. Hutton a découvert tout récemment une preuve encore plus décisive de l'origine végétale de la houille, même la plus complètement convertie en bitume. Il a fait connaître en effet que si l'on réduit en lames minces, pour les soumettre au microscope, l'une quelconque des trois variétés de houilles qui se trouvent aux environs de Newcastle, on y reconnaît une structure végétale plus ou moins évidente *.

* « Si l'on prend au hasard un échantillon quelconque de ces variétés de houille, dit M. Hutton, on y reconnaîtra une structure végétale plus ou moins apparente, ce qui suffirait pour démontrer, de la manière la plus complète, l'origine végétale de la houille, alors même qu'il n'en existerait aucune autre preuve.

» Chacune de ces trois sortes de houille, outre la fine réticulation que l'on y distingue, et qui est due à ce que sa texture est d'origine végétale, offre d'autres cellules remplies d'une substance légèrement colorée en brun jaune, d'une nature probablement bitumineuse, assez volatile pour être entièrement expulsée par la chaleur avant qu'aucun changement ait encore eu lieu dans les autres élémens constituans de la houille. Le nombre et l'aspect de ces cellules diffèrent suivant les diverses variétés de la houille. Dans la houille grasse (*caking coal*), les cellules en question sont comparativement peu nombreuses et de forme très alongée; dans les portions les plus fines de cette houille, là où la forme rhomboïdale des fragmens indique une cristallisation plus complète, les cellules sont complètement oblitérées.

» La houille schisteuse offre deux sortes de cellules remplies également d'une substance bitumineuse jaune : les unes sont de la nature de celles que nous avons déjà mentionnées dans la houille grasse (*cakink coal*) ; les autres sont plus petites, réunies par groupes, et de forme sphéroïdale alongée.

» Les diverses variétés de houille et que l'on désigne à Newcastle sous les noms de *cannel*, de *parrot*, de *splentcoal*, n'offrent jamais la

Pour mettre cette question dans un jour encore plus complet, nous ajouterons ici une courte description de la manière dont les débris végétaux sont disposés dans les couches carbonifères de deux gisemens de houilles fort importans, celui de Newcastle dans le nord de l'Angleterre, et celui de Swina en Bohême, au N.-O. de Prague.

Le gisement houiller de Newcastle fournit en ce moment de riches matériaux à la Flore de la Grande-Bretagne, que publient en commun M. le professeur Lindley et M. Hutton. Les végétaux de la formation houillère de la Bohême forment la base de la *Flore du monde primitif*, du comte Sternberg, dont la publication a été commencée à Leipsick et à Prague en 1820.

D'après MM. Lindley et Hutton (Flore fossile, t. 1, p. 16), « il y a des lits de schistes et de schistes argileux où abondent plus que partout ailleurs ces débris curieux d'un monde plus ancien , et dont les particules déliées ont été comme une cire sur laquelle se sont empreintes et conservées dans toute leur perfection et dans toute leur beauté les formes les plus délicates

structure cristalline si apparente dans la bonne houille grasse ; rarement on y trouve la première espèce de cellules, et toute la surface se compose d'une série presque continue de cellules de la seconde espèce remplies de matière bitumineuse, et séparées entre elles par de minces cloisons fibreuses. M. Hutton regarde comme fort probable que ces cellules proviennent de la texture réticulaire de la plante mère, structure qui est devenue plus confuse par la pression énorme à laquelle a été soumise la matière végétale. »

L'auteur ajoute que, bien qu'en général les variétés de houilles cristallines et non cristallines, ou, en d'autres termes, parfaitement ou imparfaitement minéralisées, se rencontrent généralement dans des couches séparées, il est néanmoins facile de rencontrer des échantillons où les deux variétés se trouvent réunies sur une étendue d'un pouce carré. De ce fait , ainsi que de la position constamment la même où ces échantillons se trouvent dans les mines , on est conduit à rapporter les différentes variétés de la houille à des différences dans les plantes auxquelles ces variétés doivent leur origine. — *Proceedings of geological Society. London and Edimb. Philosoph. Mag.*, 5ᵉ série, t. II, p. 302. Avril 1833.

qui entrent dans la structure organique des végétaux. S'il arrive que ce soit un schiste qui constitue le toit d'un banc de houille propre à être exploité, ainsi que cela a lieu généralement, nous y trouvons à faire la plus abondante moisson de fossiles; et peut-être n'est-ce pas tant par suite de quelque circonstance particulière à ces sortes de lits que parce que nous les connaissons sur une plus grande étendue et que nous les étudions davantage. Le dépôt principal n'est pas en contact immédiat avec la houille, mais il en est séparé par une distance de douze à vingt pouces; et il y en a dans cette position une quantité si immense qu'il n'est pas rare qu'elle soit la cause d'accidens sérieux en détruisant l'adhésion du lit de schiste, qui se sépare et tombe après que le travail du mineur a enlevé la houille qui le supportait. Lorsqu'il s'est fait une chute considérable de cette nature, c'est chose curieuse à voir que la voûte de cette mine recouverte de ces formes végétales dont quelques unes sont d'une beauté et d'une délicatesse parfaites; et tout observateur est frappé de la confusion extraordinaire avec laquelle sont dispersés ces restes brisés, et de la puissante action mécanique dont ils nous fournissent d'abondans témoignages. »

On rencontre dans les autres gisemens houillers de la Grande-Bretagne une abondance pareille de restes végétaux distinctement conservés. Mais l'exemple le plus remarquable que j'en aie encore observé, c'est celui des mines de Bohême que j'ai déjà citées. Les peintures de feuillages les plus exquises qui recouvrent les lambris des palais de l'Italie ne peuvent entrer en comparaison avec la belle profusion des formes végétales éteintes qui tapissent les galeries de ces mines de houille; c'est un dais d'une magnifique tapisserie, qu'enrichissent des festons d'un gracieux feuillage jetés sans règles et avec une sorte de profusion sauvage sur tous les points de sa surface. Ce qui en rehausse encore l'effet, c'est le contraste de la couleur noir de jais de ces végétaux avec la teinte pâle du fond, que forme la roche à laquelle ils sont fixés. Le spectateur se sent transporté comme par enchantement dans les forêts d'un autre monde; il y est entouré d'arbres de formes et de caractères maintenant inconnus à la surface du globe, et qui s'offrent à son admiration dans toute la beauté et la vigueur de leur vie primitive. Leurs troncs écailleux, leurs branches inclinées avec toutes les délicatesses de leur feuillage, s'étalent devant lui, à peine altérés par les âges sans nombre qu'ils ont traversés pour arriver jusqu'à nous; ils sont là comme des témoins fidèles de systèmes de végétation qui ont eu leur commencement et leur fin à des époques dont, sortant de leur linceul de pierre, ils viennent en quelque sorte nous raconter la véridique histoire.

Tels sont les grands herbiers de la nature où, dans des conditions de notre planète qui n'existent plus, se sont conservés les restes les plus anciens du règne végétal, avec une perfection qui laisse à peine quelque chose à regretter de leurs formes vivantes.

SECTION II.

*Végétaux de la série de transition *.*

Les débris végétaux sont des plus nombreux dans les dépôts les plus récens de la période de transition, dépôts qui constituent la formation houillère; et ils nous offrent des témoignages décisifs sur la condition du règne végétal à cette époque ancienne de l'histoire de l'organisation.

Nous ferons mieux ressortir la nature de ces témoignages

* Pl. 4, fig. 1, 15.

en prenant pour exemple quelques uns des genres nombreux
de plantes fossiles que nous trouvons conservés dans les
couches de la série carbonifère, et en commençant par ceux
qui ont vécu également dans les conditions les plus anciennes
et dans les conditions actuelles de la végétation.

Equisétacées.*

Les équisétacées sont des végétaux dont nous trouvons actuellement un exemple bien connu dans les prèles, ou *queues de
cheval*, qui croissent sur le bord des fossés et des marais. C'est
une famille qui s'étend depuis la Laponie jusqu'à la zone torride. Les espèces en sont nombreuses dans la zone tempérée ;
elles décroissent en nombre et en hauteur, à mesure qu'elles
se rapprochent des régions froides, tandis qu'elles atteignent
leur développement le plus complet dans les régions chaudes
et humides des tropiques, où leurs espèces ne sont que peu
nombreuses.

M. Ad. Brongniart** partage les équisétacées fossiles en
deux genres : l'un, qui a tous les caractères des équisétacées actuelles, ne se rencontre que rarement à l'état fossile ; l'autre est
au contraire fort abondant ; il diffère considérablement du précédent quant à ses formes , et il atteint souvent une taille inconnue dans les équisétacées modernes ; c'est le genre *calamites* ***, genre répandu partout en abondance dans la formation

---

* Pl. 1, fig. 2.

** *Histoire des végétaux fossiles*, 2ᵉ livraison.

*** Les calamites sont caractérisées par des tiges cylindriques grosses
et simples, articulées de distance en distance, mais dans lesquelles *la
gaine manque*, ou présente des formes inconnues chez les équisétacées actuelles ; parfois on voit , tout autour de leurs articulations, des
traces de rameaux verticillés. Les feuilles ne sont point articulées ; mais
le principal caractère qui les distingue des équisétacées, c'est leur hauteur

houillère la plus ancienne, mais qui ne se rencontre plus que rarement dans les âges inférieurs de la série secondaire, et qui manque totalement dans les formations tertiaires, aussi bien qu'à la surface actuelle du globe.

Le même accroissement dans les dimensions, qui se manifeste dans les équisétacées modernes à mesure qu'elles se rapprochent de l'équateur, se montre donc dans les espèces fossiles, à mesure qu'elles se rencontrent dans des couches d'une antiquité plus reculée, sans que l'on y observe aucune relation avec les latitudes auxquelles appartiennent ces formations. M. Ad. Brongniart (*Prodrome*, p. 167) énumère douze espèces de calamites et deux espèces d'équisétacées, dans la liste qu'il donne des plantes du groupe carbonifère.

Fougères *.

La famille des fougères est la plus nombreuse des cryptogames vasculaires **, dans la flore actuelle comme dans la flore fossile. Ce que nous savons de la distribution géographique

et leur diamètre ; cette dernière dimension excède quelquefois six et sept pouces, tandis que dans les équisétacées modernes, elle dépasse rarement un demi-pouce. Le muséum de Leeds s'est enrichi tout dernièrement d'une calamite de quatorze pouces de diamètre.

* Pl. 1, numéros 6, 7, 8, 37, 38, 39.

** Les fougères se distinguent de tous les autres végétaux par le mode particulier de division et de distribution des nervures des feuilles ; et celles de leurs espèces qui sont arborescentes se reconnaissent à leurs troncs cylindriques dépourvus de branches, en même temps qu'à la disposition régulière et à la forme des cicatrices qu'ont laissées sur la tige les pétioles des feuilles tombées. C'est sur le premier de ces caractères que M. Ad. Brongniart a fondé principalement la classification des fougères fossiles, car il eût été impossible de leur appliquer le système adopté pour l'arrangement des genres actuellement existans, puisqu'il repose surtout sur les dispositions diverses de la fructification, et que ces organes sont rarement conservés à l'état fossile.

des fougères actuelles, par rapport à la température, nous met à même d'apprécier, jusqu'à un certain point, les renseignemens que nous fournissent les caractères des fougères fossiles sur l'état et les conditions climatériques de la surface ancienne de notre globe.

Le nombre total des espèces de fougères connues est d'environ 1,500 ; ces espèces se partagent en trois groupes sous le point de vue de leur distribution géographique.

Le premier groupe comprend les fougères des zones froides et tempérées de l'hémisphère nord ; il se compose de 144 espèces.

Le second, celles de la zone tempérée du sud, renfermant le cap de Bonne-Espérance, une partie de l'Amérique du Sud, la portion extra-tropicale de la Nouvelle-Hollande et de la Nouvelle-Zélande. On y compte 140 espèces.

Enfin le troisième groupe s'éloigne de l'équateur jusqu'à 30 ou 35° au nord et au sud ; il renferme 1,200 espèces.

La comparaison du nombre des fougères avec l'ensemble des autres végétaux nous donnera une idée de l'importance relative de cette famille, par rapport au district ou à la période que nous étudierons. Ainsi, dans le nombre total des espèces actuelles connues, les phanérogames entrent pour 45,000, les fougères pour 1,500 ; le rapport est celui de 30 à 1. En Europe, ce nombre varie depuis 35 : 1, jusqu'à 80 : 1 ; moyenne, 60 : 1. Quant aux contrées intertropicales, M. de Humboldt estime que ce rapport est celui de 36 à 1 pour l'Amérique équinoxiale ; et M. Brown donne 20 : 1 comme exprimant le rapport du nombre total des végétaux à celui des fougères, dans les parties des régions intertropicales qui sont les plus favorables au développement de ces dernières [*].

---

* Appendice à l'expédition de Tuckey au Congo, p. 42.

D'après **M. Brown** *, les circonstances les plus favorables à l'accroissement des fougères sont l'humidité, l'ombre et la chaleur. Ces diverses circonstances se rencontrent souvent combinées au plus haut degré dans certaines îles petites et élevées des mers tropicales, où l'air est continuellement chargé de l'humidité qui se dépose sur les montagnes, et maintient le sol dans un continuel état de fraîcheur. C'est ainsi qu'à la Jamaïque les fougères sont aux phanérogames dans la proportion de **1** à **10**, de **1** à **6** à la **Nouvelle-Zélande**, de **1** à **4** à **Otaïti**, de **1** à **3** dans l'île de **Norfolk**, de **1** à **2** à l'île **Sainte-Hélène**, et de **2** à **3** dans l'île de **Tristan d'Acunha** (en dehors des tropiques). Les fougères sont aussi les plantes qui sont les plus nombreuses dans les îles de l'Archipel indien.

Non seulement certains genres et certaines tribus de fougères appartiennent en propre à certains climats déterminés, mais il paraît aussi que la taille élevée des espèces arborescentes dépend essentiellement de la température, puisque ces espèces se rencontrent ordinairement en dedans des tropiques, ou à une distance peu considérable au delà de cette limite **.

C'est en s'appuyant sur les considérations qui précèdent relativement aux caractères, et à la distribution des fougères vivantes, que **M. Ad. Brongniart** a entrepris, avec beaucoup de bonheur, de mettre en lumière les différences dans le climat et dans les conditions d'existence qu'a traversées notre globe, durant les périodes successives des formations géologiques. Il a vu que les débris de fougères deviennent de moins en moins nombreux à mesure que l'on s'élève des couches

---

* Appendice à l'expédition de Tuckey au Congo, p. 42.

** Le petit nombre d'exceptions que l'on connaisse à cette règle paraît appartenir en propre à l'hémisphère sud. On trouve une espèce de fougère arborescente à la Nouvelle-Zélande, à 46° de latitude sud. — *Voy.* M. Brown, *Appendice au Voyage de Flinders.*

les plus anciennes dans les plus récentes, et il a établi sur ce fait une conjecture importante relativement aux décroissemens successifs de température et aux variations climatériques qui ont eu lieu à la surface du globe. C'est ainsi que la grande formation houillère possède environ 120 espèces connues de fougères, lesquelles constituent presque une moitié de la flore connue tout entière de cette formation ; mais ces espèces ne reproduisent qu'un petit nombre des formes que l'on rencontre maintenant dans l'ensemble des fougères vivantes, et elles appartiennent en presque totalité à la tribu des polypodiacées, qui renferme encore maintenant le plus grand nombre d'espèces arborescentes *. Dans cette même

---

* Les figures 7 et 37 de la pl. 4 représentent deux des formes les plus gracieuses de fougères arborescentes qui ornent nos contrées tropicales modernes, où elles atteignent une taille de quarante à cinquante pieds.

On voit dans l'escalier du Muséum britannique une fougère arborescente haute de quarante pieds *alsophila Brunoniana* provenant de Silhet, dans le Bengale. Les tiges de ces fougères se distinguent de celles de tous les monocotylédones arborescens par la forme spéciale et la disposition des cicatrices que laissent les pétioles après que les feuilles sont tombées. Dans les palmiers et dans les autres arbres monocotylédonés, les feuilles ou leurs pétioles embrassent la tige et laissent des cicatrices transversales, alongées en forme d'anneaux, et ayant leur plus grand diamètre dans le sens *horizontal*. Dans les fougères, à la seule exception près des angiopteris, les cicatrices sont elliptiques ou rhomboïdales, et leur diamètre *vertical* est le plus grand.

M. Ad. Brongniart (*Histoire des végétaux fossiles*, p. 261, pl. 79 et 80) a décrit et figuré la tige et la feuille d'une fougère arborescente (*Anomopteris Mougeotii*), du grès bigarré de Heilegenberg dans les Vosges. On rencontre, dans la formation du nouveau grès rouge de ce même district, de belles feuilles de cette espèce, ayant encore parfois leurs capsules de fructification adhérentes aux folioles.

M. Cotta a publié un ouvrage intéressant sur les débris fossiles de fougères arborescentes que l'on rencontre en abondance dans le nouveau grès rouge de Saxe, près de Chemnitz. (*Dendrolithen*. Dresde et Leipsik, 1832.) Les débris consistent surtout dans des fragmens de tronc de plusieurs espèces perdues, que leur structure rapproche assez des fougères arborescentes actuelles, pour que l'on puisse les rapporter

formation se rencontrent des fragmens de tiges de fougères arborescentes. M. Brongniart voit dans cet ensemble de circonstances les indices d'une végétation analogue à celles des îles des régions équinoxiales du globe, et il en conclut que les mêmes conditions de chaleur et d'humidité qui favorisent la végétation actuelle de ces îles doivent avoir exercé une plus grande influence encore sur la végétation du globe pendant la formation des couches carbonifères de la série de transition.

Dans les couches de la série secondaire, les fougères ont beaucoup perdu de leur importance numérique, soit absolue, soit relative. Elles forment un tiers à peu près de la flore connue de ces périodes intermédiaires de la géolog e *.

Dans les couches tertiaires, leur proportion aux autres végétaux est à peu près celle où nous les voyons dans les régions tempérées actuelles de notre globe.

Lépidodendron **.

Le genre lépidodendron comprend plusieurs espèces de plantes fossiles d'une grande taille , qui abondent dans la formation houillère. Plusieurs particularités de leur structure les ont fait comparer aux conifères ; mais d'autres circonstances et leur aspect général , moins leur grande taille , les font ressembler beaucoup aux lycopodiacées ***. Cette tribu ne renferme pas maintenant d'espèces qui atteignent plus de trois pieds en hauteur, et ce sont pour la plupart des plantes faibles et ram-

presque sans hésitation aux espèces arborescentes de cette famille , qui était répandue sur la surface de l'Europe à cette époque des formations secondaires.

* Pl. 1, figures 57, 58, 59.

** Pl. 1, fig. 11 et 12 ; pl. 55, fig. 1, 2 et 5.

*** Pl. 1, fig. 9 et 10.

pantes, tandis que leurs représentans fossiles les plus anciens paraissent avoir atteint les dimensions des grands arbres forestiers[*].

Les lycopodiacées de l'époque actuelle sont soumises à peu près aux mêmes lois que les fougères et les équisétacées, sous le rapport de leur distribution géographique; elles sont plus grandes et plus nombreuses dans les localités chaudes et humides situées entre les tropiques, et surtout dans les petites îles. Les affinités des lépidodendron avec ces plantes, leur taille et leur abondance parmi les fossiles de la formation carbonifère, ont conduit les auteurs qui ont écrit sur les plantes fossiles à cette conclusion, que ce fut sous l'influence d'une grande chaleur, d'une humidité convenable, et d'une position insulaire que les végétaux de cette famille atteignirent les dimensions gigantesques sous lesquelles ils nous apparaissent dans les dépôts de transition; et ce résultat vient à l'appui du résultat tout semblable auquel nous avons été conduits par l'examen des calamites, avec lesquelles on les trouve associés[**].

Suivant MM. Lindley et Hutton, les lépidodendrons constituent, après les calamites, la classe de fossiles la plus

[*] D'après le professeur Lindley, les lycopodiacées actuelles sont intermédiaires entre les fougères et les conifères d'une part, les fougères et les mousses d'une autre. Elles se rapprochent des fougères par l'absence d'un appareil sexuel, et par l'abondance des vaisseaux annulaires de leur tige; des conifères, par l'aspect des tiges de quelques unes des plus grandes espèces; des mousses, par leur aspect général.

[**] Les feuilles des lycopodiacées actuelles sont simples et disposées en spirale autour de la tige; et elles laissent, sur la surface de cette dernière, des cicatrices de forme rhomboïdale ou lancéolée, dans lesquelles se voient les empreintes d'insertions de vaisseaux. Dans les lépidodendrons fossiles, des cicatrices toutes semblables, et remarquables à la fois par leur grandeur et par leur beauté, se voient disposées comme des écailles en spirale sur toute la surface des tiges. Une division nombreuse de ces cryptogames se compose d'espèces arborescentes et dichotomes, et dont les branches sont couvertes de simples feuilles lancéolées. Notre figure du lépidodendron de Sternberg (pl. 55, fig. 1, 2 et 3) offre tous

abondante dans la formation houillère du nord de l'Angleterre. Ces végétaux atteignent parfois des dimensions énormes; on en rencontre des fragmens de tiges qui ont depuis vingt jusqu'à quarante-cinq pieds de longueur; et une tige comprimée que l'on a rencontrée dans la houillère de Jarrow mesurait quatre pieds deux pouces dans son plus grand diamètre. M. Ad. Brongniart en cite trente-quatre espèces dans son catalogue des plantes fossiles de la formation houillère.

La structure intérieure des lépidodendrons a montré que ces végétaux tenaient le milieu entre les lycopodiacées et les conifères*, et les conséquences que tire M. le professeur Lindley, de la position intermédiaire qu'occupe ce curieux genre éteint de plantes fossiles, sont en harmonie parfaite avec les corollaires que nous avons déduits de l'existence de conditions analogues dans des genres éteints d'animaux fossiles. — « Cette découverte est du plus haut intérêt pour les botanistes ; car elle donne gain de cause à ces esprits sagement systématiques qui soutiennent que l'on peut expliquer certaines lacunes qui, au sein de l'état actuel des choses, se font sentir dans la série graduelle de l'organisation, en lui assignant pour cause l'extinction de genres et même d'ordres tout entiers, dont l'existence manquait à l'harmonie que nous croyons avoir existé dès l'origine du monde, dans la structure de toutes les parties du règne végétal. Les lépidodendrons établissent entre les végétaux à fleurs et ceux qui n'en ont pas une liaison plus étroite que n'eussent

ces caractères réunis dans un seul arbre fossile provenant des mines de houille de Swina en Bohême.

La forme des écailles varie sur les différens points d'une même tige ; ainsi celles qui sont les plus voisines de la base sont de forme alongée dans le sens vertical.

* Voyez le *Bulletin annuel de la Société phil. de Yorkshire*, pour l'année 1832, les *végétaux fossiles*, par Witham, 1833, pl. 12 et 13, et la *Flore fossile*, de MM. Lindley et Hutton, pl. 98 et 99.

pu le faire les équisétacées, ou les cycadées, ou tout autre genre qui nous soit connu. » — Lindley et Hutton, *Flore fossile*, t. 2, p. 53.

Sigillaires [*].

Outre les plantes que nous venons de citer comme appartenant à la formation carbonifère, et qui offrent des rapports étroits avec des familles ou des genres encore actuellement existans, cette formation en renferme encore plusieurs autres que l'on ne peut rapporter à aucun type connu du règne végétal. Nous venons de voir que les calamites ont leur place dans la famille actuelle des équisétacées, qu'un grand nombre de fougères fossiles se placent dans des genres de cette famille étendue, et que les lépidodrendons se rapprochent des lycopodiacées et des conifères actuelles. A ces plantes se trouvent mêlés d'autres groupes de plantes inconnues dans notre végétation moderne, et dont la durée paraît avoir eu pour limites les limites mêmes de la période de transition. Parmi les plus hautes et les plus puissantes de ces formes végétales inconnues, se placent les troncs colossaux de plusieurs espèces que **M. Ad.** Brongniart a désignées sous le nom de *sigillaires*. On les trouve dispersées dans les grès et dans les schistes qui accompagnent la houille; et il arrive même qu'elles se montrent dans la houille elle-même à la formation de laquelle leurs débris ont puissamment contribué. Quelquefois ces troncs sont encore dans une position droite, comme on peut le voir lorsqu'il existe des coupes verticales naturelles des couches, telle que les falaises des bords de la mer, ou dans les escarpemens des carrières, ou des bords des rivières [**].

[*] Pl. 56, fig. 1 et 2.

[**] A Greswell-Hall, sur la côte de Northumberland, et à Newbiggin, près de Morpeth, on voit plusieurs tiges dressées de sigillaires, se tenant à

Pour la plupart de ces troncs la position verticale est uniquement due au hasard de quelque cause accidentelle. On

angle droit par rapport aux couches alternatives de schiste et de grès.
Ces débris varient de dix à vingt pieds en hauteur, et de un à trois
pieds en diamètre; et d'ordinaire ils sont brisés à leur partie supérieure. Plusieurs se terminent inférieurement par une sorte de bulbe
élargi, où commençaient les racines : mais les racines elles-mêmes ne
s'y trouvent jamais attachées. M. W. C. Trevelyan a compté vingt débris
semblables dans une longueur d'un demi-mille, et qui tous à l'exception
de quatre ou cinq seulement étaient dressés. L'écorce, qui se voyait à
la surface de ces arbres fossiles à l'époque où ils furent découverts, mais
qui s'est bientôt détachée, avait environ un demi pouce d'épaisseur, et
était entièrement convertie en houille. M. Trevelyan a observé quatre
variétés de ces tiges, et il a figuré, en 1816, une esquisse de l'une
d'elles, qui a été depuis copiée dans l'ouvrage du comte Sternberg,
tome VII, fig. 5.

J'ai vu, en 1834, dans l'une des mines de houille du comte Fitzwilliam, à Elsecar, près de Rotherham, sur les parois d'une galerie con-
duisant à la mine, plusieurs grands troncs de sigillaires, qui s'élevaient
du toit d'un lit de houille épais d'environ six pieds. Ces troncs étaient
inclinés dans tous les sens; quelques-uns étaient à peu près verticaux.
L'intérieur de ceux dont l'inclinaison dépassait 45° était rempli d'un
mélange endurci de sable et d'argile; l'extrémité inférieure de quelques
uns posait sur la surface supérieure du lit de houille; on n'y apercevait
aucune trace de racines, et il ne paraît pas qu'aucun d'eux eût pu
croître dans la position où il se trouve à l'époque actuelle.

M. Alexandre Brongniart a figuré une coupe prise à St-Etienne, où
se voient plusieurs tiges semblables dans une position dressée, au sein
d'un grès de la formation carbonifère, et il a conclu de ce fait que ces
tiges avaient vécu sur le point même où on les trouve maintenant.
M. Constant Prevost objecte avec raison à cette conclusion que si ces
diverses tiges avaient vécu sur ce point là même, elles auraient leurs
racines dans la même couche, et n'auraient pas leur base dans des couches de nature différente. Quand j'ai visité ces mêmes carrières en
1826, j'y ai vu d'autres troncs inclinés dans des directions diverses,
et plus nombreux que ceux d'entre eux qui étaient dressés.

Il n'existe à ma connaissance que la carrière de Balgray, à trois milles
au nord de Glasgow, où l'on rencontre des troncs dressés de grands arbres fixés par leurs racines dans le grès de la formation houillère, où
il paraît que ces arbres vécurent fort rapprochés, à l'époque où ce terrain était encore dans un état de mollesse. — *Lond. and Edinb. Phil.
Mag.* Décembre 1835, page 487.

les voit à tous les degrés d'inclinaison dans l'ensemble des couches de la série carbonifère ; mais le plus souvent ils sont couchés, et parallèles aux lignes de stratification; et, dans cette situation, on les trouve ordinairement comprimés. Lorsqu'ils sont droits ou peu inclinés, ils conservent leur forme naturelle; et leur intérieur est rempli de sable ou d'argile souvent différens des matériaux constitutifs de la couche où est fixée leur partie inférieure, et mélangés avec de petits fragmens de diverses autres plantes. Or comme ces matériaux étrangers ont entièrement rempli l'intérieur des troncs, nous en pouvons conclure que ces derniers formaient un cylindre creux dans toute leur longueur, sans aucune cloison transversale, à cette époque du moins où le sable, la vase et des fragmens d'autres plantes trouvèrent accès dans leur intérieur. L'écorce qui avait persisté, après s'être convertie en houille, entourait probablement un axe formé d'une substance pulpeuse molle et périssable, comme la pulpe charnue qui remplit les tiges des cactus actuels ; et ce fut probablement cet axe mou intérieur qui, en se décomposant, alo s que les tiges flottaient dans les eaux, laissa après lui cette cavité où se sont introduits le sable et l'argile.

Le diamètre ordinaire de ces troncs varie depuis un demi-pied jusqu'à trois pieds. Arrivés à leur accroissement parfait, plusieurs d'entre eux ont dû avoir de hauteur cinquante à soixante pieds au moins *.

Le comte Sternberg a désigné plusieurs espèces de sigil-

---

* M. Ad. Brongniart a trouvé dans une mine de houille de Westphalie, près d'Essen, la tige comprimée d'une sigillaire couchée qui avait quarante pieds de longueur. Son diamètre était d'environ douze pouces à sa partie inférieure, et de six à sa partie supérieure, où elle se divisait en deux branches, dont chacune avait quatre pouces de diamètre. La partie inférieure était brisée. — Lindley et Hutton, *Flore fossile*, tome I, p. 153.

laires sous le nom de syringodendron, à cause des cannelures en forme de tuyaux parallèles qui les parcourent dans toute leur longueur ; leurs tiges sont dépourvues d'articulations, et plusieurs atteignent la taille des arbres de nos forêts. A la surface de ces cannelures se voient des impressions ponctiformes ou linéaires, de formes différentes, indiquant les points d'insertion des feuilles sur la tige. Cette partie cannelée des sigillaires qui constituait une enveloppe externe susceptible de se séparer, à la manière d'une écorce véritable, de l'axe mou, ou du tronc pulpeux qui en remplissait la cavité interne, varie en épaisseur depuis un pouce jusqu'à un huitième de pouce, et se rencontre ordinairement convertie en une houille pure *.

Un tronc composé d'une pulpe charnue qu'entourait et soutenait seulement une écorce mince n'eût pu porter à son sommet des rameaux lourds et épais. Il est probable par conséquent qu'il se terminait brusquement à sa partie supérieure comme se terminent maintenant plusieurs des plus grandes espèces de cactus ; et cette hypothèse tire une force nouvelle de la grande quantité de petites feuilles qui entouraient le tronc dans toute son étendue.

Les impressions ou cicatrices qu'ont laissées les articulations des feuilles sur les cannelures longitudinales des troncs de sigillaires sont disposées par rangées verticales sur le milieu de chaque cannelure, dans toute la longeur du tronc. Chacune de ces cicatrices indique la place qu'occupait une feuille, et l'on y voit ordinairement deux ouvertures par où les faisceaux vasculaires traversaient l'écorce pour mettre les feuilles en communication avec l'axe de la plante. L'on n'a pas encore rencontré jusqu'ici de feuilles qui soient demeurées fixées au tronc, de telle sorte que pour ce qui concerne

* Pl. 56, fig. a, b. c.

la nature de ces organes nous en sommes entièrement réduits
à des conjectures. L'absence complète de ces appendices sur
tant de milliers de troncs qui ont été soumis à l'observation
nous porte à penser que toutes les feuilles quittèrent leur point
d'articulation, et que la plupart se décomposèrent probablement,
de même que la pulpe charnue de l'intérieur des tiges , pendant que ces plantes furent chariées du point où elles s'é-
taient développées jusqu'à celui où elles ont été définitivement
submergées.

M. Ad. Brongniart fait connaître quarante-deux espèces de
sigillaires, et il les regarde comme des plantes très voisines des
fougères arborescentes, mais avec des feuilles très petites proportionnellement aux dimensions de leurs tiges et disposées
autrement que dans les fougères actuelles. Il croit pouvoir
rapporter à ces tiges plusieurs feuilles de fougères appartenant à des espèces inconnues et ressemblant à des feuilles de
certaines fougères arborescentes actuelles. MM. Lindley et
Hutton ont donné de fortes raisons en faveur de l'opinion que
les sigillaires étaient des végétaux dicotylédones tout à fait
distinctes des fougères, et s'éloignant également de toutes les
plantes qui font partie du système de création actuel. *

* « On ne peut révoquer en doute, disent ces auteurs (*Fossil flora*,
t. 1, page 155), que les sigillaires, par leurs caractères extérieurs, se
rapprochent plus des euphorbiacées et des cactées que d'aucune autre
plante maintenant connue. Ces caractères consistent surtout dans leur
texture molle, dans les cannelures profondes de leur tige , et, ce qui est
un caractère plus important, dans les cicatrices, qui sont disposées par
séries linéaires entre les cannelures. On sait que chacune de ces deux
tribus , et la dernière surtout, acquièrent, même à l'époque actuelle,
une grande taille. En un mot, il est extrêmement probable, il est même à
peu près certain que les sigillaires étaient des plantes dicotylédones,
puisque ce sont les seules que l'on connaisse jusqu'à présent qui possèdent
une véritable écorce susceptible d'être séparée. Néanmoins, dans l'ignorance complète où nous sommes des feuilles et des fleurs de ces

Favulaire, Mégaphyton, Bothrodendron, Ulodendron [*].

Dans ce même groupe où **MM**. Lindley et Hutton placent le genre sigillaire, se trouvent encore compris quatre autres genres éteints, dont chacun présente de même des cicatrices *disposées en lignes verticales* et indiquant le point d'insertion des feuilles ou des cônes sur le tronc. Ces quatre genres ont été designés sous les noms de Favulaire, de Mégaphyton, de Bothrodendron et d'Ulodendron [**]. On voit dans notre pl. **56**,

plantes anciennes, nous croyons plus sûr de tenir ce genre à l'écart avec d'autres espèces dont les affinités sont jusqu'ici demeurées douteuses.

[*] Pl. 56, fig. 3, 4, 5, 6, 7.

[**] Les genres dont se compose ce groupe sont décrits dans le tome II de la *Flore fossile*, page 96.

1° Genre *Sigillaire*. Tige cannelée, cicatrices produites par la chute des feuilles, petites, arrondies, beaucoup plus étroites que les côtes de la tige. (Pl. 56, fig. 1, 2, 2')

2° Genre *Favulaire*. Tige cannelée ; cicatrices provenant de feuilles, petites, carrées, de la même largeur que les côtes (Pl. 56, fig. **7**).

5° Genre *Megaphyton*. Tige non cannelée, et recouverte de ponctuations. Cicatrices des feuilles, en forme de fer à cheval, très grandes et beaucoup plus étroites que les côtes.

4° Genre *Bothrodendron*. Tige non cannelée, couverte de points. Cicatrices provenant de la chute des cônes, ovales, et dirigées obliquement.

5° Genre *Ulodendron*. Tige non cannelée, couverte d'empreintes rhomboïdales ; cicatrices laissées par les cônes circulaires. (Pl. 56, fig. 3, 4, 5, 6, 6')

Dans les trois premiers de ces genres, les cicatrices paraissent devoir leur origine à des feuilles ; dans les deux derniers, elles indiquent l'insertion de grands cônes.

Dans le genre *Favulaire* (pl. 56, fig. 7), le tronc était entièrement recouvert d'une masse dense d'un feuillage imbriqué ; les traces de la base des feuilles sont de forme à peu près carrée, et les séries de cicatrices sont séparées entre elles par des sillons, tandis que, dans les *Sigillaires*, les feuilles étaient beaucoup plus espacées et séparées par des intervalles qui variaient suivant les différentes espèces (*Flore fossile*, pl. 73, 74 et 75).

La tige des *Megaphyton* n'est pas cannelée, les cicatrices des feuilles sont très grandes, et ressemblent pour la forme à des fers à cheval rangés

fig. 3, 4, 5 et 6, des portions de troncs de ces conifères extraor
dinaires, avec les cicatrices dont ces troncs sont recouverts.

Dans la flo e actuelle, il n'existe qu'un très petit nombre
de plantes charnues qui offrent des feuilles ainsi rangées les
unes au dessus des autres sur des lignes parallèles, mais près
de la moitié des quatre-vingts espèces connues de plantes *arborescentes* de la flore fossile du groupe carbonifère ont leurs
feuilles disposées ainsi par séries parallèles. Les autres espèces sont des *lépidodendrons*, ou des conifères maintenant
détruites *.

Stigmaria **.

Les découvertes récentes de MM. Lindley et Hutton ont
jeté beaucoup de lumière sur cette famille très extraordinaire
de plantes fossiles maintenant perdues. Notre figure 8 de la
pl. 56 a été copiée d'après une planche représentant le *stigmaria ficoides* (*Flore fossile*, pl. 31, fig. 1). C'est un des types
les mieux connus du genre ***.

ces cicatrices, se trouvent des impressions plus petites, d'une forme
semblable, qui paraissent indiquer la disposition du système ligneux
dans le pétiole de la feuille (*Flore fossile*, pl. 116 et 117).

Enfin les genres *Bothrodendron* (*Flore fossile*, pl. 80 et 81), et *Ulodendron* (*Flore fossile*, pl. 5 et 6), ont leur tige caractérisée par des
cavités profondes, de forme ovale ou circulaire, qui paraissent avoir eu
pour destination de recevoir la base de grands cônes. Ces enfoncemens
constituent deux rangées verticales sur les deux faces opposées du tronc;
il y a des espèces où ils ont jusqu'à près de cinq pouces en diamètre
(pl. 56, fig. 3, 4, 5, 6).

* Voy. Lindley et Hutton, *Flore fossile*, т. II, p. 93.

** Pl. 56, figures 8, 9, 10, 11.

*** On a trouvé seize échantillons de nature semblable sur une étendue de six cents verges carrées du schiste qui recouvre le gisement de
houille de Bensham, à la houillère de Jarrow, près de Newcastle, et à
une profondeur de douze cents pieds.

Le centre de la plante est formé par un tronc ou tige en forme de dôme, d'un diamètre de trois ou quatre pieds, et dont la substance était probablement molle et charnue. La surface en est légèrement ridée, et est couverte en même temps de points circulaires peu distincts. (Pl. 56 fig. 8 et 9.)

Les bords de ce dôme donnent naissance à plusieurs branches horizontales dont le nombre varie de neuf à quinze suivant les individus. Quelques unes de ces branches se bifurquent plus ou moins près du dôme; et on les trouve toujours brisées à peu de distance; aussi, bien que le plus grand fragment de cette sorte que l'on ait encore rencontré ne fût long que de quatre pieds et demi, il n'en est pas moins probable que ces branches étendues, lorsqu'elles étaient arrivées à leur plus haut point de développement, n'avaient pas moins de vingt à trente pieds de long *. Chacune d'elles a sa surface recouverte de tubercules disposés en spirale, et ressemblant à ceux que l'on voit chez les oursins à la base des épines. Chaque tubercule donnait naissance à une feuille cylindrique et probablement charnue qui s'étendait jusqu'à plusieurs pieds de la branche, dans toutes les directions (pl. 56, fig. 10 et 11). Les feuilles, que l'on trouve ordinairement comprimées, pénètrent suivant tous les sens dans la substance du grès ou du schiste où elles

---

* Il paraîtrait d'après les coupes qu'ont données Lindley et Hutton d'une branche de stigmaria (*Flore fossile*, pl. 166) que l'intérieur n'était qu'un cylindre creux dont les parois étaient composées exclusivement de vaisseaux spiraux, et entouraient une moëlle épaisse; ces figures font voir en outre qu'à l'aide d'une coupe transversale on y trouvait une structure ayant quelque analogie avec celle des conifères, mais dépourvue de cercles concentriques, et offrant des espaces vides au lieu du tissu des rayons médullaires. On ne connaît aucune plante vivante qui offre une semblable structure.

Ces rameaux cylindriques sont ordinairement aplatis d'un côté, probablement le côté inférieur (pl. 56, fig. 8. *a*, *b*, et 10 *b*). Tout près de cette dépression se voit un axe excentrique libre, ou cœur ligneux (pl.

sont ensevelies ; leurs traces ont été suivies jusqu'à une longueur de trois pieds, et l'on assure même davantage *.

On rencontre des fragmens de ces plantes en très grande
abondance dans plusieurs des couches qui accompagnent la
houille ; et on les a signalées depuis long-temps au sein du grès
que l'on désigne sous les noms de *gannister* et de *crowstone*,
dans les houillères des comtés d'York et de Derby ; on les
avait prises à tort pour des fragmens de tiges de cactus.

La découverte des dômes centraux dont nous avons parlé,
en même temps que la longueur et la conformation des feuilles
ides branches, rendent fort probable que les stigmaria étaient
des plantes aquatiques qui se traînaient sur la vase des marécages, ou qui flottaient à la surface de lacs petits et tranquilles,
comme le font de nos jours les *Stratitoes* et les *Isoetes*. Dans ces
situations, les stigmaria ont pu être entraînées par les mêmes
inondations qui ont effectué le transport des fougères et des
autres végétaux terrestres qui leur sont associés dans la formation houillère. La forme du tronc et des rameaux prouve
que ce n'ont pu être des végétaux qui se soient soutenus dans
l'air ; ils ont dû par conséquent ramper sur le sol, ou flotter à
la surface des eaux **. C'étaient probablement des végétaux

56, fig. 10, *a*), entouré de faisceaux vasculaires qui communiquent
avec les tubercules extérieurs, et rappelant l'axe interne des tiges de
certaines espèces de cactus.

* Toutes ces conditions sont celles qu'une plante flottant habituellement avec ses feuilles étendues dans toutes les directions aurait conservées après avoir été entraînée au fond d'un golfe, pour y être graduellement enveloppée dans les sédimens d'une boue vaseuse.

** La forme et la position des feuilles, si on suppose qu'elles se sont
développées dans tous les sens à la surface des branches suspendues horizontalement dans les eaux, n'ont dû subir que peu de changement,
pendant leur transport dans la mer ou dans le golfe, non plus que lorsqu'elles sont tombées au fond pour y être ensevelies dans un sédiment
de vase ou de sable. Cette hypothèse semble trouver un nouvel appui
dans l'observation que l'on a faite à Jarrow que les extrémités des bran-

dicotylédones, et leur structure interne établit entre ces plantes et les euphorbiacées quelques analogies.

Conclusion.

Outre les genres dont nous venons de faire mention, il y en a plusieurs autres d'une nature encore plus obscure, et dont on n'a retrouvé aucune trace, ni parmi les végétaux actuellement existans, ni dans aucune couche postérieure au groupe carbonifère *. Plusieurs années s'écouleront encore avant que l'on arrive à saisir complètement les caractères de cette végétation primitive du globe. Les plantes qui ont essentiellement contribué à la formation de la houille, formation si importante et si pleine d'intérêt pour nous, se rapportent principalement aux genres dont nous venons d'essayer d'esquisser l'histoire, les calamites, les fougères, les lycopodiacées, les sigillarias, et les stigmarias : c'est dans les couches carbonifères de l'Europe que ces plantes ont été le plus souvent recueillies, mais on rencontre les mêmes espèces dans les mines de houille du nord de l'Amérique, et on a des raisons de penser que de semblables débris existent dans toutes les formations houillères de la même époque, sous des latitudes très différentes, et dans des points du globe fort éloignés, comme dans l'Inde, à la Nouvelle-Hollande, dans l'Ile Melville et dans la baie de Baffin.

Les conséquences les plus importantes que nous puissions déduire de l'état actuel de nos connaissances sur les végétaux auxquels la houille doit son origine sont les suivantes :

ches *descendent* du dôme vers la surface du lit de houille au dessus desquels on les rencontre.

* Quelques unes des plus nombreuses parmi ces plantes ont été réunies sous le nom d'astérophylites (pl. 1, fig. 4 et 5), à cause de la disposition rayonnée de leurs feuilles autour des rameaux.

1° Que ces végétaux ont été pour la plupart des cryptogames vasculaires, et surtout des fougères ;

2° Que parmi ces cryptogames, les équisétacées atteignaient une taille gigantesque ;

3° Que les plantes dicotylédonées, qui constituent les deux tiers à peu près des végétaux actuels, n'occupaient qu'une place peu importante dans la flore de ces périodes reculées *.

*La considération des rapports numériques dans l'étude de l'ensemble des conditions de la flore de ces périodes reculées a beaucoup perdu de son importance par les résultats auxquels a été conduit le professeur Lindley sur la résistance qu'offrent à la décomposition les plantes immergées dans l'eau (*Flore fossile*, n° 17, T. III, p. 4). Ce savant a tenu plongées dans un bassin d'eau douce, pendant plus de deux ans, cent soixante-dix-sept espèces de plantes choisies parmi celles qui représentent dans la création actuelle, soit les espèces qui se montrent constamment dans les mines de houille, soit celles que l'on n'y rencontre jamais ; il a trouvé

1° Que les feuilles et l'écorce de la plupart des plantes dicotylédonées se décomposent complètement en deux années, et que parmi celles où ces parties résistent la plupart appartiennent aux deux familles des conifères et des cycadées.

2° Que les plantes monocotylédonées peuvent résister plus longtemps à l'action décomposante des eaux, et surtout les palmiers et les scitaminées ; mais que les graminées et les joncs se détruisent complètement.

3° Qu'on voit se détruire de même les champignons, les mousses, et toutes les formes inférieures de la végétation.

4° Que les fougères offrent une remarquable persistance lorsqu'elles ont été plongées étant encore à l'état vert ; car aucune de celles qui ont été soumises à l'expérience n'a disparu dans le temps en question, mais que leur fructification disparaît complètement.

Bien que ces résultats infirment jusqu'à un certain point la valeur de nos connaissances relativement à la Flore *complète* de chacune des périodes consécutives de la chronologie géologique, ils ne modifient en rien ce que nous savons sur le nombre des plantes *résistantes* qui ont contribué à la formation de la houille, non plus que sur les changemens qui se sont accomplis dans les proportions relatives et dans les caractères spécifiques des fougères et d'autres plantes dans les divers systèmes de végétation qui se sont succédé à la surface du globe.

Nous pouvons ajouter à cela que si des troncs et des feuilles de *Di-*

4° Que, bien que plusieurs genres éteints, et même des familles entières, n'aient aucun représentant dans l'état actuel des choses, et que ces groupes aient même entièrement disparu, passé la formation houillère, elles tiennent cependant aux végétaux modernes par les principes généraux de leur structure, et par des détails d'organisation qui nous montrent en elles des parties détachées d'un seul et vaste plan rempli d'ensemble et d'harmonie.

Nous terminerons cette étude que nous venons de faire des plantes auxquelles la houille nous paraît devoir son origine, par un coup d'œil rapide sur les divers changemens qu'a subis dans la nature cette importante production végétale, et sur les services qu'elle rend aux arts et à l'industrie.

Peu de personnes sont au courant des événemens merveilleux qui se sont succédé dans l'économie de notre planète; et il en est également peu qui sachent combien les applications compliquées de l'industrie et de la science humaine sont subordonnées à la production de la houille, source de chaleur et de lumière pour la métropole de l'Angleterre. L'époque la plus reculée jusqu'où nous puissions remonter vers l'origine de la végétation est celle où elle florissait dans les marais et les

---

cotylédones angiospermes se sont conservés en abondance dans les formations tertiaires, il ne paraît pas y avoir de motif pour que, s'il eût existé des végétaux de cette tribu pendant que se formaient les terrains des périodes secondaires et de transition, il n'eût pas pu en échapper quelques uns à la destruction, au milieu des formations sédimentaires de ces époques reculées.

Il est rendu compte dans le *Magasin d'histoire naturelle* de Loudon (janvier 1834, p. 34), de quelques expériences pleines d'intérêt qu'a faites M. Lukis sur la succession de changemens de forme qu'éprouvent les parties corticales et internes des tiges de plantes charnues, du *sempervivum arboreum*, par exemple, aux diverses périodes de leur décomposition. Ces expériences expliquent certaines apparences analogues qu'offrent plusieurs plantes fossiles de la formation houillère.

forêts du monde primitif, sous les formes gigantesques et majestueuses des calamites, des lépidodendrons et des sigillaires.
Arrachées au sol qui les avait vues naître par les tempêtes et
les inondations d'un climat chaud et humide, ces plantes
furent entraînées dans un lac, dans un golfe, ou dans quelque mer peu éloignée. Là, après avoir flotté à la surface, jusqu'à ce que, saturées par l'eau, elles soient tombées au fond,
elles y ont été enveloppées par les détritus des terres adjacentes, et, changeant de conditions, elles ont pris place parmi
les minéraux. Depuis lors elles sont demeurées long-temps dans
leur sépulture, où, soumises à une longue série d'actions chimiques et à de nouvelles combinaisons dans leurs élémens végétaux,
elles ont passé à la forme minérale de la houille. Puis l'expansion des feux internes a soulevé ces lits du fond des eaux, pour
les élever à la position qu'ils occupent maintenant sur les montagnes et les collines où l'industrie humaine peut aller les prendre. C'est à cette quatrième période que le mineur va chercher
la houille, assisté par les arts et la science qui lui ont donné
la machine à vapeur et la lampe de sûreté. Rendue à la lumière, et de nouveau confiée à l'élément aquatique, la navigation la transporte de la bouche du puits d'extraction sur la
scène où le feu doit lui faire subir ses derniers et ses plus
importans changemens, ceux qui doivent la mettre enfin au
service des besoins et du bien-être de l'espèce humaine. A cette
dernière phase de son histoire si riche en événemens, la
houille disparaît, et le vulgaire la croit anéantie ; ses élémens
en effet se débarrassent des combinaisons minérales dans lesquelles ils ont été emprisonnés pendant des âges sans nombre ; mais cette destruction apparente n'est que le point de
départ d'une activité nouvelle, et d'une nouvelle suite de changemens. Libres enfin des liens qui les ont retenus si long-temps,
ces élémens retournent à leur atmosphère natale, d'où ils

furent appelés jadis à fournir le principe de la végétation primitive du globe ; puis le lendemain ils retournent peut-être constituer la substance du bois dans les arbres de nos forêts actuelles ; et quand ils auront repris ainsi leur place dans le règne végétal de notre époque, ils reviendront avant peu se remettre une seconde fois au service de l'espèce humaine. Et lorsque la décomposition ou le feu auront de nouveau rendu à l'atmosphère ou à la terre les mêmes élémens désagrégés, ce ne sera que pour qu'ils rentrent de nouveau dans le cercle indéfini qu'ils sont destinés à parcourir au sein de l'économie du monde matériel.

Conifères fossiles [*].

Les conifères constituent parmi les végétaux du monde actuel une famille nombreuse et des plus importantes, et que caractérisent non seulement des particularités de leur fructification qui les rangent parmi les *phanérogames gymnospermes* [**], mais en outre certains arrangemens remarquables dans la structure de leur bois, qui peuvent servir à en faire reconnaître de suite les fragmens les plus petits.

[*] Pl. 1, fig. 1, 31, 62, 69.

[**] On doit à M. Brown la découverte importante que les conifères et les cycadées sont les deux seules familles de végétaux dont les graines soient primitivement nues, et non renfermées à l'intérieur d'un ovaire (Voyez l'appendice au *Voyage du capitaine King dans l'Australie*). C'est pour cette raison qu'on les a réunies en un ordre distinct sous le nom de phanérogames gymnospermes. Ce caractère tiré de l'ovule coïncide dans l'une et dans l'autre de ces deux familles avec des particularités de la structure interne des tiges qui les séparent à quelques égards de presque toutes les plantes dicotylédones, et qui les distinguent également entre elles.

La rencontre de ces caractères particuliers de la structure des tiges est une découverte d'une grande importance pour la botanique géologique ; car cette portion de la plante est fréquemment la seule que l'on trouve conservée à l'état fossile.

En étudiant à l'aide du microscope certains bois fossiles, on est arrivé depuis peu à reconnaître une structure interne analogue à celle des conifères actuelles dans les troncs de certains grands arbres provenant soit de la série carbonifère *, soit des formations secondaires **, et **M. Ad.** Brongniart a compté vingt espèces de conifères fossiles dans les formations tertiaires. Plusieurs de ces derniers se rapprochent beaucoup plus des genres actuels que ne le font ceux des terrains secondaires, et il en est même qui y prennent immédiatement place.

M. Nicol a fait voir en outre *** que plusieurs des plus anciens conifères fossiles peuvent être rapportés au genre actuel des pins , et d'autres au genre Araucaria. Ce dernier comprend plusieurs des arbres les plus élevés du monde

* La présence de grands arbres conifères dans les couches de la grande formation houillère a été signalée pour la première fois dans les *Végétaux fossiles* de **M.** Witham, en 1851. Il y est établi que les conifères les plus complexes et les plus élevés en organisation se rencontrent dans les mines de houille d'Edimbourg et de Newcastle, au sein de couches que l'on n'avait encore supposées contenir que les formes végétales les plus simples.

** Dans les étages inférieurs des terrains stratifiés secondaires, **M. Ad.** Brongniart a compté , parmi les plantes du nouveau grès rouge des Vosges, quatre espèces de *Voltzia,* genre nouveau de conifères, que ses affinités rapprochent des Araucaria et des Cunninghamia. On trouve en abondance, à Sulz-les-Bains, près de Strasbourg, des rameaux, des feuilles et des cônes provenant d'individus de ce genre.

M. Witham compte huit espèces de conifères parmi les bois fossiles du lias, et on en trouve cinq dans l'oolite de Stonesfield, dont quatre se rapprochent du genre actuel des Thuya (Ad. Brongniart, *Prodr.* p. 200). Voyez, pour des figures de cônes du lias et du sable vert des environs de Lyme-Regis, et de l'oolite inférieur du comté de Northampton, la Flore fossile de MM. Lindley et Hutton, pl. 89, 155 et 137.

Le docteur Fitton a décrit et figuré deux cônes très complets et d'une grande beauté, dont l'un provenant de Purbeck (?), et l'autre du sable de Hastings. — *Transactions géolog.* deuxième série, T. IV, pl. **22**, fig. 9 et 10, p. 181 et 250.

*** *Edimb. New. Phil. Journal,* janvier 1854.

actuel [*], et on en trouve un exemple fort connu dans l'*Araucaria excelsa*, ou pin de l'île de Norfolk.

Toutes ces découvertes sont d'une haute importance ; car elles nous démontrent, comme résultat de l'étude des restes les plus anciens de la végétation, une identité qui s'étend jusqu'aux détails les plus minutieux de l'organisation interne, entre les arbres des forêts primitives du globe, et quelques uns de nos plus grands conifères actuels [**].

[*] Pl. 1, fig. 1.

[**] Si l'on coupe transversalement une tige de conifère, et qu'on la soumette au microscope, on apercevra, outre les lignes rayonnantes et concentriques figurés pl. 56ᵃ, fig. 7, tout un système de réticulations qui permettent de distinguer les conifères de toutes les autres plantes. On voit de ces réticulations grossies quatre cents fois, dans les figures 2, 4 et 6 ; les trous dont elles sont criblées indiquent les coupes transversales des mêmes vaisseaux que l'on voit dans la figure 8, suivant une coupe longitudinale pratiquée du centre à l'écorce parallèlement aux rayons médullaires. Ces vaisseaux sont d'une structure fort belle et caractéristique : et ils fournissent des moyens de distinguer les pins des araucarias. Dans une coupe semblable les petits vaisseaux continus longitudinaux qui constituent les fibres ligneuses offrent, d'intervalles en intervalles, l'apparence de petits corps à peu près circulaires disposés par lignes verticales (Pl. 56ᵃ, fig. 1, 3, 5). Ces corps, que l'on désigne sous le nom de glandes ou de disques, sont diversement disposés dans les différentes espèces. En général, ils sont circulaires, quelquefois elliptiques ; et, s'ils sont serrés, ils prennent une forme anguleuse. Chacun de ces disques a, près de son centre, une petite aréole circulaire. La figure 1 indique l'aspect qu'ils offrent dans le *Pinus strobus* de l'Amérique du Nord.

Ces disques dans plusieurs conifères sont disposés sur un seul rang. D'autres fois ils sont réunis par rangs doubles ou simples, comme dans le Pinus strobus, pl. 56a, fig. 1.

Dans tous les pins actuellement existans, s'il se rencontre deux séries de disques dans un seul vaisseau, les disques de chacune des deux séries sont toujours opposés, jamais alternes, et le nombre des séries n'est jamais de plus de deux.

Dans les araucarias, au contraire, ils sont disposés par séries simples, doubles, triples et même quadruples (pl. 56, fig. 3 et 5) ; en outre, ils sont beaucoup plus petits que dans les pins, ordinairement de la moitié

Les *Araucaria* sont les seuls conifères dont on ait jusqu'ici retrouvé la structure dans des arbres de la série carbonifère de la Grande-Bretagne*; celle des pins proprement dits a été observée dans un bois de la formation houillère de la Nouvelle-Ecosse, et de la Nouvelle-Hollande.

Cette même structure ordinaire des pins est celle qui prédomine dans le bois fossile du lias de Whitby, mais on y rencontre aussi des troncs d'araucarias; et l'on en a découvert dans le lias de Lyme-Regis aux branches desquels adhéraient encore des feuilles **.

Le professeur Lindley a fait observer avec justesse, comme un fait important à signaler, qu'à cette période où se déposa le lias, la végétation ressemblait à la végétation actuelle de l'hémisphère sud, non seulement par la présence des cycadées, mais aussi parce que les pins étaient de la nature des espèces que l'on trouve maintenant au sud de l'équateur. Sur les quatre

en diamètre, et lorsqu'ils sont disposés sur deux rangs, les disques de l'un alternent constamment avec ceux de l'autre; quelquefois ils sont circulaires, mais le plus souvent ils ont une forme polygonale. M. Nicol en a compté plus de cinquante dans une rangée d'un vingtième de pouce, de telle sorte que le diamètre d'un seul disque n'excède pas un millième de pouce; encore sont-ce là des dimensions énormes, si on les compare aux fibres des cloisons qui entourent les vaisseaux sur lesquels ces disques se voient.

* On a trouvé dans les carrières de Cragleith, près d'Édimbourg, en 1830, un tronc d'araucaria long de quarante-sept pieds (*Végétaux fossiles*, par Witham, 1833, pl. 5), et un autre en 1833, long de plus de vingt-quatre pieds, avec un diamètre de trois. (Voyez Nicol, sur les *Conifères fossiles*, dans l'*Edimb. New Phil. Journal*, janvier 1834.) Une coupe longitudinale de ce dernier fait voir, comme dans l'espèce moderne, *Araucaria excelsa*, de petits disques polygonaux disposés sur deux, trois ou quatre rangs à l'intérieur des vaisseaux longitudinaux.

** Voyez Lindley et Hutton, *Flore fossile*, pl. 88. La planche 89 du même ouvrage représente un cône fossile du lias de Lyme Regis, que l'on peut rapporter à la famille des conifères, et peut-être même au genre Araucaria.

espèces vivantes d'araucaria que l'on connaît à l'heure présente, une se trouve sur la côte est de la Nouvelle-Hollande, une autre dans l'île de Norfolk, la troisième au Brésil, et la quatrième au Chili.

Quels que puissent être les résultats des travaux à venir, les faits que nous possédons actuellement suffisent pour prouver que les conifères fossiles les plus grands et les plus parfaits de la formation houillère et du lias que l'on ait pu jusqu'ici soumettre à un examen attentif peuvent être rapportés au genre des pins proprement dits, ou au genre araucaria*, et que l'une et l'autre de ces deux modifications de la famille actuelle des conifères ont pris leur commencement dès cette période très reculée, où se sont déposés les terrains carbonifères de la formation de transition.

On rencontre des fragmens fossiles de troncs de conifères,

---

* D'après M. Nicol, les bois fossiles du lias de Whitby, dont la coupe horizontale offre une série de couches concentriques (pl. 56a, fig. 2, *a a*), présentent dans leur section longitudinale la structure des pins (pl. 56a, fig. 1); mais si les couches annuelles concentriques ne sont pas distinctes (pl. 56a, fig. 4), ou ne sont que faiblement indiquées dans la coupe horizontale (pl. 56a, fig. 6, *a*), la coupe longitudinale présente tous les caractères des araucarias (pl. 56a, fig. 3 et 5). Il en est de même des conifères de la grande formation houillère d'Édimbourg et de Newcastle; leur coupe longitudinale offre la structure des araucarias, tandis que leurs couches concentriques ne sont pas distinctes dans la coupe horizontale; au contraire, les conifères fossiles des mines de houille de la Nouvelle-Hollande et de la Nouvelle-Écosse se rapprochent de la tribu actuelle des pins, tout à la fois par la structure que laissent apercevoir leur coupe longitudinale et transversale.

M. Witham fait observer aussi que les conifères de la formation houillère et du calcaire de montagne n'offrent qu'en petit nombre et d'une manière peu apparente ces lignes concentriques qui permettent de distinguer les couches annuelles d'accroissement du bois, et que c'est là une circonstance que présentent communément à l'époque actuelle les arbres de nos régions tropicales; et il tire de là cette conjecture, qu'aux époques où ces formations ont eu lieu les changemens de saison n'étaient pas aussi prononcés au moins quant à la température.

et parfois même des feuilles et des cônes, dans tous les étages des formations oolitiques, depuis le lias jusqu'à la pierre de Portland. A la surface supérieure de cette dernière pierre, se voient les restes d'une ancienne forêt, parmi lesquels sont conservés de grands troncs renversés et convertis en silex, ainsi que des souches de conifères modifiés de la même manière, avec leurs racines encore enfoncées dans le sol végétal sur lequel elles ont crû. On trouve aussi fréquemment des fragmens de bois de conifères dans la formation wéaldienne et dans celle du sable vert, parfois même dans la craie *.

Les conifères paraissent communes aux couches fossilifères de toutes les périodes. C'est dans la série de transition qu'elles sont le plus rares; elles le sont moins dans la série secondaire, et c'est dans les terrains tertiaires qu'on en rencontre le plus. Ceci nous prouve qu'à toutes les époques, depuis que la végétation terrestre a commencé, de grands conifères ont existé à la surface de notre globe; mais les témoignages que nous possédons au moment actuel sont trop peu complets pour que nous en puissions conclure avec certitude dans quelles proportions numériques ces plantes se trouvaient par rapport aux autres familles, à ces diverses époques successives de la géologie qui se trouvent ainsi rattachées à la nôtre par une nouvelle et magnifique série d'anneaux appartenant à l'un des groupes les plus importans du règne végétal.

* Il y a dans le Muséum d'Oxford un fragment d'un bois de conifère converti en silex, et perforé par les tarets. C'est le révérend docteur Faussett qui l'a rencontré dans un calcaire siliceux, à Lower-Hardres, près de Cantorbéry.

SECTION III.

. VÉGÉTAUX DES COUCHES DE LA SÉRIE SECONDAIRE *.

Cycadées fossiles.

La flore de la série secondaire ** est intermédiaire par ses caractères entre la végétation insulaire de la série de transition et la flore continentale des formations tertiaires. La grande abondance des cycadées ***, réunies aux conifères **** et aux fougères ***** en caractérise surtout la physionomie.

M. Ad. Brongniart énumère environ soixante-dix espèces de plantes terrestres appartenant aux formations secondaires, depuis le keuper jusqu'à la craie inclusivement; la moitié de

---

* Pl. 1, fig. 31 à 39.

** M. Ad. Brongniart, dans sa classification des plantes fossiles, a formé un groupe distinct avec quelques espèces qui ont été trouvées dans la formation du grès bigarré, immédiatement au dessus de la houille. Dans la division que nous avons adoptée pour les couches, ce grès bigarré appartient à la série secondaire et en est l'un des étages les plus anciens. Cinq Algues, trois Calamites, cinq Fougères, cinq Conifères, deux Liliacées et trois Monocotylédones incertaines; telle est la totalité des plantes dont se compose cette petite flore.

Voyez aussi Jæger. *Uber die Pflanzenversteinerungen in dem Bausandstein von Stuttgard*, 1827.

*** Pl. 1, fig. 33, 34, 35.

**** Nous renvoyons à ce qu'a dit Witham sur les conifères du lias, dans ses observations sur les végétaux fossiles (1833).

***** Cotta, dans son ouvrage intitulé *Dendrolithen*, publié à Dresde en 1832, a donné un travail intéressant, accompagné de figures, dans lequel il fait connaître la structure interne des fougères fossiles arborescentes de la période secondaire, qui paraissent appartenir surtout au nouveau grès rouge de Chemnitz, près de Dresde.

ces plantes sont des conifères ou des cycadées, et sur cette moitié vingt-neuf appartiennent à la seule famille des cycadées; l'autre moitié se compose en presque totalité de cryptogames vasculaires, telles que des fougères, des équisétacées et des lycopodiacées. Dans notre végétation actuelle, les conifères et les cycadées entrent à peine pour une trois-centième partie *.

La famille des cycadées ne comprend que deux genres actuellement existans, les genres *Cycas* (pl. 58) et *Zamia* (pl. 59). On connaît cinq espèces appartenant au premier, et dix-sept appartenant au second; aucune espèce de l'un ni de l'autre genre ne croît maintenant en Europe. Les principales localités où on les rencontre sont l'Amérique équinoxiale, les Indes occidentales, le Cap de Bonne-Espérance, Madagascar, les Indes, les Moluques, le Japon, la Chine et la Nouvelle-Hollande.

Quatre ou cinq genres et trente-neuf espèces de cycadées font partie de la flore de la période secondaire; mais les débris de cette famille sont très rares dans les couches de transition et dans la série tertiaire **.

Les cycadées constituent une belle famille de plantes que leurs

* Bien que l'on rencontre dans les terrains secondaires plusieurs sortes de lignite, les végétaux fossiles de cette série n'y forment que très rarement des lits d'une houille de quelque valeur. La houille imparfaite des marais du Cleveland, près de Whitby, et de Brora, dans le Sutherland, appartient à la région inférieure de la formation oolitique. Il en est de même de la houille bitumineuse de Buckeberg, près de Minden, en Westphalie.

La houille de Hoer, dans la Scanie, appartient à la formation wéaldienne ou au sable vert. (*Annales des sciences naturelles*, t. 4, p. 200.)

** Le comte Sternberg m'a fait savoir dans une lettre que j'ai reçue de lui (août 1835) qu'il a trouvé dans la formation houillère de la Bohême des cycadées et des zamites dont il publiera les figures dans le septième et dans le huitième cahier de sa *Flore du monde primitif*. C'est là, je

formes extérieures font ressembler aux palmiers, tandis que plusieurs points essentiels de leur structure interne les rapprochent des conifères. Une troisième particularité de leur organisation les rapproche en outre des fougères; nous voulons parler de leur enroulement ou du mode suivant lequel leurs feuilles encore renfermées dans l'intérieur des bourgeons se contournent à leur extrémité supérieure *.

Je choisirai cette famille des cycadées dans la flore fossile de la période secondaire, et j'entrerai sur son organisation dans quelques détails ayant pour but de faire connaître par un exemple la méthode d'analyse qui a conduit les géologues à la connaissance de la structure et de l'économie des espèces végétales fossiles, et l'importance des conclusions auxquelles ils

crois, la première rencontre qui ait été faite de plantes appartenant à cette famille, dans les couches de la série carbonifère.

Dans une visite que j'ai faite tout récemment à la belle collection géologique du Muséum de Strasbourg, j'ai appris de la bouche de M. Voltz qu'une tige de *cycadite* que l'on y voit, et que M. Ad. Brongniart a décrite comme une *Mantellia* du calcaire conchylien (*muschelkalk*) de Lunéville, provient en réalité du lias des environs de cette ville. M. Voltz ne connaît aucun exemple de cycadites du muschelkalk. On rencontre aussi dans le lias de Lyme-Regis des tiges et des feuilles de cycadées. (Lindley, *Flore fossile*, n. 143.)

Le dépôt le plus abondant de feuilles fossiles de cycadées qu'il y ait en Angleterre se trouve dans la formation oolitique de la côte du Yorkshire entre Whitby et Scarborough. (Voyez M. Phillips, *Illustrations of the Geology of Yorkshire.*) On rencontre aussi dans le schiste oolitique de Stonesfield des feuilles appartenant à cette famille. — Lindley et Hutton, *Flore fossile*, pl. 172 et 175.

La planche 136 de ce dernier ouvrage représente des cônes que les auteurs rapportent au genre zamia du grès de la formation wéaldienne de Yaverland, sur la côte sud de l'île de Wight.

M. Adolphe Brongniart a établi dans la famille des Cycadées un nouveau genre fossile *Nilsonia* que l'on trouve à Hoer, en Scanie, dans des couches de la formation wéaldienne ou du sable vert, et un autre genre *Pterophyllum*, qui se trouve depuis le nouveau grès rouge jusqu'à la formation wéaldienne.

* Pl. 1, fig. 33, 34, 35, et pl. 58 et 59.

sont arrivés. C'est en voyant les progrès récents qu'a faits la physiologie végétale que l'on peut apprécier avec justesse la haute importance des investigations microscopiques ; car nous devons à leur seul secours, d'avoir pu reconnaître l'identité de structure qui existe entre ces végétaux d'une antiquité si reculée et ceux que nous sommes maintenant a même d'étudier à l'état vivant.

Les recherches physiologiques que l'on a faites dans ces derniers temps sur les espèces vivantes de cycadées ont fait voir que ces végétaux occupent une place intermédiaire entre les palmiers, les fougères et les conifères, et qu'ils ont avec chacune de ces familles certains points de ressemblance. Il résulte de là qu'il y a intérêt tout particulier à retrouver une structure semblable dans des plantes fossiles qu'on peut rapporter à une famille aussi remarquable par ses caractères.

La figure que nous donnons d'un *cycas revoluta* dans notre planche 58 [*] fait connaître les formes et le *facies* des plantes qui composent ce genre si remarquable. Elles ressemblent aux palmiers par la magnifique couronne d'un gracieux feuillage qui ceint la tête de leur tronc simple et cylindrique. Ce tronc dans le genre Cycas est d'ordinaire alongé ; il atteint jusqu'à trente pieds dans le *cycas circinalis* [**]. Chez les Zamia, au contraire, le tronc est communément d'une petite taille.

La figure que nous donnons du *Zamia pungens* dans notre planche 59 [***] fait voir que l'inflorescence du genre Zamia,

---

[*] Cette figure a été dessinée, en 1832, d'après une plante des terres de lord Granville, à Dropmore.

[**] Dans le *Magasin Botanique* de Curtis, 1828, pl. 2826, le docteur Hooker a publié la figure d'un Cycas circinalis qui a fleuri en 1827 dans le jardin botanique d'Édimbourg. (Voyez pl. 1, fig. 33.)

[***] Cette figure a été copiée d'une gravure publiée par M. Lambert, et représentant une plante qui a produit sa fructification à Walton, sur la Tamise, dans les serres de lady Tankerville, en 1832.

consiste dans un cône unique ressemblant à un fruit d'ananas dépourvu de la touffe de feuilles qui la termine et naissant du sein du bouquet de feuilles qui couronne la tige.

Le tronc des cycadées n'est point entouré d'une écorce véritable ; mais il est enfermé dans une enveloppe compacte composée des écailles persistantes qui ont formé la base des feuilles tombées et qui, avec d'autres écailles avortées, constituent une couche externe tenant lieu d'écorce *.

J'ai publié en commun avec M. De la Bèche dans les *Transactions géologiques de Londres* ** une note sur les circonstances dans lesquelles se sont rencontrés des troncs fossiles silicifiés de cycadées dans l'île de Portland, immédiatement au dessus de la pierre de Portland et au dessous de la pierre de Purbeck. Ces troncs sont renfermés dans les mêmes lits de terreau noir où ils se sont développés, et ils y sont accompagnés par des troncs couchés de grands arbres conifères convertis en silex, et par des souches de ces mêmes arbres maintenues dans une position droite, avec leurs racines encore enfoncées dans leur sol natal ***.

La figure 3 de la planche 57 représente de semblables souches d'arbres enracinées dans le terreau où elles ont pris nais-

---

* Pl. 58 et 59.
** Nouvelle série, t. 4, première partie.
*** Pl. 57, fig. 1.
La figure 2 de la même planche représente une triple série de sillons circulaires du sol et entourant une souche enracinée dans un lit de vase de l'île de Portland. Cette disposition curieuse a été produite, selon toute apparence, par les ondulations qu'ont déterminées les vents en soufflant à des époques diverses, suivant des directions différentes, à la surface de la masse d'eau douce peu profonde dont les sédimens ont fourni les matériaux de cette couche, pendant que le tronc s'élevait au dessus de l'eau. (Voyez les *Transactions géologiques de Londres*, nouvelle série, t. 4, p. 47.)

sance, qui se voient dans la falaise située immédiatement à l'est de Lulworth-Cove (comté de Dorset). Comme les couches ont été soulevées jusqu'à une inclinaison de près de quarante-cinq degrés, les souches dont il s'agit ont conservé l'inclinaison anormale dans laquelle le soulèvement les a placées.

Tous les faits que représentent ces trois figures 1, 2 et 3 de la planche 57 sont exposés et complètement décrits dans le Mémoire que nous avons déjà cité; et ces faits prouvent que des plantes d'une famille qui, de nos jours, est limitée aux régions les plus chaudes de notre globe, croissaient, aux périodes reculées dont il s'agit, sur la côte sud de l'Angleterre *.

Comme dans tous ces divers cas les feuilles ne se sont pas

* La structure de ce district offre aussi un remarquable exemple des témoignages que nous fournit la géologie d'élévations et d'abaissemens successifs dans les couches, mouvemens qui se sont produits parfois avec lenteur, parfois avec violence, pendant que se formait la croûte de notre planète.

En premier lieu nous y trouvons la preuve que la pierre de Portland s'éleva jusqu'à ce qu'elle atteignit la surface de la mer où elle fut formée.

Puis cette surface devint une terre émergée qui se couvrit temporairement d'une forêt, pendant un intervalle dont la durée nous est indiquée par un lit de terreau noir que l'on désigne sous le nom de *dirt bed* (couche de boue) et aussi par les couches annuelles d'accroissement des grands troncs pétrifiés qui se montrent renversés par terre, et dont les racines se sont développées dans le terreau même dont il est question.

En troisième lieu, nous voyons que cette forêt des temps reculés s'est graduellement engloutie, d'abord au dessous des eaux d'un lac d'eau douce, puis d'un golfe d'eau saumâtre, puis d'une mer profonde, où se sont déposées des couches crétacées et tertiaires d'une épaisseur de plus de 2000 pieds.

Enfin tout l'ensemble de ces couches a été de nouveau soulevé par les efforts des agens internes et porté à la place qu'elles occupent maintenant dans les collines du comté de Dorset.

De semblables conséquences relativement aux soulèvemens et aux dépressions alternatives de la surface du globe nous sont fournies par la position dressée qu'occupent les calamites dans le grès de la formation oolitique inférieure, sur la côte est du comté d'York. (Voyez M. Murchison, *Proceedings of Geolog. society of London*, page 391.

trouvées réunies aux troncs fossiles de cycadées, nous sommes forcés de nous en tenir aux caractères distinctifs qui nous sont fournis par la structure du tronc et des écailles qui le recouvrent.

J'ai déjà comparé ailleurs * la structure interne de deux espèces de troncs fossiles avec celle de troncs récens appartenant aux genres Zamia et Cycas **.

Je renverrai au Mémoire où sont décrites les coupes à l'aide desquelles cette structure a été étudiée, ceux qui seraient désireux de connaître des détails plus circonstanciés sur les proportions diverses et sur la distribution numérique des cercles concentriques de lames ligneuses et de tissu cellulaire dans les troncs des espèces vivantes de cycadées et des espèces fossiles ***.

* *Transactions géologiques de Londres*, nouvelle série, t. 2, 5ᵉ partie, 1828.

** M. Ad. Brongniart a rapporté ces deux espèces à un genre nouveau, sous les noms de *Mantellia nidiformis* et de *Mantellia cylindrica*. Dans le mémoire que je viens de citer, je leur avais appliqué les noms provisoires de *Cycadeoidea megalophylla* et de *Cycadeoidea microphylla*; mais M. Brown est de l'opinion que, bien que l'on ait des raisons suffisantes pour séparer ces espèces des genres Cycas et Zamia, le nom provisoire de Cycadites leur convient mieux, comme l'expression plus exacte de l'état actuel de nos connaissances sur ce sujet. Le nom de *Mantellia* a déjà été employé par Parkinson (*Introduction to fossil organic remains*, page 53), pour désigner un genre de zoophytes que Goldfuss a figuré, pl. 6, fig. 4, t. 1, page 15.

*** La planche 60, figure 1, et la planche 61, figure 1, représentent des échantillons très complets de Cycadites fossiles provenant de Portland, et déposés maintenant au muséum d'Oxford; on voit dans l'un et dans l'autre le caractère important de bourgeons qui naissent de l'aisselle des pétioles.

La coupe figurée planche 59, figure 2, d'un tronc de l'espèce actuelle *Zamia horrida* du cap de Bonne-Espérance, montre une structure toute semblable à celle que l'on observe dans une coupe semblable de l'espèce fossile *Cycadites megalophyllus* de l'île de Portland (pl. 60, fig. 2). Dans l'un et dans l'autre cas on voit un cercle unique de lames rayonnantes de fibres ligneuses (B) interposé entre une masse centrale de tissu cellulaire (A) et un cercle extérieur du même tissu (C). Ce tronc ainsi con-

On trouve entre nos cycadites fossiles et les espèces récentes une correspondance toute semblable sous le rapport de la structure interne des écailles ou de la base des feuilles tombées qui recouvrent la tige *.

stitué de trois parties est renfermé dans un fourreau d'une fausse écorce formée par les bases persistantes des feuilles tombées, et par des écailles avortées. On voit se continuer la même structure jusqu'au sommet de la tige. (Pl. 60, fig. 4, A, B, C, D.)

Le *Cycadites microphyllus* (Pl. 61, fig. 4,) se rapproche de même de la structure interne de la tige dans les Cycas actuels. Ce fossile offre à son sommet une masse centrale de tissu cellulaire (A) entourée par deux cercles de lames ligneuses rayonnantes (B, *b*); et entre ces deux cercles lamelleux se voit un cercle étroit de tissu cellulaire, tandis qu'un cercle plus épais d'un tissu cellulaire tout semblable (C) sépare le cercle extérieur (*b*) de l'enveloppe écailleuse externe (D). Cette alternance de cercles rayonnés de fibres ligneuses avec des cercles de tissu cellulaire rappelle les deux cercles lamelleux qui se voient aux environs de la base dans une jeune tige de *Cycas revoluta* (pl. 59, fig. 3). Cette coupe m'a été communiquée par M. Brown au commencement de 1828 ; elle confirme l'analogie qu'avait fait soupçonner la surface extérieure entre ces fossiles et les Cycadées récentes. Elle est figurée dans les *Transactions géologiques*, nouvelle série, t. 2, pl. 46.

* Les figures 2 et 3 de la planche 61 représentent deux coupes verticales d'un *Cycadites microphyllus* de Portland, converti en chalcédoine. Ces coupes sont dirigées parallèlement à l'axe du tronc , et transversalement par rapport aux bases persistantes des pétioles. Chaque pétiole rhomboïdal offre les traces de trois systèmes de tissus végétaux différens que nous représentons amplifiés, planche 62, fig. 4, 2 et 3. On y voit

4° La masse principale du tissu cellulaire (*f*).

2° La coupe des vaisseaux gommeux (*h*) dispersés irrégulièrement dans la masse de ce tissu cellulaire.

3° Des faisceaux vasculaires (*c*) disposant suivant une figure à peu près rhomboïdale, parallèlement à l'enveloppe de chaque pétiole, et un peu à l'intérieur. Ces faisceaux sont composés de fibres ligneuses vasculaires qui vont du tronc dans l'intérieur de la feuille ; la figure 3 *c'* fait voir l'un de ces faisceaux encore plus agrandi.

Une coupe transversale des pétioles des Cycadées récentes y fait reconnaître un arrangement semblable dans presque toutes les parties. Dans le *Cycas circinalis*, dans le *Cycas revoluta*, et dans le *Zamia furfuracea*, les faisceaux vasculaires y sont, comme dans les plantes fossiles, disposés à peu près parallèlement à l'enveloppe extérieure. Dans le *Za-*

Mode identique d'accroissement par des bourgeons chez les espèces récentes et chez les espèces fossiles de Cycadées.

Le *Cycas revoluta*, figuré planche 58 , offre un intérêt particulier dans ses relations avec l'une et l'autre de nos deux

mia spiralis et dans le *Zamia horrida*, leur disposition à l'intérieur du pétiole est moins régulière, mais la structure interne de chacun des faisceaux est à peu près la même. La figure A de la planche 62 fait voir la place qu'occupent ces faisceaux dans une coupe transversale d'un pétiole du *Zamia spiralis* ; la figure A, *c'* représente amplifié l'un des faisceaux que l'on voit dans cette coupe ; la figure B , *c''* est la coupe transversale amplifiée d'un semblable faisceau vasculaire d'un pétiole du *Zamia horrida*. Les fibres vasculaires dans cette dernière espèce sont plus petites et plus nombreuses que dans le *Zamia spiralis*, et les lignes opaques moins distinctes. Dans les cycadées, soit récentes, soit fossiles, les fibres vasculaires qui constituent ces faisceaux sont disposées par séries tellement serrées les unes contre les autres, que leurs bords comprimés offrent l'apparence de lignes opaques qui seraient interposées entre ces rangées de fibres vasculaires (pl. 62, fig. 1, *c'*, fig. B, *c''*, fig. 5, *c'*). Ces faisceaux vasculaires semblent tenir de la disposition lamelleuse du cercle ligneux de l'intérieur du tronc.

Les coupes longitudinales des pétioles dans les espèces récentes et fossiles de cycadées nous montrent encore entre ces plantes de nouveaux rapports. La figure 1 de la planche 62 fait voir une coupe longitudinale de la base d'un pétiole du *Zamia spiralis* au double de sa grandeur naturelle. Ce pétiole est formé d'un tissu cellulaire, *f*, que parcourent des vaisseaux gommeux et des faisceaux alongés de fibres vasculaires (*e*) allant du tronc dans les feuilles. La surface inférieure (*b'*) est revêtue d'une couche serrée (*a*) de petits filamens frisés formant un duvet ou coton qui, se répétant à chaque écaille, rendent tout l'ensemble de l'enveloppe du tronc inaccessible à l'air et à l'humidité.

On voit une disposition semblable dans la coupe longitudinale du pétiole fossile du *Cycadites microphyllus*, représenté planche 62, fig. 2, avec un grossissement de quatre fois son diamètre. En *f* est le tissu cellulaire où sont dispersés des vaisseaux gommeux, *h*. En *c* sont des faisceaux vasculaires longitudinaux , en *b* l'enveloppe externe , en *a* une pétrification des plus belles des filamens frisés de la bourre ou du coton qui naît de la surface de l'enveloppe externe.

M. Brown a reconnu, à l'intérieur des pétioles fossiles (*e*) la présence

espèces fossiles, par l'existence d'une série de bourgeons naissant de l'aisselle de plusieurs des écailles qui en entourent le
tronc*. Ces bourgeons nous expliquent des apparences analogues qui se voient à l'aisselle de plusieurs écailles fossiles du
cycadites megalophyllus et du *cycadites microphyllus* **, et ils
établissent une connexion physiologique des plus importantes
entre les cycadées vivantes et les cycadées fossiles **.

de vaisseaux spiraux ou scalariformes (*vasa scalariformia*) pareils à
ceux que l'on trouve dans les pétioles des cycadées actuelles. Il en a découvert également de semblables dans le cercle lamelleux de l'intérieur
du tronc des bourgeons fossiles que nous allons décrire. On n'a pas
encore constaté jusqu'ici dans les cycadées fossiles l'existence de vaisseaux marqués de disques tels que ceux que nous avons déjà décrits
comme particuliers aux cycadées et aux conifères actuelles.

   * Cette plante a vécu plusieurs années dans les serres de lord Granville, à Dropmore. Dans l'automne de 1827, on enleva la partie la plus
extérieure de l'enveloppe écailleuse, pour la débarrasser des insectes;
au printemps suivant les bourgeons commencèrent à se développer. On
voit de semblables bourgeons dans la même serre sur un *Zamia spiralis* de la Nouvelle-Hollande. Dans le tome 6 des *Horticult. Transact.*, page 501, on assure que des feuilles se sont développées sur les
écailles d'un tronc carié de *Zamia horrida*, dans une serre, à Péters-
bourg.

   Je tiens du professeur Henslow que le tronc d'un *Cycas revoluta* qui,
en 1830, a produit un cône chargé de fruits mûrs, dans la serre chaude
du comte Fitzwilliam, à Wentworth, se recouvrit d'un grand nombre
de bourgeons prenant leur origine dans l'aisselle des écailles extérieures,
après que l'on eut enlevé le cône qui le terminait à son sommet. On
voit figurer dans les *Transactions linnéennes*, t. 6, pl. 29, un cône semblable qui porta des fruits, au château de Farnham, en 1799.

   On lit dans le *Dictionnaire du Jardinier*, par Miller, que le *Cycas
revoluta* fut introduit en Angleterre vers 1738, par le capitaine Hut-
chinson. Dans une attaque que le vaisseau qui le portait eut à soutenir,
la tête de la plante se trouva coupée par une balle, mais la tige ayant
été conservée donna naissance à de nouvelles têtes qui en furent détachées, et constituèrent autant de plantes séparées.

   ** Pl. 60, fig. 1, et pl. 61, fig. 1.

   *** Le tronc fossile de *Cycadites microphyllus* figuré planche 61, fig. 1,
présente quatorze bourgeons qui naissent de l'aisselle d'écailles exter

Ainsi nos deux cycadées fossiles sont étroitement rapprochées des cycadées actuelles par un grand nombre de caractères remarquables, tels que

1° La structure interne de leur tronc qui contient un ou plusieurs cercles rayonnans de fibres ligneuses, au sein d'une masse de tissu cellulaire ;

2° La structure de leur enveloppe extérieure, formée par les bases persistantes des pétioles, qui tiennent lieu d'écorce ; et

nes, et l'on en voit trois dans une position toute semblable sur le tronc de *Cycadites megalophyllus* de la planche 60, fig. 1.

Les figures 2 et 5 de la planche 61 offrent des coupes transversales de trois des bourgeons du *Cycadites microphyllus*. La coupe du bourgeon supérieur (fig. 5, *g*) ne fait que traverser les pétioles qui en avoisinent le sommet près de celle du bourgeon fig. 5, *d'*, étant située plus bas dans le tronc embryonnaire, offre un double cercle ligneux formé de lames rayonnantes, et ressemblant au double cercle ligneux qu'offre le tronc dans sa maturité. (Pl. 61, fig. 1, B, *b*.) Mais dans la figure 2 de la même planche, le cercle lamelleux de l'intérieur du tronc embryonnaire, en *d*, est moins distinctement double ainsi qu'on pouvait le prévoir dans un état de développement aussi peu avancé.

Dans la figure 5 de la planche 62, *d* et *d'* représentent grossie une portion du cercle embryonnaire de l'intérieur du bourgeon, pl. 61, fig. 5, *d'*. De même que dans les tiges adultes, les cercles ligneux de l'intérieur des bourgeons sont interposés entre un cercle extérieur de tissu cellulaire où sont dispersés des vaisseaux gommeux, et une masse centrale formée du même tissu.

A droite du bourgeon inférieur, pl. 61, fig. 5, au-dessus de la lettre *b* et dans la représentation amplifiée de ce même bourgeon, pl. 62, fig. 5, en *e*, on aperçoit une portion d'un petit cercle lamelleux incomplet ; et l'on en voit de semblables sur le bord des coupes, pl. 61, fig. 2 et 3, en *e, e' e''*. Ces apparences ne sont peut-être pas autre chose que des bourgeons imparfaitement développés, agglomérés à la manière des petits bourgeons qui environnent la base des cycas récens, pl. 58. Peut-être aussi résultent-elles de la réunion des faisceaux vasculaires de la base des feuilles, réunion produite par l'action combinée de la pression et d'une diminution ou atrophie de la substance cellulaire. On voit la position normale de ces mêmes faisceaux vasculaires amplifiés, pl. 62, fig. 3, *c*, et dans presque toutes les coupes de bases de pétioles de la planche 61, fig. 2.

en outre par plusieurs détails de la structure interne de chacun de ces pétioles en particulier ;

3° Leur mode d'accroissement par bourgeons qui naissent
de germes situés dans l'aisselle des pétioles.

Si reculée que soit l'époque où ont cessé d'exister ces types
primitifs de la famille des cycadées, cet ensemble étendu de
particularités d'organisation qui leur sont communes avec les
cycadées actuelles rattache ces arrangemens anciens de la botanique fossile à ceux qui caractérisent l'une des familles de
plantes les plus remarquables parmi celles qui font partie de
la création actuelle. Les cycadées de nos jours, par suite de
cette structure particulière, deviennent un anneau important
que nous ne pourrions rencontrer dans aucun autre groupe, et
qui, réunissant la grande famille des conifères aux familles des
palmiers et des fougères , comble ainsi l'intervalle qui existe
entre les trois grandes divisions naturelles des dicotylédons,
des monocotylédons et des acotylédons.

Le grand développement qu'a pris ce groupe intermédiaire,
dans les périodes secondaires de l'histoire géologique, est une
preuve importante de l'uniformité de plan qui a toujours présidé et qui préside maintenant encore aux lois de l'organisation
végétale.

Des faits semblables sont d'un prix inestimable pour la théologie naturelle, car cette identité dans les détails de l'œuvre
tout entière de la création nous y fait reconnaître partout la
main d'un seul et même Architecte. Ils parlent au physiolo-
giste un langage bien autrement puissant que celui de l'éloquence humaine ; ils appellent en quelque sorte ces troncs et
ces pierres qui sont demeurés ensevelis pendant des âges sans
nombre dans les profondeurs de la terre à proclamer un seul
Créateur, dirigeant tout, soutenant tout, dans la volonté et la
puissance duquel tous ces harmonieux systèmes ont pris leur

origine, et dont l'universelle Providence les a toujours maintenus et continue de les maintenir encore.

Pandanées fossiles.

Les Pandanées sont une famille de végétaux monocotylédonés qui maintenant croît seulement dans les zones chaudes, et surtout dans le voisinage de la mer. Ces plantes abondent dans l'Archipel Indien et dans les îles de l'Océan pacifique. Leur aspect est celui d'un ananas à tige arborescente [*].

De même que le cocotier, les Pandanées sont du nombre des végétaux qui apparaissent les premiers sur des terres récemment sorties de l'Océan. Les navigateurs en effet ont presque toujours trouvé ces plantes réunies sur les îles de corail des mers tropicales. L'étude que nous venons de faire des *tiges fossiles* de cycadées de l'île de Portland nous a appris que des plantes de cette famille, maintenant complètement étrangères à l'Europe, ont été indigènes de la Grande-Bretagne pendant la période de la formation oolitique. Un beau fruit fossile unique, que nous avons représenté à la fin de cet ouvrage [**], rend probable l'existence dans les mêmes contrées d'une autre famille tropicale très voisine de celle des Pandanées, au commencement de la grande série oolitique de la formation secondaire [***].

[*] Pl. 63 fig. 1.
[**] Pl. 63 fig. 2, 3, 4.
[***] Ce fossile a été trouvé par feu M. Page de Bishport, près de Bristol, dans la région la plus basse de la formation oolitique inférieure, à l'est de Charmouth, dans le comté de Dorset, et il se voit maintenant dans le Muséum d'Oxford. C'est un fruit du volume d'une grosse orange, offrant une enveloppe externe ou *épicarpe* étoilé, composé de tubercules hexagonaux qui sont le sommet de cellules en occupant toute la surface (fig. 2, *a*, — 3, *a*, — 4, *a*, — 8, *a*).

Chaque cellule contient une graine unique, ressemblant à une petite

Ce fruit, par sa structure, se rapproche davantage du *Pandanus* que de toute autre plante actuellement existante ; et si nous étudions les particularités d'organisation du fruit des pandanées* dans leurs rapports avec les fonctions assignées à ces plantes des rivages de la mer, au sein de l'économie générale de la nature, fonctions qui consistent à prendre les premières possessions d'une terre, aussitôt qu'elle est sortie des eaux, nous trouvons dans ces fibres minces et légères qui remplissent l'intérieur des fruits un arrangement complètement en

graine de riz, de forme plus ou moins comprimée, et ordinairement hexagonale, fig. 5, 6, 7, 8, 10. Quand on a enlevé l'épicarpe, on aperçoit le sommet des graines serrées à la surface du fruit (fig. 2, 3, *c*). Les bases des cellules sont séparées du réceptacle par un amas de pedicelles (*d*), constituant une masse dense de fibres qui ressemblent aux fibres de la base des graines dans les espèces récentes du Pandanus (fig. 13, 14 et 15 *d*). Comme cette position qu'occupent les graines au sommet de pédoncules, composés de longues fibres rigides qui les portent à une certaine distance du réceptacle, est un caractère que l'on ne rencontre dans aucune autre famille moderne que celle des pandanées, nous sommes conduits à réunir notre fruit fossile à cette remarquable tribu de végétaux en en formant un nouveau genre, le genre *Podocarya*. C'est mon ami, M. Robert Brown, qui m'a suggéré ce nom, de même que je dois à sa bienveillance la plupart des données que je possède sur ce sujet.

* On voit pl. 63, fig. 1, le gros fruit sphérique du Pandanus, encore porté sur l'arbre qui lui a donné naissance. La fig. 11 représente le sommet de l'une des drupes nombreuses dans lesquelles ce fruit se subdivise ordinairement. Les loges qui ne sont point stériles ne renferment qu'une seule graine, mince et de forme oblongue, et varient pour le nombre dans chaque drupe, depuis deux jusqu'à quatorze, mais parmi lesquelles beaucoup sont avortées (fig. 13). Les graines de chaque drupe sont enfermées dans une noix dure, dont on voit des coupes dans les fig. 14 et 15. Ces noix manquent dans le Podocarya, qui a les graines plus petites que celle des Pandanées, et dispersées uniformément dans des loges répandues sur toute la surface du fruit, au lieu d'être rassemblées dans des drupes (pl. 63, fig. 3, 8 et 10). Ce fait de la réunion des graines en des drupes revêtues d'une enveloppe épaisse, dans le fruit des pandanées, constitue la différence principale qui sépare ce genre de notre nouveau genre Podocarya.

Dans le fruit des premiers, chaque cellule est surmontée à son sommet

harmonie avec cet office de colonisation végétale *. Leur position sur le bord de la mer est cause qu'un grand nombre de leurs fruits tombent dans les eaux, où ils sont ballottés par les vents et par les vagues jusqu'à ce qu'ils s'arrêtent d'une manière définitive sur quelque rivage éloigné. Il suffit d'une drupe unique de pandanus ainsi chargée de graines, pour transporter les élémens d'une végétation jusqu'aux îles volcaniques ou aux rescifs madréporiques, qui sortent de l'Océan-Pacifique actuel. Cette graine qui est allée s'échouer ainsi sur quelque terre nouvellement formée donne naissance à une plante qui trouve un moyen de se supporter, sur une surface où il n'existe pas de sol, dans l'arrangement tout particulier qu'offrent les racines aériennes grosses et longues qui naissent autour de la partie inférieure du tronc, à une certaine distance du sol **. Ces racines adventives sont disposées de manière à soutenir la plante, comme le feraient des arcs boutans disposés tout autour de la tige à sa partie inférieure; elles maintiennent celle-ci dans sa position verticale, et c'est grace à leurs services que l'arbre étale une végétation florissante au milieu du sable aride dont les rescifs sont recouverts, et là où se sont à peine formés les premiers rudimens d'un sol.

Jusqu'ici l'on n'a encore rencontré à l'état fossile aucun

par un couvercle dur ou tubercule irrégulièrement hexagonal, se terminant à sa pointe par les débris d'un stigmate flétri. Les cellules des podocarya sont recouvertes de même par des tubercules hexagonaux (pl. 63, fig. 2, *a*, 8, *a*, 10, *a*), au centre desquels se voient également les débris d'un stigmate qui correspondait au sommet de chacune des graines (fig. 8, *a*, 10, *a*).

* Nous trouvons dans la masse légère de fibres qui entoure la noix du cocos une disposition semblable ayant pour but de transporter sur des points éloignés de l'Océan les graines de cette famille de plantes qui vit en compagnie des Pandanées sur le bord de la mer.

** Pl. 63, fig. 1.

débris de feuilles ou de troncs de Pandanées ; mais le fruit unique trouvé dans la formation oolitique inférieure des environs de Charmouth est de cette date précise où l'Angleterre, ainsi que nous l'enseignent d'autres témoignages, était encore une terre nouvellement sortie des mers, au sein d'un climat chaud et humide; et nous y voyons la preuve qu'à l'époque où les terrains oolitiques étaient en progrès de formation, il existait des végétaux offrant des combinaisons de structure toutes pareilles à celles qui nous sont offertes par les Pandanées actuelles, et ayant de même pour but spécial le transport au loin de colonies végétales.

Ainsi ce fruit est un nouvel anneau qui s'ajoute à la chaîne des découvertes qui nous ont fait connaître la flore des périodes géologiques secondaires ; et il nous fournit de nouveaux témoignages de l'existence d'un Ordre, d'une Harmonie, et d'une Sagesse qui sait créer des ressources spéciales pour des fins déterminées ; Ordre, Harmonie et Sagesse que nous ne perdons pas un instant de vue, lorsque, jetant nos regards en arrière, nous remontons jusqu'aux conditions les plus anciennes de notre planète, en parcourant successivement toutes les révolutions qui se sont accomplies à sa surface [*].

---

[*] On trouve en même temps que des noix de coco, à une période reculée des formations tertiaires, parmi les nombreux fruits fossiles de l'argile de Londres, dans l'île de Sheppey, des fruits d'un autre genre de Pandanées que M. Ad. Brongniart a désigné sous le nom de Pandanocarpum. (*Prodrome*, p. 138.)

SECTION IV.

Végétaux des terrains tertiaires *.

Nous avons déjà dit que la végétation de la période tertiaire offre les mêmes caractères généraux que la végétation des zones tempérées de nos continens actuels. Les plantes dicotylédonées y sont quatre ou cinq fois plus nombreuses que les monocotylédonées, proportions qui sont à peu près les mêmes qu'à l'époque présente ; et la plupart des plantes fossiles, bien que d'espèces éteintes, offrent les plus grands rapports avec les genres actuels.

Ce troisième grand changement survenu dans le règne végétal paraît fournir une preuve de plus que la température de l'atmosphère a été en diminuant continuellement depuis l'époque où la vie commença sur notre globe.

Le nombre des espèces de plantes qui existent dans les diverses divisions des couches tertiaires n'est encore qu'imparfaitement connu. En 1828, M. Ad. Brongniart pensait que l'on en avait déjà découvert 166, parmi lesquelles il y en avait de non décrites ; beaucoup appartiennent à des genres qui, à cette époque, n'étaient pas encore déterminés. La différence la plus frappante qui existe entre les végétaux de cette période et ceux des périodes précédentes, c'est l'abondance de plantes dicotylédonées et de grands arbres appartenant à des formes actuelles, tels que des peupliers, des saules, des ormes, des châtaigniers, des sycomores, et beaucoup d'autres genres dont nous rencontrons partout autour de nous des espèces vivantes.

Parmi les amas les plus remarquables de végétaux de cette

* Pl. 1, fig. 66-72.

époque, nous devons citer ceux qui constituent des lits étendus de *lignite* ou *Brown coal* *. Sur certains points de l'Allemagne, ce lignite se montre en couches de plus de trente pieds d'épaisseur, principalement composées d'arbres charriés selon toute apparence par les eaux douces, et étendus au fond des lacs ou des golfes de cette époque, en des lits que l'on voit alterner d'ordinaire avec des lits de sable et d'argile.

Le lignite, ou les lits de charbon fossile fétide des environs de Poole, dans le comté de Dorset, de Bovey, dans le Devonshire, et de Soissons en France, ont été rapportés à la première période, ou période éocène des formations tertiaires. C'est à la même période qu'appartiennent probablement le *Surturbrand* d'Islande **, et les lignites bien connus du Rhin, aux environs de Bonn, du mont Meisner, et de l'Habichtswald, près de Cassel. Ces formations contiennent quelquefois des débris de palmiers. M. Lindley a dernièrement reconnu parmi quelques échantillons trouvés par M. Horner, dans le lignite des environs de Bonn***, des feuilles offrant des rapports intimes avec les feuilles des Cinnamomum de nos régions tropicales actuelles, et avec celles des Podocarpus de l'hémisphère austral****.

* Voyez un admirable article de M. Alex. Brongniart sur les lignites, dans le 26e volume du *Dictionnaire des Sciences naturelles*.

** Voyez Henderson, *Islande*, t. 2, p. 114.

*** Voyez les *Ann. Phil. de Londres*, sept. 1833, t. 3, p. 222.

**** Il existe à Pützberg, près de Bonn, six ou sept lits de lignite qui alternent avec des lits d'argile sableuse ou d'argile plastique. Les arbres dans les lignites ne sont pas tous parallèles à la surface des couches, mais ils se croisent dans toutes les directions de la même manière que les arbres charriés que l'on voit maintenant accumulés dans les plaines d'alluvion et dans le Delta du Mississipi. (Voyez la *Géologie* de M. Lyel, 3e édition, t. 1, p. 272.) On en voit même qui ont été soulevés de façon à se trouver dans une position tout à fait verticale. M. Nœggerath a compté 792 cercles concentriques dans un arbre offrant cette direction, à Pützberg, et d'un diamètre d'environ trois mètres. Ces cercles constituent une sorte

Dans la molasse de la Suisse, il existe plusieurs dépôts semblables où se rencontre quelquefois du charbon de terre d'une grande pureté, formé durant la seconde période de cette série, ou période *miocène*, et contenant d'ordinaire des coquilles d'eau douce. Telles sont les lignites de Vernier près de Genève, de Pandex et de Moudon près de Lausanne, de St-Saphorin près de Vevay, de Kœpfnach près de Horgen sur le lac de Zurich, et d'Œningen près de Constance.

Le lignite d'Œningen ne constitue que des lits minces, et de peu d'importance sous le rapport de leur exploitation pour le chauffage ; mais les débris végétaux abondent dans les schistes marneux, et dans les carrières de calcaires qui s'exploitent dans cette localité, et l'on y trouve l'histoire la plus complète que l'on ait encore rencontrée de la végétation pendant la période *miocène* *.

de table chronologique qui enregistre près de huit cents ans de cette période reculée de la série tertiaire pendant laquelle se sont développées les forêts d'où proviennent les matériaux du lignite.

Le fait cité par Faujas, que l'on n'a jamais rencontré fixées aux troncs d'arbres du lignite de Bruhl et de Liblar, près de Bologne, ni racines, ni branches, ni feuilles, semble indiquer que ces arbres n'ont pas vécu dans les localités dont il s'agit, et que leurs parties les plus périssables ont été détruites pendant leur transport d'une distance éloignée.

Dans le lignite de Bonn, ainsi que dans le *Surturbrand* de l'Islande, se voient des lits qui se partagent en des feuilles aussi minces que du papier (*papier kohle*), et qui sont entièrement composés de feuilles de plusieurs espèces. Henderson cite celles de deux espèces de peupliers ressemblant au *Populus tremula* et au *Populus balsamifera*, et d'un pin ressemblant au *Pinus abies*, comme faisant partie du *Surturbrand*.

Quoique nous nous soyons conformés à l'opinion de M. Brongniart en rapportant les dépôts que nous venons d'énumérer à la première période de la série tertiaire, ou période *eocène*, il n'est pas sans probabilité que quelques-uns de ces dépôts appartiennent à une époque plus récente, et font partie des périodes *miocène* ou *pliocène*. L'étude des débris animaux ou végétaux qui s'y rencontrent décidera plus tard la place exacte que doit tenir chacune dans la grande série des formations tertiaires.

* Le professeur Braun, de Carlsruhe, a bien voulu me communiquer

On n'a pas encore publié de catalogue des plantes trouvées dans les couches *pliocènes* de la série tertiaire ou dans les couches plus récentes.

tout dernièrement le catalogue suivant encore inédit, et d'une grande importance, en même temps que des observations sur les plantes fossiles trouvées dans la formation d'eau douce d'OEningen, dont nous avons déjà eu occasion de parler en traitant des poissons fossiles. Les plantes qui y sont mentionnées ont été recueillies pendant une longue série d'années par les commensaux d'un monastère des environs d'OEningen, et transportées lors de la dispersion de cette communauté au muséum de Carlsruhe, où on les voit maintenant. Il résulte de ce catalogue que l'on trouve à OEningen des débris de plantes constituant trente-six espèces de vingt-cinq genres différens, appartenant aux familles suivantes:

Familles.	Genres.	Espèces.		Genres.	Espèces.
« Polypodiacées.	2	2			
Equisétacées.	1	1	Cryptogames, en tout	4	4
Lycopodiacées.	1	1			
Conifères.	2	2	Gymnospermes.	2	2
Graminées.	1	1			
Naïadées.	2	2	Monocotylédonées.	3	3
Amentacées.	5	10			
Juglandées.	1	2			
Ebénacées.	1	1			
Tiliacées.	1	1			
Acérinées.	1	5	Dycotilédonées.	16	27
Rhamnées.	1	2			
Légumineuses.	2	2			
Dicotylédonées de familles douteuses..	4	4			

Ce tableau fait voir la prédominance des plantes dicotylédonées dans la Flore d'OEningen, et nous offre un terme de comparaison pour les plantes du lignite d'autres localités de la série tertiaire. La plupart des espèces qui y sont portées correspondent à celles du lignite de Wetteraw et des environs de Bonn.

En même temps que les végétaux dicotylédonés prédominent ainsi, quelques fragmens de fougères et de graminées et plusieurs débris de plantes aquatiques sont les seules traces de végétaux herbacés que l'on y ait rencontrées; tout le reste se rapporte à des plantes ligneuses dicotylédonées et à des végétaux gymnospermes.

Plusieurs de ces débris consistent dans de simples feuilles isolées, tombées durant le cours naturel de la végétation. On y rencontre aussi

Palmiers fossiles.

Nous avons déjà dit que des débris de palmiers ont été trouvés dans le lignite de l'Allemagne ; et comme les restes de

des rameaux avec leurs feuilles , que l'on dirait avoir été arrachés par la tempête du tronc qui les soutenait , des péricarpes mûrs , et le calice persistant de plusieurs fleurs.

La plus grande partie des plantes d'OEningen, environ les deux tiers, appartiennent à des genres dont on trouve encore des représentans dans cette localité, mais elles sont d'espèces différentes et qui se rapprochent beaucoup plus d'espèces actuellement existantes dans l'Amérique du Nord que d'aucune de celles que possède l'Europe. Les peupliers fossiles offrent un exemple de cette nature.

D'ailleurs on y trouve aussi des genres qui ne font plus partie de la Flore actuelle de l'Allemagne , le genre *Diospyros* , par exemple , et même d'autres qui sont maintenant étrangers à l'Europe, tels que les genres *Taxodium*, *Liquidambar*, *Juglans*, *Gleditschia*.

Si l'on en juge par les proportions de leurs débris , les peupliers, les saules et les érables sont les arbres à larges feuilles qui occupèrent le plus de place dans la Flore ancienne d'OEningen. Deux espèces fossiles très abondantes ressemblent l'une (*Populus latior*) au peuplier du Canada, l'autre (*Populus ovalis*) au peuplier baume de l'Amérique du Nord.

La détermination des espèces de saules fossiles offre plus de difficultés. Il en est une (*Salix angustifolia*) qui dut ressembler beaucoup à l'espèce moderne *Salix viminalis*.

Une des espèces du genre Erable (*Acer*) peut être comparée à l'*Acer campestre* , une autre à l'*Acer pseudoplatanus* ; mais l'espèce la plus commune, l'*Acer protensum*, paraît se rapprocher de l'*Acer dasycarpon* de l'Amérique du Nord plus que de toute autre espèce; une autre espèce qui offre des rapports avec l'*Acer negundo* a reçu de M. Braun le nom d'*Acer trifoliatum*. Une espèce fossile de liquidambar , le *Liquidambar Europæum* (Braun), diffère de l'espèce actuelle le *Liquidambar styracifluum*, en ce que les lobes plus étroits de ses feuilles se terminent en pointe plus alongée; c'est le plus ancien représentant de ce genre en Europe. On rencontre conservé le fruit de cette espèce, et il en est de même du fruit de deux espèces d'érables et d'un saule.

Le tilleul fossile d'OEningen ressemble à notre moderne tilleul à grandes feuilles. (*Tilia grandifolia*.)

L'orme fossile semble une variété à petites feuilles de notre *Ulmus campestris*.

Des deux espèces du genre *Juglans*, l'une , *Juglans falcifolia*, peut

cette famille intéressante sont plus fréquens encore dans les
formations tertiaires de la France et de l'Angleterre, tandis

se comparer à l'espèce américaine *Juglans nigra*, l'autre rappelle le *Juglans alba*, et appartient probablement comme ce dernier à la division caractérisée par des noix à enveloppe externe déhiscente. (*Carya* Nuttal.)

Parmi les plantes que l'on ne rencontre que rarement à OEningen est une espèce de *Diospyros*, le *Diospyros brachysepala*, dont le calice se montre conservé d'une manière remarquable, et laisse nettement distinguer à son centre le point d'insertion du fruit; il se distingue du *Diospyros lotus* actuel de l'Europe méridionale par ses lobes plus courts et plus obtus.

Au nombre des arbrisseaux fossiles se trouvent deux espèces de *Rhamnus*, dont l'une, le *Rhamnus multinervis* (Braun), ressemble au *Rhamnus alpinus* par la distribution des nervures de ses feuilles. L'autre espèce, qui est la plus fréquente, le *Rhamnus terminalis* (Braun), peut être comparé jusqu'à un certain point, sous le rapport de la position de ses feuilles et de la distribution de leurs nervures, au *Rhamnus catharticus*, mais diffère de toutes les espèces vivantes en ce que les fleurs y sont placées à l'extrémité des rameaux.

Parmi les légumineuses fossiles se voit une feuille qui ressemble beaucoup plus à celle d'un cytise frutescent qu'à celle d'aucune espèce herbacée du genre trèfle.

Au genre *Gleditschia* (G. *podocarpa*, Braun) appartiennent des feuilles pennées fossiles et un grand nombre de gousses. Ces dernières paraissent n'avoir renfermé qu'une seule graine, comme celle du *Gleditschia monosperma*, de l'Amérique du Nord; elles sont petites, courtes, et supportées par un pédicule alongé, formé par la base contractée de la gousse.

En compagnie de ces nombreuses espèces de végétaux dicotylédonés à feuilles étalées, se voient quelques espèces de conifères. Il y en a une du genre *Abies*, encore indéterminée; des branches et de petits cônes d'un autre arbre de cette famille, le *Taxodium Europœum* (Ad. Brongniart), ressemblent à ceux du cyprès du Japon (*Taxodium Japonicum*).

Parmi les plantes aquatiques dont on rencontre des débris, se trouve un *Potamogeton* à feuilles étroites, et un *Isoetes* semblable à l'*Isoetes lacustris* que l'on trouve maintenant dans les petits lacs de la Forêt-Noire, mais qui ne croît pas dans le lac de Constance.

L'existence des graminées à cette époque est un fait démontré par l'empreinte bien conservée d'une feuille qui ressemble à celle d'un *Triticum*, tournant vers la droite, et sur laquelle on voit nettement indiquée la distribution des nervures.

On a rencontré dans la même localité des fragmens de fougères ayant

qu'ils sont comparativement rares dans la série secondaire et dans celle de transition, c'est à ce moment de notre étude que nous placerons le petit nombre d'observations que nous aurons à faire sur leur histoire.

On regarde la famille actuelle des palmiers * comme composée d'environ mille espèces qui appartiennent pour la plupart en propre à certaines régions de la zone torride. Quant à son histoire géologique, cette grande et belle famille, bien qu'elle ait été appelée à l'existence aussitôt que les formes végétales les plus anciennes de la période de transition, elle n'a que très peu de représentans dans la formation houillère **, et

de la ressemblance avec le *Pteris aquilina* et avec l'*Aspidium filix mas*.

Les débris d'équisétacées indiquent une espèce ressemblant à l'*Equisetum palustre*.

Parmi les débris en petit nombre qui n'ont pu être déterminés se trouvent certaines impressions, assez communes à OEningen, du calice d'une fleur à cinq divisions, offrant des nervures fort élégantes.

Jusqu'ici on n'a encore découvert dans cette localité aucun débris de rosacées. »

(*Lettre du professeur Braun au docteur Buckland,*
23 *novembre* 1835.)

Outre ces plantes fossiles, les couches d'OEningen renferment un grand nombre d'espèces de coquilles d'eau douce, et une réunion remarquable de poissons dont nous avons déjà eu occasion de parler, à la page 250 de cet ouvrage. La classe des reptiles y est représentée par une tortue très curieuse et par une salamandre aquatique gigantesque, longue de plus de trois pieds, l'*Homo diluvii testis* de Scheuchzer. On y a trouvé aussi un lagomys et un renard fossiles. Voyez les *Transact. Géol. de Londres*, nouvelle série, t. 3, p. 287.

J'ai vu en octobre 1835, au muséum de Leyde, une salamandre en vie longue de trois pieds, la première qui ait été apportée vivante en Europe. Elle appartient à une espèce très voisine de la salamandre fossile d'OEningen, et avait été rapportée du Japon par le docteur Siebold, qui l'avait trouvée dans le cratère d'un volcan éteint, au sommet d'une haute montagne. Elle dévorait avec avidité de petits poissons et se dépouillait fréquemment de son épiderme.

* Pl. 1, fig. 66, 67, 68.

** Lindley, *Flore fossile*, n. xv, pl. 142, p. 163.

elle est également peu nombreuse dans la série secondaire [*] ; mais on trouve en abondance des tiges, des feuilles et des fruits de palmiers dans les formations tertiaires [**].

Troncs fossiles de palmiers.

Les tiges de palmiers que l'on rencontre à l'état fossile proviennent d'un grand nombre d'espèces ; on en voit qui sont converties en un beau silex dans les dépôts tertiaires de la Hongrie et dans le calcaire grossier de Paris [***]. Il existe également des troncs de palmiers dans les formations d'eau douce de Montmartre [****], et on assure qu'à Liblar, près de Cologne,

[*] Voyez le travail de Sprengel sur les palmacites endogénites du nouveau grès rouge des environs de Chemnitz (Halle, 1828), et l'ouvrage de Cotta (*Dendrolithen*, Dresde et Leipsick, 1832, pl. 9 et 10).

[**] M. Ad. Brongniart a mentionné huit espèces de palmiers dans la liste qu'il a donnée des plantes fossiles de la série tertiaire.

[***] On voit dans notre planche 64, figure 2, un beau tronc fossile appartenant au muséum de Paris, voisin de la famille des palmiers, et d'une circonférence de près de quatre pieds ; il a été trouvé dans la région inférieure du calcaire grossier de Vailly, près de Soissons. M. Brongniart a désigné ce fossile sous le nom d'*Endogenites echinatus*. Les appendices saillans dont il est entouré, et qui rappellent le feuillage qui couronne un chapiteau corinthien, sont les portions persistantes des pétioles tombés, portions qui demeurent adhérentes à la tige après la chute des feuilles elles-mêmes. Ces appendices sont dilatés à leur base, qui entoure un quart ou même un tiers de la circonférence de la tige; la forme de cette base, et la disposition du tissu ligneux dans les faisceaux de fibres, indiquent assez que ce fossile provient d'un monocotylédon arborescent voisin des palmiers.

[****] On a trouvé dans les lits de marne argileuse qui recouvrent les couches de gypse du bassin de Paris, des troncs couchés de palmiers d'une taille considérable, en même temps que des coquilles de limnées et de planorbes.

Comme les dépôts dont il s'agit sont des dépôts d'eau douce, ces troncs n'ont pu y être apportés de régions éloignées par des courans marins ; et il est probable que ce sont des palmiers indigènes de l'Europe et même de la France.

il s'en est trouvé dont la direction était verticale *. De beaux troncs de palmiers silicifiés se voient à Antigoa et dans l'Inde, ainsi que sur les buttes d'Irawadi, dans le royaume d'Ava.

Nous ne devons pas nous étonner que des débris de palmiers se rencontrent dans les latitudes chaudes où les plantes de cette famille sont encore maintenant indigènes, comme à Antigoa ou dans les Indes ; mais leur présence dans les formations tertiaires de l'Europe, associée à des débris de crocodiles et de tortues, et à des coquilles marines très voisines de celles que l'on rencontre maintenant dans les mers chaudes, semble indiquer que le climat de l'Europe pendant la période tertiaire était d'une température plus élevée qu'il ne l'est à l'époque actuelle.

Feuilles fossiles de palmiers.

Sept localités différentes présentent des feuilles fossiles de palmiers dans les couches tertiaires de la France, de la Suisse et du Tyrol ; et parmi ces feuilles se trouvent au moins trois espèces flabelliformes, qui diffèrent non seulement des feuilles du *Chamærops humilis*, le seul palmier qui croisse maintenant dans le sud de l'Europe, mais qui ne ressemblent même à aucune espèce vivante connue**. Ces feuilles sont d'ailleurs trop parfaitement conservées pour que l'on puisse admettre qu'elles ont eu à subir un transport par eau de régions éloignées, et elles doivent plutôt, selon toute apparence, être rapportées

* On n'a pas encore décidé la question de savoir si ces palmiers ont conservé cette position après avoir été chariés, ou s'ils occupent encore la place où ils ont vécu, ainsi que cela a lieu pour les cycadites et les conifères de l'île de Portland.

** La feuille représentée pl. 64, fig. 4, est celle d'un palmier flabelliforme, le *Palmacites Lamanonis,* provenant du gypse d'Aix en Provence ; on en trouve encore de semblables dans trois autres localités de la

aux espèces éteintes qui furent indigènes de l'Europe durant la période tertiaire.

On n'a rencontré jusqu'ici dans les couches tertiaires aucune feuille de palmier de forme pennée, bien que cette forme soit plus de deux fois plus fréquente que la forme en éventail dans la famille des palmiers telle qu'elle existe maintenant*.

Fruits fossiles de palmiers.

On rencontre dans les formations tertiaires un grand nombre de fruits fossiles appartenant à la famille des palmiers, et qui, d'après **M. Ad. Brongniart**, paraissent tous provenir de genres à feuilles pennées. On en a découvert quelques uns dans l'argile tertiaire de l'île de Sheppey, parmi lesquels des dattes**, fruits qui maintenant ne se voient plus qu'en Afrique et dans les Indes; des noix de coco***, qui maintenant ne se trouvent plus qu'entre les tropiques; des bactris, qui de nos jours appartiennent exclusivement à l'Amérique, et des noix d'arec que l'Asie seule possède. Il n'est pas un de ces fruits que l'on puisse rapporter à quelque palmier flabelliforme; on trouve des noix de coco fossiles à Bruxelles et à Liblar, près de Cologne, associées à des fruits d'arec.

France, aux environs d'Amiens, du Mans et d'Angers, et partout dans des couches tertiaires. Une autre espèce, le *Palmacites parisiensis*, provient du calcaire grossier des environs de Versailles (*Cuvier et Brongniart, Géognosie des environs de Paris*, pl. 8, fig. 1, E). Une troisième, le *Palmacites flabellatus*, se rencontre dans la molasse de la Suisse, près de Lausanne, et dans le lignite d'Hœring, dans le Tyrol. Voyez pl. 4, fig. 13 et 66.

* Les dattiers, les cocotiers et les arecs sont des exemples bien connus de palmiers à feuilles pennées, pl. 4, fig. 67 et 68.

** Parkinson, *Organic Remains*, t. 4, pl. 6, fig. 4-9.

*** Parkinson, *Organic Remains*, t. 4, pl. 7, fig. 4-5. M. Brongniart regarde ces fruits comme appartenant certainement au genre *Cocos* et à une espèce voisine du *Cocos lapidea* de Gærtner.

Bien que ces fruits appartiennent tous à des genres à feuilles pennées, aucune feuille de palmier de cette sorte ne s'est jusqu'ici rencontrée en Europe, ainsi que nous venons de le dire. Il paraît donc vraisemblable, d'après la quantité énorme de fruits de toute espèce qui sont accumulés dans l'île de Sheppey, entassés avec des coquilles marines et des fragmens de bois presque toujours percés par des tarets, que ces fruits ont été amenés là par des courans marins de contrées plus chaudes que ne le fut l'Europe après le commencement de la période tertiaire, de la même manière que certaines graines tropicales et des merrains d'acajou sont transportés de nos jours du golfe du Mexique sur les côtes de la Norwège et de l'Irlande.

Outre les fruits de palmiers, l'île de Sheppey présente une réunion de plusieurs centaines d'autres fruits *, dont la plupart offrent les caractères de la végétation des tropiques ; et il serait difficile d'expliquer comment ils auraient pu être accumulés ainsi en amas où ne se trouve pas une seule feuille des arbres qui les ont portés, mais qui renferment des bois perforés par des tarets, autrement que par l'hypothèse d'un courant marin.

Nous n'avons encore aucune donnée certaine relativement au nombre des espèces de ces fruits fossiles ; on a estimé qu'elles

---

* Selon M. Ad. Brongniart, plusieurs de ces fruits ont des rapports intimes avec les fruits aromatiques de l'Amomum (*Cardamome*). Ce sont des fruits triangulaires, très comprimés, ombiliqués à leur sommet, où se trouve une petite aréole circulaire, indiquant apparemment la cicatrice laissée par un calice adhérent ; à l'intérieur se trouvent trois cloisons; un léger sillon se voit sur le milieu de chacune des trois faces, comme en présente le fruit de plusieurs plantes de la famille des *scitaminées*. On ne peut toutefois considérer les fruits de l'île de Sheppey comme identiques avec aucun genre de cette famille; mais ils s'en rapprochent tellement que M. Ad. Brongniart les a désignés sous le nom d'*Amomocarpum*.

s'élevaient à six ou sept cents*. On leur trouve associés dans la même argile un grand nombre de crustacés fossiles, en même temps que des restes de plusieurs poissons, de crocodiles et de tortues.

Si les fruits de l'île de Sheppey ont été ainsi rassemblés sur ce point par l'action des courans marins, il s'ensuit que l'histoire de la végétation européenne pendant la période tertiaire doit être étudiée dans ces autres débris de plantes qui, à en juger par l'état et les circonstances dans lesquels on les trouve, ont vécu à peu de distance du point où elles se rencontrent maintenant **.

Conclusion.

Après ce qui vient d'être dit, nous allons résumer ce que nous savons à l'heure actuelle sur les conditions diverses de la flore des trois grandes périodes de l'histoire géologique dont nous nous sommes occupés précédemment.

Les débris végétaux de ces périodes se distinguent surtout par les caractères qui suivent :

Dans la première, les cryptogames vasculaires prédominent, et les plantes dicotylédonées sont comparativement rares.

---

* Voy. Parkinson, *Organic Remains*, t. 1, pl. 6, 7. — Jacob, *Flora Favershamensis*, et le docteur Parsons, dans les *Transactions philosophiques* de Londres, 1757, t. 50, p. 596, pl. 15 et 16. — Il existe une collection de ces fruits dans le musée britannique; une autre dans celui de Canterbury; une troisième dans le cabinet de M. Bowerbank, à Londres.

** Le beau succin qui se rencontre sur les côtes Est de l'Angleterre et sur celles de la Prusse et de la Sicile, et que l'on suppose être une résine fossile, provient de certains lits de lignite des couches tertiaires. On a trouvé des fragmens de gomme fossile près de Londres, en creusant un tunnel à Highgate à travers l'argile de Londres.

Dans la seconde, ces deux groupes se montrent dans une proportion à peu près égale *.

Dans la troisième, les dicotylédonées prédominent, et il y a rareté des cryptogames vasculaires.

Quant aux végétaux actuels, les deux tiers à peu près sont dicotylédonés.

On trouve des débris de plantes monocotylédonées dans toutes les périodes des formations géologiques, mais elles y sont rares.

Le nombre des plantes fossiles décrites jusqu'à ce jour est d'environ cinq cents, dont près de trois cents proviennent des couches de la série de transition, et presque exclusivement de la formation houillère; environ cent appartiennent aux couches secondaires, et plus de cent autres aux formations de la série tertiaire. Outre ces espèces, il en existe qui appartiennent à chacune de ces formations et qui n'ont pas encore été dénommées.

Comme les espèces connues de végétaux vivans sont au nombre de plus de cinquante mille, et que l'étude de la botanique fossile n'est pas encore sortie de l'enfance, il est probable que la terre recèle dans ses entrailles une quantité considérable d'espèces fossiles que les découvertes de chaque année rendront successivement à la lumière.

Les plantes de la première période sont pour la plupart des fougères et des équisétacées gigantesques, ou appartiennent à des familles intermédiaires par leurs caractères entre les formes actuelles des lycopodiacées et des conifères, comme les lépidodendron, les sigillaria et les stigmaria; à quoi il faut ajouter un petit nombre de conifères.

* Les plantes dicotylédonées des formations de transition et des formations secondaires appartiennent exclusivement à la tribu de cette classe que forment les cycadées et les conifères, c'est-à-dire à la tribu des phanérogames gymnospermes.

Les fougères forment un tiers environ des plantes de la seconde période, et les deux tiers qui restent se composent en grande partie de cycadées et de conifères, avec quelques liliacées.

On rencontre un plus grand nombre d'espèces de cycadées parmi les fossiles de cette période que l'on n'en a encore trouvé parmi les végétaux qui vivent actuellement à la surface du globe. Cette famille entre pour plus d'un tiers dans toute la flore fossile connue des formations secondaires, tandis qu'elle ne forme pas la deux millième partie de la végétation actuelle.

La végétation de la troisième période se rapproche beaucoup de celle de la surface actuelle du globe.

Parmi les familles actuelles, les algues, les fougères, les lycopodiacées, les équisétacées, les cycadées et les conifères sont celles qui ont les relations les plus intimes avec les formes végétales les plus anciennes qui aient existé sur notre planète.

La famille des conifères est celle qui est la plus universellement répandue dans les diverses phases successives de la végétation ; elle s'accroît suivant le nombre et la diversité de ses genres et de ses espèces à chaque changement nouveau dans le climat et dans les conditions de la surface du globe. Cette famille comprend un trois centième environ du nombre total des végétaux actuels.

Une autre famille se montre également, mais en petite proportion, dans toute la série des formations, c'est celle des palmiers.

Les connexions que nous avons saisies entre ces systèmes éteints et le système actuel de végétation fournissent un ensemble imposant d'argumens, en même temps qu'elles ouvrent un vaste et nouveau champ de recherches, soit aux physiologistes, soit à ceux qui se livrent à l'étude de la théologie physique.

Non seulement nous retrouvons dans la flore fossile les caractères fondamentaux qui distinguent entre elles les plantes endogènes et les plantes exogènes, mais en outre, l'accord qui existe jusque dans les moindres détails entre la structure des nombreuses familles qui la composent et de celles de l'époque où nous vivons, indique l'influence des mêmes lois régulatrices du développement des végétaux à ces deux époques si éloignées entre elles.

Il en est de même des organes de fructification ; ce que l'on en a rencontré dans les plantes de toutes les formations nous montre qu'à toutes les époques la production des végétaux s'est effectuée d'après des lois constantes.

Les détails exquis d'organisation que découvre le microscope dans ce qui n'est pour les yeux abandonnés à eux-mêmes qu'une bûche convertie en lignite ou un bloc de houille, ne démontrent pas seulement la corrélation parfaite qui existe entre les moyens et les fins pour lesquelles ils ont été mis en œuvre ; mais ils prouvent aussi la constance avec laquelle des moyens semblables ont été employés pour arriver à des fins correspondantes dans toute la série des créations diverses qui ont modifié les formes de la vie chez les végétaux. Ces combinaisons d'arrangemens, qui varient avec les diverses conditions du globe, démontrent l'existence d'un Architecte par l'existence d'un plan; et en voyant la connexion des parties et l'unité du but pour lequel elles ont été faites, dans ce tout si vaste, si complexe et en même temps si harmonieux, nous sommes conduits à conclure que c'est une Intelligence unique et toujours la même qui a créé toutes ces dispositions et qui les a mises en jeu.

CHAPITRE XIX.

Preuve de l'existence d'un plan qui a présidé à la disposition des couches du groupe carbonifère.

Lorsque nous avons passé en revue l'histoire et la position géologique des végétaux qui se sont convertis en charbon minéral, nous avons déjà eu occasion de voir que nos grands magasins de combustible fossile appartiennent presque exclusivement aux couches de la série de transition. On n'a rencontré que rarement de la houille dans des formations secondaires, et ce n'étaient que des gisemens sans importance ; et les lignites des formations tertiaires, bien qu'ils se montrent quelquefois en petits dépôts d'une substance compacte et que l'on peut utiliser pour le chauffage, n'exercent aucune influence importante sur la condition de l'espèce humaine*.

* Avant que l'étude nous eût conduits à quelques connaissances étendues sur chacune des séries de formation que les géologues savent maintenant déterminer avec facilité, il n'y avait aucune raison *a priori* de s'attendre à rencontrer la houille dans une série de couches plutôt que dans une autre. Des travaux au hasard, ayant pour but la recherche de la houille dans des couches d'une formation quelconque, étaient donc toujours quelque chose de désirable et d'utile à une époque où le nom même de la géologie était encore inconnu. Mais l'homme qui entreprendrait des recherches semblables dans des districts que l'on sait maintenant composés des couches non carbonifères des séries secondaires et tertiaires, serait taxé de folie, depuis que l'expérience réunie d'un grand nombre d'années a prouvé que c'est seulement dans ces couches de la série de transition, que l'on a désignées sous le nom de groupe

Il nous reste à étudier maintenant, parmi les phénomènes physiques dont la surface du globe a été le théâtre, ceux auxquels nous devons la disposition de ces restes précieux d'un monde ancien dans des conditions qui nous permettent d'avoir accès jusqu'aux trésors inestimables du charbon minéral.

Nous avons déjà examiné la nature des végétaux anciens auxquels la houille doit son origine, et quelques uns des procédés à l'aide desquels ces végétaux ont revêtu leurs conditions minérales. Il nous reste à passer en revue quelques importans phénomènes géologiques de la série carbonifère, et à voir jusqu'à quel point les avantages qui résultent pour nous de l'état actuel de cette portion de la croûte du globe peut nous rendre probable que cet état est une œuvre de prévoyance et de sagesse.

Il ne suffisait pas que ces débris végétaux fussent entraînés de leurs forêts natales, et ensevelis au fond des lacs, des golfes et des mers anciennes, pour y être convertis en houille ; il fallait en outre que des changemens de niveau d'une grande étendue vinssent soulever et convertir en des terres habitables ces couches où gisaient tant de richesses, qui n'eussent eu aucune utilité tant qu'elles seraient demeurées ensevelies dans les profondeurs inaccessibles où elles s'étaient entassées. Il fallait que s'exerçât l'action de quelqu'un des ressorts les plus puissans de la dynamique du globe terrestre, pour produire les révolutions qui devaient mettre sous la main de l'homme ces puissans élémens d'art et d'industrie. Examinons en peu de mots quels résultats ont été produits.

On voit dans notre coupe (pl. 1, fig. 14) la place qu'occupe la grande formation houillère, relativement aux autres séries de terrains stratifiés. Cette coupe théorique nous met sous les

carbonifère, que se découvrent des mines de houille productives et étendues.

yeux un exemple de dispositions qui se répètent sur des points différens de la croûte de notre globe[*].

La surface de la terre se montre couverte d'une série de dépressions irrégulières ou bassins séparés les uns des autres, et quelquefois entièrement entourés par des portions saillantes des couches qui sont au dessous, ou par des roches cristallines non stratifiées, qui ont été soulevées en des collines ou montagnes variant entre elles par leur hauteur, par leur direction et par leur degré divers de continuité. De chaque côté de ces points plus élevés, les couches plongent par une pente plus ou moins rapide vers les vallées qui séparent une chaîne de montagnes de la chaîne voisine (pl. 1).

Cette disposition de la surface terrestre en des bassins ou des sortes d'auges, disposition commune à toutes les formations, a été constatée plus spécialement dans la série carbonifère, par la raison que l'importance des lits de houille a été cause qu'on les a exploités dans toute leur étendue.

Un bienfait qui résulte de la disposition par bassins des couches carbonifères, c'est qu'elles viennent toutes à la surface, sur la circonférence de chaque bassin, ce qui permet à l'homme d'y pénétrer, en y creusant des mines, sur presque tous les points de leur étendue respective[**]. Une pente non interrompue dans une direction constante eût eu pour résultat de porter promptement les couches inférieures à une profondeur inaccessible à l'homme.

Le bassin de Londres (pl. 67) offre une disposition pareille des couches tertiaires au dessus de la craie. Les bassins de

<hr>

[*] Nous avons représenté la formation houillère comme ayant été soumise aux mêmes soulèvemens qu'ont subis toutes les formations vers les crêtes montagneuses qui séparent les bassins entre eux.

[**] Pl. 65, fig. 1, 2, 5.

Paris, de Vienne et de la Bohême, sont d'autres exemples de la même nature. (Pl. 1, fig. 24-28.)

Les couches secondaires et les couches de transition des districts du centre et du nord-ouest de l'Angleterre sont des portions latérales du grand bassin géologique de l'Europe septentrionale, et elles se continuent dans les plaines et sur la surface des contrées montagneuses du continent *.

La disposition générale qu'affectent toutes ces couches en forme de bassin a été le résultat d'un double système d'opérations dans l'économie du globe. Le premier de ces systèmes a

---

* La coupe figurée, pl. 66, fig. 1, fait voir comment les couches de la série de transition se prolongent au dessous du sol entre la formation houillère et les dépôts plus anciens de la grauwacke, en constituant une série de dépôts que M. Murchison a désignés sous le nom de *système silurien*. Ce système est représenté sous le numéro 11 dans notre coupe générale de la pl. 1. Les travaux récens de M. Murchison dans les comtés limitrophes de l'Angleterre et du pays de Galles ont heureusement rempli la lacune qui avait existé jusqu'à ce jour dans l'histoire de cette portion du vaste et important système de roches situé au dessous de la série de transition, et nous ont fait connaître les liaisons qui existent entre le système carbonifère et les roches schisteuses plus anciennes. Le vaste groupe de dépôts que cet auteur a désigné sous le nom de *système silurien*, comme occupant la plus grande partie des localités qu'habitèrent autrefois les silures, se partage en quatre divisions que nous avons figurées dans notre pl. 66, fig. 1. Cette coupe représente l'ordre exact de superposition de ces couches dans un district qui sera désormais classique dans les annales de la géologie.

J'ai observé en septembre 1835 que les trois divisions supérieures de ce système offrent un grand développement, en suivant le même ordre relatif de succession, à la limite sud des Ardennes, où elles séparent la grande formation houillère de la grauwacke. — Voyez le compte-rendu de la Société géologique de France à Mézières et à Namur, septembre 1835. (*Bulletin de la Société géologique de France*, t. VII.) Les mêmes subdivisions du système silurien conservent leur position relative et leur importance sur une grande étendue du district montagneux de l'Eifel, entre les Ardennes et la vallée du Rhin, et se continuent à l'est du Rhin à travers une grande partie du duché de Nassau. — *Stiffts Gebirgs-Karte von dem Herzothum-Nassau. Wiesbaden*, 1831.

formé les dépôts sédimentaires provenant soit des débris des roches plus anciennes, soit de précipitations chimiques, dans les régions basses où les détritus des régions anciennement élevées furent transportés par la force des eaux. Le second a eu pour effet de soulever ces couches de la place où elles s'étaient déposées au fond des eaux, par l'emploi de forces analogues à celles dont l'action se manifeste quelquefois sous nos yeux dans ces terribles mouvemens de la croûte du globe, qui sont l'un des phénomènes des tremblemens de terre de l'époque actuelle.

Je croirais devoir entrer dans des détails plus étendus sur l'histoire des mines de houille de la contrée que nous habitons, si je n'en étais dispensé par l'excellent résumé de tout ce que nous savons sur ce sujet, que contient une publication anonyme pleine de jugement et de savoir, intitulée : *The history and description of Fossil Fuel, the Collieries, and Coal Trade of Great Britain. London 1835.*

Les amas les plus remarquables de cette importante production végétale qu'il y ait en Angleterre se trouvent dans les terrains houillers de Wolverhampton et de Dudley (pl. 65, fig. 1). La couche de houille y a dix mètres d'épaisseur. Le terrain houiller des environs de Paisley, en Ecosse, offre dix lits distincts dont l'épaisseur réunie est d'environ cent pieds ; et le bassin houiller du sud du pays de Galles (pl. 65, fig. 2) renferme, près de Pontypool, vingt-trois lits de houille ayant une épaisseur totale d'environ quatre-vingt-treize pieds.

La présence dans plusieurs terrains houillers de riches couches de minerai ferrugineux, contenus dans les schistes argileux qui alternent avec les lits de charbon minéral, est une circonstance qui rend les districts adjacens remarquablement propres à l'établissement des fonderies de fer les plus importantes ; et d'ordinaire ces localités offrent en outre, ainsi que nous l'avons déjà dit à la page 57, cette autre circonstance précieuse pour l'exploitation, qu'au dessous de la houille et du minerai ferrugineux se trouve une couche de calcaire qui fournit le fondant nécessaire pour la réduction du minerai à l'état métallique.

Notre coupe (pl. 65, fig. 1) fait voir l'ensemble continu de mines de houilles et de fonderies de fer qui, par suite de ces conditions géologiques, enrichissent un district important du centre de l'Angleterre, dans les environs de Birmingham. Des résultats semblables ont été produits par les mêmes causes sur la frontière nord-est de l'énorme bassin houiller de la Galles du sud, où sont les fonderies bien connues des environs de Pontypool et de Merthyr-Tydfil *. Les lits de schistes de la ré-

* Pl. 65, fig. 1 et 2.

D'après M. Forster (voy. les *Transactions de la Société d'histoire naturelle du Northumberland*, etc., t. 1., p. 114), la quantité de fer que l'on extrait annuellement dans le pays de Galles est d'environ 270,000 tonnes, dont les trois quarts sont en barres et le dernier quart en saumons et en gueuses. Une tonne de fer, pour être obtenue, nécessite l'emploi d'environ cinq tonnes et demie de houille, ce qui porte à 1,500,000 tonnes à peu près la consommation de la houille pour la quantité de fer dont nous venons de parler. On peut estimer à 550,000 tonnes la quantité de houille employée à la fusion du minerai de cuivre importé de la Cornouailles, à la fabrication de l'étain laminé, à forger le fer et aux usages domestiques, ce qui porte à 1,850,000 tonnes la consommation annuelle du charbon dans le pays de Galles. L'extraction du fer dans toute la Grande-Bretagne s'est élevée pour l'année 1827 à la quantité énorme de 690,000 tonnes, réparties de la manière suivante :

	Tonnes.	Fourneaux.
Comté de Strafford. . .	216,000	95
Shropshire.	78,000	51
Galles du Sud.	272,000	90
Galles du Nord. . . .	24,000	12
Comté d'York.	43,000	24
Comté de Derby. . . .	20,500	14
Ecosse.	56,500	18
	690,000	284

gion inférieure de ce bassin houiller sont abondamment remplis de nodules de fer argileux: on trouve au dessous un lit de *millstone grit* capable de supporter l'action du feu, et que l'on utilise pour la construction des fourneaux, et, plus bas encore, le calcaire nécessaire pour produire la fusion du minerai *.

Les grandes fonderies de fer des comtés de Derby et d'York, et du sud de l'Ecosse, sont d'autres exemples des bienfaits qui résultent d'une juxta-position semblable de la houille et d'un riche minerai de fer argileux.

« Il y a, dit M. Conybeare **, dans la juxta-position immédiate de ce métal, de tous le plus utile, avec le combustible qui doit servir à le réduire, et avec le calcaire qui doit être employé pour faciliter cette opération, une disposition si heureusement en rapport avec les besoins de l'industrie humaine, que l'on ne nous accusera pas de recourir sans nécessité aux causes finales, si nous nous laissons aller à penser que les matériaux grossiers qui constituent l'enveloppe terrestre ont été distribués de cette manière dans des vues d'utilité pour les êtres qui devraient en peupler la surface. »

Examinons succinctement quelle est l'influence du charbon minéral sur la condition actuelle de l'espèce humaine. Voici comment M. J. F. W. Herschel met en relief la puissance mécanique de la houille dans son admirable Discours sur l'étude de la philosophie naturelle, 1831, page 59.

« Tous nos mécaniciens modernes savent qu'un boisseau de houille, brûlé dans des conditions favorables, suffit pour soulever soixante-dix millions de livres à la hauteur d'un pied; tel est l'effet moyen d'une machine qui fonctionne actuellement dans le comté de Cornouailles.

---

* Pl. 65, fig. 1 et 2.
** *Geology of England and Wales*, p. 555.

» L'ascension de Chamouny jusqu'au Mont-Blanc est considérée avec raison comme l'entreprise la plus laborieuse que puisse exécuter en deux jours un homme robuste ; il eût suffi, pour soulever cet homme du pied de la montagne à son sommet, de la combustion de deux livres de houille. »

Le pouvoir que l'homme tire de l'emploi du charbon minéral peut s'estimer par les résultats[*] que donne une livre ou toute autre quantité donnée de houille brûlée dans une machine à vapeur ; car la quantité d'eau qu'une machine peut soulever à une hauteur donnée, ou le nombre de boisseaux de blé qu'elle peut réduire en farine, ou, en un mot, le travail qu'elle peut exécuter, quelle qu'en soit la nature, est en proportion exacte avec la puissance qui la met en mouvement. Comme le travail des mines ne peut se continuer qu'en descendant chaque année à des profondeurs plus grandes, les difficultés de l'extraction des métaux vont en s'accroissant d'année en année ; et l'homme n'en pourrait venir à bout, s'il n'avait entre ses mains la puissance que lui donnent la houille et les machines à vapeur, pour épuiser l'eau qui envahit ses travaux à mesure qu'il les exécute ; et il lui serait impossible de trouver ailleurs que dans la houille le combustible nécessaire pour mettre ces machines en mouvement.

[*] Le nombre de livres soulevées, multiplié par la hauteur évaluée en pieds et divisé par le nombre de boisseaux de houille, de 84 livres chacun, qui ont été employés, donne ce qu'on appelle l'effet utile (*duty*) d'une machine à vapeur, et sert de point de départ pour en estimer la puissance. — (Voyez un mémoire important sur les améliorations des machines à vapeur, par M. Davies Gilbert, dans les *Transactions philosophiques* pour l'année 1830, p. 121.)

D'après M. Taylor, dans son Mémoire sur l'effet utile des machines à vapeur, publié dans les *Records of Mining* (1829), ces machines ont reçu depuis un petit nombre d'années un perfectionnement si rapide que, tandis qu'à une époque déjà reculée l'effet d'une machine à vapeur atmosphérique pouvait s'estimer par 5,000,000 de livres d'eau élevées à

Ce n'est pas seulement par la valeur pécuniaire des métaux qui sont ainsi extraits du sein de la terre que l'on peut es—

la hauteur d'un pied par la combustion d'un boisseau de houille, une machine dernièrement construite à Wheal-Towan, dans le comté de Cornouailles, en élèverait 87,000,000 de livres pour la même dépense; ou, qu'en d'autres termes, l'expérience nous a appris à tirer autant de puissance d'un seul boisseau de houille que l'on en pouvait tirer dans l'origine de dix-sept boisseaux. Ainsi le pouvoir qu'exerce l'homme sur le monde matériel par l'emploi de la houille dans les machines à vapeur est devenu dix-sept fois plus grand qu'à l'époque où ces machines furent inventées, et il s'est accru, seulement dans ces trente dernières années, jusqu'au triple environ de ce qu'il était auparavant.

Il y a maintenant dans les mines de Fowey-Consols, dans le comté de Cornouailles, une machine dont M. Taylor estime l'effet dans les circonstances ordinaires à 90,000,000 de livres, et qui a été faite pour pouvoir soulever 97,000,000 de livres à un pied de hauteur par la combustion d'un seul boisseau de charbon.

En facilitant le dessèchement des mines, ces améliorations ont exercé une influence immense sur l'extraction des métaux qui, sans ce secours, fussent demeurés ensevelis dans des profondeurs où jamais nous n'eussions pu pénétrer. Des mines que l'on avait abandonnées par suite de l'impossibilité où l'on était de les épuiser ont été réouvertes; d'autres ont été creusées; et l'homme s'est vu mis en possession de trésors minéraux qui, sans le secours de ces machines, fussent toujours demeurés loin de sa portée.

Il est résulté de ces progrès qui ont été faits dans l'emploi de la houille comme principe de force mécanique, et par suite comme principe de richesse, que des travaux de mines d'une grande importance ont été poussés jusqu'à des profondeurs dont on n'avait pas encore d'exemple. A Wheal-Abraham, par exemple, on a creusé jusqu'à 240 brasses (environ 1550 pieds français); à Dolcoath, jusqu'à 235 brasses; et dans les *Consolidated Mines* de Gwennap, jusqu'à 290 brasses (environ 1650 pieds). Ces dernières mines n'emploient pas journellement moins de 2,500 personnes.

Dans les *Consolidated Mines*, l'action de neuf machines à vapeur, dont quatre sont les plus grandes que l'on ait encore jamais faites, puisqu'elles ont un cylindre de 90 pouces (anglais), extraient, suivant la saison, de trente à quarante muids d'eau par minute, d'une profondeur moyenne d'environ 250 brasses. On a estimé dernièrement que le produit annuel de ces mines s'élève à 20,000 tonnes de minerai, qui produisent 2,000 tonnes de cuivre fin, ce qui est plus que le septième de ce qu'en produit toute l'Angleterre. Les niveaux ou galeries de ces mines ont dans le sens

timer de quelle importance est la houille pour l'espèce humaine, car cette substance tire une nouvelle et beaucoup plus grande importance du rôle qu'elle joue dans les opérations de la mécanique et des arts, et de la part qui lui revient dans les résultats que ces opérations produisent.

On a calculé qu'en Angleterre environ quinze mille machines à vapeur sont journellement en jeu, et l'on assure que l'une de celles du Cornouailles est d'une force de mille chevaux*, la force d'un cheval, d'après M. Watt, égalant cinq fois et demie celle d'un homme : et si nous supposons que la force moyenne de chaque machine soit de vingt-cinq chevaux, nous verrons que chez nous la puissance de la vapeur équivaut à celle d'environ deux millions d'hommes. Si l'on considère que cette force est en grande partie appliquée à mettre des machines en mouvement, et que l'ensemble du travail exécuté par les machines en Angleterre a été estimé égal à celui que

horizontal une étendue d'environ quarante-trois milles. — (Voyez ce que dit M. J. Taylor sur les Conduits de mines dans le troisième rapport de l'association britannique, 1833, p. 428.)

D'après ce même auteur (*Lond. and Edinb. Philip. Mag. Jan. 1836*, p. 67), les machines à vapeur qui fonctionnent actuellement pour le dessèchement des mines du comté de Cornouailles ont ensemble une force d'environ 44,000 chevaux, un boisseau de houille pouvant exécuter le travail de seize chevaux.

* Quand un ingénieur dit d'une machine qu'elle est de 25 chevaux, c'est une manière d'indiquer qu'elle exécute le travail que ferait ce nombre de chevaux constamment en action ; mais si l'on suppose qu'un cheval ne doive travailler que 8 heures sur 24, ce serait 75 chevaux au moins qu'il faudrait pour produire l'effet d'une pareille machine.

La plus grande machine du Cornouailles peut atteindre dans son maximum d'action une puissance égale à celle qu'auraient 500 à 550 chevaux, et il faudrait par conséquent 4,000 chevaux pour produire le même effet constant que l'on en obtient. C'est dans ce sens que l'on a dit qu'il existait une machine de la force de 1,000 chevaux ; mais ce mode d'évaluation de la force n'est pas celui que l'on emploie ordinairement.

Lettre de M. J. Taylor au docteur Buckland.

pourraient fournir immédiatement trois ou quatre cent millions d'hommes, on sera stupéfait en voyant combien la houille, le fer et la vapeur ont d'influence sur les destinées et sur la fortune de l'espèce humaine. — « Elle s'est emparée des fleuves, dit M. Webster, et le batelier peut se reposer sur ses rames ; elle est sur les routes elevées, et nous l'y voyons s'exercer au voiturage par terre ; elle est au fond des mines, à mille pieds plus bas que la surface de la terre (et il aurait pu dire à 1800 pieds). Nous la retrouvons également dans les moulins et dans les ateliers de l'industrie. Elle rame, pompe, creuse, charrie, traîne, soulève, forge, file, tisse, imprime*. »

* La houille ne se renouvelle pas en Angleterre, et les causes auxquelles elle doit son origine n'agissent plus pour en former de nouveaux lits, tandis que, par suite de l'accroissement graduel de la population et des nouvelles applications que l'on fait chaque jour des machines à vapeur, la consommation va sans cesse en augmentant avec une rapidité de plus en plus grande. Ce sont donc des problèmes du plus puissant intérêt, pour un pays où l'existence d'une portion aussi considérable de la population repose sur des machines ayant la houille pour principe d'action, que ceux relatifs à l'art d'économiser ce combustible précieux: aussi ne quitterons-nous pas ce sujet important avant d'avoir exposé quelques observations sur un usage qui ne peut être considéré que comme une calamité nationale digne de fixer toute l'attention de la législature.

C'est un fait presque incroyable et dont nous avons pourtant eu sous les yeux, pendant plusieurs années, le spectacle pénible, que plus de trente-six millions de boisseaux, c'est-à-dire près du tiers des meilleures houilles que fournissent les mines des environs de Newcastle, sont détruits chaque année, et jetés en tas qui brûlent continuellement près de chacune des fosses d'extraction qu'il y a dans ce district.

Cette destruction a sa cause dans certaines dispositions législatives, en vertu desquelles la houille, à Londres, ne se vend et ne s'estime qu'à la *mesure* et non au *poids*. Plus la houille est brisée, plus elle occupe d'espace; il est donc de l'intérêt de chaque marchand de houille de l'acheter en aussi gros morceaux que possible, pour ne la revendre qu'après l'avoir réduite dans les fragmens les plus petits. C'est pourquoi les propriétaires de mines n'envoient au marché la houille qu'en gros morceaux, et font détruire celle qui est en petits fragmens.

En 1830, l'attention du parlement fut appelée sur ce désordre ; et,

Nous ne manquerions pas de faits qui prouveraient que la houille est pour l'espèce humaine une base sur laquelle repose l'accroissement de la population, des richesses et du pouvoir,

conformément aux conclusions d'une commission, le mode d'estimation usité jusqu'alors fut aboli, et le *poids* substitué à la *mesure*. Cette disposition a eu pour résultat qu'une quantité considérable de houille est maintenant embarquée pour le marché de Londres dans l'état ou elle est extraite de la mine. Après le débarquement, la houille menue est séparée du reste, et s'emploie comme combustible pour divers usages ordinaires, avec autant d'avantage que la plus grande partie de celle qui se vendait à Londres avant que la loi eût été modifiée.

Toutefois, bien qu'elle ait déjà diminué, la destruction des houilles dans les tas enflammés des environs de Newcastle se continue encore dans des proportions tellement effrayantes, qu'il faut que des dispositions expresses viennent enfin y mettre un terme ; car elle aura pour conséquence inévitable d'épuiser, avant qu'il soit longtemps, les couches les plus rapprochées de la surface, et les plus voisines de la côte ; un accroissement de prix en sera la conséquence pour tous les points de l'Angleterre qui s'approvisionnent à ce bassin houiller de Newcastle, qui devra s'épuiser enfin à une époque plus rapprochée d'un tiers que s'il eût été exploité avec sagesse. (Voyez le Rapport de la commission de la chambre des communes sur l'état de l'industrie houillère, 1850, page 242. Voyez aussi M. Bakewell, *Introduction to Geology*, 1833, pages 185 et 543.)

De même que la loi est pleine d'équité lorsqu'elle intervient pour empêcher la violation de la vie et de la propriété, on pensera aussi qu'il serait dans ses prérogatives d'imposer des bornes à toute destruction inutile du charbon minéral, puisque l'épuisement de ce précieux combustible aurait pour résultat de paralyser irrévocablement l'industrie de plusieurs millions d'hommes. Qu'un propriétaire abandonne ou cultive la terre qui lui appartient, et qu'il dispose des produits qu'il en retire, comme le veulent son caprice ou ses intérêts, il n'anéantira pas le sol, qui passera aux mains de son successeur, toujours propre à être rendu à l'agriculture. Mais s'il existait des moyens physiques d'anéantir le sol, et par conséquent de porter ainsi aux intérêts des générations à venir d'irréparables atteintes, la législature aurait droit d'intervenir et d'arrêter cette destruction des ressources futures de la nation. Notre Angleterre, favorisée du ciel, a reçu dans les richesses minérales de ses couches de houille des trésors incomparablement plus précieux que ne le seraient des mines d'or ou d'argent. Mettons hardiment à profit ces dons précieux du Créateur, pour alimenter les sources de nos richesses et de notre industrie ;

ainsi que le perfectionnement de presque tous les arts qui fournissent à ses besoins et à son bien-être. Et, si reculées que soient les périodes pendant lesquelles se sont rassemblés ces élémens de tant de bienfaits pour les époques futures, il nous est permis d'affirmer qu'indépendamment du but immédiat qu'ils ont rempli, soit à l'époque où ils furent déposés dans les entrailles de la terre, soit depuis, il entra un souci providentiel de nos besoins futurs dans l'ordonnance de ce plan, qui, après tant de siècles écoulés, les a si merveilleusement disposés pour le bien de l'espèce humaine.

mais gardons-nous d'en abuser et de détruire, par une négligence coupable, les fondemens de l'industrie des générations à venir.

Ne trouverait-on pas un remède facile à ce désordre dans une loi qui ordonnerait que toutes les houilles provenant des ports de Northumberland et de Durham devraient être embarquées dans l'état où elles sortent des mines, et qui défendraient sous des peines sévères qu'il fût embarqué aucune houille déjà soumise au triage. Une loi de cette nature mettrait un terme à la concurrence ruineuse que se font les propriétaires houillers qui se surpassent à l'envi dans la destruction de la houille menue, afin d'offrir plus de bénéfice aux débitans de ce combustible, et de satisfaire la préférence qu'accordent les riches consommateurs aux grosses houilles; elle aurait aussi pour le public cet avantage qu'elle lui offrirait des houilles de tout prix et de toute qualité, qui seraient réparties dans l'opération du triage de façon à satisfaire toutes les demandes de toutes les classes de la société.

Il est une autre question de police nationale que nous devons indiquer ici; c'est celle de savoir jusqu'à quel point les intérêts de notre commerce et le soin que nous devons prendre de ménager des ressources aux générations qui doivent venir après nous permettent que la houille soit exportée sur une grande échelle, d'une contrée qui, comme la nôtre, est couverte d'une population manufacturière serrée, d'une contrée dont la fortune actuelle repose en grande partie sur des machines qui ne peuvent être mises en action que par la houille de nos mines indigènes, et dont la prospérité ne survivra pas à la période où ces mines arriveront à être épuisées.

CHAPITRE XX.

Preuves d'un plan dans les effets des forces perturbatrices sur les couches du globe.

Les preuves de l'action d'un Créateur plein de sagesse, de pouvoir et de bienveillance, que nous avons trouvées dans le règne animal et dans le règne végétal, reposent pour la plupart sur l'harmonie et la perfection des arrangemens que nous y avons rencontrés, et sur les mécanismes admirablement calculés pour leurs fins, dont l'existence s'est révélée à nous dans l'étude que nous avons faite des débris organisés du monde ancien.

Un argument d'une autre nature nous serait offert par l'ordre, la symétrie et la constance des formes cristallines qu'offrent les substances minérales inorganisées qui entrent dans la composition de notre globe. Et si nous venons à considérer les grands phénomènes géologiques qui se manifestent dans la disposition des couches et dans leurs divers accidens, nous verrons une troisième nature de preuves surgir des conditions dans lesquelles la terre se trouve placée, et qui ont été produites par l'action de *forces perturbatrices* que l'on pourrait croire jusqu'à un certain point avoir agi au hasard et sans loi.

Des phénomènes qui ont eu pour résultat de soulever, d'enfoncer la surface du globe, de l'incliner et de la tordre dans tous les sens, de la briser et de la disloquer, pourraient sembler au premier coup d'œil n'offrir que désordre et confusion. Mieux étudiés, ils nous démontrent l'existence d'un ordre, d'une méthode et d'un plan, jusque dans les actions de ces forces physiques les plus turbulentes et les plus puissantes parmi celles qui ont modifié l'état de la planète que nous habitons *.

Nous avons déjà signalé dans nos chapitres IV et V quelques uns des résultats les plus importans de l'action de ces forces; et notre coupe générale (pl. 1) fait voir de quel avantage elles ont été pour l'homme en soulevant, pour les convertir en des terres habitables, des couches de diverse nature qui ont

---

* « Malgré le désordre et le chaos apparent qui se montrent dans la construction de la croûte terrestre lorsque nous en contemplons la physionomie extérieure, les géologues ont souvent réussi à découvrir dans la place qu'occupent les masses stratifiées et dans leur arrangement une tendance vers les lois géométriques. Des lois semblables se reconnaissent aisément dans les phénomènes des *lignes anticlinales*, des failles, des fissures, des filons métallifères, etc. » Hopkin, *Researches in physical Geology*. Transactions de la société philosophique de Cambridge, t. 6, 1ʳᵉ partie, 1835.

« Il est à peu près hors de donte, dit l'auteur d'un excellent article du Quaterly-Review (septembre 1826, p. 537), que les arrangemens les plus parfaits et les mieux ordonnés reconnaissent leur cause dans des tremblemens de terre dont les actions se sont produites avec des degrés divers de violence et à des intervalles de temps divers, pendant une longue série de siècles. Cet ordre qui règne à la surface du globe, nous en sommes donc redevables à des forces qui n'ont été généralement regardées que comme des agens de ruine et de destruction, mais que de puissantes considérations nous montrent aujourd'hui comme n'ayant été par rapport au globe dans son état primitif, comme elles le sont peut-être encore dans l'état actuel, que les instrumens d'un renouvellement incessant. Il est prouvé par les effets de ces forces souterraines qu'elles sont soumises à des lois générales, et que ces lois reconnaissent leur principe dans une Sagesse et dans une Prévoyance infinies.

» Les causes d'un désordre apparent dans le système du monde, si nous venons à embrasser dans un seul coup d'œil leurs opérations pendant une longue série de siècles, nous apparaissent comme ayant eu pour résultat définitif une grande somme totale de bien, et comme ayant été subordonnées à des lois générales déterminées, utiles, nécessaires peut-être, pour que le globe parvînt à un état habitable. » *Ibid*, p. 539.

été formées au fond des anciennes mers, et en coupant la surface de ces terres par des plaines, des montagnes et des vallées différentes entre elles par leurs productions, et propres, suivant des conditions différentes, à être habitées par l'homme et par les tribus inférieures d'animaux terrestres.

Nous avons considéré dans notre chapitre précédent les avantages qui résultent pour nous de la disposition des couches carbonifères sous forme de bassins. Il nous reste à examiner d'autres avantages qui résultent encore d'autres dislocations de ces couches par suite de *failles* ou de *fractures*, dislocations d'une haute importance par les facilités qu'elles procurent pour l'exploitation des mines de houille; et nous étendrons notre étude jusqu'aux effets plus généraux qu'ont produits des dislocations semblables dans d'autres couches où elles ont établi des sortes de réservoirs destinés à recevoir des minerais métalliques d'une grande valeur, et à régulariser l'écoulement des eaux de l'intérieur de la terre par l'intermédiaire des sources.

J'ai déjà fait observer ailleurs * que l'existence des *failles*, et la *position inclinée* que présentent d'ordinaire les couches dans les terrains houillers, sont des faits de la plus haute importance, par le voisinage plus ou moins étroit où elles placent par rapport à l'homme les substances minérales qui y sont contenues. Par suite de leur *position inclinée*, les couches de houille qui n'ont que peu d'épaisseur sont exploitées avec plus de facilité que si elles offraient une direction horizontale; mais comme cette inclinaison des couches tend sans cesse à en faire descendre les extrémités les plus basses jusqu'à des profondeurs inaccessibles, on voit s'y interposer une série de failles dont le résultat est de disposer les portions qui constituent une même formation en une série correspondante de tables ou d'étages

* Leçon inaugurale, Oxford, 1819.

successifs, situés les uns à la suite de autres, et s'élevant continuellement de bas en haut, et depuis les points de dépression les plus profonds jusqu'à la surface *. Souvent un effet tout semblable est produit par des *ondulations* ou des sortes de *torsions* qui, outre les avantages de la position inclinée qu'elles donnent aux couches, ont celui de les tenir à peu de distance de la surface. La disposition en bassins qu'offrent si souvent les gisemens houillers tend à produire les mêmes conséquences bienfaisantes **.

Mais un autre bienfait résulte encore de l'existence de ces *failles* ou *fractures****, sans lesquelles les trésors que contiennent plusieurs profondes et riches mines fussent demeurées inaccessibles à l'homme ****. Si les schistes et le grès qui alternent avec la houille eussent été disposés en des couches continues et sans fractures, les eaux se fussent rassemblées, à la surface supérieure dans les excavations des couches poreuses du grès, en des masses qui eussent défié toutes les forces mécaniques que l'homme eût pu employer avec fruit pour effectuer l'épuisement des mines, tandis qu'il a suffi de ce système simple des *failles* pour que l'eau n'y puisse être admise qu'en quantités subordonnées à la puissance humaine. Par suite de cette

---

* Pl. 65, fig. 3, et pl. 66, fig. 2.

** Pl. 65, fig. 1, 2 et 3.

*** Les failles, dit M. Conybeare, consistent dans des fissures qui traversent les couches, en s'étendant souvent à plusieurs milles de distance, et descendant à une profondeur que l'on n'a pu reconnaître que dans un très petit nombre de cas. Elles coïncident avec un abaissement des couches de l'un de leurs côtés, ou, ce qui revient au même, avec un exhaussement des couches de l'autre côté, de sorte qu'on est conduit à penser que la même force qui a déchiré ces roches a été cause que l'un des bords de l'ouverture ainsi produite dans la masse fracturée s'est soulevé, ou que le bord opposé s'est abaissé. Ordinairement les fissures sont remplies d'argile. *Geology of England and Wales.*

**** Pl. 65, fig. 3, et pl. 66, fig. 2.

disposition , les couches qui constituent un bassin houiller se trouvent partagées en masses ou nappes distinctes , irrégulières dans leurs formes et dans leurs dimensions , dont aucune ne se continue suivant un même plan dans tout un district de quelque étendue , et dont chacune est d'ordinaire séparée de celle qui en est la plus voisine par une digue d'argile imperméable qui remplit les fissures produites par la fracture de l'enveloppe terrestre dont les failles ont été la conséquence *.

Supposons qu'une nappe épaisse de glace soit brisée en fragmens à contours irréguliers , et que ces fragmens viennent à se réunir de nouveau , après s'être inclinés irrégulièrement d'une faible quantité par rapport au plan de la masse primitive , ces fragmens de glace ainsi réunis nous offriront la même apparence extérieure qu'offrent les parties constituantes des masses brisées ou des nappes dont se composent , comme nous l'avons dit, les terrains houillers. La glace, qui se forme postérieurement et qui soude entre elles les différentes nappes, représente l'argile et les débris qui remplissent les failles , et isolent, comme par des sortes de cloisons ou de murs, ces portions adjacentes d'une même couche qui furent primitivement formées dans un seul plan continu, de la même manière que les nappes de glace auxquelles nous les avons comparées. C'est ainsi que chaque nappe ou table inclinée des terrains houillers est enfermée dans un système de murs plus ou moins verticaux, formés par une argile broyée provenue, à l'époque même où eurent lieu les fractures et les dislocations, des lits de schiste argileux de la même formation. Telle est l'origine de ces jointures et de ces séparations qui, bien qu'elles surviennent souvent à contre-temps au milieu du travail des mines et qu'elles en viennent arrêter brusquement les progrès , bien

* Pl. 66 fig. 2, et pl. 1, fig. 1, 11, 12, 13, 14, 15, 16, 17.

qu'elles jettent souvent le désordre dans les portions des couches qui se trouvent en contact immédiat avec elles, n'en sont pas moins, considérées dans l'ensemble de leurs résultats, la sauve-garde des exploitations et les digues à l'abri desquelles peuvent s'en exécuter tous les travaux *.

Ces mêmes failles, outre l'obstacle qu'elles opposent à l'envahissement, par d'énormes quantités d'eau, de points où les inondations seraient des causes de grands dommages, nous rendent encore d'autres services de la plus grande importance, en s'emparant de ces mêmes eaux dans un but utile et les amenant à la surface où elles se déversent en une série de sources

---

* Si une mine de houille où l'eau abonde, dit M. Buddle, n'était pas coupée par des dikes, l'exploitation en serait rendue impraticable, la masse tout entière des eaux qui y pourrait être contenue coulant sans interruption dans toutes les cavités qui peuvent s'y trouver. Les failles remplissent l'office des caissons que l'on emploie pour la construction des ponts, et partagent la houillère en des districts séparés les uns des autres. *Lettre de M. John Buddle, ingénieur distingué et inspecteur des mines, à Newcastle, écrite au révérend docteur Buckland, le 50 novembre 1831.*

En creusant les galeries d'une mine de houille, les mineurs évitent avec soin de s'approcher trop d'une faille, car ils savent que s'ils venaient à détruire cette barrière naturelle, une éruption des eaux qui sont amassées de l'autre côté, et l'inondation de leurs travaux, en seraient une conséquence fréquente.

Vers l'an 1825, on creusa à Gosforth, aux environs de Newcastle, un puits de quatre-vingt-dix brasses du côté mouillé d'un dike, et ce puits se trouva tellement inondé que force fut de l'abandonner. Un autre puits fut entrepris du côté sec du même dike, à quelques mètres seulement du premier, et l'on y put descendre jusqu'à une profondeur de deux cents brasses sans avoir éprouvé aucun obstacle de la part des eaux.

On construit parfois dans les mines de houilles des digues artificielles destinées à remplacer les barrières naturelles des dikes et des failles. M. Hulton en a construit dernièrement une de cette nature près de Manchester, dans le but d'arrêter l'eau qui descendait de la partie supérieure des couches poreuses dans la portion basse desquelles il exécutait ses excavations, et dont la continuité s'est trouvée ainsi interrompue.

tout le long de la ligne suivie par la faille elle-même, révélant même souvent ainsi l'existence de la fracture située au dessous. Ce rôle important que jouent les failles dans l'hydraulique de notre globe, elles en sont en possession dans les terrains stratifiés de toutes les formations *, et il est également probable que la plupart des sources qui sortent des terrains non stratifiés sont maintenues en activité par l'action des failles qui les traversent.

De semblables solutions de continuité dans les masses que forment les terrains primitifs, et dans ceux qui occupent l'intervalle compris entre ces terrains et la formation houillère, se montrent sur une grande étendue dans les exploitations des filons métalliques. Il arrive fréquemment qu'un filon est coupé brusquement par une faille ou par une fracture perpendiculaire à sa direction, et que les deux parties primitivement continues se trouvent séparées par un intervalle considérable. La fracture est ordinairement remplie par un mur d'argile qui tire probablement son origine du broiement des portions de roches qui ont été ainsi violemment séparées. Il existe des failles semblables dans les mines du Cornouailles où on les désigne sous le nom de *flucan*, et elles y rendent souvent les mêmes services que celles qui traversent les mines de charbon, en préservant les mineurs contre l'inondation, par une série de digues naturelles qui traversent les terrains suivant toutes les directions, et interrompent toute communication entre la masse au sein de laquelle les travaux ont lieu et les masses situées de l'autre côté du *flucan* ou de la digue **.

---

* Pl. 69, fig. 2.

* « J'ai surtout pour objet de voir si l'arrangement des filons et les autres phénomènes analogues ne nous fournissent pas des preuves qu'ils ont été dirigés par un plan, et s'ils ne sont pas dans des connexions probables avec les autres phénomènes de notre globe.

» Les filons métallifères, et les veines de quarz, etc., semblent être

Nous devons ajouter encore que les failles, dans une mine de houille, en interrompant la continuité des couches, de telle sorte que les bords des nappes brisées se trouvent appliqués contre des couches d'un schiste ou d'un grès non susceptible de s'enflammer, mettent à l'abri des ravages d'un incendie tout ce qui se trouve en dehors de la nappe même où l'incendie aurait commencé. Sans cette précaution, des gisemens de houille tout entiers pourraient être consumés et complètement détruits.

Après avoir contemplé cet ordre de choses si admirablement disposé pour procurer aux habitans de notre globe les matériaux propres à satisfaire leurs premiers besoins et à alimenter leur industrie, il nous est impossible d'attribuer tout l'honneur de ce merveilleux arrangement à l'action aveugle des causes *fortuites*. Il est dangereux sans doute d'invoquer trop tôt les causes finales ; mais, comme d'un autre côté dans plusieurs branches des sciences physiques, et plus particulièrement dans celles qui s'occupent de la matière organisée, nous connaissons mieux la fin de plusieurs arrangemens que nous ne connaissons les arrangemens eux-mêmes, il serait assurément tout aussi peu philosophique de se refuser à admettre les causes finales quand l'ensemble général d'un phénomène et les témoignages qu'il fournit nous y conduisent sans effort, que de les invoquer gratuitement, alors que nous n'y serions conduits par aucune considération de cette nature. Nous pouvons donc à coup sûr nous croire autorisés à voir, dans les arrange-

des canaux destinés à la circulation des eaux et des vapeurs souterraines ; et les nombreuses veines d'argile, ou *flucan courses*, comme on les nomme dans le Cornouailles, qui les coupent et y sont quelquefois contenues, permettent ainsi le travail des exploitations à des profondeurs où sans ce secours tout travail de l'homme aurait été impraticable.»— R. W. Fox. *On the mines of Cornwall*, Phil. Trans. 1830, page 404.

I.

mens géologiques décrits plus haut un système de sagesse et
des dispositions pleines d'une bonté providentielle, ayant pour
but de fournir aux besoins et au bien-être des créatures qui
devaient peupler ce globe, où leur influence, qui s'est manifestée dès le premier instant de sa création, n'a pas cessé un
seul instant pendant toute la durée des révolutions et des convulsions qui en ont successivement modifié la surface.

CHAPITRE XXI.

*Influence bienfaisante des forces perturbatrices dans la pro-
duction des veines métallifères*.*

Un autre effet des forces perturbatrices sur l'écorce du globe,
ç'a été d'y produire des déchiremens ou fissures dans les roches
qui ont été soumises à leurs actions violer:es, et de les convertir ainsi en des réservoirs où se sont rassemblés les minerais métalliques, à la portée des efforts de l'homme. La plus
grande partie des veines métallifères prend son origine dans
des fentes et des crevasses énormes qui descendent irrégulièrement et obliquement à des profondeurs inconnues et qui ressemblent aux déchiremens et aux fentes qui se produisent de
nos jours par l'action des tremblemens de terre. On comprendra facilement la disposition générale des veines métalliques
dans ces fentes étroites, en jetant les yeux sur notre première
planche**. Les lignes minces qui traversent obliquement cette
coupe depuis le point le plus bas jusqu'à la partie supérieure,

* P. 1. fig. *k* 1-*k* 24 et pl. 67, fig. 5.
** Fig. *k* 1—*k* 24.

font voir comment les terrains des diverses époques sont coupés par des fissures, où se sont entassées, comme d'ans des magasins, d'immenses richesses minérales. Ces fissures sont plus ou moins remplies de minerais métallifères et terreux de diverses formes qui s'y sont déposés par couches successives et se correspondant souvent sur les faces opposées de la veine.

Des veines métalliques se montrent très fréquemment dans des roches de la série primaire et de la série de transition, et surtout dans ces portions basses des roches stratifiées qui se rapprochent le plus des roches cristallines non stratifiées. On en trouve rarement dans les formations secondaires et plus rarement encore dans les couches tertiaires*.

Quelques métaux se montrent, mais rarement, disséminés

---

* M. Dufresnoy a fait voir récemment que les mines d'hématite et de fer spathique des Pyrénées orientales, lesquelles se rencontrent dans des calcaires appartenant à trois âges différens, dans le calcaire de transition, dans le lias et dans la craie, sont toutes situées sur des points où ces calcaires se trouvent presque en contact avec le granite; et il les regarde comme ayant probablement été remplies par la sublimation de la matière minérale dans l'intérieur des cavités des calcaires, à l'époque même où eut lieu le soulèvement du granite de ce point des Pyrénées, ou peu de temps après. Ce soulèvement s'accomplit à une époque postérieure au dépôt de la formation crétacée, et antérieure à celui des couches tertiaires. Ces calcaires ont tous pris des formes cristallines là où ils ont été en contact avec le granite; et le fer y est sur certains points mêlé à des pyrites de cuivre et à une galène argentifère. — (Mémoire sur la position des mines de fer de la partie orientale des Pyrénees, 1834.)

D'après les observations récentes de M. C. Darwin, le granite des Cordilières du Chili, près du col de Uspellata, qui constitue des pics d'une hauteur qui paraît aller jusqu'à 14,000 pieds, était fluide à l'époque des périodes tertiaires; et les couches tertiaires que la chaleur de cette masse en fusion a rendues cristallines, et qui sont traversées par des dykes de substance granitique, sont maintenant fortement inclinées, et constituent des lignes anticlinales régulières et compliquées.

Les mêmes couches sédimentaires, ainsi que les laves, sont également traversées par de véritables veines très nombreuses de fer, de cuivre, d'arsenic, d'argent et d'or, que l'on peut suivre jusque dans le granite sous-jacent.—(Lond. and Edimb. Phil. Mag. nouv. série, t. 8, page 158.)

dans la substance même des roches. Ainsi l'étain se rencontre parfois disséminé dans le granite, et le cuivre dans le schiste cuivreux de la base du Hartz à Mansfeld, etc.

La plupart et les plus riches des veines métalliques du Cornouailles, ainsi que celles d'un grand nombre d'autres districts métallifères, se trouvent près du point de jonction du granite avec les schistes qui le recouvrent. Elles varient en puissance depuis moins d'un pouce jusqu'à trente pieds et au delà; mais l'épaisseur la plus ordinaire des veines, soit d'étain, soit de cuivre, dans cette contrée, est comprise entre un et trois pieds, et ces couches, d'une épaisseur moindre, contiennent un minerai plus dégagé de toute autre substance, et par conséquent d'une exploitation plus avantageuse*.

On a proposé diverses hypothèses pour expliquer comment ces fissures au sein de roches solides ont été remplies de minerais métalliques en même temps que de substances terreuses, souvent différentes par leur nature de la roche qui les contient. Werner supposait que les substances qui y sont contenues y avaient pénétré d'en haut à l'état de solution aqueuse, tandis que Hutton, au contraire, et ses partisans, pensent

---

* La disposition que prennent les filons métalliques dans les terrains où ils sont renfermés se trouve exposée d'une manière remarquable dans le rapport géologique de M. Thomas, auquel sont jointes une carte et des coupes du district métallifère des environs de Redruth, le plus intéressant de tous les districts métallifères du Cornouailles. On y voit réunis sur une petite étendue les phénomènes les plus importans, tels que les filons métalliques, les glissemens de terrains, les entrecroisemens de filons, phénomènes dont chacun se manifeste jusqu'à une profondeur inconnue, et se continue sans interruption à travers des terrains d'âges différens. Nous avons extrait de cet ouvrage une coupe (pl. 67, fig. 3), qui offre un ensemble remarquable de veines produisant de l'étain, du cuivre et du plomb.

L'exploration géologique du comté de Cornouailles, qu'exécute maintenant M. Delabèche, sous les auspices de l'*Ordnance* (le corps d'artillerie), nous fournira dans peu de temps des données précieuses sur ces sujets.

que ce contenu y a été lancé d'en bas par injection , à l'état de fusion ignée. D'après une troisième hypothèse proposée tout récemment, les veines minérales auraient été remplies par un procédé de *sublimation* qui aurait transporté dans les ouvertures et dans les fissures des terrains divers les substances minérales soumises plus bas à une chaleur intense *. Dans une quatrième théorie on suppose que les veines ont été lentement remplies par *ségrégation* ou infiltration, soit dans des crevasses et dans des cavités contemporaines formées pendant la contraction et la consolidation des substances primitivement liquides des roches elles-mêmes , soit, ainsi qu'on l'observe le plus fréquemment, dans des fissures produites par la rupture et la dislocation des couches solides. Des ségrégations de cette nature pourraient avoir eu pour causes des actions électro-chimiques continuées sans interruption pendant un laps de temps étendu**.

* M. Patterson a publié dans le *London and Edinburgh Phil. magazine* (mars 1829, page 172), le résultat des expériences à l'aide desquelles il est parvenu à produire un minerai de plomb ou galène artificielle dans un tube de terre dont la partie moyenne était portée à une haute température. Ayant fait passer de la vapeur d'eau sur une certaine quantité de galène placée dans le point le plus échauffé du tube, il vit que l'eau s'était décomposée, et que toute la galène s'était portée par sublimation de la partie la plus échauffée du tube dans la partie la plus froide, où elle s'était déposée sous forme de cubes ressemblant exactement au minerai primitif. Il ne s'était pas formé de plomb pur. Ce fait du dépôt de la galène à un état parfait de cristallisation, par suite du contact de sa vapeur avec la vapeur d'eau, nous conduit à cette conclusion importante que la galène peut, dans certaines circonstances, avoir rempli les filons minéraux par une sublimation venant d'en bas.

Le docteur Daubeny a trouvé par une expérience récente que si l'on fait passer de la vapeur d'eau à travers de l'acide borique échauffé, la vapeur s'empare de l'acide et en entraîne une partie , bien que cette dernière substance ne soit pas volatile par elle-même. Cette expérience nous explique la sublimation de l'acide borique dans le cratère des volcans.

** Les observations de M. Fox sur les propriétés électro-magnétiques

Tous les métaux qui existent dans l'écorce terrestre, si l'on en excepte le fer, ne s'y trouvant qu'en quantités comparativement petites, en même temps qu'ils ont la plus haute valeur pour l'espèce humaine, puisque ce sont les principaux instrumens à l'aide desquels elle s'éloigne de l'état sauvage, il était de la plus haute importance qu'ils fussent disposés d'une manière qui les rendît accessibles à l'industrie humaine, et ce but est admirablement atteint par le mécanisme des filons métalliques.

des filons métallifères du Cornouailles (Trans. Phil., 1830, etc.) paraissent devoir jeter de nouvelles lumières sur ce sujet obscur et difficile. D'un autre côté, les expériences de M. Becquerel sur la cristallisation artificielle de composés cristallins insolubles de cuivre, de plomb et de chaux, et d'autres substances, par la réaction et le transport lent et prolongé des élémens de composés solubles (Becquerel, Traité de l'électricité, t. 1, ch. 7, p. 547, 1834), paraissent expliquer plusieurs changemens chimiques qui se seraient effectués sous l'influence de courans électriques faibles dans le sein de la terre, et surtout dans les veines métalliques.

Je dois à l'obligeance de M. le professeur Wheatstone le court exposé suivant des expériences dont il s'agit.

« Lorsque deux corps, dont l'un est liquide, réagissent très faiblement l'un sur l'autre, la présence d'un troisième corps conducteur, ou dans lequel la capillarité remplace la conductibilité, fournit un passage à l'électricité résultant de l'action chimique, et un courant voltaïque s'établit, qui accroît l'énergie de l'action chimique des deux corps. Dans les actions chimiques ordinaires, les combinaisons s'effectuent par la réaction directe des corps les uns sur les autres, réaction par suite de laquelle tous leurs élémens constituans concourent à l'effet général, tandis que, dans le mode d'action étudié par Becquerel, les corps sont pris à l'état naissant, et l'on n'emploie que des forces excessivement faibles ; d'où il suit que les molécules, qui ne sont produites pour ainsi dire qu'une par une, sont, malgré leur insolubilité, disposées à prendre des formes régulières, parce que *leur nombre* n'apporte aucune perturbation dans leur arrangement. C'est en appliquant ces principes, et à l'aide de faibles courans électriques, que cet auteur a fait voir que l'on pouvait obtenir artificiellement plusieurs corps cristallisés que jusqu'ici l'on n'avait encore rencontrés que dans la nature. »

Si les métaux avaient existé en grande quantité dans les terrains de toutes les formations, ils fussent devenus nuisibles à la végétation ; s'ils eussent été disséminés par petites quantités dans la substance même des couches, il en eût trop coûté pour les séparer de leur gangue. Mais toutes ces difficultés sont levées dans la disposition actuelle, où ces substances sont réunies çà et là dans les réservoirs naturels des veines métallifères.

Dans ma leçon inaugurale (page 12), j'ai dit comment un plan et des arrangemens créés dans des vues pleines de bienveillance nous sont attestés par l'établissement primitif de ces dépôts minéraux, par la disposition qui leur a été donnée, par les proportions relatives suivant lesquelles ils ont été répartis, par les mesures qui ont été prises pour les rendre accessibles, moyennant certaines dépenses, à l'industrie de l'homme, et pour les mettre en même temps à l'abri d'un gaspillage insensé et d'une destruction prenant sa cause dans les agens naturels, par la dispersion plus générale de ceux de ces métaux qui sont les plus importans, et par la rareté comparative de ceux qui le sont moins ; enfin dans les soins qui ont été pris pour mettre à notre portée les moyens de réduire à l'état métallique les minerais qui les renferment *.

Toutefois les argumens que nous tirons de l'utilité de ces

* Mon ami M. John Taylor m'a suggéré un autre argument déduit des phénomènes des mines, et qui tire une grande valeur de ce fait qu'il est le résultat de la longue expérience d'un homme versé dans la pratique aussi bien que dans la science.

« Il est un argument, dit M. Taylor, qui m'a toujours fortement frappé, comme prouvant, d'après la position même des métaux, l'existence d'une sagesse et d'un plan rempli de bienfaisance. Les métaux sont en effet disposés de telle façon qu'ils sont mis à l'abri du gaspillage de l'imprévoyance, et qu'ils exercent en même temps au plus haut degré le génie de l'homme, d'abord par la difficulté de les découvrir, puis par la nécessité où il se trouve de vaincre les obstacles dont leur recherche est environnée.

» De là l'origine de bienfaits qui se continuent dans toute la durée des

dispositions sont complètement indépendans du succès d'une ou de plusieurs des hypothèses que l'on a proposées pour en rendre compte. Quels que soient, en effet, les procédés qui ont rempli les veines minérales de leurs précieuses richesses ; que ce soit *exclusivement* par ségrégation ou par sublimation que ces métaux y ont été entassés, ou bien que ces deux méthodes y aient contribué, soit simultanément, soit consécutivement, l'existence même des filons n'en demeure pas moins un fait de la plus haute importance pour l'espèce humaine : et, bien que les bouleversemens ou les autres phénomènes auxquels ces filons doivent leur origine se soient accomplis à une époque de long-temps antérieure à la création de l'homme, la raison nous conduit à conclure qu'il dut entrer dans les desseins providentiels du Créateur, à l'époque où il déchaîna les forces physiques qui ont produit quelques uns des bouleversemens les plus anciens et les plus violens dont notre globe ait été le théâtre, un souci providentiel des besoins et du bien-être des créatures les plus parfaites qui dussent avoir la terre pour demeure, et qui devaient être appelées les dernières à prendre leur place à sa surface *.

siècles ; de là des aiguillons pour l'industrie, et pour l'exercice des facultés de l'esprit qui sont pour nous la plus abondante source de bonheur. Si les métaux eussent été placés de façon à pouvoir être extraits sans peine, on en eût eu trop dans certaines circonstances, on en eût manqué dans d'autres ; et leur recherche n'eût exigé ni intelligence ni habileté.

» Dans l'état actuel des choses, ils me paraissent en accord complet avec les plans parfaits d'un créateur plein de sagesse, plans dont la vue et la contemplation nous procurent tant de jouissances. »

* Cette partie de l'histoire des métaux, qui a trait à leurs propriétés et à leurs usages divers, ainsi qu'à leurs rapports avec la condition physique de l'homme à la surface de la terre, a été exposée d'une manière si complète et avec tant d'habileté par deux des savans qui se sont associés à moi pour l'exécution de cette série de traités, que j'ai plus de plaisir à renvoyer mes lecteurs aux chapitres qu'ont écrits sur ce sujet le docteur Kidd et le

CHAPITRE XXII.

Des sources.

L'eau étant nécessaire pour l'entretien de la vie, soit chez les animaux, soit chez les végétaux, les arrangemens de l'écorce terrestre, qui ont pour but la distribution de ce liquide

docteur Prout, que je n'en aurais à remonter moi-même, dans l'histoire de la production des veines métallifères, jusqu'aux points où elles prennent leur origine dans l'intérieur du globe.

Un des hommes qui ont écrit les premiers et avec le plus d'originalité sur la théologie physique, a résumé dans le peu de mots qui suivent l'importance des métaux pour l'humanité.

« Quant aux métaux, ils sont à tant de titres utiles à l'espèce humaine, et leurs usages sont si bien connus de tout le monde, que ce serait peine superflue que d'en dire quelque chose. Sans eux en effet toute culture et toute civilisation seraient impossibles ; point de charrues ni d'agriculture, point de faux ni de récoltes, point de bêches ni de jardinage, point de serpette ni d'horticulture, point de greffe ni de culture des arbres, point d'ustensiles ni de meubles de ménage, point de maisons commodes ni d'édifices publics, point de vaisseaux ni de navigation. Quelle condition sauvage et misérable eût nécessairement été la nôtre ! C'est ce que nous pouvons facilement comprendre en voyant la condition des Indiens de l'Amérique du nord. Nous ferons seulement remarquer que, parmi ces métaux, ceux qui sont d'un usage plus fréquent et plus nécessaire, comme le fer, le cuivre et le plomb, sont ceux qui se rencontrent le plus fréquemment et en plus grande abondance : d'autres, qui sont plus rares, sont aussi d'un usage moins fréquent ; cependant ils sont, par cela même, utilisés comme mesure commune et comme terme de comparaison pour tous les besoins de la vie. C'est en effet avec ces métaux que se font les monnaies. Les peuples de toutes les nations civilisées de toutes les époques les ont employés à cet usage. — Ray. *Wisdom of God in the creation*, 1re partie, 5e édition, 1709, page 110.

nécessaire dans un rapport exact avec les besoins qu'il doit satisfaire, ajouteront de nouveaux appuis aux preuves de l'existence d'un plan général, qui nous ont déjà été fournies par
l'étude de la condition actuelle de notre globe, et de ses relations avec les créatures organisées qui vivent à sa surface.

Comme près des trois quarts de la surface terrestre sont recouverts par la mer, tandis que la partie émergée est dans un
besoin d'eau continuel pour l'entretien des animaux comme
des végétaux, les moyens qui ont été employés pour mettre la
distribution des eaux en rapport avec des besoins aussi étendus
ne peuvent manquer d'avoir une place importante parmi les
mécanismes les plus beaux et les plus harmonieux de notre
globe terrestre.

Un grand conduit existe entre la surface de la mer et celle
de la terre ; c'est l'atmosphère, par le moyen de laquelle s'effectue un transport continuel de l'eau douce extraite d'un
océan d'eau salée par les procédés de l'évaporation.

En vertu de ce procédé, l'eau monte sans cesse sous forme
de vapeur, et redescend sous forme de rosée ou de pluie.

De cette eau, qui arrose ainsi la surface de notre globe, une
petite portion seulement retourne directement à la mer, *aux
époques des inondations*, en suivant le cours des rivières *.

Une seconde portion est absorbée sous forme de vapeur par
l'atmosphère.

Une troisième entre dans la composition des corps organisés
animaux et végétaux.

Une quatrième pénètre dans les couches, et s'accumule

* M. Arago fait voir qu'un tiers seulement de l'eau qui tombe sous
forme de pluie dans le bassin de la Seine est reporté à la mer par cette
rivière. Les deux autres tiers remontent dans l'atmosphère par évaporation, ou servent à l'entretien de la vie animale ou végétale, ou se
fraient une route vers la mer par des conduits souterrains. — Annuaire
pour l'année 1835.

dans leurs interstices, pour y former des réservoirs et des nappes d'eau souterraines ; et ce sont ces amas d'eau qui , en allant se déverser graduellement à la surface de la terre sous la forme de sources perpétuelles, constituent l'*alimentation ordinaire* des rivières.

A peine sortie de terre, l'eau des sources reprend son chemin vers la mer ; elle s'échappe en de petits filets qui vont se grossissant sans cesse , et formant des ruisseaux , des rivières et des fleuves, qui, après un cours plus ou moins long, se jettent dans des golfes où leurs eaux se mêlent à celles de l'Océan d'où elles étaient parties. Elles y demeurent, prenant part à toutes ses fonctions, jusqu'à ce qu'elles soient reportées par évaporation dans l'atmosphère, pour y parcourir de nouveau le même cercle de circulation perpétuelle.

Il n'appartient pas au géologue d'exposer comment l'atmosphère remplit cette fonction si importante dans l'économie de notre globe. Nous devons nous en tenir à considérer par quels arrangemens mécaniques les matériaux solides du globe concourent avec l'atmosphère pour effectuer la circulation de ce fluide, de tous le plus important.

Les couches offrent dans leur disposition deux circonstances qui ont une grande influence sur la réunion des eaux souterraines en des masses qui se déversent ensuite régulièrement au dehors sous forme de sources. La première consiste dans l'alternance qui s'observe de lits poreux de sable et de grès avec des couches argileuses imperméables ; et la seconde dans les *dislocations* qu'ont subies ces couches, et qui y ont produit les fractures et les failles.

Le mode le plus simple suivant lequel les eaux puissent être rassemblées à l'intérieur de la terre, a lieu dans des lits superficiels de gravier reposant sur une couche d'argile. La pluie qui tombe sur un lit de gravier s'infiltre à travers les interstices, et va se réunir dans la partie inférieure en une nappe souterraine où l'on conduit facilement des puits qui ne tarissent que rarement, et seulement dans les saisons d'une grande sécheresse. Les accumulations d'eau de cette nature se déversent au dehors par des sources situées sur les limites les plus basses de chaque lit de gravier.

Le même phénomène se passe dans presque toutes les couches perméables superposées à un lit d'argile ou de toute autre substance imperméable. L'eau de pluie descend et s'accumule dans les régions basses de chaque couche poreuse située au dessus de l'argile, et s'écoule au dehors de la même manière par des sources perpétuelles. Ainsi l'alternance de lits poreux avec des lits imperméables, si commune dans l'ensemble de la série des roches stratifiées, joue un rôle de la plus haute importance dans l'hydraulique du globe ; c'est à cette disposition, en effet, qu'est dû le système universel de réservoirs naturels que nous voyons se déverser à la surface du sol en des sources, et répandre l'abondance et la fertilité dans les vallées circonvoisines *.

Les *failles* ou fractures qui traversent ces couches facilitent encore l'épanchement des eaux au dehors de ces réservoirs, et multiplient les points par où cet épanchement a lieu **.

* Pl. 67, fig. 1 S.

** D'après M. Townsend, dans son chapitre sur les sources, il y en a six systèmes distincts dans la contrée qui environne Bath, prenant chacun leur origine dans une nappe régulière correspondante d'eaux souterraines qui se sont infiltrées à travers le sable ou d'autres terrains poreux, et qui sont retenues par le lit d'argile sous-jacent. Parmi ces systèmes il en est un qui se déverse au dehors dans la direction suivant laquelle les couches sont inclinées, tandis qu'un autre est produit par la dislocation des couches, et se fraie un chemin à l'extérieur à travers les fissures qui les déchirent.

Suivant M. Hopkins (Phil. mag., août 1834, p. 141), les grandes sources qui sortent du district calcaire du comté de Derby se trouvent

Il existe deux systèmes de sources qui doivent leur origine à l'existence des failles ; l'un est alimenté par des eaux qui *descendent* des portions plus élevées des couches adjacentes à la faille, laquelle ne fait que les intercepter dans la route qu'elles suivent, et les reporter à la surface sous forme de sources perpétuelles[*]. L'autre système est alimenté par des eaux qui *s'élèvent* de bas en haut par l'effet d'une pression hydrostatique de la même manière que dans les puits artésiens, et qui proviennent de couches qui n'ont leur contact avec la faille qu'à une profondeur souvent très grande. L'eau se trouve conduite à cette profondeur soit par filtration à travers des pores et des crevasses, ou par de petits canaux souterrains pratiqués dans ces couches, et qui partent de régions éloignées plus hautes d'où l'eau *descend* jusqu'à ce que la course soit arrêtée par la rencontre de la faille[**].

Outre les avantages qui résultent, pour tout l'ensemble de la création animale, de ces dispositions dans la structure du globe, ayant pour but de multiplier presque jusqu'à l'infini les conduits d'eau qui viennent en arroser la surface, il en est d'autres qui ne sont pas d'une moindre importance pour l'espèce humaine, et qui consistent dans la facilité que lui offrent ces dispositions de se procurer des puits *artificiels* sur tous les points de la surface où elle trouve avantageux de se créer une demeure.

Les causes qui font arriver l'eau dans les puits artificiels ordinaires sont les mêmes qui en déterminent la sortie au de-

en rapport avec de grandes failles. — «C'est une règle, dit cet auteur, à laquelle je ne connais pas une seule exception, que partout où j'ai observé une source puissante, j'ai reconnu par d'autres preuves l'existence de quelque grande faille. »

[*] Pl. 67, fig. 1, H.
[**] Pl. 67, fig. 2, *d*, et pl. 69, fig. 2, HL.

hors par les ouvertures naturelles où les sources prennent leur origine. Mais comme ce double résultat sera rendu beaucoup plus intelligible par l'étude des causes qui déterminent l'ascension remarquable des eaux jusqu'à la surface, ou même leur jaillissement à une certaine hauteur, dans ces perforations que l'on désigne sous le nom de *puits artésiens*, nous nous instruirons davantage en dirigeant immédiatement notre attention vers l'histoire de ces derniers.

Puits artésiens.

On a donné ce nom à des fontaines artificielles coulant sans interruption et que l'on obtient en forant un conduit étroit à travers des couches dépourvues d'eau jusqu'aux couches plus basses qui contiennent des nappes souterraines. L'eau de ces dernières, soulevée par une pression hydrostatique, s'élève dans le conduit et parvient ainsi jusqu'à la surface. Le nom de ces puits est tiré de celui de la province d'Artois (*Artesium*) où depuis long-temps de semblables moyens d'obtenir l'eau étaient d'un usage général *.

---

* Ce qui se passe dans un puits artésien se voit représenté dans la coupe figurée pl. 69, fig. 5, copiée d'après la figure qu'a donnée M. Héricart de Thury de la double fontaine de St-Omer, dans laquelle l'eau s'élève à la surface, en partant de deux couches aquifères situées à des profondeurs différentes au dessous du sol. Dans cette fontaine double, les eaux provenant des deux couches A et B s'élèvent avec des forces ascendantes différentes, l'eau de la couche la plus basse, B, s'élevant à un niveau plus élevé, *b"*, que l'eau de la couche supérieure A, laquelle ne s'élève que jusqu'en *a'*. L'eau de l'une et de l'autre de ces couches est ainsi amenée à la surface par un seul trou de sonde d'un diamètre suffisant pour contenir un canal double formé de deux tubes concentriques laissant entre eux un intervalle pour le passage de l'eau. De cette manière, le plus petit des deux tubes (*b*) amène l'eau de la couche inférieure B jusqu'au niveau le plus élevé *b"*, tandis que le plus grand (*a*) prend l'eau dans la couche A pour l'élever au niveau *a'* inférieur au

Les puits artésiens sont de la plus haute importance et du plus grand usage dans certains districts bas et plats où l'eau ne peut être obtenue ni de sources superficielles, ni de puits ordinaires d'une profondeur modérée. Il existe des sources de cette espèce, que l'on désigne sous le nom de *Blow wells*, sur la côte est du comté de Lincoln, dans le district bas recouvert d'argile compris entre les plaines de craie des environs de Louth et le bord de la mer. Ce district manquait absolument de sources jusqu'à ce que l'on ait découvert qu'en perçant la couche d'argile jusqu'à la craie sous-jacente, on obtenait une fontaine, jaillissant même sans interruption jusqu'à la hauteur de plusieurs pieds au dessus du sol.

Dans le puits du roi, creusé à Sheerness, en 1781, à travers l'argile de Londres, et pénétrant jusqu'aux couches sableuses de la formation d'argile plastique, à la profondeur de 330 pieds, l'eau s'élança violemment du fond, et jaillit jusqu'à huit pieds au dessus de la surface. (Voyez les *Transactions Philosophiques* pour l'année 1784.) Dans les années 1828 et 1829,

premier. Ces deux conduits servent à entretenir d'eau le canal de St-Quen, situé au dessus du niveau de la Seine. Il pourrait se faire que la couche inférieure contînt de l'eau pure, tandis que celle de la couche supérieure serait chargée de substances étrangères; or, dans ce cas, l'eau de la couche inférieure serait conduite dans son état de pureté jusqu'à la surface de la terre, sans contact ni mélange avec celle qui est impure.

Ordinairement, dans les puits artésiens où l'on n'emploie qu'un seul conduit, si le trou que l'on fore pénètre dans une couche qui contienne une eau impure, on le continue plus profondément, jusqu'à ce qu'on arrive à une autre couche où soit contenue de l'eau pure. L'extrémité inférieure du tuyau se trouvant ainsi plongée dans l'eau pure, celle-ci s'y élève, et parvient à la surface en traversant les impuretés de quelque nature quelles soient qui se trouvent dans les couches supérieures. Les eaux impures que le tuyau traverse dans sa longueur sont empêchées, par les parois mêmes de ce tuyau, de se mélanger avec l'eau pure qui monte par l'intérieur en partant de régions plus basses.

deux puits artésiens d'une construction plus parfaite ont été creusés à une profondeur presque égale dans les arsenaux de Portsmouth et de Gosport.

Ces sortes de puits sont maintenant devenus communs aux environs de Londres, où l'on a obtenu dans plusieurs localités des fontaines perpétuelles, en pénétrant profondément, à travers l'argile de Londres, jusque dans des lits perméables de la formation d'argile plastique, ou jusqu'à la craie *.

---

* Un des premiers puits artésiens que l'on ait creusés aux portes de Londres, est celui de Norland-House, au nord-ouest de Holland-House, crensé en 1794, et décrit dans les Transactions Philosophiques (Londres, 1797). L'eau de ce puits provient des couches de sable de la formation d'argile plastique ; mais les tuyaux sont tellement exposés à être obstrués par le sable qu'entraînent les eaux de cette formation que maintenant l'on préfère généralement traverser ces couches sableuses, jusqu'à la craie sous-jacente. L'eau s'élève jusqu'à la surface du sol des districts bas situés à l'ouest de Londres, dans le puits artésien qui se voit devant le palais épiscopal à Fulham, et dans celui du jardin de la société d'horticulture. On en a construit à Brentford plusieurs semblables, dans lesquels l'eau jaillit à quelques pieds au dessus de la surface.

On a observé que cette hauteur à laquelle les eaux s'élèvent au dessus du sol diminue à mesure que s'accroît le nombre des puits perpétuels, et qu'en les multipliant au delà d'un certain degré, on arrive à déterminer l'écoulement des eaux avec une vitesse tellement supérieure à celle qu'elle possède dans les interstices de la craie, que ces sortes de fontaines cessent alors de couler, bien que les eaux montent dans leur intérieur, et se maintiennent presque de niveau avec la surface du sol.

La coupe figurée pl. 68 est destinée à donner une idée de la cause qui élève dans les puits artésiens les eaux que contiennent les couches perméables de la formation d'argile plastique ou de la craie située au dessous dans le bassin de Londres. Ces eaux tirent leur origine des pluies qui tombent sur les portions de ces diverses couches non recouvertes par l'argile de Londres, et elles sont arrêtées par les lits argileux du Gault, situés au dessous de la craie et du silex. Une fois introduites, et retenues de cette manière, ces eaux s'accumulent dans les interstices et dans les crevasses situées au dessous de la ligne A B, le long de laquelle elles s'épanchent au dehors, sous forme de sources, dans les vallées telles que celle qui est représentée dans notre coupe sous la lettre C.

MM. Héricart de Thury et Arago en France, et Von Bruckmann en Allemagne, ont publié dans ces derniers temps d'importans traités sur la question des puits artésiens *. Il paraît
qu'il existe dans diverses parties de l'Europe des districts
étendus où, sous certaines conditions de structure géologique
et à de certains niveaux, des fontaines artificielles peuvent jail-
lir à la surface des couches où il n'existe pas de fontaines naturelles**, fournir de l'eau en abondance pour les usages de
l'agriculture et de l'économie domestique, et même pour
mettre des machines en mouvement. Les quantités d'eau que

Toutes les couches perméables situées plus bas que cette ligne doivent
être occupées par des nappes souterraines permanentes, si l'on en excepte les points où des failles ou d'autres causes créent des écoulemens
locaux. Là où il n'existe pas de ces écoulemens, les eaux s'élèvent, par
l'effet de la pression hydrostatique, jusqu'au niveau de la ligne horizontale A B, dans toutes les perforations faites à travers l'argile de
Londres, et pénètrent soit jusqu'aux lits sableux de la formation d'argile plastique, ou jusqu'à la craie. On en voit de semblables en D, E,
F, G, II, I. En G ou en II, où la surface de la contrée se trouve au
dessous de la ligne A B, l'eau sortirait sous forme de puits artésien
coulant perpétuellement, ainsi que cela a lieu dans la vallée de la Tamise, entre Brentford et Londres.

* Héricart de Thury, *Considérations sur la cause du jaillissement
des eaux des puits forés*, 1829.

Arago, *Notes scientifiques*, Annuaire pour l'an 1835.

Von Bruckmann, Uber Arthesische Brunnen. Heilbronn am Neckar,
1833⁺.

** Les coupes figurées pl. 69, fig. 1 et 2, sont destinées à faire con-
naitre les causes d'écoulemens des eaux par l'issue des sources soit naturelles, soit artificielles, dans les couches en forme de bassin qui sont
coupées par les flancs de quelque vallée ou traversées par des failles.

Soit un bassin (pl. 69, fig. 1) composé de couches perméables E, F,
G, qui alternent avec des couches imperméables II, I, K, L, et dans
lequel les bords de ces couches se continueraient, suivant toutes les directions, à une hauteur constamment la même, A, B. Les eaux de pluie
qui tomberaient sur les portions extérieures des couches E, F, G, les
pénétreraient, s'y accumuleraient, et en rempliraient tous les interstices, jusqu'au niveau de la ligne A B; et si l'on faisait pénétrer un

l'on obtient de cette manière dans l'Artois, sont souvent assez puissantes pour faire tourner des moulins à blé.

tuyau à travers les couches supérieures, jusqu'en un point quelconque de la surface intérieure de ce bassin, les eaux s'élèveraient à l'intérieur de ce tuyau, jusqu'à la ligne A B, qui représente le niveau général des bords du bassin. La nature n'offre jamais une disposition aussi régulière; les bords, ou la tranche dénudée des diverses couches, sont à des niveaux différens (fig 1, *a*, *c*, *e*, *g*). Dans ce cas, la ligne *a b* représente le niveau supérieur de l'eau à l'intérieur de la couche G ; et l'on trouverait constamment de l'eau dans tous les points de cette couche situés plus bas. Au contraire, on n'en pourrait obtenir dans aucun des points situés au dessus, par la raison que la partie inférieure de la couche serait épuisée par les sources dont l'écoulement aurait lieu en *a*. La ligne *c d* représente de même le niveau supérieur des eaux dans la couche F ; et il en est de même de la ligne *e f* par rapport à la couche E, et l'écoulement de toutes les eaux de pluie qui auraient traversé les couches E, F, G, aurait lieu par déversement dans les points *e, c, a*.

Si l'on venait à creuser des puits ordinaires depuis la surface *i, k, l*, jusqu'aux couches G, F, E, l'eau ne s'y élèverait pas plus haut que les lignes *ab, cd, ef*.

De même, la couche poreuse supérieure *c* serait constamment remplie d'eau dans toutes les parties plus basses que la ligne horizontale *g h*, et en serait constamment dépourvue dans ses portions situées au dessus.

La figure théorique de la pl. 69, fig. 2, représente une portion d'un bassin qui est traversé par la faille H L, remplie d'une substance imperméable à l'eau. Si les parties inférieures des couches inclinées et perméables N, O, P, Q, R sont coupées par une faille ou *dike* H L, l'eau de pluie qui tombe sur les portions découvertes de ces couches s'y infiltre, coule dans les intervalles que laissent entre eux les lits imperméables d'argile A, B, C, D, E, et s'accumule dans les couches perméables, jusqu'aux niveaux A A", B B", C C", D D", E E". Si l'on vient à percer un puits artésien dans l'une quelconque de ces couches, en A', B', C', D', en traversant les lits d'argile, A, B, C, D, E, l'eau de ces divers lits s'élèvera à l'intérieur des tuyaux, depuis le point le plus bas où pénètre le conduit, jusqu'aux niveaux A", B", C", D", E".

Toutefois ces résultats théoriques ne se présentent jamais aussi complets que nous les avons figurés ; cela provient de ce que les couches sont coupées par des vallées de dénudation, de ce que les failles ne s'interposent pas d'une façon régulière, ou des conditions diverses que peuvent présenter les substances qui composent les dikes. S'il se trouvait

Dans le bassin tertiaire de Perpignan, et dans la craie de Tours, les eaux forment des sortes de rivières souterraines qui y exercent de bas en haut d'énormes pressions. Il existe un puits artésien dans le Roussillon, dont l'eau s'élève de trente à cinquante pieds au dessus de la surface. A Perpignan et à Tours, d'après M. Arago, la force ascensionnelle de l'eau est telle qu'un boulet de canon jeté dans le conduit d'un puits artésien en est violemment rejeté par la force du courant.

On a tiré parti dans quelques localités de la température élevée que possèdent les eaux provenant de grandes profondeurs. Dans le Wurtemberg, M. Von Bruckmann a employé l'eau de puits artésiens à échauffer une manufacture de papiers à Heilbronn, et à prévenir pendant l'hiver la formation de la glace autour des roues motrices des moulins. On a mis les mêmes moyens en usage dans l'Alsace, et à Canstadt, près de Stuttgard. On a proposé d'appliquer la chaleur des sources ascendantes au chauffage des serres. Depuis long-temps les puits artésiens sont en usage dans le duché de Modène, et on en retire également de grands avantages en Hollande,

une vallée dans la couche M, au dessous de A″, les eaux de cette couche s'écouleraient dans la partie basse de la vallée, et ne s'élèveraient jamais le long des parois de la faille, jusqu'au niveau de sa partie supérieure H.

S'il arrivait que la *dike* H L ne fût pas complètement en contact avec les couches M, N, O, P, Q, R, qu'elle traverse, il en résulterait une issue par où les eaux de ces couches inclinées iraient se déverser à la surface en y formant des puits artésiens naturels. On verrait donc une série de sources artésiennes tracer à la surface de la terre la ligne suivant laquelle la dike serait en contact avec les bords fracturés des couches d'où proviennent les eaux, et le niveau des eaux à l'intérieur de ces couches se rapprocherait toujours beaucoup de celui des sources, en H; mais, comme la perméabilité des dikes varie sur les divers points de leur étendue, les hauteurs auxquelles elles soutiennent les eaux à l'intérieur des couches adjacentes peuvent être très diverses, et varier depuis le niveau le plus élevé possible, A, B, C, D, E, jusqu'au niveau le plus bas, H.

en Chine * et dans l'Amérique du nord. Il est probable que grace à ces sources artificielles on pourrait trouver de l'eau sur beaucoup de points des déserts de sable de l'Asie et de l'Afrique ; et il a été question d'en établir une série le long de la grande route qui traverse l'isthme de Suez.

J'ai cru qu'il importait que je traitasse la théorie des puits artésiens, par cette considération qu'un emploi plus fréquent de ces fontaines jaillissantes rendrait facile d'obtenir de l'eau douce sur plusieurs points du globe , et en particulier dans certains districts bas et plats, où il n'existe pas d'autres moyens de se procurer cette nécessité première de la vie ; puis aussi par cet autre motif que la théorie de leur mode

---

* Un moyen économique de percer les puits artésiens, et de sonder pour la recherche de la houille ou pour toute autre cause, est celui qu'a mis depuis peu en pratique M. Sellow, aux environs de Saarbruck. Au lieu du procédé lent et coûteux dans lequel on emploie une série de barres de fer vissées les unes au bout des autres, il emploie un lourd cylindre en fonte, d'environ six pieds de long, avec un diamètre de quatre pouces , armé à son extrémité inférieure d'un ciseau tranchant, et entouré d'une chambre creuse destinée à recevoir, au moyen de valves, les détritus qui se forment dans l'opération, et à les entraîner au dehors.

L'appareil est suspendu à l'extrémité d'une forte corde qui passe sur une roue ou sur une poulie construite au dessus de l'ouverture du trou. A chaque mouvement qui élève ou abaisse la corde en l'enroulant autour de la roue, sa torsion suffit pour déterminer un mouvement de rotation du cylindre, et varier ainsi la position du ciseau tranchant.

Lorsque la chambre est remplie, l'appareil entier est ramené à la surface pour y être nettoyé, puis redescendu à l'aide de la même roue. Ce procédé était depuis long-temps mis en pratique par les Chinois lorsqu'on en a introduit l'usage en Europe ; et l'on assure que ce peuple a poussé ainsi ses travaux de perforation jusqu'à une profondeur de mille pieds. M. Sellow a dernièrement creusé avec cet instrument des conduits de dix-huit pouces de diamètre, et de plusieurs centaines de pieds de profondeur, ayant pour but la ventilation des mines de houille de Saarbruck. L'emploi général de cette méthode substituée à la première peut devenir d'une haute importance publique, surtout dans les cas où l'on aura à aller chercher l'eau à de grandes profondeurs.

d'action rend compte de l'une des dispositions les plus communes et les plus importantes dans l'économie souterraine du globe, de celle qui a pour but la production des sources naturelles.

Ainsi le résultat de la disposition première des couches combinée avec les bouleversemens qu'elles ont subis depuis cette époque, a été de convertir la croûte terrestre tout entière en un grand et harmonieux appareil d'hydraulique qui concourt sans cesse avec la mer et avec l'atmosphère pour répartir l'eau douce sur toute la surface habitable de notre planète [*].

Parmi les résultats secondaires, et qui sont un bienfait pour l'homme, de la part accordée aux failles et aux dislocations des couches dans le système d'arrangemens curieux qui constitue l'économie souterraine de notre planète, nous ne devons pas omettre cette circonstance que c'est le plus souvent par les fissures que les eaux *minérales* et *thermales* sont amenées à la surface, où elles apportent un soulagement à plusieurs des infirmités de l'espèce humaine [**].

« Ainsi toute cette merveilleuse Hydraulique des sources et des rivières, et, dans le but d'en assurer le jeu continu, ce sy-

---

[*] Les sources intermittentes, les puits à flux et reflux, et beaucoup d'autres moindres irrégularités dans les phénomènes hydrauliques des issues naturelles de l'eau à la surface de la terre, dépendent d'accidens locaux, tels que l'interposition de siphons, de cavités et d'autres causes de trop peu d'importance pour que nous en ayons dû faire mention dans le coup d'œil général que nous venons de jeter sur les causes auxquelles les sources doivent leur origine.

[**] Le docteur Daubeny a fait voir qu'un grand nombre de sources thermales les plus fréquentées sortent de fissures situées sur les grandes lignes de dislocation des couches. — Daubeny, *on Thermal springs.* Edinb. Phil. journal, avril 1832, p. 49.

Le professeur Hoffmann a fait voir que l'on avait des exemples de ces fissures situées dans l'axe de *vallées d'élévation*, et donnant naissance à des eaux ferrugineuses, à Pyrmont et dans d'autres vallées de la Westphalie. (Pl. 67, fig. 2.)

stème si admirablement coordonné des collines et des vallées ; cette alimentation tout à la fois *intermittente* par la pluie des cieux, et *continue* par d'inépuisables réservoirs qui viennent se distribuer à la surface en des milliers de fontaines dont le cours ne s'arrête jamais, ce sont là des arrangemens qui doivent nous frapper tout à la fois et par leur nature même et par leur haute importance dans l'économie du globe. La terre et la mer sont dans des proportions si parfaites, que l'évaporation qui se fait à la surface de l'une suffit à alimenter d'eau la surface de l'autre, sans que la première en soit elle-même appauvrie ; l'atmosphère a été interposée pour être le véhicule de cette magnifique et incessante circulation ; dans cette évaporation, les eaux sont séparées de leur sel qui, d'une utilité majeure pour les conserver à l'état de pureté dans la mer, les rendait impropres au soutien de la vie dans les animaux et les végétaux terrestres : ainsi purifiées, et versées par les nuages sur la surface de la terre, elles y répandent l'abondance, et elles y alimentent ces réservoirs inépuisables d'où elles retournent par les sources et les rivières à leur océan natal. N'y a-t-il pas dans cet ensemble de faits tant de preuves d'une Harmonie de moyens avec leurs fins, d'une Sagesse providentielle, de Desseins pleins de bienveillance et d'une Puissance infinie, qu'il faudrait être atteint de folie, pour n'y pas reconnaître la preuve des attributs les plus élevés du Créateur*.»

* Buckland, leçon inaugurale, 1819, p. 12.

CHAPITRE XXIII.

Le plan qui a présidé à la création se révèle dans la structure et dans la composition des corps minéraux inorganisés.

Nous avons déjà exposé une grande partie de ce que nous avions à dire relativement à l'histoire des corps *composés* minéraux et inorganiques, dans ceux des chapitres précédens où nous avons traité des roches non stratifiées et cristallines. Il ne nous reste plus que quelques mots à dire relativement aux *minéraux simples* dont ces roches sont formées, et aux *corps simples* ou *élémentaires* qui entrent dans la composition de ces minéraux eux-mêmes [*].

« Qu'en traversant une lande, mon pied heurte une pierre, dit **Paley**, et que l'on vienne à me demander comment il se fait que cette pierre soit là ; peut-être répondrai-je qu'autant

---

[*] Les mots *minéral simple* (ou *espéce minérale*) ne désignent pas seulement les substances minérales non à l'état de combinaison, lesquelles sont rares dans la nature, telles que l'or ou l'argent natif pur, mais en même temps tous les corps minéraux composés qui offrent une structure cristalline régulière, avec des proportions définies dans leurs élémens chimiques. La différence qui existe entre ces deux expressions *minéral simple* et *corps simple* sera parfaitement comprise par l'exemple du spath calcaire, ou carbonate de chaux cristallisé. Les élémens primitifs, qui sont le calcium, l'oxigène et le carbone, sont des corps simples ; mais le composé cristallin qui résulte de la combinaison de ces corps simples dans des portions définies constitue un minéral simple, que l'on désigne sous le nom de carbonate de chaux. Le nombre total des minéraux simples reconnus jusqu'à ce jour est, suivant Berzelius, d'environ six cents ; le nombre des corps simples ou *principes élémentaires* est de cinquante-quatre seulement.

que je le sache, elle a existé là de toute éternité, et peut-être ne prouverait-on que difficilement l'absurdité d'une semblable réponse*. »

Non, répond le géologue, cette pierre n'est pas là de toute éternité, car si c'est un caillou ordinaire, il peut avoir traversé des évènemens nombreux et de plus d'une sorte ; et peut-être y trouverons-nous les témoignages d'évènemens physiques qui ont produit des changemens importans à la surface de notre planète ; et son aspect roulé nous racontera les déplacemens considérables que lui a fait subir l'action des eaux.

Serait-ce un morceau de grès, ou de quelque conglomerat ou couche fragmentaire constituée par des détritus arrondis provenant d'autres roches, les ingrédiens mêmes qui entrent dans sa composition offrent des témoignages tout semblables de mouvemens imprimés par l'action des eaux, mouvemens qui les ont réduits à l'état de sables ou de cailloux, puis transportés à la place qu'ils occupent à l'heure actuelle, antérieurement à l'existence de la couche dont ils font partie. Une couche de cette nature n'a donc pas occupé de toute éternité la place où elle se voit maintenant.

S'il arrivait que cette pierre contînt les débris pétrifiés de quelque plante ou de quelque animal fossile, non seulement nous y trouverions la preuve qu'elle est d'une formation pos-

---

* Si j'ai cité ce passage, ce n'est point dans le but de déprécier l'ensemble des raisonnemens de Paley, raisonnemens qui sont si indépendans de l'hypothèse épisodique et inutile qui les précède ; mais j'ai voulu faire voir par là de quelle importance sont les preuves que les découvertes de la géologie et de la minéralogie sont venues ajouter à celles que nous avions déjà de la non éternité du globe, puisqu'un aussi grand maître a déclaré ces dernières incomplètes, parce qu'il manquait d'une foule de données importantes dont nous ne devons la connaissance qu'aux progrès ultérieurs de ces sciences toutes modernes.

térieure à la création de la vie , soit chez les animaux, soit chez les végétaux, mais il y aurait dans la structure organique même des restes qu'elle contient des témoignages de coordinations et d'un plan qui nous attesteraient hautement l'action d'une cause intelligente et puissante, de même que les mécanismes d'une montre ou d'une machine à vapeur, ou de tout autre instrument sorti des mains de l'homme, nous prouvent, dans l'auteur et dans l'inventeur, la réflexion qui prépare et l'habileté qui exécute.

Supposons enfin que ce soit un morceau de granite ou de quelque roche cristalline primitive, où ne soient contenus ni des débris organiques ni des fragmens d'autres roches plus anciennes, on n'en pourrait pas moins faire voir qu'il fut un temps où les roches même de cette classe n'étaient pas encore dans les conditions où elles se trouvent maintenant, et que par conséquent il n'en est pas une qui puisse avoir existé de toute éternité sur le point où on la rencontre à l'époque actuelle. Les minéralogistes ont démontré que le granite est une substance composée où entrent trois minéraux simples et dissemblables entre eux, le quarz, le felspath et le mica, dont chacun offre certaines combinaisons régulières de formes extérieures et de structure interne, en même temps que certaines propriétés physiques qui lui sont propres. L'analyse chimique a également montré que ces quelques substances sont composées d'autres substances qui les ont précédées en existence à un état de plus grande simplicité, avant que de s'être combinées comme elles le sont maintenant, pour former les minéraux constituans des roches que l'on regarde comme les plus anciennes parmi celles qu'il est donné à l'homme de pouvoir observer. De son côté, le cristallographe prouve que les divers minéraux qui entrent dans la composition du granite et de toutes les autres roches cristallines se composent de molécules d'une petitesse extrême, et pourtant composées elles-mêmes d'autres molécules encore plus petites et plus simples, se combinant suivant des proportions fixes et définies, et possédant, d'après ce qu'indiquent tous les moyens d'analyse qu'on leur fait subir, des figures géométriques déterminées; et, loin que ces combinaisons et ces figures paraissent être des résultats fortuits du hasard, elles sont coordonnées au contraire suivant les lois les plus précises et dans les proportions les plus mathématiquement exactes *.

L'athée, partant de ce principe gratuit que la matière et le mouvement sont éternels, présenterait la question sous la forme suivante : — Toute matière doit nécessairement avoir pris une forme ou une autre, et par conséquent le *hasard* a pu faire qu'elle ait pris celle sous laquelle elle nous apparaît maintenant. — Mais, dans cette hypothèse, nous devrions rencontrer toutes sortes de substances se présentant à nous au *hasard* sous un nombre infini de formes extérieures et combinées suivant des variétés sans nombre de proportions non définies. Or, l'observation a fait voir que les corps minéraux cristallisés ne présentent qu'un nombre fixe et limité de formes que l'on désigne sous le nom de *secondaires*, et que ces formes secondaires elles-mêmes sont constituées par une réunion de formes *primaires* plus simples dont on démontre l'existence par

*Les paragraphes précédens de ce chapitre, à l'exception du premier, ont été copiés presque littéralement dans les leçons de minéralogie de l'auteur lui-même, publiées en juin 1822; et s'il les reproduit précisément sous cette même forme, c'est surtout pour faire voir qu'il ne doit aucune de ces idées à quelque publication récente, et que les vues qu'il y présente, loin d'avoir pris naissance dans son esprit à la suite des études auxquelles il s'est livré pour l'exécution du présent traité, résultent tout naturellement d'une étude sérieuse des phénomènes de la géologie et de la minéralogie considérés dans leurs rapports mutuels, et d'une investigation dirigée vers le but de rechercher derrière les faits les causes où ces faits prennent leur origine.

le clivage et la division mécanique, indépendamment de toute
analyse chimique. Les molécules *intégrantes* * de ces formes
primaires de cristaux sont ordinairement des corps composés
dans lesquels entre une série de molécules *constituantes*, ou
de molécules appartenant aux substances primitives qu'en retire l'analyse chimique; et ces molécules constituantes elles-
mêmes sont, dans beaucoup de cas, des corps composés formés
de molécules *élémentaires* ou des derniers atomes indivisibles**
dont se composent probablement les particules extrêmes de la
matière ***.

* « Ce que j'ai dit de la forme deviendra encore plus évident, si, en
pénétrant dans le mécanisme intime de la structure, on conçoit tous ces
cristaux comme des assemblages de molécules intégrantes parfaitement
semblables par leurs formes, et subordonnées à un arrangement régulier. Ainsi, au lieu qu'une étude superficielle des cristaux n'y laissait
voir que des singularités de la nature, une étude approfondie nous
conduit à cette conséquence que le même Dieu, dont la puissance et la
sagesse ont soumis la course des astres à des lois qui ne se démentent
jamais, en a aussi établi auxquelles ont obéi avec la même fidélité les
molécules qui se sont réunies pour donner naissance aux corps cachés
dans les retraites du globe que nous habitons. »
Haüy, *Tableau comparatif des résultats de la cristallographie et de
l'analyse chimique*, page 17.
** « Nous nous croyons autorisés à conclure qu'une limite doit être
assignée à la divisibilité de la matière; nous croyons devoir par conséquent supposer l'existence de certaines particules extrêmes, marquées
à l'origine des choses, ainsi que Newton l'a conjecturé, par la main
du Tout-Puissant lui-même, de caractères permanens, et conservant
leur volume et leur figure, de même que leurs autres propriétés plus
subtiles, et que les relations dans lesquelles Dieu les a placées au moment de leur création.
» Ainsi, les particules des diverses substances qui existent dans la
nature peuvent être considérées comme une sorte d'alphabet dont se
compose le grand volume où sont attestées la sagesse et la bonté du
Créateur. »—Daubeny, *Atomic Theory*, page 107.
*** Je vais essayer une fois pour toutes d'exposer l'ensemble d'arrangemens pleins de précision et de méthode, d'où résultent les formes cristallines ordinaires des minéraux, en en étudiant un seul; et je

Si l'on ramène de cette manière tous les corps minéraux aux conditions les premières et les plus simples de leurs élémens constituans, on voit que ces élémens ont été à toutes les époques régis par un système unique de lois fixes et universelles, qui règlent encore maintenant les mécanismes du monde matériel. En étudiant l'action de ces lois, nous y reconnaîtrons une subordination tellement constante des moyens à leurs fins, une harmonie, un ordre, des prévisions si parfaites dans les propriétés physiques, dans les proportions numériques, dans les fonctions chimiques des élémens inorganisés ; tant de preuves d'une intelligence, et d'un plan coordonné à l'avance pour adapter ces élémens primordiaux à une infinité

choisirai à cet effet une substance bien connue, le carbonate de chaux.

Les cristaux de ce minéral terreux que l'on rencontre en abondance présentent plus de cinq cents variétés de formes secondaires, dont chacune possède une série quintuple de relations subordonnées d'un système de combinaisons à un autre, systèmes suivant lesquels chaque cristal en particulier a été construit en vertu de lois concourant à produire d'harmonieux résultats.

Chaque cristal de carbonate de chaux est formé par des millions de particules de cette même substance composée, ayant une forme primaire invariable, qui est celle d'un solide rhomboïdal que l'on pourrait obtenir en portant la division mécanique presque à l'infini.

Les molécules *intégrantes* de ces solides rhomboïdaux sont les particules les plus petites dans lesquelles on puisse réduire le calcaire sans avoir recours à la décomposition chimique.

Les premiers résultats de l'analyse chimique sont de partager ces molécules *intégrantes* en deux substances composées, la chaux pure et l'acide carbonique, dont chacune est formée par un nombre incalculable de molécules *constituantes*.

Une analyse ultérieure de ces molécules *constituantes* elles-mêmes prouve que ce sont encore des corps composés, dans chacun desquels entrent deux substances élémentaires qui sont, pour la chaux, des *molécules élémentaires* d'un métal, le calcium, et d'oxigène; et, pour l'acide carbonique, des *molécules élémentaires* de carbone et d'oxigène.

Les dernières molécules du calcium, du carbone et de l'oxigène, sont les atomes indivisibles dans lesquels peut se décomposer chaque cristal secondaire de carbonate de chaux.

de fonctions complexes dans les systèmes futurs d'organisation, soit animale, soit végétale, qu'il est impossible que nous nous rendions un compte satisfaisant de l'existence de tous ces mécanismes si beaux et si parfaits, si nous refusons d'admettre qu'ils tirent leur origine de la Volonté et de la Puissance d'un Créateur suprême, Être dont nos facultés finies ne peuvent arriver à comprendre la nature, mais dont tout ce qui existe nous proclame la Sagesse, la Grandeur et la Bonté infinies.

Faire honneur de cet ordre et de cette harmonie à quelques causes fortuites qui entraîneraient la négation d'un plan, ce serait repousser des inductions de la nature de celles sur lesquelles l'esprit humain se repose avec confiance et sans hésitation, dans tous les événemens ordinaires de la vie comme dans toutes les investigations physiques et métaphysiques. — *Si mundum efficere potest concursus atomorum, cur porticum, cur templum, cur domum, cur urbem non potest? quæ sunt minus operosa et multò quidem faciliora*[*].

Telle était la question qu'inspirait au moraliste romain la contemplation des phénomènes visibles du monde matériel ; et la conclusion que Bentley a déduite d'un coup d'œil plus étendu jeté sur des phénomènes d'une nature plus mystérieuse, à une époque déjà remarquable par l'état avancé de plusieurs des branches les plus élevées des sciences physiques, a été complètement confirmée par les nombreuses découvertes du siècle suivant. Nous avons donc, à l'époque actuelle, mille motifs nouveaux d'affirmer avec lui que — « alors même que la matière subsisterait de toute éternité, divisée en particules infinies, comme le suppose le système d'Épicure, et que le mouvement serait également éternel et n'aurait jamais cessé de co-exister

[*] Cicéron, *de Natura Deorum*, livre 2. 57.

avec elle, il n'en serait pas moins impossible que ces atomes ou particules eussent pu, d'eux-mêmes, et par des mouvemens, de quelque nature que ce fût, fortuits ou mécaniques, s'être agrégés pour constituer le système que nous voyons, ou tout autre semblable*. » — Bentley, Serm. IV. *of Atheism.*, p. 192.

CHAPITRE XXIV.

Conclusion.

Nous venons de considérer, dans le chapitre précédent, la nature des témoignages qu'offrent les substances minérales

---

* Le docteur Prout a, tout récemment encore, discuté la même question dans le troisième chapitre de son traité de Bridgewater, et il a fait voir que la constitution moléculaire de la matière, et ses admirables rapports avec l'économie de l'ensemble de la nature, ne peuvent pas avoir existé de toute éternité, et que ce n'est aucunement là une condition nécessaire de l'existence de la matière, mais qu'elle reconnaît son origine dans le commandement de quelque agent doué d'intelligence et d'une volonté servie par une puissance en rapport avec son énergie.

Dans la première section de son quatrième chapitre, le même auteur a si clairement fait voir la grande importance qu'ont quelques unes des substances minérales les plus communes, telles que la chaux, la magnésie, le fer, dans la composition des corps organisés animaux et végétaux, il a si bien mis en évidence les preuves d'un plan qui nous sont offertes par la constitution et les propriétés du petit nombre des substances simples, ou des cinquante-quatre principes élémentaires dans un ou plusieurs desquels peuvent se résoudre tous les corps qui composent les trois grands règnes de la nature, que je crois inutile de répéter sous une autre forme les argumens que mon savant collègue a si bien et si complètement déduits de ces phénomènes des élémens inorganiques qui

inorganiques, en preuve de l'existence d'un plan ayant présidé à l'harmonie originelle qui se montre dans les rapports des élémens matériels et dans les fonctions diverses qu'ils remplissent dans l'un ou l'autre des deux règnes de la Nature. Nous avons vu que la seule explication satisfaisante que l'on puisse donner des arrangemens merveilleux et pleins d'ordre qu'offrent à la surface du globe les matériaux élémentaires, sous les rapports de dimensions, de poids et de nombre, est celle qui, pour expliquer l'origine de tout ce qui est au-dessus de nous, au-dessous de nous et autour de nous, s'élève jusqu'à la volonté et à l'action d'un Créateur unique et tout-puissant. Si ces élémens, dès l'instant de leur création, ont possédé des propriétés qui les ont mis par avance en harmonie avec toutes les fonctions qu'ils ont déjà remplies jusqu'ici, et qu'ils sont encore destinés à remplir par la suite, au milieu des révolutions successives du monde matériel, bien loin que ces mesures prises dès l'origine des choses repoussent l'intervention d'un agent plein d'intelligence, elles ne peuvent qu'exalter encore la haute idée que nous nous faisons de la Plénitude de science et de puissance qui a pu réunir dans le premier travail de la création cette infinité d'arrangemens disposés à l'avance dans la vue des systèmes à venir.

Nous avons esquissé de bonne heure, dans cet ouvrage, l'histoire des roches primordiales qui sont entrées dans la composition des premiers matériaux solides du globe ; nous les avons représentées comme ayant été probablement dans un état de fusion universelle incompatible avec l'existence de la vie sous aucune forme. D'après les argumens que nous avons posés, à mesure que la température de la croûte du globe s'est

ne tiennent pas l'une des moindres places parmi les faits de la chimie minérale qui témoignent de la Sagesse, de la Puissance et de la Bonté du Créateur.

graduellement abaissée, les roches cristallines non stratifiées et les roches stratifiées formées par les debris des premières ont été diversement modifiées et mises en place, pendant la durée de périodes de temps immenses , par des forces physiques de la même nature que celles dont l'action se continue encore de nos jours, mais agissant avec une énergie beaucoup plus grande; et que ces forces ont eu pour résultat de faire de notre planète un lieu d'habitation pour diverses races d'animaux et de végétaux, et , comme dernier résultat, de la convertir en une demeure commode et agréable pour l'espèce humaine.

Nous avons vu aussi que la surface de la terre et les eaux de la mer ont, durant de longues séries de siècles et à des époques séparées par des intervalles de temps considérables et antérieurs à la création de notre propre espèce, été peuplées par diverses races d'animaux et de végétaux, dont d'autres races sont venues depuis prendre la place ; et dans tous ces phénomènes considérés isolément, nous avons reconnu des preuves de l'existence d'un plan et d'une Intelligence régulatrice. Nous avons vu en outre un retour systématique tellement constant de plans analogues produisant des résultats divers par les diverses combinaisons de mécanismes multipliés presque jusqu'à l'infini dans les détails de leur application , bien que tous construits sur le même petit nombre de principes fondamentaux qui règlent encore sous nos yeux les formes vivantes des êtres organisés, qu'il est raisonnable de conclure que toutes ces combinaisons passées et présentes ne sont que des parties d'un seul Tout immense et plein d'ensemble , et prenant son origine dans la Volonté et dans la Puissance d'un seul et même Créateur.

Si les matériaux élémentaires nous eussent paru différer dans les conditions anciennes de notre globe de ce qu'ils sont aujourd'hui , soit quant à leur nombre , soit quant à leur nature ; ou si les lois qui ont réglé les phénomènes du règne inorganique eussent été soumises à des changemens, aux diverses époques de la durée des nombreuses formations dont la géologie nous a révélé l'existence, nous eussions encore pu trouver, sans doute, dans des phénomènes ainsi isolés, des preuves de Sagesse et de Puissance ; ils n'eussent pas suffi pour démontrer l'Unité et l'Action universelle d'une *même* Cause Première, éternelle et suprême.

Toutefois, la géologie ne nous eût-elle rendu d'autres services que de nous fournir des preuves nombreuses et variées de l'existence d'un plan, son témoignage n'en serait pas moins accablant pour l'athéisme ; mais si ce plan ne s'était manifesté que par des systèmes d'organisation distincts et dissemblables entre eux, ou par des mécanismes indépendans et sans analogies ni relations d'aucune espèce, soit entre eux, soit avec les formes actuelles des deux règnes animal et végétal, ces manifestations, tout en fournissant des preuves d'Intelligence et de Pouvoir, n'eussent pas entraîné la conséquence d'une origine commune dans la Volonté d'un Créateur *unique* et toujours le *même*; et les polythéistes eussent pu invoquer ces systèmes dépourvus d'accord et d'harmonie en témoignage de l'action distincte de plusieurs Intelligences indépendantes entre elles, et s'en faire un appui de leur doctrine de la pluralité des Dieux.

Mais le raisonnement qui conclut l'unité de la cause de l'unité d'effets qui se répète dans des systèmes d'organisation compliqués et divers, et séparés entre eux par les lieux, les temps et les circonstances ; ce raisonnement, dis-je, acquiert une force centuple, si, au lieu d'être fondé seulement sur les faits qui se passent à la surface du monde actuel, il embrasse en même temps toutes les formes éteintes de tous les systèmes précédens d'organisation , dont nous trouvons les traces ensevelies dans les entrailles de la terre. Paley a fait observer avec raison, relativement aux variations que présentent les espèces vivantes d'animaux et de végétaux dans des régions éloignées et sous des climats différens, que — « au milieu de tous ces modes d'existence si tranchés et si différens entre eux, il n'en est pas un qui le soit assez pour nous porter à croire que nous sommes maintenant sous l'empire d'un Créateur différent, ou que nous sommes aux ordres d'une autre Volonté[*]»; — et les nombreuses investigations que nous avons été à même de faire durant ces dernières années dans l'intérieur de la terre ont considérablement agrandi le cercle des faits à l'appui de ceux sur lesquels Paley a basé cette assertion.

Les exemples nombreux que nous avons empruntés aux débris fossiles animaux et végétaux, pour démontrer l'existence d'un plan qui a présidé à la création, nous présentent une identité tellement complète dans les principes fondamentaux qui en ont réglé l'accomplissement ; nous y voyons des moyens analogues adoptés avec tant d'uniformité et de constance pour arriver à des fins diverses ; et les modifications qui sont faites au type commun de tous les mécanismes sont si exactement celles qui étaient nécessaires pour mettre chaque instrument en harmonie avec le travail qu'il était destiné à exécuter, et pour installer chaque espèce à la place et dans les fonctions spéciales qu'elle devait remplir dans l'échelle des êtres créés, que nous ne pouvons manquer de conclure de tous ces faits l'unité de l'Intelligence à laquelle est due cette magnifique Harmonie. Nous irons jusqu'à affirmer que l'athéisme ni le polythéisme n'eussent jamais obtenu le moindre succès dans le monde, si les preuves diamétralement contraires d'unité de Plan et d'Intelligence suprême que nous trouvons dans les découvertes de la science

---

[*] Paley. *Nat. Théol.* page 450. chap. *On the Unity of the Deity.*

moderne eussent été bien connues des auteurs et des partisans de ces systèmes*. — « C'est une même main dont nous lisons partout l'écriture ; c'est un même système, ce sont les mêmes arrangemens que nous avons partout à décrire ; c'est la même unité d'objet, ce sont les mêmes relations de causes finales que nous retrouvons partout maintenues, et partout proclamant l'unité de la grande Source divine. »

Nous avons fait voir, dans notre sixième chapitre, sur les roches stratifiées primitives, que la géologie a rendu un service important à la théologie naturelle, en démontrant, à l'aide de preuves qui lui appartiennent en propre, qu'il y eut un temps où aucune des formes organiques actuelles n'avait encore fait son apparition à la surface de notre globe, et que les doctrines qui expliquent l'existence des espéces actuelles par un *développement* ** ou une *transmutation* d'autres espèces, ou qui admettent une *succession éternelle* d'individus des mê-

---

* Buckland. *Leçon inaugurale*, 1819, p. 15.

** Comme les personnes peu familières avec les termes dont on se sert en physiologie pourraient se méprendre sur le sens du mot *développement*, il est bon que l'on sache que ce terme, suivant sa première signification, désigne les changemens organiques qui ont lieu chez tous les animaux et chez tous les végétaux depuis leur état embryonnaire jusqu'à ce qu'ils soient arrivés à leur maturité complète. Il s'applique encore, dans un sens plus étendu, à ces changemens progressifs qui se sont succédé dans les genres et dans les espèces fossiles, durant le dépôt des couches terrestres et pendant que le grand système de Création parcourait ses diverses phases. Lamarck l'a employé aussi pour l'expression de ses vues hypothétiques, d'après lesquelles les espèces actuelles dériveraient des espèces qui les ont précédées par des *transmutations* successives d'une forme d'organisation dans une autre forme, indépendamment de toute influence d'un Agent Créateur.

Il est important que la distinction qui existe entre ces diverses significations soit bien établie, afin que l'emploi fréquent qui a lieu du mot *développement* dans les écrits des physiologistes modernes ne fasse pas faussement croire à l'admission de la doctrine de la *Transmutation*, doctrine à laquelle il a été associé par Lamarck.

mes espèces sans un commencement comme sans une fin probable, ne s'étaient encore heurtées contre aucune réponse aussi décisive que celle qui nous est fournie par les débris organiques fossiles.

Nous avons fréquemment rencontré, dans le cours de nos recherches, de nombreux exemples de systèmes organiques végétaux et animaux qui ont eu leur commencement et leur fin ; et, chaque fois, nous avons été conduits à leur assigner comme origine l'intervention directe d'une action créatrice.— « A la vue de cette transition qui a eu lieu à la surface du globe d'un système de formes animales à un autre système renfermant des formes toutes nouvelles, nous ne concevrions pas que l'on pût nier les manifestations distinctes d'une puissance créatrice, supérieure à l'action des lois connues de la nature ; et la géologie nous paraît avoir allumé un nouveau flambeau sur le chemin de la théologie naturelle*. »

Quelque effroi qu'aient pu causer les découvertes géologiques pendant les premières périodes de leur développement, le moment est arrivé où, loin que l'on ait à craindre de les voir signaler des phénomènes qui ne concourent pas avec les argumens que fournissent les autres branches des sciences physiques pour démontrer l'existence d'un seul et même Créateur souverainement sage et souverainement puissant, nous devons attendre d'elles qu'elles ajouteront à la chaîne des preuves de la religion naturelle des anneaux de la plus haute importance, dont l'absence se faisait sentir, et dont les vides sont maintenant remplis par les découvertes auxquelles a conduit l'étude de la structure du globe.

« Si je comprends bien la Géologie, dit le professeur Hitchcock, loin que cette science enseigne l'éternité du globe,

____

* British critic, n° XVII, janvier 1834, p. 194.

elle prouve au contraire, plus directement que ne pourrait le faire aucune autre science, que les diverses révolutions qui s'y sont accomplies, et les diverses races d'êtres qui l'ont habité, ont eu un commencement, et qu'il renferme en lui-même certaines forces chimiques qui n'ont besoin que d'être mises en liberté par la volonté de celui qui les a créées, pour en accomplir immédiatement la destruction. De ce que cette science prouve que les révolutions de la nature ont employé d'immenses périodes de temps, il ne s'ensuit pas que ces périodes constituent une série éternelle; seulement elle agrandit les idées que nous avons de la Divinité; et quand les hommes cesseront d'avoir pour elle des yeux défians et les préjugés d'esprits étroits, ils verront qu'elle leur ouvre des champs de recherches non moins vastes que ne le sont les domaines de l'astronomie elle-même *. »

« Il n'existe en réalité, dit l'évêque Blomfield, ni opposition ni désaccord entre la religion et la science, si ce n'est dans l'abus qu'en font le zèle maladroit et la fausse philosophie, se trompant également sur le but d'une révélation divine » ; — et, dans un autre passage encore du même remarquable discours, après avoir défini quels sont les sujets précis dont l'investigation appartient en propre à l'intelligence humaine, il

---

* Hitchcock, *Geology of Massachusetts*, p. 595.

« Pourquoi hésiterions-nous à reconnaître à notre globe une existence aussi ancienne que le demandent les résultats des recherches de la géologie, puisque les livres sacrés ne nous indiquent nullement le temps de sa création première, et qu'en outre la vue d'une antiquité semblable ne peut qu'agrandir les idées que nous avons des opérations de la Divinité relativement à la durée, autant que le font les découvertes de l'astronomie relativement à l'espace ? Loin que la géologie nous mette en opposition avec les récits de Moïse, il me semble qu'elle nous fournit quelques unes des plus vastes conceptions des attributs et des plans de la Divinité, qui se rencontrent dans le cercle tout entier des connaissances humaines. » — Même ouvrage, 1835, p. 225.

ajoute : « Dans ces limites, et avec ces restrictions, nous pouvons joindre nos suffrages à tous ceux que méritent la philosophie et la science, et suivre sans crainte, en compagnie des hommes qui s'y dévouent, toutes les voies de recherches par où l'esprit humain pourra pénétrer jusqu'aux trésors cachés de la nature. Nous verrons s'harmoniser les traits les plus remarquables de l'ensemble de leur histoire, et se soulever les voiles qui obscurcissent, aux yeux de l'ignorance et de l'inattention, la gloire de Dieu dans les œuvres sorties de ses mains [*]. »

La déception à laquelle s'exposent un grand nombre d'hommes lorsqu'ils veulent trouver écrites dans les phénomènes naturels les volontés de Dieu relativement à la conduite morale et aux destinées futures de l'humanité, est due surtout à l'idée obscure et erronée qu'ils se font de l'étendue des domaines respectifs de la raison et de la révélation.

L'exercice de notre raison nous fait découvrir des preuves nombreuses de l'existence d'un Créateur suprême et de quelques uns de ses attributs, et saisir les opérations de plusieurs des causes instrumentales, ou des agens secondaires qu'il emploie à mettre en mouvement les mécanismes du monde matériel; mais là s'arrêtent ses pouvoirs. Pour tout ce que l'homme doit savoir avant toute autre chose, je veux parler de la volonté de Dieu relativement au gouvernement moral et aux destinées futures de l'espèce humaine, la raison ne peut que nous convaincre du besoin absolu où nous sommes d'une révélation. Cette distinction a été sentie et exprimée par beaucoup d'hommes des plus avancés dans la philosophie. « La contemplation de la Providence divine dans la conduite des choses corporelles, dit Boyle, peut être pour un observa-

* Discours d'ouverture du *King's college* à Londres, 1831, pages 19 et 14.

teur bien disposé une planche jetée entre la religion naturelle et la religion révélée *. »

« Après la connaissance d'un seul Dieu Créateur de toutes choses, a dit Locke, ce qui importait le plus à l'espèce humaine c'était d'avoir une connaissance nette de ses devoirs moraux. »

Et Bacon, celui dont le nom, du commun accord de toutes les nations, est placé au dessus de tout éloge, l'homme qui a découvert et fondé la philosophie d'induction, voici comment il exhale sa méditation pieuse : « Tes créatures ont été mes livres, mais tes écritures bien davantage encore. Je t'ai cherché dans les cours, dans les champs, dans les jardins ; mais je t'ai trouvé dans tes temples **. »

Ce sentiment, que nous venons de lui voir exprimer, lui était familier ; car on le retrouve partout dans ses écrits. Voici avec quelle chaleur il s'en exprime dans son immortel ouvrage ***. *Concludamus igitur theologiam sacram ex Verbo et Oraculis Dei, non ex lumine Naturæ aut Rationis dictamine hauriri debere. Scriptum est enim cœli enarrant Gloriam Dei, at nusquam scriptum invenitur, cœli enarrant Voluntatem Dei****.*

* *Christian Virtuoso*, 1690, p. 42.

« La religion naturelle, dès qu'une fois elle a été saisie par l'esprit, constitue une sorte de fondement sur lequel doit s'édifier la religion révélée ; c'est comme une souche sur laquelle doivent être greffées les doctrines du christianisme. Aussi donc, bien que je reconnaisse assurément toute *l'insuffisance* de la religion naturelle, je la regarde néanmoins comme étant d'une très grande *nécessité*. Je croirais inutile de presser un incrédule d'argumens tirés de l'excellence de la doctrine chrétienne, qui prouve qu'elle est révélée de Dieu, ou des miracles qu'ont faits ses premiers apôtres pour en établir la vérité, si cet homme ne possédait pas déjà ces principes de la religion naturelle, *qu'il existe un Dieu, et que ce Dieu récompensera dignement ceux qui le cherchent.* » — Même ouvrage, deuxième partie, proposition première.

** *Œuvres de Bacon*, t. 4, p. 487.

*** *De augm. scient.* livre IX, ch. 1.

**** Il n'est pas d'objection plus mal fondée, dit sir I. F. W. Herschel,

Avec cette ligne distinctement tracée devant nous, et sachant bien ce que nous devons et ce que nous ne devons pas attendre des découvertes de la philosophie naturelle, nous poursuivrons hardiment nos travaux dans les champs féconds de la science, avec l'assurance d'y récolter une abondante moisson, dans laquelle brilleront des preuves sans nombre de l'existence du Créateur, de sa Sagesse, de sa Puissance et de sa Bonté.

« La philosophie, dit le professeur Babbage, s'est donné des droits à une vive reconnaissance de la part des moralistes. En leur dévoilant les merveilles vivantes qui se pressent autour de l'atome le plus délié avec autant de luxe que dans toute l'étendue des plus grandes masses actives de matière, elle leur a fourni

que celle qui est faite *in limine* contre l'étude de la philosophie naturelle et même de toute science, par des hommes bien intentionnés peut-être, mais d'un esprit étroit. Il s'élève, prétendent-ils, dans l'esprit de ceux qui cultivent ces sciences une vanité mauvaise et présomptueuse qui les mène à douter de l'immortalité de l'ame, et à tourner en dérision la religion révélée. Loin de là, et nous pouvons l'affirmer avec confiance, la philosophie naturelle et l'étude des sciences produisent et doivent nécessairement produire sur tout esprit bien constitué l'effet précisément opposé. Sans doute la raison, quelle que soit l'étendue de ses attributions, doit s'arrêter court devant ces vérités qu'il est du privilège de la révélation de nous faire connaître ; mais, alors qu'elle place l'existence et les attributs de la Divinité sur un terrain tel qu'elle rend le doute absurde, et qu'elle couvre l'athéisme de ridicule, il est évident qu'elle n'oppose aucun obstacle naturel ou nécessaire à des progrès ultérieurs. Au contraire, en admettant comme principes vitaux une activité ardente dans les recherches, et une confiance sans bornes dans les résultats, elle met l'esprit à l'abri des préjugés de toute nature ; elle le tient ouvert à toutes les impressions les plus élevées qu'il soit susceptible de recevoir, le mettant seulement en garde contre l'enthousiasme et contre ses propres déceptions par l'habitude d'une investigation sévère ; et encourageant, loin de le tenir à l'écart, tout ce qui peut offrir une perspective, une espérance au delà de notre état actuel si obscur et si incomplet. Le caractère du véritable philosophe, c'est d'espérer tout ce qui n'est pas impossible, et de croire tout ce qui n'est pas contraire à la raison. »
— *Discours sur l'étude de la philosophie naturelle*, p. 7.

d'irrésistibles preuves de l'existence d'un plan immense en étendue *. »

« Voyez seulement, dit lord Brougham, par quelles contemplations les plus sages des hommes couronnent leurs plus sublimes recherches. Où se repose Newton, après avoir soulevé les voiles les plus épais qui enveloppaient la nature, après avoir saisi et arrêté dans leur course les plus subtils et les plus rapides de ses élémens, après avoir parcouru les régions de l'espace sans fin, après avoir exploré les mondes au delà de la route que parcourt le soleil, après avoir annoncé ces lois qui maintiennent l'univers dans un ordre éternel? Il s'arrête, comme par une inévitable nécessité, devant la contemplation de la grande Cause Première ; et il tire sa plus grande gloire d'en avoir démontré l'existence, et d'en avoir mieux fait comprendre aux hommes la haute Sagesse ainsi que les dispensations de sa puissance **.»

Si donc il est admis que c'est un haut privilège de notre seule nature humaine, et en même temps un emploi plein de piété de nos facultés les plus élevées, que d'embrasser dans notre pensée l'Immensité et l'Eternité, que de nous élever jusqu'à la contemplation des beautés merveilleuses qui ont été jetées à profusion dans le monde matériel ; que de lire le nom de l'auteur de l'univers là où il s'est plu lui-même à l'inscrire partout sous nos yeux, dans les œuvres de la création, il est évident que tout à côté de l'étude de ces mondes éloignés sur lesquels se porte l'observation de l'astronome, le plus vaste et le plus sublime sujet de recherches physiques qui puisse fixer l'attention de l'esprit humain, et celui qui de beaucoup nous importe le plus, à cause des liens étroits qui le rattachent à nos intérêts personnels, c'est sans contredit

* Babbage, *On the Economy of Manufactures*, 1re édit. p. 519.
** Lord Brougham, *Discours sur la théologie naturelle*, 1re édition, page 194.

l'histoire de la formation et de la structure du globe que nous habitons, des nombreuses et étonnantes révolutions qui s'y sont accomplies, des changemens multipliés qu'a subis la vie organique à sa surface, et des modifications qui y ont été faites pour la mettre en état de recevoir ses habitans actuels, et pour y préparer la condition présente physique et morale de l'espèce humaine.

Ces recherches et d'autres de la même nature, lesquelles se rapprochent par leur étendue de l'étendue de la matière elle-même qui constitue notre globe, sont l'objet de la géologie étudiée avec conscience et avec sagesse, comme une branche légitime des sciences d'induction. L'histoire du règne minéral lui appartient en propre, et les deux autres grands règnes de la nature ont leurs fondemens chronologiques dans des âges dont les souvenirs, ensevelis dans les entrailles de la terre, n'ont été retrouvés que par les travaux des géologues, qui ont su déchiffrer dans les débris organisés fossiles qui nous sont restés des conditions anciennes de notre planète, des témoignages de la Sagesse à laquelle le monde doit son origine.

Nous ne pouvons donc trop le répéter : quand une science déroule sous nos yeux de si nombreuses preuves de l'existence et des attributs de la Divinité, il serait déraisonnable de voir en elle, dans ses rapports avec la religion, autre chose qu'un auxiliaire et une servante soumise. Sans doute il se trouvera encore quelques hommes qui, par crainte, par préjugé, ou parce qu'ils leur auront été présentés à temps inopportun, se refuseront même à en examiner les témoignages ; qui s'alarmeront de la nouveauté, ou qui se laisseront aller à la surprise, en voyant l'étendue et la profondeur des vues sur lesquelles la géologie enchaîne notre attention ; qui aimeraient à tenir fermé ce livre de témoignages scellé depuis tant de siècles au fond des couches qui composent l'enveloppe terrestre, plutôt que d'imposer à ceux qui étudient la théologie naturelle la nécessité d'en méditer les pages, nécessité qui semble préparer à celui qui débute une tâche hasardeuse et pénible, mais qui tient en réserve, pour qui s'y est une fois engagé, une occasion d'exercer les plus hautes facultés de l'esprit, tout à la fois rationnelle, pieuse et pleine de charmes intellectuels, en multipliant autour de lui les preuves de l'existence de Dieu, de ses attributs et de sa Providence *.

Mais l'alarme qu'avait jetée la nouveauté des premières découvertes géologiques est maintenant à peu près dissipée; et les hommes qui ont été assez heureux pour être les humbles instrumens de la promulgation de ces découvertes, et qui ont courageusement persévéré dans l'affirmation qu'une vérité ne

* « De même que l'étude du monde matériel ne nous instruit pas des vérités de la religion révélée, les vérités de la religion de leur côté ne nous font rien connaître des inductions de la science physique : il en résulte que les hommes qui se sont trop exclusivement adonnés à l'une ou à l'autre de ces deux branches de nos connaissances se trouvent souvent exposés à s'exagérer à eux-mêmes leur propre science, et à devenir ainsi des hommes à idées rétrécies. La bigoterie est un vice qui assiège notre nature : trop souvent elle va de compagnie avec le zèle religieux ; mais il est plus âpre encore et plus intraitable peut-être quand il coïncide avec l'esprit d'irréligion. Un philosophe tournera parfois en ridicule les travaux des hommes religieux, n'en ayant aucunement saisi l'esprit ; et il peut se faire que de son côté un homme qui se croira religieux prononce un jugement tout aussi plein d'amertume, et remercie Dieu de ne l'avoir pas fait ressembler aux philosophes, oubliant également que l'homme ne peut pas atteindre à des connaissances plus élevées que ne le lui permettent les facultés que la main du Créateur lui a départies, et que nous ne devons toutes nos connaissances naturelles qu'à un reflet de la volonté de Dieu. Des jugemens pleins de cette amertume ne sont pas seulement dépourvus de sens , ils sont coupables. La véritable sagesse consiste à voir que toutes les facultés de l'esprit et toutes les parties de nos connaissances marchent d'un commun accord vers un but unique, qui est de servir en même temps le bonheur de l'homme et la gloire du Créateur. » — Sedgwick, *Discours sur les études de l'Université de Cambridge.*

pouvait être en opposition avec une autre vérité, et que les œuvres de Dieu, bien comprises et étudiées de leur véritable point de vue, ne pouvaient manquer de se trouver un jour en parfait accord avec sa parole, sont maintenant hautement récompensés par l'aspect des difficultés vaincues, des objections graduellement évanouies, et de la place accordée à la géologie parmi les témoins appelés à rendre hommage à la vérité des grandes doctrines fondamentales de la théologie *.

L'ensemble de faits que nous venons de parcourir nous a montré dans l'histoire physique de notre globe, et là où beaucoup n'ont vu que désolation, confusion et désordre, des preuves en nombre infini d'économie, d'ordre et d'intelligence : toutes nos investigations dans les archives non écrites des temps écoulés ont eu pour résultat d'affermir notre croyance à l'existence d'un suprême Créateur de toutes choses, d'exalter notre conviction de l'immensité de ses Perfections, de sa Puissance, de sa Majesté, de sa Sagesse, de sa Bonté et de sa Providence conservatrice **; et de pénétrer notre ame du sen-

---

* Un des théologiens les plus distingués et les plus savans de notre époque, et qui avait, il y a vingt ans, consacré un chapitre de son ouvrage, *On the evidence of the christian revelation*, à réfuter ce qu'il appelait alors « le scepticisme des géologues », a commencé, dans un ouvrage récent sur la théologie naturelle, les considérations auxquelles il se livre relativement à l'origine du monde, par un chapitre qu'il a intitulé lui-même : « Des argumens que nous fournit la géologie en preuve de l'existence d'une Divinité. » — Chalmers, *Natural Theology*, t. 1, page 229, Glasgow, 1835.

Voir, pour l'interprétation qu'a donnée le docteur Chalmers du premier verset de la Génèse et des suivans, l'*Edinburgh christian instructor*, avril 1814.

** « Bien que je ne puisse pas, avec les yeux de la chair, apercevoir la Divinité invisible, je puis, dans toute la rigueur du mot, saisir et apercevoir des signes et des caractères, des effets et des résultats qui me suggèrent, qui m'indiquent, qui me démontrent l'existence d'un Dieu invisible. » — Berkley, *Minute philosopher*, dialogue 4. c. 5.

timent profond de la « haute vénération que l'intelligence humaine doit avoir pour Dieu * ».

La terre, jusque du plus bas de ses fondemens, se joint aux chœurs des globes célestes qui roulent dans l'immensité de l'espace pour proclamer la gloire et chanter les louanges du Dieu qui les créa, du Dieu qui les conserve ; et la voix de la religion naturelle mêle ses harmonieux accords aux témoignages de la révélation, pour nous dire que l'univers a pris son origine dans la volonté d'une Intelligence unique, éternelle, et placée au dessus de toute intelligence, Seigneur tout-puissant et suprême Cause première de tout ce qui existe, — « le même hier, aujourd'hui et toujours », — « avant que les montagnes eussent été faites, avant que la Terre eût été formée, et tout l'Univers, Dieu de toute éternité et dans tous les siècles**. »

* Boyle.

** *Priusquam montes fierent, aut formaretur terra et orbis : a sæculo et usque in sæculum, tu es Deus.* — Ps. 89, v. 2. — Traduction de De Sacy.

NOTES SUPPLÉMENTAIRES.

Page 28. Depuis la publication de ma première édition, le révérend G. S. Faber a bien voulu me faire part de ses opinions relativement aux considérations que j'ai présentées dans mon second chapitre sur l'accord des découvertes géologiques avec les livres sacrés, et je suis heureux de pouvoir dire, ainsi qu'il a eu l'obligeance de m'y autoriser, que mes vues sur ce sujet lui ont paru pleinement d'accord avec une interprétation saine du texte hébreu de ces versets de la Genèse, qu'au premier abord, elles pourraient sembler contredire.

Cette opinion de M. Faber a d'ailleurs d'autant plus de valeur que pour l'adopter, il a dû en abandonner une autre qu'il avait émise dans son traité *On the three Dispensations* (1824), où il avait essayé de mettre les phénomènes géologiques d'accord avec le récit de Moïse, en supposant que chacun des jours demiurgiques représente une période de plusieurs milliers d'années.

Je dois dire à ce propos que j'ai été fort surpris de voir que l'on m'avait regardé à tort comme inclinant vers cette opinion que chaque jour de la création dont il est question dans le récit mosaïque représentait un intervalle de plusieurs milliers d'années. Dans mon second chapitre (page 15 et suivantes), j'ai dit que cette opinion, qui a été celle de théologiens et de géologues fort savans, n'est pas complètement d'accord avec les faits, et je me suis déclaré ouvertement pour l'hypothèse qui suppose qu'un intervalle de temps indéfini s'est écoulé entre la création de la matière qui compose l'univers et la création de l'espèce humaine. En plaçant, comme on le fait dans cette manière de voir, le *commencement* à une distance indéfinie avant le premier des six jours décrits dans le récit que nous fait Moïse de la création, je ne vois plus aucune raison de supposer à aucun de ces jours une durée plus longue que celle d'un de nos jours ordinaires ; et je pense qu'il s'est écoulé un intervalle suffisant pour l'accomplissement de tous les phénomènes géologiques, depuis la création première de l'univers qui est mentionnée dans le premier verset de la Genèse, jusqu'à cette autre création dernière, dont l'historique se trouve dans le troisième verset et les suivans, et qui avait surtout pour objet de mettre le globe en état de devenir la demeure de l'homme. Nous avons vu (page 20), dans la note du docteur Pusey que l'idée d'un pareil *premier acte de création* avait été admise par plusieurs des pères de l'église, ainsi que par Luther.

Page 36. Le professeur Kersten a trouvé des cristaux de feldspath prismatique bien distinct sur les parois d'un fourneau dans lequel on avait fondu du schiste cuivreux et des minerais de cuivre. Parmi ces cristaux de formation pyrochimique, il s'en trouvait de simples, et d'autres qui étaient réunis deux par deux; ils étaient composés de silice, d'alumine et de potasse. Cette découverte est fort importante pour la géologie, à cause de l'appui qu'elle offre à la théorie de l'origine ignée des roches cristallines, dans lesquelles le feldspath joue d'ordinaire un rôle très important. Tous les essais que l'on a faits pour produire artificiellement de semblables cristaux de feldspath ont été jusqu'ici sans résultat. — Voyez les *Annales de Poggendorf*, n° 22, 1834, et l'*Edinb. New Phil. journ.* de Jameson.

Le professeur Mitscherlich a également réussi à produire synthétiquement par la chaleur des cristaux artificiels de mica. Ce résultat ne peut s'obtenir que très difficilement, et seulement en faisant passer, avec une grande lenteur, de l'état fluide à l'état solide, les ingrédiens qui entrent dans la composition des cristaux, comme l'on suppose qu'ils ont dû se refroidir avec une lenteur excessive dans la formation du granite et des autres roches primitives où le mica entre dans une grande proportiou. Quant aux roches trapéennes, d'une formation ignée plus récente, où le mica est rare, tandis que les cristaux de pyroxène s'y trouvent en abondance, il est probable qu'elles ont subi un refroidissement beaucoup plus rapide que les roches de la série granitique, et M. Mitscherlich a formé des cristaux de pyroxène synthétiquement à l'aide de leurs élémens mis en fusion, et refroidis avec beaucoup plus de rapidité que dans la production artificielle du mica.

Les expériences qu'a faites sir James Hall en 1798, sur le whinstone et sur la lave, ont signalé pour la première fois l'influence d'un refroidissement lent et graduel sur la production de corps de cette espèce à l'état cristallin. De semblables expériences ont été faites sur une plus grande échelle par M. Grégory Watt, en 1804. Les expériences de sir James Hall sur la production artificielle du calcaire et du marbre cristallin datent de 1805.

M. Whewell, dans son rapport sur la minéralogie fait devant l'association britannique, à Oxford en 1832, cite les observations du docteur Wollaston et du professeur Miller sur des cristaux de titanium et d'olivine trouvés dans les scories de fourneaux de fer, et les expériences de Mitscherlich et de Berthier sur des cristaux artificiels pareils à ceux que l'on trouve dans la nature, et qu'ils ont obtenus dans des fourneaux par une synthèse directe, en se guidant sur la théorie atomique. Quant à la production des cristaux par voie humide, nous renvoyons aux observations et aux expériences sur des sels artificiels, de Brooke, de Haidenger et de Beudant, et aux expériences de Haldat, de Becquerel, et de Repetti.

Dans la réunion de l'association britannique à Bristol en août 1856, M. Crosse a communiqué les résultats de ses expériences sur la production artificielle des cristaux sous l'influence de l'action galvanique faible, mais long-temps continuée, de batteries mises en action par de l'eau pure, sur les élémens de plusieurs corps cristallisés qui font partie du règne minéral; il a obtenu ainsi des cristaux artificiels de quarz, d'arragonite, de carbonate de chaux, de plomb ou de cuivre, et plus de vingt autres minéraux artificiels. Un de ses cristaux de quarz, d'une forme parfaitement régulière, avait 5/16 de pouce en longueur et 1/16 en diamètre; il rayait facilement le verre, et M. Crosse l'avait obtenu en exposant de l'acide fluosilicique à l'action électrique d'une batterie d'eau, depuis le 8 mars jusqu'aux derniers jours de juin 1856.

Page 57. Dans notre note relative aux coquilles d'eau douce des étages supérieurs de la grande formation houillère, nous avons omis de mentionner une découverte importante de M. Murchison (1851-1852), qui a fait connaître une bande calcaire remplie d'animaux d'eau douce, tels que des paludines, des cyclas et des coquilles planorboïdes microscopiques : cette bande, interposée entre les couches supérieures du terrain houiller, s'étend depuis les collines de Breiddin, au nord-ouest de Shrewsbury, jusqu'au bord de la Severne, près de Bridgorth, sur une longueur d'environ trente milles; et il a constaté que les couches de houille qui contiennent ce calcaire *lacustre* passent d'une manière conforme dans la région inférieure du nouveau grès rouge des comtés du centre. Voyez les bulletins de la société géologique, t. 1, p. 472. Les localités principales où se trouve ce calcaire du Shropshire sont Pontesbury, Uffington, Le Botwood et Tasley.

On a reconnu dernièrement à Ardwick, près de Manchester, des lits de calcaire, ayant une position géologique toute semblable, et contenant les mêmes débris organiques, dont quelques uns appartiennent au dépôt bien connu de Burdie House, près d'Edimbourg; le professeur Phillips a fait voir que ces lits étaient les mêmes que ceux du Shropshire (*Association britannique pour l'avancement des sciences*, 1856); et M. Williamson les a également décrits dans le *Phil. mag.*, octobre, 1856.

Page 66. La houille de Buckeberg, dans le duché de Nassau, à propos de laquelle les opinions ont été partagées, quelques auteurs la rapportant au sable vert, et d'autres à la série oolitique, a été déterminée par le professeur Hoffmann comme faisant partie de la formation wealdienne d'eau douce.

Voyez les *Versteinerungen des Norddeutschen Oolithen Gebirges*, de Rœmer, Hanovre, 1836.

P. 77. On a reçu dernièrement de l'Inde une notice sur la découverte d'un ruminant fossile inconnu et très curieux, presque aussi grand qu'un éléphant, et rattachant entre eux d'une manière remarquable les deux ordres des pachydermes et des ruminans. Le docteur Falconer et le capitaine Cautley ont publié une description détaillée de cet animal, qu'ils ont désigné sous le nom de Sivatherium, pour rappeler la chaîne sivalique ou sous-hymmalayenne dans laquelle il a été trouvé, entre le Jumna et le Gange. Sa taille excède celle des plus grands rhinocéros. On en a trouvé une tête presque entière. Le front est remarquablement large, et supporte les noyaux osseux de deux cornes courtes, épaisses et droites, dans une position semblable à celle de l'antilope à quatre cornes de l'Indostan. Les os nasaux sont développés à un degré sans exemple parmi les ruminans, et ils surpassent même sous ce rapport ceux du rhinocéros, du tapir et du palœotherium, les seuls herbivores qui offrent une semblable particularité d'organisation. Il est donc hors de doute que le sivatherium était doué d'une trompe, et que cet organe était intermédiaire entre la trompe du tapir et celle de l'éléphant. Sa mâchoire est double en grandeur de celle d'un buffle, et plus grande que celle d'un rhinocéros. On trouve les débris du sivatherium en compagnie de ceux de l'éléphant, du mastodonte, du rhinocéros, de l'hippopotame, de plusieurs ruminans et d'autres animaux.

Nous avons vu (page 77) qu'il y a plus de distance entre les genres actuels de pachydermes qu'entre ceux d'aucun autre ordre de mammifères, et que plusieurs des lacunes qui existaient dans la série de ces mammifères, telle qu'elle est composée à l'époque où nous vivons, se trouvent remplies par les genres et les espèces éteintes que l'on a rencontrés dans les couches de la série tertiaire. Le sivatherium est un important anneau de plus dans cette chaîne de genres éteints à caractères intermédiaires. Déjà nous avons fait sentir (page 100) toute la valeur que donnent à ces sortes d'anneaux les argumens qu'ils fournissent à la théologie naturelle.

P. 80. L'histoire des débris organiques du système miocène des dépôts tertiaires vient d'être éclairée d'une lumière nouvelle par les découvertes qui ont été faites dans des couches de cette formation du midi de la France, à peu de distance du pied des Pyrénées. M. Lartet a présenté un mémoire à l'Académie des sciences de Paris, le 16 janvier 1837, sur un nombre prodigieux d'ossemens fossiles qui ont été trouvés depuis peu dans la formation tertiaire d'eau douce de Simorre, de Sansan et d'autres localités du département du Gers. Parmi ces débris se trouvent les os de plus de trente espèces qui peuvent être rapportées à presque tous les ordres de mammifères ; le plus remarquable est une mâchoire de

I.34

singe qui est le premier exemple que l'on ait encore trouvé d'un fossile appartenant à l'ordre des quadrumanes : l'individu duquel provient cette mâchoire était probablement haut d'environ 30 pouces.

Nous allons donner la liste des genres auxquels appartiennent ces débris fossiles.

QUADRUMANES. — *Singe*, une espèce.

PACHYDERMES. — *Dinotherium*, deux espèces. — *Mastodonte*, cinq espèces. — *Rhinocéros*, trois espèces. — Un animal nouveau voisin de ce même genre.—*Palæotherium*, une espèce.—*Anoplotherium*, une espèce. — Une espèce éteinte voisine des *Anthracotherium*. — Une espèce éteinte voisine des *Cochons*.

CARNIVORES. — *Chien*, une espèce. — *Genre nouveau*, intermédiaire entre le chien et le raton, une grande espèce. — *Chat*, une grande espèce. — Une espèce voisine du genre *Genette*.—Une espèce voisine des *Coatis*, grande comme un ours blanc.

RONGEURS. — *Lièvre*, une petite espèce. — Plusieurs autres petites espèces encore indéterminées.

RUMINANS. — *Bœuf*, une espèce. — *Antilope*, une espèce. — *Cerf*, plusieurs espèces.

EDENTÉS. — Une grande espèce inconnue.

M. de Blainville, qui est sur le point de publier un rapport sur ces débris, établit leur importance relativement à la géologie fossile de la France, par ce fait que, dans une seule localité qui fut anciennement un bassin où se rendaient en abondance des eaux d'alluvion, se trouvent réunis en un mélange confus, au sein d'une formation tertiaire d'eau douce, des os dispersés et des fragmens brisés de squelettes de la plupart des quadrupèdes fossiles que l'on a rencontrés disséminés dans l'étendue des couches tertiaires du reste de la France, et faisant partie de genres qui représentent presque tous les ordres de mammifères. — *Comptes rendus*, n° 3, 16 *janvier* 1837. — Ces débris paraissent être du même âge que ceux d'Epplesheim.

Page 93. L'auteur de cet ouvrage a vu en septembre 1835, à Liège, la collection très nombreuse des fossiles que M. Schmerling a recueillis dans les cavernes des environs, et il a visité quelques unes de ces cavernes. Beaucoup de ces os paraissent avoir été apportés là par des hyènes, comme ceux de la caverne de Kirkdale ; et ils portent des traces évidentes des dents de ces animaux. D'autres, et en particulier les ossemens d'ours, ne sont ni brisés ni rongés ; mais ils ont été probablement réunis sur ce point de la même façon que les ossemens d'ours de la caverne de Gailenreuth, par suite de l'habitude où étaient ces animaux de se retirer aux approches de leur mort dans les retraites que leur offraient ces cavernes. Quelques ossemens ont dû y être introduits par l'action des eaux.

Les débris humains qui se rencontrent dans ces cavernes sont dans un état de décomposition moins avancée que ceux des diverses espèces d'animaux éteints. On y trouve en même temps des couteaux de pierre et d'autres instrumens grossiers de pierre et d'os, qu'y ont probablement laissés des tribus sauvages qui habitaient de semblables creux de rochers. Quelques uns de ces ossemens humains peuvent provenir aussi d'individus qui y ont été ensevelis à des époques plus récentes ; ces retraites ont dû être choisies comme sépultures. M. Schmerling, dans ses *Recherches sur les ossemens fossiles des cavernes de Liége*, émet l'opinion que les débris humains sont contemporains des débris de quadrupèdes d'espèces éteintes avec lesquels on les trouve ; mais, après avoir examiné attentivement sa collection, nous sommes d'un avis entièrement opposé.

Page 117. Nous avons représenté le Dinotherium comme le plus grand des mammifères terrestres, et comme offrant dans la mâchoire inférieure, et dans les défenses dont elle est armée, une disposition extraordinaire en rapport avec les habitudes de quelque gigantesque quadrupède herbivore, habitant des eaux. On a trouvé dans l'automne de 1836 une tête entière de cet animal à Epplesheim, longue d'environ quatre pieds, et large de trois. Le professeur Kaup et le docteur Klipstein en ont récemment publié une description et des figures (pl. 2', fig. 2) ; ils font voir que la forme et les dispositions remarquables de la partie postérieure du crâne prouvent qu'à cette partie étaient fixés des muscles d'une puissance extraordinaire, propres à imprimer à la tête les mouvemens nécessaires pour l'emploi des défenses à fouiller et à déchirer la terre. Ces auteurs font aussi observer que les conjectures que j'ai établies relativement aux habitudes aquatiques de cet animal sont confirmées par les rapports de forme qui existent entre l'occipital de la tête qu'ils décrivent et le même os de la tête des cétacés ; le dinotherium par cette partie de son organisation rattache les cétacés aux pachydermes. On a rencontré à Epplesheim plus de trente espèces fossiles de mammifères.

Page 143. M. C. Darwin a déposé dans le Musée du Collége royal des chirurgiens, à Londres, une série fort intéressante d'os fossiles de mammifères éteints trouvés par lui dans l'Amérique du sud. D'après les communications que m'a faites M. Owen, il s'y trouve deux, peutêtre même trois espèces distinctes d'édentés, d'une taille intermédiaire entre les mégathérium et la plus grande espèce vivante de tatous, le *dasypus gigas* ; toutes sont protégées de la même manière par une cuirasse de tubercules osseux et elles établissent un passage plus direct entre le mégathérium et les tatous actuels qu'entre ce même animal et les paresseux. Un fossile plus intéressant encore c'est le crâne d'un quadrupède se rapprochant de l'hippopotame par ses dimensions, mais offrant en même temps la dentition d'un rongeur ; et une particularité que nous devons remarquer ici, c'est que la plus grande espèce vivante de cet ordre, le capybara, est propre à l'Amérique du sud. M. Darwin a également recueilli des fragmens d'un petit rongeur très voisin de l'agouti, et des restes d'un quadrupède ongulé de la taille du chameau, qui établit un passage entre le groupe anormal de ruminans dont les chameaux et les lamas font partie, et l'ordre des pachydermes.

Page 172. Dans l'été de 1836, M. Murchison a découvert à Ludlow, dans les roches de schistes sableux qui constituent les étages supérieurs du système silurien, un lit très curieux presque entièrement composé d'os brisés, de dents et d'écailles de poissons mêlés de nombreux petits coprolites. Toutes ces circonstances des débris organiques qui composent ce lit le font ressembler à la couche désignée sous le nom de *lit osseux* (*bone bed*), située à la partie inférieure du lias sur les bords de la Severn, près de Aust-Passage et près de Watchet; on trouve en effet dans cette dernière couche des os, des dents et des coprolites provenant de poissons, mêlés avec des os de reptiles réduits en fragmens. Ce lit osseux de Ludlow est le premier exemple qu'on ait encore signalé jusqu'ici de débris prouvant que les poissons existaient en abondance à cette époque reculée de la série de transition où se sont déposées les couches supérieures du système silurien.

Nous avions déjà signalé dans une note, à la page 240, la présence dans le système carbonifère de dents, d'écailles, d'os et de coprolites appartenant à la classe des poissons.

Page 182. M. le docteur Milne Edwards a récemment combattu l'opinion qui explique les changemens de la peau des caméléons par des différences dans l'intensité de leurs inspirations; et il a fait voir que ces changemens sont dus à des modifications qui ont lieu dans la disposition de couches de pigmens membraneux diversement colorés, superposées les unes aux autres, au dessous de l'épiderme, et pouvant se modifier à ce point que l'une peut être entièrement cachée par l'autre. Cette opinion détruit les conjectures qu'a émises Cuvier en attribuant au plésiosaure la faculté de faire varier la couleur de sa peau comme conséquence de la ressemblance qu'offrent ses côtes, quant à leur structure, avec celles du caméléon.

Voyez *Penny cyclopædia*, t. VI, page 474 et suivantes, et les Annales des sciences naturelles (1re série, t. 1).

Page 187. Voici un fait qui fera voir de quelle exquise délicatesse peut jouir la main humaine. Je tiens de M. James Gardener, de Regent Street, à Londres, qu'il peut avec sa main seule, guidée seulement par le sens du toucher, tracer, les yeux fermés, des lignes parallèles, dont la distance, mesurée au micromètre, se trouve être exac-

tement de $\frac{1}{2550}$ de pouce. A l'œil nu, il ne peut pas voir distinctement des lignes plus rapprochées que de $\frac{1}{320}$ de pouce; dans ce
cas, le sens du toucher surpasse donc en finesse le sens de la vue dans
le rapport de 8 à 1. M. Gardener peut également tracer un cercle ou une
ellipse parfaite, sans le secours d'aucun instrument, et en faisant
tourner sa main auteur de son poignet comme autour d'un centre.

Page 260. « Les *sens* des conchifères doivent être fort obscurs, et nous
n'avons aucun motif de penser que la généralité de ces êtres possède
quelque chose de plus que le toucher et le goût. Cependant il est possible que la plupart aient la conscience de la présence ou de l'absence de
la lumière. — « Dépourvues d'organes spéciaux pour la vue, l'odorat ou
» l'ouïe, dit sir Antony Carlisle, à propos de l'huître commune, dans son
» *Hunterian oration* (1826), ces créatures sont réduites à la perception
» des impressions que leur transmet le contact immédiat des corps;
» cependant il paraîtrait que tous les points de leur enveloppe seraient
» sensibles à la lumière, aux sons, aux odeurs et à l'action des liquides
» stimulans. Des pêcheurs assurent que l'on voit les huîtres dans les parcs,
» lorsque l'eau est claire, fermer leur coquille toutes les fois que l'ombre
» d'un bateau passe au dessus d'elles. »

» M. Deshayes va jusqu'à dire qu'on ne peut découvrir chez ces animaux aucun organe particulier pour les sens, si ce n'est peut-être ceux
du toucher et du goût; mais nous ne devons pas oublier de citer ici les
organes qui ont été désignés sous le nom de taches oculaires dans le
pecten auquel a été appliqué par Poli le nom d'*argus*, à cause du grand
nombre de ces organes. Les pectens nagent librement, et leurs mouvemens rapides et volages sont cause que nous les avons entendu nommer
les papillons de l'Océan. La manière dont ces mouvemens s'exécutent,
surtout à l'approche d'un danger, indique l'existence d'un sens au moins
analogue à celui de la vision ordinaire. On voit les taches oculaires des
peignes placées à peu de distance les unes des autres tout le long du
bord épaissi du manteau, comme sur les limites extrêmes de l'économie
de l'animal. *Telle locomotion, telle vision*, est un aphorisme général
qui n'est pas sans quelques exceptions, et il y a des raisons de penser
que le spondyle, qui est fixé à l'état adulte, possède néanmoins de ces
taches oculaires. (*Penny cyclopœdia*, t. VII, p. 432 et suiv., art. *Con-
chifera*.) — Ehrenberg a décrit les yeux de la *medusa aurita* comme
ayant la forme de petits points rouges sur la circonférence du disque. Il
a fait connaître aussi l'existence de petites taches oculaires rouges à l'extrémité des rayons de l'astérie. »

Page 287. On désigne sous le nom de *pesanteur spécifique* d'un corps
le rapport de son poids au poids d'un autre corps sous des volumes égaux;
d'où il résulte que si un corps, qui occupe dans l'eau un espace donné,
peut être réduit à un volume moindre, son poids absolu demeurant le

même, il deviendra d'une pesanteur spécifique plus grande. Supposons que le poids absolu du corps du nautile, de même que celui du fluide péricardial qu'il contient, soit égal à celui d'un même volume d'eau; l'animal, quand il sera plongé, déplacera toujours un volume d'eau précisément égal au sien. La présence du fluide péricardial à l'intérieur du corps (c'est-à-dire dans le péricarde), ou son expulsion du corps dans la coquille, ne changera rien à la pesanteur spécifique du corps lui-même, parce que le *volume du corps variera* suivant que le péricarde sera vide ou distendu par le fluide. Mais comme le *volume de la coquille demeure* constamment *le même*, tandis que la quantité de matière qu'elle contient *varie* suivant que le fluide péricardial remplit ou abandonne le siphon, sa pesanteur *varie* de la même manière; elle s'accroît quand le fluide pénètre dans le siphon en comprimant l'air des chambres intérieures, elle diminue au contraire quand ce fluide rentre du siphon dans le corps.

Quand l'animal, se préparant à flotter, sort de sa coquille, et que le fluide péricardial rentrant du siphon dans le péricarde, force le corps à s'agrandir par la distension de ce sac, le poids absolu de l'ensemble du corps et de la coquille demeure le même; mais la pesanteur spécifique est diminuée par l'accroissement de volume du corps, et l'animal peut flotter. Lorsqu'au contraire le nautile se prépare à plonger, il se retire dans sa coquille, et, en comprimant le sac péricardial, il force le liquide qui y est contenu à pénétrer dans le siphon; le volume du corps diminue donc, par suite de l'affaissement du sac, d'une quantité égale à la différence qu'il y a entre l'espace qu'occupe le sac distendu et celui qu'occupe le même sac dans son état de contraction; l'ensemble devient spécifiquement plus pesant, et l'animal plonge.

Dans le but de simplifier le problème, nous avons supposé, pour le fluide péricardial et pour le corps de l'animal, des pesanteurs spécifiques égales à celle de l'eau. Si, comme le dit M. Owen, le fluide péricardial est plus dense que l'eau, son passage dans le siphon sera d'un effet plus considérable pour faire plonger la coquille, par la raison qu'un volume de fluide plus pesant qu'un égal volume d'eau s'ajoutera dans la coquille sans en accroître le volume; mais lorsque ce même fluide vient à rentrer dans le corps, la pesanteur spécifique de ce dernier ne s'augmente que de la *différence* qu'il y a entre la pesanteur spécifique de ce fluide et celle de l'eau; mais cet accroissement est plus que contrebalancé par la *diminution de pesanteur spécifique* qui résulte pour le corps de l'expansion des tentacules rétractiles, et par conséquent de leur accroissement en volume. Ces mêmes tentacules, quand l'animal rentre dans sa coquille, se contractent en un volume moindre, et accroissent par conséquent la tendance de la coquille à descendre.

Dans les ludions, dont nous avons déjà parlé, et dans tout l'ensemble de l'appareil dont ils font partie, le bocal et la membrane qui le recouvre jouent le même rôle que le péricarde dans le nautile; l'eau du bocal représente le fluide péricardial. Si une petite vessie était placée au col du ballon qui les surmonte, et suspendue à l'intérieur de la cavié comme un siphon artificiel, la vessie, remplie d'eau, représenterait le siphon du nautile distendu par le fluide péricardial, et l'air comprimé dans l'intérieur du ballon représenterait celui de l'intérieur des chambres aériennes.

La différence qu'il y a entre ces deux appareils, c'est que, dans le nautile, le péricarde entier est une membrane flexible, et que la presque totalité du fluide péricardial peut être chassée dans le siphon, tandis que dans le ludion, *la membrane seule* qui recouvre le bocal est extensible et qu'une petite partie seulement de l'eau du bocal peut être chassée dans le ballon.

C'est donc le même principe qui cause un changement dans la pesanteur spécifique, en faisant varier la quantité de matière contenue soit dans la coquille, soit dans le ballon, sans que leur volume respectif en soit modifié.

Page 288. Les tentacules, qui, lorsqu'ils sont épanouis autour de la tête, retarderaient tous les mouvemens *de progression* de l'animal, peuvent suivre le corps et la coquille dans des mouvemens *rétrogrades*, sans y opposer aucun obstacle matériel. De même aussi la portion de la coquille qui se trouve à l'avant dans tous les mouvemens rétrogrades qu'exécute l'animal, soit pour monter ou descendre, soit pour flotter à la surface des eaux, est précisément celle qui éprouve le moins de résistance de la part du fluide dans lequel elle se meut, en même temps que cette portion de la face dorsale de l'animal est celle qui oppose le plus de résistance aux chocs qu'elle peut recevoir de la part des autres corps, soit pendant qu'elle flotte à la surface, soit lorsqu'elle tombe au fond de la mer.

Page 290. M. Owen fait observer que le capuchon ou disque musculaire aplati du *nautilus pompilius* semble disposé pour être le principal organe de locomotion de l'animal lorsqu'il rampe au fond des eaux; et que, dans la position renversée du mollusque, cet organe offre une grande ressemblance avec le pied d'un gastéropode. A l'état de repos ou de rétraction, il peut remplir les fonctions d'un opercule, et défendre l'entrée de la coquille. (Voyez Owen, *On the Pearly nautilus*, page 12.) L'animal pouvait aussi s'aider de ses nombreux tentacules, soit dans ses mouvemens de progression, soit pour se fixer au fond.

Page 291. Dans le cas d'animaux qui auraient un siphon et une coquille chambrée, mais point de fluide péricardial dont ils pussent remplir leur siphon, l'accroissement et la diminution de la pesanteur spécifique pourraient s'expliquer par l'admission dans le siphon, et l'expulsion alternative de tout autre liquide sécrété, ou même de l'eau dans laquelle flotte la coquille. Peut-être découvrira-t-on par la suite, dans quelques uns de ces genres, certaines modifications organiques destinées à vider et à remplir le siphon, par tout autre moyen que par l'action du péricarde, et peut-être même avec de l'eau prise dans la cavité branchiale. Mais comme nous savons que le nautile flambé possède dans son fluide péricardial et dans son siphon un appareil qui suffit à produire ces modifications dans sa pesanteur spécifique , et comme nous rencontrons dans les ammonites, et dans plusieurs autres familles éteintes de coquilles chambrées, un siphon et des chambres aériennes toutes semblables à ceux du nautile, nous sommes autorisés à conclure par analogie que ces mécanismes, si semblables à ceux du nautile, qui ont échappé à la destruction, étaient en rapport avec des parties molles et périssables qui correspondaient à l'appareil péricardial du nautile actuel.

Il est d'ailleurs de peu d'importance, pour la théorie statique que j'ai proposée relativement au siphon, que le fluide alternativement admis et rejeté provienne du péricarde ou de toute autre cavité intérieure du corps, ou même de la mer; seulement on a déjà constaté l'existence d'un mécanisme à l'aide duquel, dans le premier cas, s'effectuent les mouvemens du fluide péricardial, ainsi que cela a lieu dans le nautile flambé; tandis que si le second cas existait, il nous resterait à découvrir par quel mécanisme s'effectue l'admission du fluide à l'intérieur du siphon, et l'expulsion qui a lieu ensuite.

Dans le cas où il existe un siphon enveloppé dans toute son étendue par une coquille rigide et inflexible, comme cela a lieu dans le *nautilus sipho*, l'élasticité de l'air intérieur des chambres ne peut aider la force musculaire du siphon dans la fonction de régler l'action d'un fluide quelconque à l'intérieur de ce tube; et si l'hypothèse que nous avons proposée dans la note de la page 514, en parlant de cette espèce, ne lui est pas en effet applicable, non plus qu'à toutes celles qui offrent une même modification de l'appareil siphonal, la manière dont s'opéreraient les mouvemens alternatifs du liquide qui remplit cet organe nous serait encore complètement inconnue.

Dans le cas d'un fourreau articulé tel que celui de la planche 52, fig. 5, *d*, *e*, *f*, et de la pl. 53, chacun des articles calcaires (*e*), formé par une coquille rigide, pouvait bien s'articuler avec le collier de la cloison transversale adjacente, de façon à constituer une enveloppe mobile ou valve, laquelle, étant tirée par son bord supérieur vers l'extérieur du collier *h*, aurait laissé un passage entre son bord extérieur et l'intérieur du collier sous-jacent; et à travers ce passage l'air eût pu passer de la chambre aérienne contiguë dans l'intervalle compris entre le fourreau calcaire et le siphon membraneux, toutes les fois que ce dernier aurait dû être vidé du liquide péricardial qui y était contenu, et rentrer dans la chambre aérienne, lorsque ce fluide aurait pénétré dans le siphon, en même temps que le bord inférieur des valves serait retombé dans l'ouverture pratiquée pour les recevoir à l'intérieur du collier inférieur (*i*).

Peut-être dans la spirule et dans les autres animaux dont le corps ne se loge pas à l'intérieur de leur coquille, les chambres aériennes n'ont-elles pas d'autre fonction que de contrebalancer le poids du corps, et de permettre à l'animal de flotter au sein des eaux ; et il serait possible que dans ce cas le siphon n'eût pas d'autres usages que de conduire jusqu'à l'extrémité de la coquille et de distribuer à l'intérieur de chaque chambre aérienne les vaisseaux nécessaires pour conserver à la coquille et à ses cloisons transversales leur vitalité. Le mécanisme pour l'ascension et la descente, que nous avons décrit à propos du nautile, ne s'appliquerait plus dans un cas semblable, et les mouvemens n'y seraient probablement plus produits que par une action musculaire directe.

Page 387. La répétition fréquente des mêmes parties dans un animal est l'indice d'un rang peu élevé et d'une imperfection relative de l'organisation. Le nombre des os dans le corps humain est de 242 ; et celui des muscles est de 252 paires. — South, *Dissector's Manual.*

Page 561, ligne 15. M. Murchison, dans son excellent mémoire sur un renard fossile trouvé dans la formation tertiaire d'eau douce d'OEningen, près de Constance, a donné une liste de plusieurs genres d'insectes fossiles, en même temps que de crustacés, de poissons, de reptiles, d'oiseaux et de mammifères trouvés dans la marne schisteuse et dans le calcaire de ces carrières intéressantes. — Voyez les *Transactions géologiques* de Londres, nouv. série, t. III, p. 277.

Page 561. *Note.* La collection d'insectes fossiles d'Aix, qui a été décrite dans le mémoire dont il s'agit, a été faite par M. Lyell et par M. Murchison. Il est fait mention dans le même mémoire de la conservation de la pubescence de la tête d'un diptère. — Voyez l'*Edinb. New Phil. Journal*, octobre 1829, p. 204, pl. 6, fig. 12.

Page 391. Dans la note qui se trouvait à la fin de ma première édition, j'ai fait mention de la découverte qu'a faite Ehrenberg de débris d'infusoires fossiles convertis en silex, dans le tripoli, ou schiste à polir (*Polierschiefer* de Werner) de Bilin, en Bohême, et de quatre autres localités, ainsi que de la rencontre qu'il a faite de semblables débris dans le minerai de fer limoneux de certains marais. Je puis maintenant extraire de nouveaux renseignemens du mémoire qu'il a présenté sur ce sujet à l'Académie royale de Berlin en juin et juillet 1836, et qui a été traduit dans les mémoires scientifiques de Taylor en février 1837.

Il est dit dans ce mémoire que les sources minérales de Carlsbad contiennent des infusoires vivans appartenant aux mêmes espèces que l'on rencontre dans l'eau de la mer, près du Havre, en France, et près de

Wismar, sur la Baltique ; et qu'une espèce de pâte siliceuse, que l'on désigne sous le nom de silex farineux (*kieselguhr*) et qui se rencontre en petites masses de la grosseur du poing et de la tête d'un homme, dans une tourbière, à Franzenbad, près d'Eger, se compose presque entièrement des étuis siliceux d'une espèce de navicule, la *navicule verte*, qui vit maintenant dans l'eau douce aux environs de Berlin, et que l'on rencontre dans un grand nombre d'autres localités. Le *kieselguhr* de l'Ile-de-France est également presque entièrement formé par des débris d'infusoires, et il en est de même d'une substance que l'on désigne sous le nom de *bergmehl*, trouvée à San-Fiore, en Toscane. Neuf espèces actuellement existantes ont été reconnues dans le silex farineux de Franzenbad ; 5 dans celui de l'Ile-de-France ; 19 dans le silex farineux (*berghmel*) de San-Fiore ; 4 dans le tripoli de Bilin. Dans chacun de ces cas, ce sont pour la plupart les mêmes espèces qui vivent encore maintenant dans les eaux douces stagnantes ; quelques unes appartiennent aux eaux minérales salées, et un petit nombre se trouvent dans la mer. Le nombre total des espèces fossiles observées est de vingt-huit, dont quatorze se rapprochent des espèces d'infusoires qui vivent maintenant dans l'eau douce, et dont cinq rappellent les espèces marines. Les neuf autres appartiennent probablement à des espèces actuellement vivantes, mais qu'on n'a pas encore découvertes. Dans chacune de ces quatre localités, on observe qu'il y a une espèce de beaucoup prédominante relativement à toutes les autres, et il n'y a pas deux localités où ce soit la même espèce. Le tripoli de Bilin occupe une surface d'une grande étendue, probablement le fond de quelque ancien lac, et il y forme des couches schisteuses de quatorze pieds d'épaisseur composées presque entièrement par un amas de tests siliceux appartenant à l'espèce *Gaillonella distans*. Ces tests ont $\frac{1}{288}$ de ligne, le $\frac{1}{6}$ environ de l'épaisseur d'un cheveu, et à peu près le volume d'un globule de sang humain ; vingt-trois millions environ de ces animaux sont donc contenus dans une ligne cube de tripoli, et quarante-un milliards dans un pouce cube. Un pouce cube de tripoli pesant 220 grains, il faut donc 187 millions de ces animaux pour peser un grain ; ou, en d'autres termes, l'enveloppe siliceuse d'un seul de ces animalcules ne pèse qu'environ la cent quatre-vingt-sept millionième partie d'un grain. On a également trouvé des débris siliceux d'infusoires dans le tripoli de Planitz et de Cassel.

M. de Humboldt a récemment communiqué à l'académie des sciences de Paris (février 1837) une lettre du professeur Retzius de Stockholm, dans laquelle ce naturaliste fait savoir à M. Ehrenberg qu'une substance désignée sous le nom de silex farineux (*bergmehl*), que Berzelius a analysée et décrite en 1833, et qu'il a trouvée contenir de la silice, de la matière animale et de l'acide crénique, sert d'aliment en Laponie, dans des saisons de disette, mêlée à de la farine de blé et d'écorce, pour constituer une sorte de pain, ainsi que cela eut lieu en 1833 dans la commune de Degerfords. M. Retzius a reconnu dans ce silex farineux (*bergmehl*) dix-neuf espèces d'infusoires à test siliceux. Ce dépôt paraît être analogue au *kieselguhr* de Franzenbad. — *L'Institut*, 22 février 1837, n° 198.

M. Ehrenberg a fait connaître aussi qu'un ocre jaune d'une consistance molle, appelé *raseneisen* (*marshochre, meadowearth, limonite ochreuse, fer limoneux des marais*) que l'on rencontre en grande quantité dans certaines fontaines des marais des environs de Berlin, recouvrant le fond des fossés, ou remplissant les pas d'animaux, se compose en partie de fer sécrété par des animalcules infusoires du genre *Gaillonella*. On peut séparer ce fer des tests de ces animaux sans qu'ils cessent de conserver leur forme. Il a découvert de pareils débris ferrugineux et siliceux dans de semblables substances ocreuses provenant de l'Oural et de New-York, ainsi que dans une substance terreuse jaune qui se forme à la surface des eaux minérales des sources salées de Colberg et de Durrenberg. Cette substance s'emploie à Colberg comme ocre dans la peinture en bâtimens. Le fer sécrété par ces animalcules, et qui se trouve uni à leurs enveloppes siliceuses, constitue après leur mort un noyau qui attire d'autre fer dissous dans les eaux qu'habitent ces animaux.

Le professeur Ehrenberg annonce dans une autre communication que certaines portions dures et lourdes du tripoli de Bilin, désignées sous le nom de schiste happant (*saugschiefer*), sont encore des restes de gaillonelles cimentés et remplies par une matière siliceuse amorphe provenant de ces infusoires ; et que les nodules de silex résinite (*semiopal*) que l'on rencontre dans le même tripoli sont aussi composés de silice provenant de débris d'infusoires qui se sont dissous, et réunis en des concrétions siliceuses dans lesquelles se voient dispersés en grand nombre des tests d'infusoires en partie décomposés, et d'autres qui se sont conservés sans altération. M. Ehrenberg croit aussi avoir rencontré des traces de corps organisés microscopiques de forme sphérique, et dont quelques uns appartiennent peut-être au genre actuel *pixidicula*, dans le silex résinite de Champigny, de même que dans celui de la dolérite de Steinheim, près de Hanau, et de la serpentine de Kosemitz en Silésie, et dans l'opale noble du porphyre de Kaschau. Les bandes blanches et opaques qui se voient dans certains silex de la craie lui ont également offert des corps microscopiques, soit sphériques, soit en aiguilles, qu'il regarde comme étant d'origine organique. Ces corps sont surtout abondans dans la croûte siliceuse blanche dont les silex sont revêtus, et dans la silice pulvérulente que contiennent parfois leurs cavités; mais on n'en distingue pas dans la substance intérieure noire du nodule. L'existence actuelle d'infusoires marins rend probable qu'il existait aussi des animaux de cette classe dans les mers anciennes où se sont déposés les terrains stratifiés.

La faculté que possèdent certains infusoires vivans de sécréter de la silice et du fer range leurs débris fossiles siliceux et ferrugineux presque dans la même catégorie que les débris calcaires fossiles des foraminifères, des polypes et des crustacés.

Les espèces vivantes de ces animaux, que l'on commence maintenant à trouver en si grande abondance à l'état fossile, se partagent en deux classes et en six familles. Trois de ces familles ont un épiderme mou et sans enveloppe; et trois ont un épiderme siliceux qui constitue un test ou une cuirasse transparente. Cette cuirasse, dans le plus grand nombre des espèces, est formée de deux valves siliceuses; et, lorsqu'elle est univalve, elle a la forme d'une feuille à bords enroulés en dedans l'un vers l'autre. La moitié à peu près des genres d'Ehrenberg ont une cuirasse siliceuse, tandis que les autres n'ont qu'une enveloppe membraneuse.

Les espèces que l'on trouve à Carlsbad ne vivent pas dans la source thermale, mais on les trouve à une petite distance, recouvrant les pierres et le bois d'une substance verte visqueuse, ordinairement composée de millions de corps d'infusoires. Ces animalcules ne se voient jamais dans l'eau qui sort d'une source chaude, ni dans les eaux limpides d'une source froide, d'une rivière ou d'un puits.

Page 393. *Note.* M. Searles Wood a découvert cinquante espèces de foraminifères, dans le Crag inférieur du comté de Suffolk.

Lond. and. Edinb. Phil. Mag., août 1835, p. 86.

Page 454, ligne 19. M. Webster est le premier qui ait observé dans l'île de Portland l'intéressant phénomène d'un de ces lits de terreau noir, que l'on désigne sous le nom de *Dirt Bed* (couche de boue) avec les bois fossiles et les cailloux qu'il renferme et, suivant lui, c'est de ce lit seulement, et non de l'oolite de Portland que proviennent les arbres silicifiés que l'on trouve dans cette île. *Geol. Trans. Lond.* N. S. t. 2, p. 42. — D'après ce même savant, la série de Purbeck contient des couches d'origine d'*eau douce,* et se distingue ainsi de l'oolite de Portland où ne se voient que des coquilles *marines.* Dans le Mémoire qu'il a écrit sur ce sujet, il était indécis à l'égard de la limite rigoureuse qui sépare ces deux formations; mais il penchait à la placer dans le lit de silex (*chert*) (pl. 57, fig. 1), et cette opinion est celle qu'il professe maintenant. Il exprime dans ce même Mémoire la pensée que le *Dirt Bed* ne repose pas immédiatement sur une couche de formation marine (comme M. de La Bêche, et moi-même après lui, l'avions supposé par erreur; voyez les *Geol. Trans.* N. S. t. IV, page 15); mais que ces lits, que l'on désigne sous le nom de *Top Cap,* situés immédiatement au dessous du *Dirt Bed,* proviennent de l'eau douce. Au dessous de ce *Top Cap,* le professeur Henslow a découvert en 1832 deux autres nappes de terreau noir, très restreintes en surface et en épaisseur et situées l'une à cinq pieds, l'autre à sept pieds plus bas que le *Dirt Bed* (*Geol. Trans.* N. S. t. IV, p. 46) ; et le docteur Fitton a trouvé depuis, dans la plus récente des deux, des troncs de cycadites dans la même position que si ces plantes eussent crû sur ce point-là même (*Geol Trans.* N. S. t. IV, p. 219).

Page 458. Dans le courant de l'année dernière, M. Robert Brown a reconnu, en étudiant un *Cycadites microphyllus* de Portland, qu'il existe dans le tronc adulte de cette espèce des vaisseaux scalariformes dépourvus de disques;'et c'est un point qui la rapproche, me dit-il, de la section des cycadées américaines, bien que sous d'autres rapports elle offre une grande ressemblance avec les espèces africaines et australiennes. Le même savant observe encore que l'ordre des cycadées n'est représenté que par un seul genre en Amérique, savoir, les *zamia*, sur lesqnels ce genre a été originairement établi, et auxquels il vient tout récemment d'être restreint ; et que la ressemblance qui existe dans la structure des vaisseaux scalariformes du tronc entre ces zamia du Nouveau-Monde et les *cycadites* fossiles de l'Europe est une circonstance très remarquable.

Page 457. Depuis la publication de ma première édition, M. Bowerbank a eu l'obligeance de me faire la communication suivante relativement aux débris végétaux fossiles de l'argile de Londres. — « Ma collection de fruits fossiles de l'argile de Londres se compose de plus de 25000 échantillons ; déjà j'y ai déterminé plus de 500 espèces, et je ne doute pas qu'il ne m'en reste à déterminer encore plusieurs centaines. Feu M. Crow m'a dit avoir connaissance d'environ six à sept cents espèces. Aucun de ces fruits ne peut être rapporté avec certitude à quelque espèce récente, quoique plusieurs s'en rapprochent beaucoup ; les fruits de palmiers y sont abondans, et beaucoup d'autres se rapprochent, non seulement par leur forme extérieure, mais aussi quant à leur structure interne, du groupe bien connu des fruits capsulaires (*seed vessels*) de l'époque actuelle. Il en est qu'il m'a été impossible de rapporter à aucune forme connue. Les fruits de conifères y sont comparativement rares, bien que les débris de branches appartenant à cette famille s'y rencontrent assez fréquemment. Les palmiers présentent un fait également curieux ; on observe en effet rarement des tiges fossiles dont la structure soit analogue à celle de ces végétaux, tandis que l'on rencontre de nombreuses espèces de fruits appartenant à cette famille. La plus grande partie des bois fossiles de l'argile de Londres proviennent certainement de plantes dicotylédonées, et il en est de même de la plupart des fruits fossiles ; et la structure interne de ces bois et de ces fruits est dans le plus bel état de conservation. »

Page 485. A la réunion de l'association britannique à Bristol, en août 1836, M. R. W. Fox a mis sous les yeux de la section de géologie une expérience de laquelle il résulte que le cuivre pyriteux, ou chalkopyrite, ou bisulfure de cuivre, peut être converti en sulfure sous l'action d'un courant voltaïque faible. L'appareil qu'il emploie se compose d'une auge partagée en deux compartimens par une cloison d'argile humide ; dans l'un de ces compartimens il place une solution de sulfate de cuivre et une pièce de bisulfure jaune de cuivre , et dans l'autre une petite quantité d'eau renfermant un peu d'acide sulfurique , ou de l'eau seulement sans acide, dans laquelle est une pièce de zinc communiquant avec les pyrites cuivreuses de l'autre compartiment par l'intermédiaire d'un fil de cuivre.

Ainsi soumis à l'action voltaïque dans cet appareil simple, la surface du minerai de cuivre passe bientôt du jaune à une belle couleur irisée, puis à une couleur pourpre, et enfin, après quelques jours, à l'état de sulfure sur lequel le cuivre métallique se dépose en cristaux brillans. Si l'on continue l'expérience pendant quelques semaines, et qu'on y ajoute de temps en temps de nouveau sulfate de cuivre, le sulfure finit par former une croûte épaisse immédiatement au dessous des cristaux métalliques ; il est de couleur presque noire et un peu friable. Suivant M. Fox, l'oxide de cuivre de la solution cède une partie de son oxigène à une partie du soufre du bisulfure, et il se forme ainsi de l'acide sulfurique qui se porte à travers l'argile sur le zinc du second compartiment, tandis que le cuivre désoxidé se dépose sur le minerai cuivreux électro-négatif. Ce résultat semble expliquer pourquoi le cuivre métallique se trouve, dans les mines, en contact avec le sulfure de cuivre et avec un minerai noir de cuivre, mais jamais avec le bisulfure jaune de ce même métal, et aussi pourquoi le sulfure de cuivre se rencontre ordinairement dans les veines métalliques, plus près de la surface que le bisulfure jaune, y étant exposé à l'action de l'eau, et d'une substance ferrugineuse, telle que le *gossan* ou oxide de fer, que l'on trouve dans les régions supérieures des mines de cuivre du comté de Cornouailles. M. R. W. Fox a également rendu compte de ses expériences sur l'état électro-magnétique des veines métalliques, et il a fait voir qu'il y a découvert des preuves d'une action électrique indépendante de toute influence accidentelle. Il a même obtenu une action voltaïque très marquée en plongeant dans l'eau un morceau de sulfure et un autre de bisulfure jaune de cuivre ; de ces deux minéraux, le premier était électro-positif par rapport au dernier. Cette expérience fait voir que l'action voltaïque entre différens filons (*lodes*) métalliques, et même entre des parties différentes d'un même filon, doit être très intense. M. Fox avait été déterminé à entreprendre ses expériences électro-magnétiques sur les mines, par les analogies que lui avaient paru présenter certains filons métalliques avec des combinaisons voltaïques.

Dans une autre expérience, M. R. W. Fox a remplacé la pièce de zinc par du sulfure de cuivre dans l'un des compartimens, toutes les autres circonstances demeurant les mêmes; et au bout de quelques semaines, le bisulfure jaune de cuivre du compartiment opposé se trouva recouvert d'une couche mince de sulfure de ce métal. Ce savant a vu encore qu'il y avait un dégagement abondant d'hydrogène sulfuré, quand le bisulfure jaune de cuivre était plongé dans une dissolution de sulfate de zinc ou de fer, dans l'un des compartimens, et mis en communication par le moyen d'un fil conducteur avec une pièce de zinc placée avec de l'eau dans le compartiment opposé. Comme l'hydrogène sulfuré a la propriété de précipiter plusieurs métaux de leurs solutions sous forme de sulfures, cette expérience semblerait désigner ce gaz comme l'agent qui a pu produire une grande partie des sulfures métalliques. — Voyez une note du tome 2, qui termine l'explication de la pl. 67.

Dans une communication qu'il a faite depuis à la Société géologique de Londres (janvier 1857), voici ce que dit M. Fox : « Il me semble que j'aperçois chaque jour quelque nouvelle raison de croire que la tendance qu'offrent les filons métalliques à se diriger Est et Ouest peut être attribuée à l'influence magnétique du globe terrestre. Ces filons peuvent offrir dans quelques points du globe, par rapport à cette direction, des déviations considérables dépendantes peut-être de circonstances locales; mais leur tendance générale à se diriger dans le sens que nous venons de dire est tellement marquée, qu'elle ne laisse aucun doute relativement à l'influence d'une loi générale dont elle est une conséquence. Il est à remarquer que plusieurs grandes veines d'hœmatite, et d'autres variétés d'oxide de fer que l'on trouve dans le comté de Cornouailles, sont dans la direction Nord et Sud. Je ne saurais prononcer si ce sont là ou non des exceptions, mais c'est un fait curieux que cette coïncidence presque parfaite de la direction de veines décidément ferrugineuses avec le méridien magnétique moyen. »

M. Becquerel a fait récemment une application très importante de certains appareils électro-chimiques à la réduction immédiate des minerais d'argent, de plomb et de cuivre sans l'emploi du mercure, et il s'occupe maintenant de nouvelles recherches sur l'extraction des métaux de leurs minerais respectifs. — *L'Institut*, 21 mars 1856 ; *Phil. Magaz.* février 1837.

M. Wheastone expose de la manière suivante les résultats pratiques de ces recherches, dans une lettre que j'ai reçue de lui à ce sujet.

« L'importance des intéressantes expériences de M. Fox résulte de l'exacte analogie qu'elles offrent avec les circonstances dans lesquelles sont maintenant placés les filons minéraux. Les longues recherches de M. Becquerel sur l'action permanente des courans faibles dans la production des combinaisons et des décompositions chimiques, sont d'une plus haute importance encore. On a rendu un compte détaillé de ces intéressantes expériences dans la troisième partie des Mémoires scientifiques de Taylor, et elles méritent toute l'attention des géologues désireux de pénétrer dans le·mystères des formations minérales. Ces investigations ne sont pas d'ailleurs sans intérêt pour la pratique. M. Becquerel a découvert tout récemment un procédé à l'aide duquel il sépare les métaux précieux de leurs minerais, et les obtient dans un état de pureté parfaite sans le secours du mercure, et je crois que ce procédé est actuellement en usage dans quelques mines de la France. L'appareil électro-chimique qui produit ces résultats se compose simplement de fer, d'une dissolution de sel marin, et du minerai convenablement préparé. Ainsi cet agent puissant, que la nature seule jusqu'ici avait su employer dans ses vastes laboratoires, va donc être enfin soumis au commandement de l'homme, et il n'est pas besoin d'avoir la voix d'un prophète pour prédire qu'avant peu la pile voltaïque accomplira dans les applications de la chimie la même grande révolution qu'a déjà produite la machine à vapeur dans les arts mécaniques. »

APPENDICE.

P. 64, ligne 10. Je tiens de M. Pentland que l'on a découvert tout récemment, dans le calcaire éocène d'eau douce de l'Auvergne, la tête d'une espèce de dasyure aussi grande que le *D. Cynocephalus* (*Thylacinus Harrisii*) de la terre de Van Diemen, et très rapprochée de cette dernière espèce. Le thylacine est le plus grand des marsupiaux carnivores; il a la taille d'un loup, mais il est plus bas sur jambes; l'espèce ci-dessus est la seule vivante de ce genre, et on ne la rencontre qu'à la terre de Van Diemen.

Page 144, *en note*. Le lignite dysodyle (*Papier Kohle*) des environs de Bonn, qui appartient à la formation tertiaire, renferme des grenouilles, des têtards et des salamandres. (Voy. p. 449, *note*, et p. 452, *note*, ligne 11.) Il existe des couleuvres fossiles dans les couches d'eau douce de Clermont, en Auvergne.

Page 290. M. Voltz a fait voir dans une note lue à la Société d'histoire naturelle de Strasbourg, le 6 décembre 1836, que les fossiles problématiques connus sous les noms d'*aptychus* de *trigonellites*, etc., que l'on t·ouve quelquefois logés par paires dans la première chambre des ammonites, sont des opercules en rapport avec le pied, ou organe à l'aide duquel les animaux qui habitaient ces coquilles se mouvaient sur le fond de la mer. (*L'Institut*, 8 février 1837.) Le pied compacte et coriace du nautile perlé, figuré par M. Owen dans sa planche 5, figure 1 (voyez notre note supplémentaire, page 535), rappelle par sa forme les valves de quelques espèces d'*aptychus*, mais il est dépourvu d'appendices calcaires.

Page 413, note. M. Ad. Brongniart, dans les 11e et 12e livraisons de ses *Végétaux fossiles*, a présenté sur les sigillaires de nouvelles données importantes, à l'aide desquelles il établit les relations de ces plantes fossiles abondantes et curieuses de la formation houilière avec les fougères arborescentes, et qui justifient complètement la place qu'il leur avait originairement assignée dans la famille des fougères.

FIN DU PREMIER VOLUME.

ERRATA.

Page 4, ligne 27, *au lieu de* grès, *lisez* pierre de taille.

15, ligne 21, *après* ces animaux et ces végétaux , *ajoutez* d'espèces maintenant éteintes.

15, ligne 25, *après* des animaux, *ajoutez* les plus anciens.

26, ligne 27, *après* oiseaux , *ajoutez* et reptiles actuellement existans.

55, ligne 8, *au lieu de* ont été recueillis, *lisez* se sont accumulés.

87, ligne 1, *au lieu de* chacune de ces couches se trouve, *lisez* souvent ces couches se trouvent.

105, ligne 4, *au lieu de* de quelque grand fleuve, *lisez* des anciens fleuves.

107, ligne 5, *au lieu de* des cas, *lisez* des causes.

108, ligne 11, *au lieu de* du genre tetragonolepis, *lisez* le pycnodus rhombus.

109, ligne 17, *au lieu de* de l'ardoise cuivreuse , *lisez* du schiste cuivreux.

114, ligne 50, *au lieu de* ne s'arrète pas aux résultats généraux, *lisez* ne s'élève pas jusqu'aux résultats généraux.

131, ligne 5, *au lieu de* inférieurs, *lisez* postérieurs.

138, ligne 1, *au lieu de* qui doit se revêtir d'une enveloppe cornée, *lisez* qni supportait la griffe cornée.

167, note **, ligne 10, *au lieu de* Zeus Lewisiensis, *lisez* Beryx armatus.

182, note, ligne 5, *au lieu de* racines, *lisez* rainures.

Id., note, ligne 12, *au lieu de* Scharck, *lisez* Stark.

185, ligne 15, *au lieu de* Ichthyosaure, *lisez* Plésiosaure.

239, note **, ligne 5, *au lieu de* épineuses, *lisez* transverses.

244, ligne 8, *après* pour former , *lisez* le lobe supérieur de.

Id., note *, ligne 4, *au lieu de* tous les poissons, *lisez* la plupart des poissons.

249, ligne 4, *au lieu de* de la formation, *lisez* des formations.

505, note, ligne 8, *au lieu de* les mêmes lettres, *lisez* les lettres *b* et *c*.

520, note, ligne 4, *au lieu de* près d'Edimbourg, *lisez* dans le comté de Dumfries.

400, ligne 7, *au lieu de* gisement, *lisez* terrain.

429, ligne 2, *au lieu de* pierre de Portland , *lisez* calcaire Portlandien.